U0396202

医用建筑规划

（第2版）

◎ 杭元凤 编著

东南大学出版社
SOUTHEAST UNIVERSITY PRESS
·南京·

图书在版编目(CIP)数据

医用建筑规划 / 杭元凤编著. — 2版. — 南京：
东南大学出版社,2013.7
ISBN 978-7-5641-4139-4

Ⅰ. ①医… Ⅱ. ①杭… Ⅲ. ①医院—建筑设计
Ⅳ. ①TU246.1

中国版本图书馆 CIP 数据核字(2013)第 042711 号

医用建筑规划(第 2 版)

出版发行	东南大学出版社
出 版 人	江建中
社　　址	南京市四牌楼 2 号(邮编:210096)
网　　址	http://www.seupress.com
电子邮件	med@seupress.com
责编电话	025－83793681
经　　销	全国各地新华书店
印　　刷	南京玉河印刷厂
开　　本	787 mm×1092 mm　1/16
印　　张	24.25
字　　数	620 千字
版 印 次	2013 年 7 月第 2 版第 2 次印刷
书　　号	978-7-5641-4139-4
印　　数	2501～5000 册
定　　价	78.00 元

＊本社图书若有印装质量问题,请直接与营销部联系,电话:(025)83791830。

序

　　最近几年,因工作关系有机会多次与杭元凤同志一起参与多家医院的建筑规划与医院发展的论证工作,在为医院咨询服务的过程中,既欣喜地看到院长们开始重视医院的建筑规划,同时也遗憾地发现因建筑规划失误而造成的损失与后果。为此,两年前我对杭元凤同志说,如能结合实际编写一本关于医院建筑规划方面的书,让院长们比较系统地了解医院建筑规划的重要性和基本知识,那将是一件有功德的善事。两年后,当他把50万字的《医用建筑规划》书稿放在我的面前时,让我出乎所料,惊喜而欣慰,说明他当时"可以试试看"的表态是认真的。

　　改革开放以来,各级医院顺应经济社会快速发展,民众健康需求快速增长的新形势、新期盼,以建设现代化医院为目标,以改革开放为动力,医院发展逐步步入"快车道"。医疗技术水平显著提高,医疗设备极大改善,基础设施基本配套,管理水平长足进步,综合实力大大增强,是新中国成立以来发展最快的时期。面对大好形势,如何使"快速发展"逐步形成"健康发展"、"可持续发展"既快又好的机制,这是值得我们认真思考的重大课题。应该说在过去三十年的医院建设中有经验也有教训,放眼今后三十年,仍将是医院快速发展的时期,为了使医院今后的发展更加"健康",我们要坚持贯彻科学发展观,高度重视建筑规划这个医院发展的"龙头",正确处理眼前与长远、土地与建筑、集中与分散、整体与局部、功能与环境的关系,在医院新一轮的建设中,在科学规划的指导下,把医院建设得更加漂亮,更加有效率。

　　杭元凤同志在《医用建筑规划》一书的编写过程中,充分发挥其医院管理与建筑规划两个优势,注重理论联系实际,国际与国内结合,经验教训兼收并蓄。使此书对医院建设具有很强的针对性、实用性与指导性,是一本很好的工具书、参考书,它必将成为卫生管理工作者和规划设计人员的良师益友。当然,此书仍存在不少需要完善与改进的地方,我想读者尽可言之,以便进一步修改和提高。衷心希望通过此书的出版能引起大家对医用建筑规划的关注。

　　特此为序。

唐维新

2010年6月

再版自序

编辑陈潇潇女士是个热心肠的人。自 2010 年 11 月《医用建筑规划》这本书出版以来，她一直在关注着读者反映，并经常与我交流，希望在适当的时候这本书能够再版。这使我心存恐惧。一方面这本书的内容是多学科的知识集成，许多方面受自身知识能力与认知水平的限制，想再编得深一点，好一点，实在是一件难事。另一方面，医用建筑这类书籍，这些年来不少专业人士陆续写了不少，有关医院建筑规划的大型工具书已一版再版，我的这些资料只是这些年来在参与同仁医疗产业集团及江苏、云南、内蒙、海南等省份多所医院的筹划管理、方案评审中的积累，部分是我阅读相关工具书并结合工作实际对如何做好医用建筑的一些摘录与思考，不少章节是在诸多朋友帮助之下完成的，现在要想继续增加内容同样是一件难事。

要说再版，却也有一定的理由，除了还有读者的需要外，我也想对已出版的书做一些订正。主要是，在 2008 年住建部与发改委新颁发了《综合医院建设标准》、《综合医院建筑设计规范》，原卫生部陆续颁布了一些医学专业指南后，已出版的书中，有的数据已经发生变化，需要加以修正；有的内容，随着实践的深入，需要进行调整；有的体系尚不完整，需要进行补充。本次再版增加了：一体化复合型手术室、扩增实验室的规划与建设、人类辅助生殖技术实验室的规划与建设、医用高压氧舱的规划与建设、内镜中心规划与建设；修正了工程概算，补充了静脉药物配置中心、直线加速器、消毒供应中心建设的相关内容。特别要感谢在本书再版中南京军区总医院工程部原副主任、高级工程师潘兆岳教授，北京茗视光眼科医院公司于泓先生，南京市卫生局王易非先生，南京爱尼电子公司总经理张谷先生，南京军区总医院秦广仁先生为本书再版所给予的帮助。

出版一本书对于我来说无名可求，无利可图。我唯一愿望是本书的再版对从事医院工程设计的工程师、医院建筑规划的管理者、医院建设筹划的领导者们能起到参考作用。我也希望在今后的工作中，与同行们共同积累经验，共同进行修订，使此书的内容更为丰富，让其成为一本真正的工具书。在这本书再版之际我写了上面这些赘语，如不当，请读者指正。

医用建筑规划

杭 元 凤

2013 年 5 月于南京

再版说明

　　《医用建筑规划》是杭元凤老师根据多年医院建设工作实践内容编写的一本专业图书。为组织领导和从事医用建筑规划与设计的工作者提供了诸多参考。本书第一版得到了不少专业读者的好评,为医院管理者、工程设计人员、施工管理技术人员在医院建筑的组织、规划、建设的实际工作提供重要的参照与范本。

　　随着国家相关建设标准的修订,部分技术、规范要求的更改,以及杭老师对医院相关科室设计的资料搜集完备,现对《医用建筑规划》一书进行修订,增加了一体化复合型手术室、人类辅助生殖技术实验室规划与建设、内镜中心的建筑规划与布局、基因扩增(PCR)实验室的规划与布局、医用高压氧舱的规划与布局等相关科室的内容;并将原书附录中的医院建设的投资与管理增加新的标准与内容,作为全书的第一章,旨在为医院建设与管理领导提供更为具体与详细的参考。

　　根据读者的反馈,我们还将出版医用建筑相关的系列书籍,包括《医用建筑规划实践》、《医用建筑范例》等,敬请读者关注与指正。

责编

2013 年 5 月

医用建筑规划

目 录

医用建筑规划

第一章
医院建设的投资与管理

医疗事业的本质为公益事业,多年来,政府一直作为投资的主体进行区域医疗的规划与建设。改革开放以来,随着国家医疗体制的改革,投资主体呈现多元化趋势,民营资本开始涉足医疗行业。但无论是公益投资还是民营资本的注入,在建设中都有一个需要与可能、成本与回报的基本问题。因此,在新建医院的前期准备与医院扩容改造的过程中,投资人为确定规模并取得政府及卫生行业主管部门的批准,必须进行可行性研究。通过对当地社会经济总量与发展趋势、医疗资源分布状况、区域疾病谱的构成,投资的环境与回报的可行性分析,对医院的建设规模、重点科室设置、运营管理模式等做出基本结论,由此确定建设规模与建设周期,既为政府决策提供依据,也为投资者的决策行为提供参照。本章运用理论与实践相结合的方法,结合个案进行探讨。

第一节　关于投资背景的调研

医疗项目的投资规模受当地人口资源、地理因素与交通状况、自然资源与基础工业状况、社会经济增长的比例、当地医疗市场的基本状况、城镇居民总量及人均可支配的收入诸因素的直接影响,投资决策应着力弄清:

(1)当地人口资源的基本情况。主要包括:医院所在地的行政区人口总量,其中户籍人口、流动人口的数量;每年人口机械增长速度的百分比;居民中民族的构成及人口的年龄结构。

(2)当地的地理因素与交通状况。主要包括:地形、地貌,平均海拔高度,气候类型,日照时间,降水量;当地的交通情况,如铁路、水路、空运、船舶运输能力,以及其在众多城市中地理位置的优势与特点。

(3)当地的自然资源与基础工业状况。如土地矿产资源、水资源、森林资源及能源、化工、建材、纺织等行业的基础工业状况,以及工业、农业、畜牧业等产业特点的构成及经济社会发展的主要目标;如生产总值增长比例、财政收入增长比例,其中,地方财政收入增长比例、城镇居民人均可支配收入和农牧民人均纯收入增长比例尤为重要(表1-1)。

(4)当地的医疗市场基本状况。主要包括所在地区医疗资源的存量水平与增量需求;大型医疗装备的数量分布及其诊断水平;医院的医疗技术状况与经济收益情况。重点要弄清"两个总量":①城市所在地的医疗资源的总量。主要包括:医疗机构数量、专业分类、医疗床位总量、千人床位占比率。②医疗、医技、护理人员总量,并区分公立与民营医院在区域内总门诊量、住院人数所占比例,床位使用率,周转次数,平均住院日(天)。

1

在弄清两个总量的基础上,根据国家相关规定,计算区域内医疗床位的增量需求,把握"两个人均费用比":①人均门诊费用比,其中药费所占比例。②人均住院费用,其中药费所占比例。药品比例在省、地、县、乡医院及一般诊所所占比例及当地主要疾病的种类,这是投资者进行经营投资策略的参照。

表1-1 某地级市"十一五"经济社会发展主要目标

指标名称	单位	2005年	2010年预测	年均增长(%)	指标属性
地区生产总值	亿元	550	1 500	22	预期性
人均生产总值	元	37 147	93 750	20	预期性
财政总收入	亿元	93.4	235	20	预期性
城镇登记失业率	%	4	4	0	约束性
总人口	万人	149.5	160	1.5	约束性
城镇居民人均可支配收入	元	11 025	20 000	13	预期性
农牧民人均可支配收入	元	4 601	10 000	17	预期性
城镇化率	%	54	70	3.2	预期性
城乡社会保障综合参保率到2010年分别达到90%和80%					
扩大农村牧区新型合作医疗覆盖面,到2010年达到85%以上					

表1-2 某市卫生局2005年统计资料(疾病谱)

排序	病种	比例(%)
1	传染和寄生虫病	24.08
2	损伤和中毒	19.45
3	妊娠和产褥期(含顺产)	17.24
4	消化系统疾病	10.12
5	循环系统疾病	7.95
6	呼吸系统疾病	7.23
7	肿瘤	3.89
8	泌尿和生殖系统疾病	2.38
9	内分泌、营养代谢类疾病	1.07
10	神经系统疾病	0.89
11	其他	5.7

表 1-3 十大疾病住院患者的比例

排序	病种	比例(%)
1	霍乱	22.51
2	骨折	6
3	脑血管病	3.31
4	上呼吸道感染	2.91
5	阑尾疾病	2.64
6	胆囊炎,胆结石	2.36
7	恶性肿瘤	2.14
8	心脏病	1.95
9	支气管炎	1.34
10	高血压	0.98
11	糖尿病	0.57
	总计	46.71

在投资背景的调研过程中,应与当地卫生行政管理部门的有关负责人充分交流,了解当地医疗市场的存量与缺口,深入听取专家的建议,并要通过对当地地方志的查阅,了解地方疾病谱状况(表 1-2)及其主要疾病住院患者比例(表 1-3)。通过科学分析与计算,形成准确的判断,以便在医院建设的投资论证过程中对学科建设进行安排,为投资者在进行医院建设时提供一个基本的参照。也为未来医院的建设与经营做好思想与物质的准备。

第二节　关于投资前景的预测

投资者对于投资医疗产业的信心,建立在对前景的预测与科学分析之上,如对市场的份额,医院的规模,学科的设置,设备的投入,专科的优势等要有基本的分析。既要看到优势,也要看到劣势;既要看到机遇,也要看到风险。分析中,需要廓清所建医院的位置,服务范围内人口增长的速度,常住人口与流动人口的数量,医疗实际需求的规模,经营收入的预计,以此确定医院建设的速度与步骤(表 1-4)。

表 1-4 某地级市人口增长与门诊量的估算

	2009 年	2010 年	2012 年	2014 年	2016 年	2018 年	2020 年
人口(万人)	5	7	10	15	20	25	30
门诊人数(万)	15	21	30	45	60	75	90
日门诊量(人次)	410	575	822	1 232	1 644	2 055	2 465
需要的床位	200	280	400	600	800	1 000	1 200

上述估算是按每千人编制四张床位，每人每年三次门诊量进行估算。这一数据仅能作为在一个新兴的城市中进行医疗行业总体规划时的依据，如在中心城市新建医院则不能简单按一个医院规模估算，而要进行总量的评估。

　　确定医院规模的前提条件是：区域规划要求达到相应的常住人口数，医疗市场有刚性需求，当地优质医疗资源较少的前提下，在此基础上确定医院的规模和定位。如果超前性过大，在医院建成后可能会长期负债经营。

　　1. 关于市场分析　　主要分为规模预测和收入预测两部分。我们可以参照前述各类数据，进行一次模拟分析（表1-5、表1-6）：

表1-5　按人口规模与医疗床位数实际需求量规模预测（按1/2口径计算）

	2009 年	2010 年	2012 年	2014 年	2016 年	2018 年	2020 年
人口（万人）	5	7	10	15	20	25	30
日门诊量（人次）	205	288	411	616	822	1 028	1 233
需求预测床位（张）	100	140	200	300	400	500	600

表1-6　关于经营收入预测

	2009 年	2010 年	2012 年	2014 年	2016 年
日门诊量（人次）	345	448	596	828	1 056
平均门诊费用（元）	123	129	135	142	148
总计（万元）	1 485.225	2 022.72	2 816.1	4 115.16	5 470.08
床位（按 95% 折算）	158	204	272	376	481
平均住院费用（元）	6 300	6 615	6 945	7 293	7 657
总计（万元）	1 592.64	3 508.60	4 911.50	7 129.64	9 575.84
健康体检数量	3 000	6 000	8 000	10 000	12 000
价格（元）	300	300	300	300	300
总计（万元）	90	180	240	300	360
合计	3 167.865	5 711.32	7 967.6	11 544.8	15 405.92

　　说明：我们假设综合医院年度平均门诊费用 96 元；平均住院费用 4 936 元，并按 5% 的速度递增。每年门诊总日数按照 350 日计算。2009 年 4 月开业，当年业务收入按照 3/4 计算，为 3 168×3/4＝2 376 万元。

　　2. 关于医院的规模　　通过以上分析，可以预见医院建设的规模与发展周期，潜在的医疗市场与可以预期的收益，由此确定医院建设的规模，并据此确定投资的分期评估。

　　以确定一个 500 床位医院为例：当确定要建设一所医院时必须要对如下问题有明确的认识与界定：

　　（1）关于规模定位：以一个城市人口为 300 万，按每千人 4 张床位计，应设置医疗床位 12 000 张。目前公立医院现有医疗床位为 9 000 张，从上述指标中，可以预见到的潜在的医疗市场还有较大的空间。以一个医院日门诊量为 1 200 人次，住院人员为就诊人

医用建筑规划

数的 4%，则日均可能 48 人需要住院治疗，以平均住院日为 10 天/（人·日），则医院的床位数应设定在 500 张左右。无论是按三级医院定位还是按二级医院定位，都要确保医院在建成后，能达到加强区域医疗的目的，而不能闲置，造成不必要的浪费。

（2）关于市场定位：市场定位应以当地的病种与已有市场为依据，医院的主要医疗对象是什么样的病种，要做好适宜技术的定位，如果公立医院的医疗以当地的常见病、多发病为主导时，并已达到区域内一流的专业诊疗水平，则民营医院必须选择投资的主营方向，第一要满足医院所在区域的整体医疗需求；第二要满足未来周边城市与乡村的医疗需求；第三要满足当地特殊人群的高端医疗需求。但无论怎样进行定位均要以建立和谐社会为原则，使医疗行为有利于人民群众的利益，有利于社会的稳定与发展。

3. 关于发展步骤　一所医院的发展步骤与建设周期、投资是紧密相关的。如果医疗建筑是分为两期，则设备也应分两期进行安排，同时还要根据医院学科建设的重点进行投资估算。如果我们确定的医院是 500 床位的规模，首期的开设床位为 300 张，建筑也分为两期进行，那么在医疗设备上也要采取分期到位，投资上也要进行分期。

一所医院的成长是渐进的，因此，在规划医院建设过程中，也要循序渐进，某产业集团在规划西部某省建设一所三级医院时，根据市场发展状态分析后，分阶段提出了一个学科发展周期表。具体见表 1-7：

表 1-7　关于医院规模建设的发展阶段及周期的安排

1 年	2 年	3 年	4 年	5 年	6 年	7 年	8 年	9 年	10 年
2009 年	2010 年	2011 年	2012 年	2013 年	2014 年	2015 年	2016 年	2017 年	2018 年
第一阶段				第二阶段				第三阶段	
门诊	血透	检验	手术	脑科	肿瘤	风湿	感染		
急诊	心内	影像	麻醉	腔镜	肾内	胸外	烧伤		
眼科	妇科	微创	ICU	呼吸	血液	康复			
耳鼻	普外	骨科	消化	神内	分泌				
体检	社区	中医	儿科						
	皮肤	口腔	泌尿						

按照上述的分析与评估，一所 500 床位医院如分两期建设，则第一期建设投资应在 2 亿元左右，并能为二期发展打好基础。但要注意的是，当一所医院确定为三级规模时，必须按照原卫生部关于医院等级设定标准的相关规定满足科室设置及设备配置要求，如果科室设置及设备配置不能满足相关要求，则医院的定位必须有客观的目标，以稳妥的步伐推进医院建设。否则，医院就无法开展经营，同样也会使医院的成长受到影响。

4. 关于效益分析　效益分析是评估医院经营风险，梳理医院经营思路：一是风险分析，确定医院经营策略的重要步骤。一是经济效益分析，一般情况下要进行两种经济效益预测：第一种，参照当地医院为基础的现行成本要素的平均值计算。第二种，按照国内医院管理最优的指标结构为基数计算，按医疗成本要素结构进行预测（详见表 1-8）：

表1-8　关于医疗成本要素结构分析预测

指标	现行平均值计算	指标	最佳经营状态
人力成本	28%	人力成本	35%
药品	40%	药品	30%
卫材、耗材	10%	卫材、耗材	8%
行政管理费	22%	医院运营费用	7%
		行政管理费用	3%
		坏账、呆账	1%
		其他	16%
总计	100%	总计	100%

　　其中:工资参照值以当年当地医院的基数为基准。如果当地医院当年人均工资27 376元,5年工资平均增长率为8.8%,假设:新建设的医院工资标准为其工资的比例的1.5倍,在这样一个基础上得出效益的总量。其中包括的主要要素为:每年日门诊量(人次)、床位使用率、收入总量、员工总额、人均工资(万元、年递增量),减去:工资总额、药品支出(按40%计)、耗材(10%)、行政管理费用(22%),加药品利润25%。同时还要考虑建设费用与设备费用的折旧等问题,由此得出医院可以达到收支平衡的年限,确定投资的决心与信心。

第三节　关于投资管理的框架构想

　　当我们对一所未来可能建设的医院有了一个初步规模的构想之后,必须对科室的设置及发展的重点有一个大概的设想,并应对其建设的重点、分期的安排提出基本的计划,以便各项工作能顺利进行。

　　1. 关于科室设置　科室的设置要遵守两个方面的原则要求:①政策对综合性医院的编制要求,如果是一个综合性医院,必须按照等级规模设定科室,并配置必要的装备,申请收费标准;如果要开办一所专科性的医院,也要按照专科医院的标准设定规模并配置必要的装备。②当地市场客观情况。必须要冷静分析,并按轻重缓急,分期建设。以下是个案,是一个500床位的医院,分成两期建设。第一期建设300床位,第二期发展至500床位。具体设置见表1-9:

表 1-9　三级医院保障体系与医疗体系设置

管理体系	院办、财务部、人力资源部、质量（感染）管理科		
经营体系	经营部；信息中心		
保障体系	后勤中心：（安保、保洁、餐饮、后勤设备维护） 供应中心：（药品供应；消毒供应；耗材供应） 采购中心：（耗材采购、设备采购、药品采购） 设备中心：（设备管理、设备质控、设备维护）		
医疗体系	医务科、门诊部、手术室、麻醉科、ICU		
	护理体系	护理部：分五个护理大区，分别为： 门诊护理业务区；内科护理业务区；外科护理业务区；妇科护理业务区；综合护理业务区	
	医技体系	影像中心（放射科、CT、磁共振、功能科） 检验中心（检验科、病理科）	
	临床体系	九个医疗中心	急救中心、腔镜中心、微创中心、脑科中心、体检中心、肿瘤中心、眼科中心、耳鼻喉中心、心血管中心
		普通科室	感染科、中医科、社区门诊；血液科、内分泌科、消化科、肾内科、呼吸科、风湿免疫科、神经内科；普外科、骨科、泌尿科、胸外科、烧伤整形科；妇产科、儿科；皮肤科、口腔科、康复科

说明：上述设置作为举例说明，实际工作中许多科室要在发展中逐步完善，且新建医院要注重高效率运转，必须按规律确定科室的设置。

2. 关于设备的分期安排　一所医院如果定位为二级医院或三级医院时，就必须遵循卫生部1994年颁发的医院等级规定中床位设备与装备配置的要求。表 1-10 所示为医院在 300 张床位规模时拟配置的设备分类，具体应根据等级要求进行确定。

表 1-10　300 床位时的设备配置

设备名称	数量	估价（万元）	设备名称	数量	估价（万元）
数字胃肠机	1	120.0	胆道镜	1	10.0
乳腺 X 线机	1	100.0	手术显微镜	1	10.0
移动 X 线机	1	10.0	除颤仪	1	10.0
干式激光相机	1	40.0	骨科 C 形臂 X 线机	1	30.0
CR 摄片机	1	100.0	心电监护仪	3	10.0
单排螺旋 CT	1	200.0	床边监护仪	6	18.0
高压注射器	1	10.0	ICU 吊塔	6	36.0
高压注射器	1	10.0	除颤仪	2	10.0
高压注射器	1	10.0	呼吸机	2	20.0
超声诊断仪	1	150.0	裂隙灯	2	20.0
便携式 B 超	1	10.0	电脑验光＋屈光测定	1	10.0
骨密度仪	1	30.0	角膜测厚仪	1	20.0

设备名称	数量	估价(万元)	设备名称	数量	估价(万元)
电子胃镜	1	200.0	麻醉机	6	80.0
电子十二指肠镜	1				
电子肠镜	1				
电子气管镜	1				
膀胱镜	1	20.0	高频手术和电凝设备	6	25.0
全自动血细胞分析仪	2	100.0	超声生物显微镜	1	30.0
尿干化学分析仪	1	15.0	二氧化碳激光仪	1	380.0
全自动血凝分析仪	1	20.0	耳蜗诱发电位仪	1	10.0
微生物/药敏分析仪	1	10.0	银汞胶囊调和机	1	80.0
全自动生化分析仪	1	150.0	高压消毒箱	1	128.5
血气分析仪	1	30.0	烤瓷炉	1	25.0
全自动酶标仪	1	20.0	石膏模型切割机	1	20.0
超低温冰柜	1	15.0	多导心电图机	1	58.7
冰冻切片机	1	20.0	除颤仪	1	20.0
组织自动包埋机	1	30.0	自动洗胃机	2	20.0
组织自动染色机	1	20.0	呼吸机	2	30.0
超薄细胞检测仪	1	50.0	B超(腹部)	1	10.0
手术室吊塔	6	80.0	煎药机	1	30.0
无影灯	6	80.0	小儿呼吸机	1	10.0
床边监护仪	10	20.0	等离子气化电切镜	1	100.0
输液泵	每台	1.38	超声波清洗机	1	20.0
眼底断层扫描仪	1	18.5	救护车	2	40.0
多波长眼底激光机	1	79.8	超声乳化仪	1	10.2
眼科 AB 超	1	37.0	玻璃体切割机	1	100.0
眼底照相机	1	18.0	纤维鼻咽喉镜	1	6.6
多功能眼前节诊断分析仪	1	19.8	鼻窦内窥镜	1	3.6
角膜内皮显微镜	1	12.5	内窥镜图像显示仪	1	300.0
高频电测听仪			脑干测听仪	1	14.0
语图频谱分析仪	1	12.0			
总计(万元)			3 624.58		
说明:部分 10 万元以下设备名称在本表省略,此表中价格仅作参考					

3. 关于组织结构与运营管理的重点　新建医院的筹划,对于医院的组织结构与编制安排,应充分考虑医院成长的周期性,对发展与成长过程的渐进性有客观的认识,对人力资源在确保专科发展的同时,要做出分期安排。保障重点,兼顾一般,这是基本原则。具体数量应按医院的等级规模与床位数,参照卫生部相关规范执行。

医院的运营管理,因投资的主体不同,管理方式有所区别。公立医院经过几十年的发展,虽然有了一个相对比较固定的模式,但也在逐步的调整完善中。民营医院在运行管理中,必须按市场规律,实行董事会领导下的院长负责制,在运营中不断修正方向,提高效率。以往的经验证明,投资者在确定医院规模的同时,以下四个方面的问题也是需要加以重视的。

(1) 准确的方向定位:医院服务项目或者服务内容的设计要以市场需求为导向,为客户提供所需的服务项目或者服务内容,让顾客来购买,来享受。把主要的服务对象,尤其是主要的服务对象的需求搞清楚,并紧紧围绕这种需求来设计服务路径与内容。近年来,许多民营医院把医院建设与发展指导思想定位成"大专科、小综合",其实在实际运行中是无法把握好,当医院发展到一定规模时,有时甚至在初始阶段,在管理上就会产生诸多矛盾,束缚科室发展的积极性,这时的大专科是无法适应发展需要的。

(2) 良好的组织体系:尽量让机构扁平化,简单化,层次越少越好,要分权管理。各部门应设立自己的服务承诺,定期评估服务质量,形成后勤围绕医疗,医技围绕临床,医生、护士围绕客户的核心服务结构。在管理结构上,由技术型硬专家逐渐转型为管理型软专家。智囊机构(专家顾问组、学术委员会、医院管理委员会等)应成为决策体制中不可缺少的组成部分。实行民主管理。要把管理者的集中管理同被管理者参加的管理正确地结合起来,使被管理者不仅是医院的主体,而且成为医院管理的主体,达到医院流程再造的目的。

(3) 服务的"以人为本":要从医疗流程、服务内容、环境便捷等多方面考虑各种前来医院就诊患者的最佳服务路径,能使客户感觉到在时间上、精力上以及费用上是最佳的。坚持"以人为本"的理念,要符合需方的需求,体现以人为本,对员工来说也要以病人为中心,如何把以客户为中心的理念进一步的扩展是医院持续改进的方向,通过科学合理的激励体系加以促进,建立良性循环机制。即:高素质的员工→高水准的服务→高水准的医疗品质→高的工作效率→医院的高效益→员工的高收入→更多的高素质员工,达到激发全体员工的工作激情,达到人人都有持续改善的能力,事事都有改善余地的目的。按照绩效优先,凡优必奖,全面激励,激励到位的原则构建激励机制。改善财务核算体系,实行预算管理和全成本核算管理并使之前移至科室进行核算,同时增加其参与性,使之更加合理、更加透明、更加具有激励的动因。

(4) 人力资源作用的发挥:医院发展与高质量的医疗服务水平其关键在人才。①必须统筹安排、合理规划、注重医护人员的教育训练。着力加强基本技能、基本操作、基本理论的考核与培训。②必须合理使用人才。树立人才资源是第一资源的观念,科学合理地使用人才,确立共同目标的理念,把每一个职工分派到最适合的岗位,让"英雄"有用武之地。③必须牢固树立"一切以客户为中心"的思想。医院的责任就是服务,要为病人提供高效、优质、低耗、便捷的服务。

4. 关于经营管理的策略 现代医院组织体系由六个方面组成:管理体系→经营体系→后勤体系→护理体系→医技体系→临床体系。无论是临床一线或辅助科室与保障科室,其运营管理必须以价值为导向,建立全方位的经营管理体系,从整体提升经营业绩和竞争力。基本的策略是:

(1) 坚持"品牌"的导入:品牌是医院成长的灵魂,无论是历史悠久的医院,还是新建立的医院,都要以品牌为导向。既有的要加强品牌培育,不断增加其内涵;没有品牌的医院要积极在市场上寻求合作,用品牌作为医院文化建设的合理内核,以此建立医院的核心价值观,为可持续发展积蓄力量。

(2) 要实现"两个再造":即业务流程再造——根据医院价值链的流向,形成内部协作关系和内部服务市场。业务组织再造——由功能型组织转变为事业部组织,通过事业部形式实现组织的扁平化。

(3) 进行"三个创新":积极进行管理方法的探索,在探索中摸索规律,在规律中寻找突破点,建立起有效的市场营销体系、综合绩效考核体系、医疗价格体系。在医疗价格体系上,要建立以知识生产要素为基础的内部薪酬体系;建立起特殊人群需求的医疗服务价格体系。

(4) 确立"四大目标"

①医院经营四大目标:社会责任(医疗人数);患者满意(医疗质量);发展后劲(医院收入);员工发展(工资水准)。

②科室建设四大目标:以市场为导向的学科建设;以协作为基础的梯队建设;以效率为指标的内部管理;以人性化为目标的过程管理。

③个人成长四大目标:以名医为方向的专业技能;以互动为过程的医患关系;建立自我培育的道德素养;人生价值追求的幸福感。

④建立医疗安全的三大防线:事先防范;事中规范;事后补救。

第四节 关于投资的风险性与可行性

医院建设的投资不仅医用建筑本身,而且涉及学科的设置、设备的配置、人力资本、市场的前景、政策的支持,这些均是投资者在考虑投入时必须认真思考的问题。就现实情况看,新的医院建设可能面临的风险,主要来自两个方面:

1. 政策风险 中国的医疗市场仍然是以公立医院为主体的医疗市场,公立医院的投资主体为政府,其医疗资源的支配具有一定的非竞争性,民营资本的进入,又分为营利性与非营利性两种,投资者在这样的选择面前,面临一种政策的风险,必须对投资医院有清醒的认识,不可急功近利,那样反而对民营医院的建设是一种损害,必须作为长线产品来做,在运营中发展。

2. 经营风险 新建医院,是按照传统方法运行,还是按照市场规律运营,投资者必须有科学的选择,一个新的地域常住人口数量及其增长趋势是医院经营的前提。名医、名科的影响力与辐射力则是医院发展的动力。

3. 透过风险看本质,风险中也孕育着商机

(1) 医疗行业是在竞争中发展的,成长周期长,技术要求高,投资巨大,民营资本注入的风险性是客观的,但如果品牌与专业选择恰当,机会仍然是存在。目前,公立医院的发展呈现非均衡性。大型综合性医院的业务量呈增长趋势,一些社区医院因技术力量不足,呈萎缩状态。某咨询公司在西部某城市做过一个调研,该市中心医院 2002—2005 年四年平均增长率为 22.45%,业务收入占到当地城市综合医院医疗收入的 47%。而一些

社区医院因技术力量不足,呈萎缩状态。公立医院的两极发展,第一说明公立基层医疗机构的人员外流现象日趋严重,社区医院受技术经济因素影响其应有的作用无法发挥,虽然国家医改政策陆续出台,但这一状态的改变还有一段路要走;由于中心医院及大型综合性医院的竞争性较强,客观上促成了医疗市场向中心医院的集中。使强的更强,弱的更弱。特别是医疗技术水平与医疗装备在大型综合性医院的发展中,进一步呈现出均衡化趋势。由于医疗市场竞争的加剧,城市大型综合性医院专家云集,技术具有较强的优势外,大型装备的购置或多或少得到政府的支持,因此,在技术水平相近的公立医院中也展开了竞争,而水平一般医院为了自身的生存与发展,也想在竞争中立足,在装备与人员上也千方百计进行扩张,装备与技术水平虽然各有特色,但是基本上呈现出一种均衡发展的趋势。新建医院时无疑会增加资本投入的压力,但如果技术水平有特色,这种成长发展中的风险是可以化解的。

2. 医疗资源总量上始终有缺口,大型医院近年来的发展表现为床位规模与医疗技术水平、专科水平呈正相关,与门诊量呈正相关。中心医院其医疗技术影响力的辐射性促使中心医院在一定时期内要走外延扩张的道路。如果投资者有能力立足长远进行规划经营,医疗行业的投资仍是可行的。我们从某一城市中心医院的调查分析中看到,中心医院的医疗技术的特色,吸引了大量的外埠患者,其医疗收入占城市医疗收入总量的67%,住院患者中外埠患者占到40%~45%。这既说明人民群众看病难的问题仍是个普遍性问题。无论是民营医院还是公立医院在一定的时期内受市场利益的驱动将会选择外延扩张的路径。现阶段对医院规模的扩容仍需有清醒的把握,就一所医院而言,确定其床位规模与当地人口的多少呈现的不是一种正相关,往往专科水平越高,门诊人数越多。新投资的医院,在未来的床位规模确定上既要考虑当地人口的规模,也要考虑学科水平与发展趋势。如果具有品牌支持,具有一定经济实力,具有专家群的支撑,投资医院应该是可行的。

3. 投资医疗行业必须坚持高起点原则,坚持医教研结合的方向,才能确保医院的长远发展。医疗行业仍处于一个完善与发展的阶段,医疗总量的分布不均衡,投资医疗产业仍然有一定的空间。因其分布的不均衡,医疗资源在一定时期内仍将主要集中于中心城市的中心医院,并有继续进行外延式扩张的趋势。虽然公立医院的医疗资源是丰富的,但是在总量上相对而言也是有限的。在现实条件下,由于中国的医疗产业的发展还处于初级阶段,加之国土辽阔、地域广大,医疗总体的资源仍似不足,公立医院不可能包办一切。民营资本投资医疗产业具有一定的市场空间。例如,城市中心医院所吸收的外埠患者,如果民营医院投资者选准切入点,同样可以通过优势学科的设立,吸引部分患者。但是要避免同质化,要通过差异化的经营,优质化服务,质量化管理,逐步在人民群众中建立起信誉,其潜在的优势同样也是巨大的。

4. 投资者对于周边城市医疗市场的发展状态也要有一个清醒的估计。一方面,要看到这种辐射性给新建医院的医疗市场提供的机遇,同时也必须清醒估计区域性医疗资源发展的潜在风险,分析自身的优势与不足,从中找出投资的切入点,把建设的可行性建立在可靠的基础之上。另一方面,公立医院的发展,同样也受宏观医改政策的激励与约束,多发病、常见病是其医疗的基本任务,适宜性是其基本的发展方向,区域卫生整体规划均在调整中,民间资本有充分的发展的空间。应立足于通过优势互补,促进医疗市场的多元化健康发展。

第二章
医用建筑的整体规划

医用建筑整体规划是指：医院管理者按照医疗系统功能与流程需求，根据医院床位规模、基地面积、投资预算，对医用建筑各系统的空间布局、流程衔接、功能区分及系统内部各子项的建设所做的计划。本章着重就医用建筑整体规划中，以《综合医院建设标准》、《综合医院建筑设计规范》为依据，按照卫生行政管理部门对特殊医疗专业在建筑规划与布局上的流程要求，根据自然基础状态，就医用建筑整体规划的一般性原则、空间布局的基本方式、建设阶段衔接、总体规划与单体组合、交通流线组织等方面进行探讨。

第一节　医用建筑规划的一般性原则

一、先进性原则

医用建筑规划要立足医院长远发展，吸纳当代医用建筑发展的"医疗街"、"一站式服务"、"多通道门诊区"等先进性理念，运用现代信息管理手段，坚持"以人为本"的方向，将医院发展的规模、成长的周期与学科的规划相结合，以品牌带动医院的发展与成长。规划建设中要遵循"设定规模，确立远景；系统规划，衔接设计；梯次投入，滚动建设"的原则，使医院规模与展开的步骤与所在城市的发展和人口的增长同步。按急用先建，缓用后建，控制建设投资，缩短建设周期的主旨，确保医院健康发展。

图2-1所示医院的平面布局最大特色是医院的整体规划以"医疗街"连接各部门、机电设备机房均设在地下室，通过医疗街的吊顶走管道，既能节省管道的能源损耗，又使医院的外部环境更加整洁。"医疗街"纵贯中轴线，将各相关医疗功能路

图2-1　河南郑州某医院医疗街示意图

线连接成一个整体。"医疗街"也可分成两种形式,一种是有盖顶的医院街,是医务人员与患者医疗活动的流动路线;一种是无盖顶的医院街,既是消防通道,也是医务人员和患者休闲、散步的场所,街两旁一侧与室外庭园连接,欣赏自然风光。一侧与医疗建筑连接形成通道网络。

在医院门诊诊区的功能设计上,近年来也有不少医院从方便患者的角度考虑,采用"一站式"服务模式,将挂号、收费、诊疗、采样、化验等流程形成一个整体,使患者进入诊区后在同一个平面上基本解决就诊流程所需的各个步骤,缩短患者在门诊运动的时间与距离,方便了患者。图2-2为某医院儿科门诊诊区平面布局示意图,患儿进入诊区后,所有项目均在一个相对集中的平面中完成。

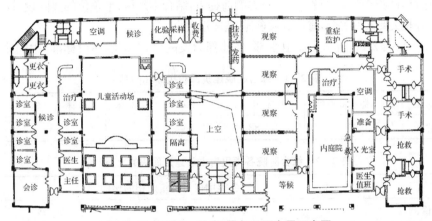

图2-2 门诊"一站式"服务平面布局示意图

伴随着"一站式"平面布局理念的诞生,派生出"多通道"专科门诊设计的方式。最近十多年来在一些新建的大型综合性医院中,对门诊的设计出现了新的概念。主要做法是将门诊分为专科门诊,设计独立的通道与平面,形成完整的流程空间。这种设计方式对于专科技术水平较高,发展潜力较大的医院不失为一种新颖的概念。

图2-3所示为扬州某医院在门诊诊区的设计中按科室分通道:首层为儿科、药房、外科1、门诊手术室;二层为妇科、产科、内科1、内科2;三层为中医科、推拿科、皮肤科、理疗科。为医院专科发展的分层展开创造了较好的条件。

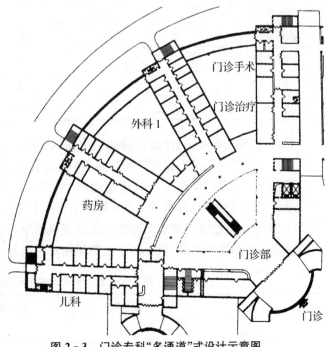

图2-3 门诊专科"多通道"式设计示意图

二、规范性原则

医院建设的规模受诸多因素的影响与制约。宏观上,应遵循国家民用建筑相关规范与卫生学相关规范,根据当地政府对医疗整体需求的评估与医疗机构的布点安排,市场的需求度,专科的特色及重点学科的设置来确定医院建设规模。微观上要关注医护人员工作的便捷性与医疗护理的安全性要求相统一;既要保障患者的安全、便捷、尊严,也要保障医护过程的顺畅、安全、有效。要坚持以规范引导规划,既不能无限制扩大规模,也不能违反医院运营的客观规律。切实以住建部《综合医院建设标准》《综合医院建筑设计规范》中不同等级医院建设中床均占有面积为依据,参照各省(市)卫生部门对本地区医院建设中不同等级医院面积的床占比的要求进行规划安排。在节省人力、物力的前提下,结合本地区、本单位的实际设置医院总体规模,做好相关要素的组合,避免贪大求洋,造成浪费。

表 2 - 1、表 2 - 2 所示为原卫生部、住建部颁发的《综合医院建设标准》中的摘录:

表 2 - 1 综合医院建筑面积指标(m²/床)

建设规模	200 床	300 床	400 床	500 床	600 床	700 床	800 床	900 床	1 000 床
面积指标	80		83		86		88		90

表 2 - 2 综合医院各类用房占总建筑面积的比例(%)

部 门	各类用房占建筑面积的比例
急诊部	3
门诊部	15
住院部	39
医技科室	27
保障系统	8
行政管理	4
院内生活	4
合 计	100

《综合医院建设标准》在条目的说明中强调:使用中在不突破总面积的前提下,各类用房占总面积的比例可根据地区和医院实际需要作适当调整。

综合医院内预防保健用房的建筑面积,应按编制内的每位预防保健人员 20 m² 配置。设有研究所的综合性医院,应按每位工作人员 32 m² 增加科研建筑用房的建筑面积,并应根据需要按有关规定配套建设适度规模的中心实验动物室。

医学院校的附属医院、教学医院的教学用房的配置,应符合表 2 - 3 的规定。

表 2 - 3 综合医院教学用房建筑面积指标(m²/学生)

医院分类	附属医院	教学医院	实习医院
面积指标	8~10	4	2.5

对于磁共振成像装置等单列项目的建筑面积按表2-4中标准执行。

表2-4 综合医院单列项目房屋建设面积标准

项目名称/建设项目		单列项目房屋建筑面积（m²）
医用磁共振成像装置（MRI）		310
正电子发射型电子计算机断层扫描装置（PET）		300
X线电子计算机断层扫描装置（CT）		260
数字减影血管造影X线机（DSA）		310
血液透析室（10床）		400
体外震波碎石机房		120
洁净病房（4床）		300
高压氧舱	小型（1～2人）	170
	中型（8～12人）	400
	大型（18～20人）	600
直线加速器		470
核医学（ECT）		600
核医学治疗病房（6床）		230
钴-60治疗机		710
矫形支具与假肢制作室		120
制剂室		按《医疗机构制剂配制质量管理规定》执行

注：1. 本表所列大型设备机房均为单台面积指标（含辅助用房面积）；

2. 本表未包括的大型医疗设备可按实际需要确定面积。

本表摘自《综合医院建设标准》建标110—2008

综合医院的建设用地，包括急诊部、门诊部、住院部、医技科室、行政用房、保障系统、院内生活用房等七项设施的建设用地、道路用地、绿化用地、堆晒用地和医疗废物与日产垃圾的存放用地、处置用地，床均指标应符合表2-5中的规定。

表2-5 综合医院建筑用地指标（m²/床）

建设规模	200床	300床	400床	500床	600床	700床	800床	900床	1 000床
用地指标	117		115		113		111		109

上述指标是综合医院七项基本建设内容所需的最低用地指标。当规定的指标确实不能满足时，可按不超过11 m²/床指标增加用地面积，用于预防保健、单列项目的建设和医院发展用地。

设有研究所的综合医院应按每位工作人员38 m²，承担教学任务的综合医院应按每位学生36 m²床均用地面积指标外，另行增加教学科研的建设用地。综合医院的停车场按小型汽车25 m²/辆、自行车1.2 m²/辆增加公共停车场面积。

在新建设的医院规划中，建筑密度宜为25%～30%；绿地率不低于35%。改建、扩建的综合性医院建筑密度不宜超过 35％，绿地率不应低于 35％。这一要求并不是"一刀切"，而是根据土地面积及相关规范要求进行安排。

医院建设申报必需完备相关程序性要求，如政府的立项批准书、规划红线、资金预算、首期设备清单、学科规划以及环境保护的论证的结论等。同时要按照医疗相关法规对医用建筑的内部流程进行规划，确保科学性与安全性的统一。

图 2-4 为广东省东莞市康华医院的平面规划图，该地块呈南北走向，但其主出入口位于高速公路的西侧，规划中的中轴线仍呈南北走向，但其门（急）诊入口位于东西与南北高速公路的交汇处，建筑内部通过南北连廊进行门诊科室分区。该设计将生态概念贯穿于设计全过程，强调对自然条件的尊重，对基地的地形、日照、风向、土壤、水资源、绿化等基本情况通过详细的分析，并加以充分利用，使整个建筑与自然环境融为一体。

图 2-4　广东省东莞市康华医院的平面规划效果图

三、规划优先原则

医院建设的规模有大小之分，面积有多少之别，基础条件各不相同，但无论何种情况下，必须将规划放在优先的位置，做到先规划、后建设，以规划引导建设。首先，规划要与当地的城（市）镇人口发展规模相匹配，兼顾医院成长周期的客观规律。在确定医院建筑的总体规模时，要对当地医疗需求总量与存量有一个基本的分析，对公立医院应承担的任务要有明确的界定，对政府赋予的医疗保障任务有客观的认识，以常见病、多发病为主体，以适宜性原则确定医疗专业发展的方向。在优先承担好自身任务的前提下，适度发展医院自身可以承担的专业。同时可以留出一定的市场份额让民营资本投入，帮助政府解决有困难的、市场难以满足的一些专业。

同时，要将视野放在可预见的周期内，立足医院长远发展，规划基本建设规模。确立好医院发展的阶段性计划，将现阶段的需求与未来的需求做出阶段性划分，通过图上作业，做好建设的阶段性衔接，逐步进行完善，达到现实与未来的统一。如果医院确有发展前景，而现有的地块或地形又受到限制时，应果断下定决心，在政府的支持下，通过阶段性"征地扩容"，为未来的发展早作准备。如果现有基地面积确实难以扩张，应果断易地重新规划，不可留恋旧地，妨碍医院未来的发展。

其次,要将医院建筑的整体规划作为医院建设发展大纲的主体内容,经卫生行政主管部门批准后,必须坚决执行,不因领导人的变更而改变,除非因城市规划调整,政府对医院的动迁有刚性要求,一般情况下必须坚持,以保持医院规划的连续性,保持长远发展的基本方向。

图 2 - 5　江苏省人民医院总体规划示意图

江苏省人民医院根据医院的规模,结合地形特点,通过整体规划,对医院既有的建筑与拟新建的建筑进行了衔接设计,长远规划一次定位,分期建设(图 2-5)。有效地利用地形与空间,使医院建筑单体与整体连接疏密有致,充分体现尊重自然,绿色建筑的理念。

四、系统性原则

医用建筑系统规划既要与自然环境和谐统一,也要与城市发展规模相匹配。一个新兴的城市,人口规模的发展有一个过程,经济发展也同样有一个过程,建筑的整体规划既要考虑现实的需要,又要面向未来,先建什么,后建什么,做到梯次衔接,律动有序。对医用建筑"群"系统范围内的门诊部、急诊部、住院部、医技科室、保障系统、行政管理、院内生活区及教学系统、科研系统等九个方面的服务设施要一次性规划到位,既要把当前的建设规划好,也要为后续发展创造条件。在外部,对于交通流线、环境保护、建筑造型、外部色彩、体量高度等要与周边建筑相衔接,使医院的个性特征与整个城市相融合。要做好医院保障系统与城市中各类管网的连接,如:自来水管道、污水管道、网线管道、蒸气管道等,都要预作处理,形成系统的衔接。

山西省人民医院是一所老医院,基地自然条件比较差,该地块呈三角形,原布局比较松散,通过设计优化,使门诊、急诊、手术部、住院部及后勤保障系统达到了布局紧凑、分区明确、流线便捷的要求。规划时,将主体建筑避开三角,仍呈长方形规划走向,通过交通道路的连接,使医院的建筑层次有机相连。图2-6所示为该院外科大楼,图2-7为该院平面规划示意图。

图2-6 山西省人民医院外科大楼

　　医用建筑的系统路径安排必须做好功能衔接，安排好门诊、急诊、医技、儿科门诊、感染控制科门诊、住院部相互间的路径关系，尽量用最短的路径、最便捷的方式，让患者能尽快到达目的地。图2-8中的河北医科大学四院在平面布局中，充分考虑人流与物流的路径，采用中庭与短主街紧密相连的布局方式，通过宽敞明亮的中庭与医疗

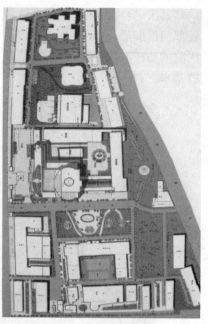

图2-7 平面规划示意图

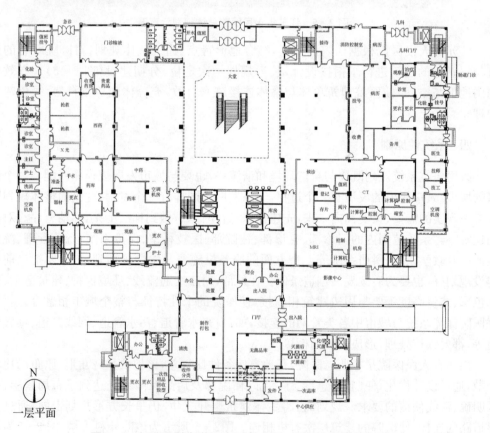

图2-8 河北医科大学四院门诊、医技、住院综合楼平面布局

医用建筑规划

主街贯通,连接医院各部门;通过支街派生的支线与医院众多功能区串联,使各部门联系方便。同时,在各区域设置独立的出入口,减少交叉干扰,防止院内感染,又方便了患者。

医用建筑系统的空间组合,必须以患者为中心,满足指向明确、环境舒适、安全尊严的要求。通过交通流线,进行科学的空间组合,以减少就诊所需时间、手续为原则,使挂号、就诊、检查、诊断、咨询及相关治疗在一个相对明确的空间中进行,图2-9为某医院在

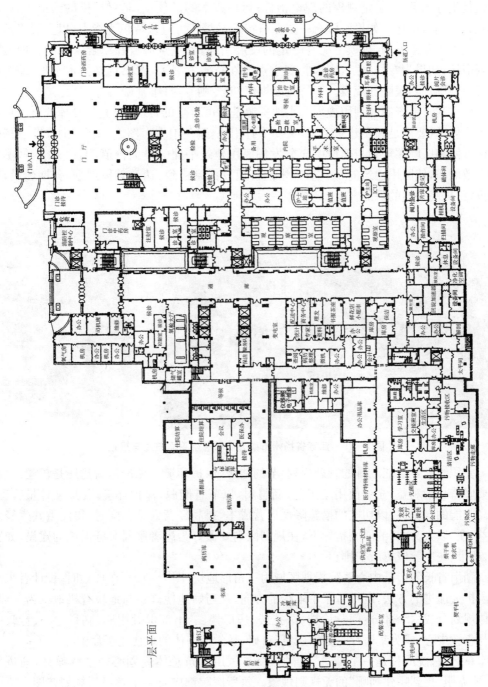

图2-9 某医院门(急)诊平面布局流程示意图

门急诊平面流程规划时,将门诊的挂号、就诊、取药及急诊的就诊、取药、医技系统相互连接,方便病人的候诊区域的流程安排。

五、效益性原则

医院规模受三方面因素的制约:专科特色是发展的动力,决定医院发展的方向;市场份额是生存的条件,确定规模的理论指标;运行成本的最佳点,是对规模的约束,三者之间互为影响与依托。如果医院有一定专科特色,规划时,应以特色为指引,以发展当地适宜性技术为基础方向,规模上应有一定的发展余地,着重点应放在结合未来的方向做好规划衔接;如果为专科医院,则应将着重点放在技术发展上,要以提高技术水平、缩短住院日为原则规划医院的规模。坚持适度规模,能专则专,打牢基础,积极发展。

要重视土地资源的利用规划。土地资源是不可再生的,规划要充分发挥现有土地的最大价值,既要满足医用建筑需求,又要节省用地,避免浪费。图 2-10 中的江苏省扬州市南方协和医院在规划与建设中充分发挥医用建筑平面的最大价值,不贪大求洋,不浪费有效面积,使医用建筑的每一平方米的价值发挥到极致;达到整体规划,分期建设,控制投资,提高效益的目的。

图 2-10 江苏省扬州市南方协和医院平面布局与规划

要积极做好节能减排的管理规划,节约能源,保护环境。无论是新建还是扩建医院,都要坚持长远利益,充分使用新工艺、新材料,以节省能源,保护环境;要加强计量管理,提高节能的自觉性,以切实的措施降低运营成本,提高经营效率。同时,要注重共生经济效益,在"以人为本"的原则指导下,在规划区内要做好为患者家属服务设施的建设,如宾馆、超市、花店等应有所安排。

湖南省长沙市某中心医院规划区域为三角形地块(图 2-11),在规划时,设计者采用层层扩大递进的方法,既维持了中轴线的方向,又巧妙地使规划与地块有机地融为一体。整体规划分成六个部分:门急诊楼、医技楼、病房楼、老干部保健中心、胸科中心、行政中心与急救中心,成为集医疗、急救、康复、科研、教学为一体的现代化医疗中心。

总之,医院成长是一个渐进完善的过程,医用建筑总体规划必须系统设计,渐进发展,要克服"想到哪建到哪"的无规则现象。每所医院都应有一个长远的规划蓝图。历史较长的医院,要在相对稳定的时期对医院未来的发展及床位的总体规模有一个基本评估,

图 2‑11 湖南省长沙市某中心医院规划示意图

并做好整体规划,在发展中,通过"合理破坏",使现实逐步与总体规划吻合;新的医院应一步规划到位,做好分期建设。在当地政府规划部门、专业规划设计单位的共同努力下使医院的建设发展按既有的规划落实到位,达到理想的目标。

第二节 医用建筑规划布局的基本方式

医用建筑规划布局的基本方式受医院编制规模、基地面积、地形方位诸因素的影响。通常情况下,有四种布局方式:

一、"序贯式"布局方式

医院规模以综合性医院标准为起点,基地面积条件优越,医院发展的方向明确,建筑规模有长远的安排,建筑单体采用多层结构,基本布局按照构成医院九大功能的基本要素,延中轴线以"医疗街"为连接点,按基本流程要求进行有序连贯的布局规划。这种方式称为"序贯式"布局方式(图 2‑12)。

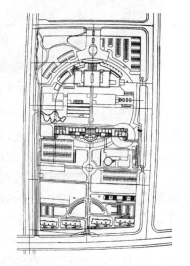

图 2‑12 苏州九龙医院的平面总体规划与效果图

序贯式布局方式的主要特点是：以医疗街为交通连接线，建筑单体按功能流程展开，分区明确，交道方便，发展可持续，并可进行合理的分区与分期衔接。此种布局方式，对地形的条件要求较高。以平铺式为主，以多层建筑为主，可以节省建筑投资，但对土地的使用不够合理。例如苏州九龙医院（图 2-12），在地形上具有先天的优势，基地形态方正，配套设施完善，位于新区的中心位置，因此，在设计上以完整配套为基本前提，以现代化理念为基本指导，做到了分区自然流畅，发展模块衔接，环境以人为本。医院总平面呈坐北朝南纵向规划，建设分期到位。

二、"点式品字形"布局方式

在医院床位规模较大，远景规划明确，基地面积较大时，为方便管理，医院将各功能要素采用分区集中式布局的规划形式。单体为高层建筑或多层建筑，按功能相近原则形成"点式"布局方式，相近的功能在相对集中的环境中展开，此种布局方式称之为"点式品字形"布局方式或半集中式（图 2-13）。

图 2-13　浙江省某市中心医院"点式品字形"布局示意图

这种布局方式的主要特点是：将医院住院部、门（急）诊、保障系统分区集中，满足了医用建筑功能要求，区域相近，要素功能集中，交通流线短捷，有利于工作的开展。这种布局方式需要有足够的土地面积，划区规划时，需要对长远发展做出整体安排。

如果土地资源情况允许，也可采取半集中的点布局方式，将功能联系紧密、接触频次较高的功能区进行集中布局，通过半集中的点式布局使医院的功能区既能满足现阶段要求，也能对未来的发展留有余地。图 2-14 为山东省某新建医院布局示意图。该建筑总面积 110 000 m^2。在布局模式上采用序贯式、半集中的布局。将门诊楼、医技楼及病房楼、行政及生活用房进行有序连贯展开。既明确了功能布局的划分，又通过多层连续的

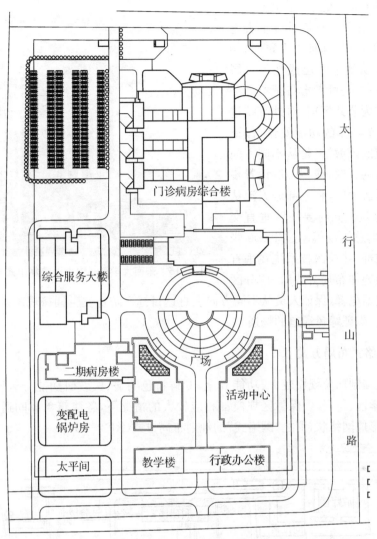

图 2-14　山东省某新建医院半集中的多点布局方式示图

主街联通,保证不同功能分区的便捷联系的相对独立。

三、"集中式"布局方式

"集中式"布局通常在医院编制床位多、基地面积受限的情况下采用。主要是将门诊、急诊、医技、住院部通过垂直空间的组合,形成综合单体。门诊、急诊、医技的功能区采用裙楼与单体连接,通过平铺与纵向叠加进行医用功能区的布局,谓之"集中式"布局(图 2-15)。

这种规划布局方式节省土地,充分利用垂直空间的功能组合,形成完整的医疗保障能力。但交通流线、洁污流线组织都比较困难,在综合性医院的建设中,一般情况下不宜采用此类方法。

根据已有的经验,叠加式布局的方式,由于基地面积相对比较小,地下一般为停车场或辅助设施,因此,在规划设计中要充分考虑人流量的分布与集散问题的解决。在平面交通的组织上,应从三个层次上考虑人员的流向组织。一是通过垂直电梯,直达地下通道,保证上下班时,相关人员直接从地下一层或地下二层进入工作区;二是可考虑将正负0一层的空间作为公共区域,对外直接进行流通,不作具体的功能安排,保证高峰期人流的疏散;三是从不同方向上进行人流的分散,或在二层设置步行通道与人流大厅,将一部分人流从二层直接分流。同时要注意垂直交通的组织,当总体规模超过1 000张床位的住院部,并与医技系统在垂直方向上采用叠加布局分式时,应分区

图2-15 东南大学附属中大医院集中式布局示意图

设置垂直交通电梯,保证人员从不同方向上直达目标。防止发生拥挤现象。并要充分考虑医患分流,保证绿色通道的畅通。

四、网络式布局方式

在医院编制床位规模较大、功能齐全、专科特色明显、医教研功能分区明确,且医院医疗区、教学区、科研区、保障区规模都相应较大的情况下,各建筑单体间通过交通路线进行连接,形成网络状,谓之"网络式"的规划布局方式(图2-16)。

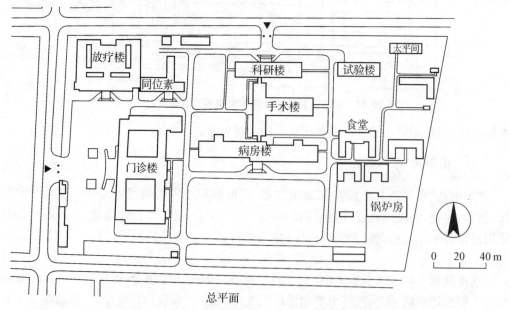

总平面

图2-16 河南省某肿瘤医院网络式平面布局示意图

这种布局方式既要求基地面积大,也要求有一定的医疗床位规模与专科特色,对于医院医教研氛围的形成十分有利。

医用建筑整体规划的布局方式,应在"科学合理、节约用地"的原则指导下一步到位。当基地面积较小时,应当通过建筑的高度进行调节,将不同医用建筑的功能要求,通过裙楼的连接,置于同一栋建筑中,留出一定的基地空间,给美化、绿化及未来的发展创造条件;即使在基地面积较大时,也不能无原则地进行平铺式设计,而必须合理确定分区,科学规划各建筑单体的布局及其相互关系。分期规划,做好单体位置的预留,满足门急诊及各医技系统、住院系统的相互衔接要求。以合理组织人流与物流,避免交叉感染,并根据不同地区气象条件,使建筑物的朝向、间距、自然通风和院区绿化达到最佳程度,为患者提供良好的就诊环境,为员工提供良好的工作环境。

第三节　医用建筑总体规模与建设阶段衔接

医院建筑的总体规模与建设的阶段衔接密不可分的,发展的阶段性与学科的成长是相互依存的,规划时必须把学科规划作为建筑规划的重要依据,有针对性地做好分期建设的衔接工作。如果总体规模为 500 床位,第一阶段为 300 床位,在建筑规划中就要区分外科床位与内科床位的比例,重点学科与一般学科的安排,大型设备购置的种类,科室的组合方式等。上述因素都会对设计任务中的建筑面积产生一定影响。

以一个 500 床位的医院分两期进行建设为例分析:

首期拟设置床位 300 张,建筑面积控制在 4 万 m² 以内,配套设施面积控制在 1 万 m² 以内,整个医院建筑及配套项目控制在 5 万 m² 以内。首期工程预计 4 万 m²,展开 300 张床位,通过两年建设投入运营。二期建设拟再建 200 张以上床位,具体建设时间视一期运营情况再行确定。首期工程的土建及医疗设备总投资不超过 2 亿元。

按国家《综合医院建设标准》,500 床位医院标准面积 41 500 m²(可在总面积上增加 12%);单立项目 8 730 m²(这是一个不确定数字,视大型设备的情况增加面积);合计应建面积 49 870 m²。上述面积主要包括以下五个方面:

1. 医院床位数　500 床位规模医院每床平均面积按 83 m²,计 41 500 m²。总面积中,包括七个部分:急诊部 1 245 m²,占 3%;门诊部 6 225 m²,占 15%;住院部 16 185 m²,占 39%;医技科室 11 205 m²,占 27%;保障系统 3 320 m²,占 8%;行政管理 1 660 m²,占 4%;院内生活 1 660 m²,占 4%。

2. 医院建设中的单列项目　①洁净病房 300 m²;②磁共振 310 m²、CT 及其他设备 200 m²,计划为 1 200 m²;③血透室 400 m²。此项合计拟为 3 000 m²。单列项目不在 83 m² 标准内,每增加一项,则相应增加面积。

3. 综合医院教学用房　如果规划医院未来为教学医院,可接受实习学员为 150 人,则每人要增加面积 4 m²,共增加 600 m²。如果是附属医院,面积则要加大。

4. 预防保健与科研用房　按工作人员总数确定。初期预防保健需加以规划,增加 5 个人的面积,以每人 20 m²,增加 100 m²。科研人员以研究所人员计,每人平均 32 m²。在一期建设时可不建,待医院发展到一定规模再行调整。

5. 健康体检中心　不包括在每床 83 m² 标准之内,在一期建设中,如果当地大型企业多、经济水平高,医院可将体检中心作为重点科室,以体检中心的规模为每日 50 人次,可建 400 m²,并将其列入单立项目内。单列项目计划增加面积为 7 850 m²,其中,一期安排 3 650 m²。

医院规划设计是一个有机的系统,既要考虑医疗建设,也考虑辅助区建设,同时将生活区建设作为一个部分,特别要考虑专家公寓及员工宿舍。以作为留住人、用好人的一个先决条件。

在 500 床位规划范围内,第一期门急诊及医技系统的建设按规划一次性完成,略有控制。住院部按 500 床位规划,应为 16 185 m²,一期先建 300 张床位。应减去 200 张的床位面积 6 185 m²。设计中可根据需要进行适当调整。医院发展到一定规模时,增建的主要是住院部。故一期拟建面积应控制在 40 000 m² 左右,不得有大的突破。具体安排见表 2 - 6:

表 2 - 6　500 床位的分期安排总表

序号	部门项目分类	面积(m²)	比例(%)	分期面积安排	
				一期	二期
一、规范规定面积分期					
1	急诊部	1 245	3	800	445
2	门诊部	6 225	15	5 000	1 225
3	住院部	16 185	39	10 000	6 185
4	医技科室	11 205	27	6 400	5 105
5	保障系统	3 320	8	2 500	820
6	行政系统	1 660	4	1 660	—
7	院内生活	1 660	4	1 660	—
	小计	41 500	100	28 020	13 480
二、单立项目面积分期					
1	体检中心	800		400	400
2	磁共振	310		310	
3	CT	200		200	
4	血透室	400		200	200
5	碎石机	120		120	
6	预防保健	200			200
7	专家公寓	1 500		1 500	—
8	洁净病房	400		200	200
9	高压氧舱	170		170	
10	教学医院	600		400	200
11	肿瘤中心	3 000		—	3 000
12	物业中心	150		150	—
	小计	7 850		3 650	4 200
	合计	49 350		31 670	17 680

表 1 - 6 中所列项目分为两个部分:一部分是《综合医院建设规范》中明确的 500 床位医院标准面积 41 500 m²;一部分为规范所允许的与医院从实际需要所安排的单立项目 10 000 m²(非确定数字,视医院大型设备的配置情况增加面积);合计应建面积 49 350 m²。其中又分一期与二期:一期为 31 670 m²,二期 17 680 m²。

上述估算,我们只从医疗区及各辅助功能区需要提出的一个面积计算,没有考虑地下室建设面积,如建地下室,要根据地方政府相关要求执行,并可将部分功能设在地下层,划区建设与一期建筑面积应妥善考虑,要坚持以人为本的理念,以方便管理为重点,并根据医院学科规划、内外科总床位数设置的依据,以知名专科为起点,逐步进行扩展,使医院在品牌的牵引下不断成长。

上述规划设计只作为一个参考。对于大型设备面积,我们应按首期可能采购的设备来计算面积,并有一定的机动。如医院未来可能建设肿瘤治疗中心及制剂室,则要相应增加面积及大型设备的费用预算,并要预留场地。

500 床位规模标准面积的分类安排见表 2-7~表 2-14。

表 2-7　住院部单元要素面积分配(16 185 m²)(m²)

要素名称	500 床标准面积	一期	二期
		300 床	拟建面积
公用部分	365	311	54
病房面积	15 224	10 000	5 224
产房	596	596	—
小计	16 185	10 907	5 278

表 2-8　门诊部单元面积(6 215 m²)(m²)

要素名称	500 床标准面积	一期	二期
		300 床	拟建面积
公用部分	1 664	972	692
内科	383	186	197
外科	451	298	153
妇产科	530	337	193
儿科	619	448	171
五官科	1 053	598	455
中医科	360	211	149
皮肤科	300	188	112
康复医学科	368	224	144
肠道门诊	212	186	26
肝炎门诊	162	112	50
麻醉科	113	113	—
合计	6 215	3 873	2 342

表 2 - 9　急诊部单元面积（1 245 m²）（m²）

要素名称	500 床标准面积	一期	二期
		300 床面积	拟建面积
抢救区			可分成人抢救区、儿童诊疗区、一般处置区
留观区			
输液区			
诊疗区			
辅助区			
办公区			
合计	1 245	800	445

表 2 - 10　医技科室单元面积（11 215 m²）（m²）

要素名称	500 床标准面积	一期	二期
		300 床面积	拟建面积
药剂科	3 048	1 700	1 348
检验科	1 075	550	525
血库	187	120	67
放射科	1 784	1 000	784
功能检查科	858	300	558
手术部	1 589	1 100	489
病理科	344	200	144
供应室	677	400	277
营养部	1 034	700	334
医疗设备科	619	330	289
合计	11 215	6 400	4 815

医技系统一旦形成规模后不宜轻易改动，因此，在规划时，设定的规模要有一定前瞻性，减少今后建设中拆改所带来的损失。在单独立项的面积中对这部分可加可减。

表 2 - 11　保障系统单元面积（3 320 m²）

要素名称	500 床标准面积	一期	二期
		300 床面积	拟建面积
锅炉房	761	550	211
配电室	260	150	110
太平间	137	100	37
洗衣房	498	400	98
总务库房	678	500	178

医用建筑规划

要素名称	500 床标准面积	一期	二期
		300 床面积	拟建面积
通讯	138	100	38
设备机房	450	350	100
传达室	44	44	40
室外厕所	47	47	
总务修理	195	150	45
污水处理站	91	91	—
垃圾处置	21	21	—
合计	3 320	2 503	817

表 2-12　行政管理用房单元面积（1 660 m²）（m²）

要素名称	500 床标准面积	一期	二期
		300 床面积	拟建面积
办公用房	1 000	1 000	
计算机用房	50	50	—
病案室	110	110	规范无要求
信息中心	100～500	200	设计规范
图书馆	300	300	
小计	1 560～1960	1 660	0

表 2-13　院内生活单元面积（1 660 m²）（m²）

要素名称	500 床标准面积	一期	二期
		300 床面积	拟建面积
职工食堂	900	900	—
浴室	100	100	—
单身宿舍	660	600	员工用房、物业等
小计	1 660	1 660	—

　　上述面积中，属于专家及员工用房为 3 160 m²。一期规划时，在医院周边还要规划相应的超市、宾馆、花店等服务区位置，应单列面积与预算。按照上述诸表 500 床标准面积合计 49 350 m²，一期（300 床）建设 31 680 m²，二期拟建 17 680 m²。

第四节　医用建筑整体规划与建筑单体的划区组合

在医用建筑整体规划中要注重各建筑单体之间功能的逻辑关系，做到区划合理，流线便捷，安全有序、相互连接、相互依托，形成医院完整的功能。

一、整体规划应根据基地的地形实际考虑单体的布局方式

图2-17所示为典型的山地丘陵，但由于规划合理，各单体建筑在总体规划中有序展开，保持了自然和谐。

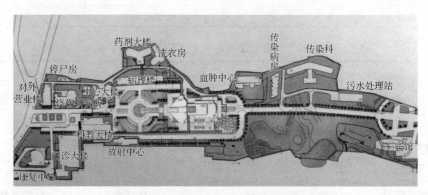

图2-17　重庆某军医大学附属医院总平面图

浙江富阳人民医院是一所新建的医院（图2-18），分为医疗区、科研区与后勤区三部分。在主入口处医疗建筑后退90 m，形成院前广场，在两侧设机动车停放处，并在其中设计小品及雕塑群，起到美化院区的作用。同时在医疗区与后勤区之间通过人工河的连接，使医院成为一个环境优美、建筑典雅、园林式医院。

图2-18　浙江富阳人民医院新址总体布局示意图

二、医用建筑应按功能分区有序展开

《综合医院建设标准》第十三条的说明中指出："综合医院建设项目由急诊部、门诊

部、医技科室、保障系统、行政管理、院内生活、科研和教学设施等九个部分组成。其中前七项是综合医院建设的基本内容，这些项目建成后，一所医院就可以投入使用，正常运转"，并要求在综合医院的建设项目中，建筑规模必须与所在医院的实际相结合，必须符合管理科学要求和医院自身实际，同时也有助于克服重视医疗业务用房，忽视行政管理和职工生活用房的现象。

按上述要求，按功能划分区域的具体要求如下：

（1）医疗区：建筑单体排列顺序为门诊部、急诊部、医技系统、住院部、中心供应室等。

（2）保障区：主要为营养部、采暖锅炉房、配电房、污水处理站、太平间、垃圾处理站、空调机房及设备维修部。

（3）办公区：主要是机关办公用房、会议室等。信息中心、图书馆、病案室也可与机关办公用房一起考虑。

（4）生活区：应有专家公寓、职工单身宿舍、员工食堂、招待所。

（5）其他：全院主出入口以三个为宜，一个在中轴线正南方向上，为主出入口，也为门急诊的主要出入口；一个为生活区出入口，并要考虑设置传达室，负责家属区信件的传递与门卫安全。太平间如设置于地下，则要考虑不与人员进出通路重叠，尽量安排专用出口，以消除员工心理恐惧。生活垃圾及医疗垃圾的出入口要独立设置，医疗垃圾的存放地要远离生活垃圾的出入口，有专人管理，存放区域要有独立的空间与感控措施。如垃圾处理站设置于院区周边，应设置边门，并与城市交通道路相连接，按时开放。

（6）教学科研区：综合医院一般均承担一定的教学科研任务。有的为附属医院，有的是教学医院。附属医院的重点学科，承担一定的临床科研任务，并对科研所的研究用房及教学用房都有一定的建筑标准要求，因此，无论担负何种性质的教学或科研任务，在建筑规划中，应将教学与科研用房作为一个主要方面进行规划，如医疗教研室、护理示教室、模具教学室、实验仪器室、图书阅览室等都要预作规划，以促进医院整体建设水平的提高。

图 2-19 为大型综合性医院各类功能要素与布局示意图。

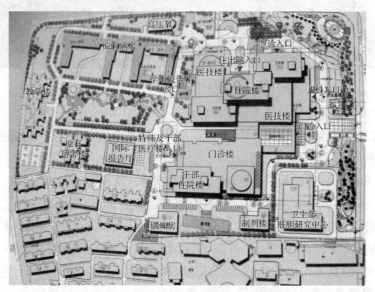

图 2-19　某医院整体规划各要素的布局

三、划区组合应在满足功能要求的前提下进行安排

建筑规模、地形地貌是组织建筑单体组合的依据也是对单体功能组合的限制。一般情况下,以划区方式确定建筑组合的连接。仍以我们曾进行规划过的昆明同仁医院500床位的规划与设计为例,该医院基地的地形是不规则的三角地块(图2-20),出口与主要交通干道并行。因此,在规划时,采用以中轴展开各层次的医用建筑,在门急诊处将建筑以半圆展开,使出口直接面向主要交通干线,既使建筑总体规划有规则展开,使主入口方向与主要交通通路相连接,较好地克服了基地自然状态存在的缺陷。同时,做好一期规划与二期规划的衔接,如手术部的二期发展要求,住院部一期与二期建设的平面布局上的连接方式,都需要妥为安排,既要满足现阶段医院发展的需求,同时也为医院发展打好基础。

图2-20 昆明同仁医院规划平面布局示意图

1. 医疗区 由三个部分的建筑单体组成。

(1)门(急)诊区域:分别为急诊部、门诊楼部、儿童门诊、体检中心、院感控科(即肠道门诊)、药剂科(仓库、摆药中心、门急诊药房、中药房及药局办公用房)等组成。

(2)医技系统:包括检验科、病理科、血库、放射科、功能检查科、供应室、医疗设备科组成。

(3)住院部:与其他建筑之间通过连廊进行沟通。总面积可根据总床位数、护理单元数、VIP病房及产房、公用房、手术部、供血室、中心摆药、住院结算中心、信息中心、消防控制中心、易耗品供应中心、大厅及裙楼、医用气体供应中心、学术厅等要素组成。具体面积可根据医院等级要求进行安排,规划时,应在总面积控制的基础上根据具体

医用建筑规划

情况安排具体组合方式。

2. 医疗辅助区的组合　最好为建筑群。主要包括：营养部、采暖锅炉房、供配电中心、设备用房、热水供应中心、设备维修中心、洗衣房、污水处理站、垃圾处理站、太平间、物业管理中心、浴室等。这些特定的功能，在深化设计中，可进行科学的组合调整。能成群的必须成群，能进入地下的可以安排下地，以节省用地，便于管理。

3. 行政办公区及辅助设施　可作为一个建筑单体进行规划。同时可将药局的办公用房及设备科的办公用房列入行政办公用房范围内进行设计。住院结算中心、信息中心、小商品供应、易耗品供应中心、消防安保监控中心位置应在住院部的适当位置设计。在设计中可根据具体情况进行调整。

4. 生活区　生活区可作为一个建筑群进行设计。主要包括专家公寓、单身宿舍、职工食堂。在进行规划时，必须考虑生活与管理的基础条件要求。当营养部与职工食堂作为一个小的单体进行建设时，可考虑将职工食堂与院接待中心一起作为整体要素进行规划。营养部必须与住院部相邻。停车场与绿化要求，按规划要点安排。规划时，则要按规范做好医疗建筑各区间的距离间隔，以保证有充足的光线，防止大板块对光线的阻隔，增加能源的浪费及后续管理成本的增加。

5. 科研教学区　最好作为一栋建筑单体规划，将教学、科研用房的空间需求集为一体，实现资源共享。新建医院在初始阶段为节省经费的投入，可在办公区域按教学需求预留空间，随医院的成长在时间成熟时与医疗功能区分离，独立成区。

近年来，某些大型综合性医院在规划建设中采取大板块的结构形式，将所有的医用建筑通过连廊组合成一体，这种方法对于交通流线的组织、人员往来的方便，内部的管理控制有一定的优点（图2-21）。但是给节约能源、区域安全管理、维修管理、安全控制都带来一定的不利因素，因此，大板块的结构组合方式，仍有值得商榷的必要。

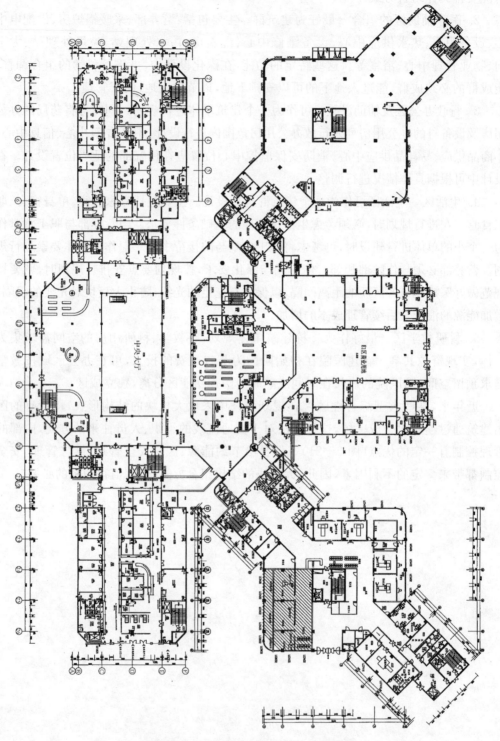

图 2-21 南京同仁医院平面布局示意图

第五节 医用建筑规划中交通流线的组织

一、平面交通流线组织

医院平面交通流线分为外部平面交通流线与内部平面交通流线。外部交通流线的组织一般有三种形式:①以"医疗街"为基础的"非"字形组织形式;②以"井"字形为基础的组织形式;③以"点"为基础的放射状组织形式。采取何种组织形式应以建筑单体的布局形式而定。如果建筑单体以点式布局,则交通流线以"井"字状为基本形式。这一组织方式以医院外部入口为连接点,以建筑为点,以道路为线,交叉构成医疗区域的平面交通枢纽。在"井"字形的外围,为外部车辆的通道,在其内侧,则为医院内部的人员、车辆、物资通道。如果建筑单体成序贯式布局,则平面交通流线是以"非"字形为基础组织,以医疗街为基础展开平面的交通流线。如果医院建筑成集中式布局形式,则外部交通流线采取放射状组织方式,以不同方向的道路与辅助建筑相连接。无论采取哪种组织形式,都要做好平面流线的区分:一是人员流线与洁物流线,以街或廊连接,为人员进出与物资保障提供条件。二是污物流线,内部交通出口与外界道路连接,以保证医疗垃圾、生活垃圾回收直接外运,防止洁污交叉,太平间的出入口要专门设置。

内部平面交通流线主要是建筑单体内部的流线与外部流线的连接。通过路或廊将单体相互连接成网络或以门(急)诊楼为基准,逐层进行平面连接,形成多层次的交通流线组合。通常情况下,一栋单体建筑的出入口要考虑五个方面的因素:一是人员的动线;二是物资的动线,三是污物的动线;四是生活保障的动线;五是需要相对区隔的动线,如儿科、感染控制科的设置等。外部交通流线要考虑上述五大因素,预留出入口,以保证医疗活动的整体的安全运行。

平面交通流线的组织总体要求:在规划区的大平面上,做好流线的区隔。对急诊、门诊、儿童门诊、感染控制科、医技系统流线要进行明确划分,合理组合,以方便管理。具体规划要符合下述原则(图2-22):

1. 原则一:方便医疗工作与各项保障的有效进行　医疗区、辅助区、工作区、生活区这四区之间要有一定的区隔标识,方便工作与生活,便于医院的日常管理。

医疗区的外围除有主入口外,在太平间所在位置的一侧的围墙上要留有太平间与垃圾站的出入口;如果太平间与污物处理站设置于地下室,则应有电梯通道或专用车道直达地下,以方便污物车与其他车辆进出。

注:此类设计方式应通过对进入通道的划分,明确各区域的走向,以提示就诊者与家属。

2. 原则二:坚持以人为本的服务理念　无论内部还是外部的平面交通,道路要平整,坡道要平缓,要预留残疾人通路,同时要设置路标指导向便于识别,有利安全。

上海市疾控中心总体布局中的流线(图2-23)的安排特点是各区域有分有合,自成一体,可收治不同病人,适当隔离,避免交叉感染。疾控中心是接受传染病人的场所,一般情况下收住结核、肝炎、麻风、暴发烈性传染性疾病等病人,部分疾病发生具有一定的不可预见性。该规划从充分发挥医疗设施功能作用考虑,其流程布局有以下特点:①分区处处体现以人为本,保护患者与医务人员的安全,对各类传染性疾病的诊治门诊实行分离,分区挂号、检验、诊治;

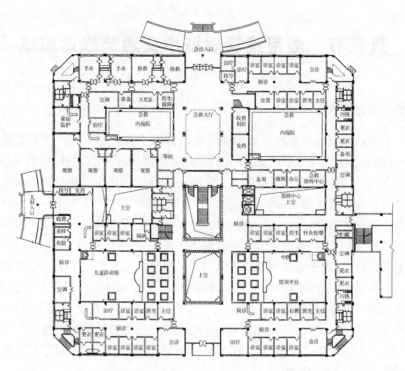

图 2‑22 某医院门急诊平面交通流线的组织布局流程图

②流程实行严格的感控流程管理,分区进入、医患分流。同时在总体设计上,要考虑一般疾病的诊治的流程转换,充分发挥卫生设施服务民众的功能,防止疾病诊治"空窗期"医疗设施的浪费。每栋病房楼周边可以进行围合,进行绿化美化;同时也可作为普通病房使用,具有任务转换的灵活性。这一种形式在基地面积较大时,可以采用。但从节省土地的理念考虑,有其局限性。

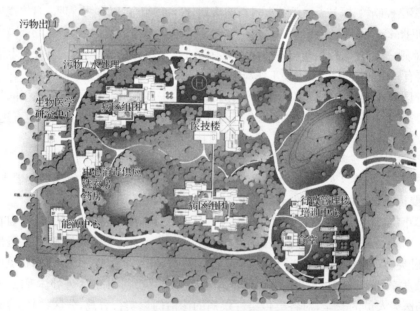

图 2‑23 上海市疾控中心交通流线组织布局规划图

3. 原则三:确保安全　要做好洁污流线的区隔,减少院内感染的几率。各区域流线的组织要求如下:

(1) 医疗区内要做好流线的区分与衔接:区分,主要是指工作人员的流线与就诊人员流线的区别;人的流线与物的流线的区别;洁物流线与污物流线的区别;外部流线与内部流线的区别;车流与人流线的区别,确保各部门、各类人员、各类物资的流线安全顺畅,各行其道。衔接,主要是指住院部与门急诊、医技科室与门急诊的连接;门急诊与医技部门之间的衔接;中心供应室与各相关科室的连接,特别是与手术部的连接。衔接要尽量做到路程短捷,标识清楚,就诊方便,便于医院实施管理。同时要注重医疗区整体环境的规划,注意建设成本的控制。

(2) 辅助区的流线:要注意不占用医疗区的主要位置。辅助区围绕医疗区展开,尽量在其边缘区,围绕中心,但不影响中心的规划,使之成为中心的一个卫星区域。如建有地下室时,辅助区的一些功能可以转入地下。污物的流向应向临近公路的一侧。如果医院的基地面积不大,辅助区在地下时,则在垂直交通的组织上要考虑洁污路径划分,不要影响主要保障通道,设计时要提出明确的要求。

(3) 办公区流线:应方便与外界的联系,同时便于院内工作的组织。其活动不应对医疗区的工作产生负面影响。

(4) 生活区内的流线:要把人员生活与休闲有机结合在一起,注意环境的整体设计,并安排好生活区与外界的联系。生活区大门应靠街区,其通道既要方便家属与工作人员出入医院,同时还要有通道直接进入医疗区。在生活区内要做好园林化规划设计,也要把专家公寓、员工宿舍与员工食堂路径设计好;同时还要注意把行政用房、接待用房与其他区域的路径的衔接规划好,使工作人员有一个舒适的工作与休闲环境。生活区的设计要引入社会化管理,防止医院办社会问题的产生。

二、垂直交通流线的组织

医院垂直交通流线一般分为四个方面:

1. 住院部的垂直交通流线　人的流线与洁物流线通过住院楼梯或与物流传输系统进行组织。污物与病人尸体通过病房消防梯(污物梯)进行传递,并与外界通道相连接。在住院部底层的两端,要留有与外界的通道,并能方便各类污物车进出(在规划时要加以注意)。病床梯设置于大楼的中部(如果一层为两个护理单元时)以 3~4 部电梯为宜,其中一部要为手术部专设。污物梯的设置在两端,每端一部。如供应室设置于住院部一层时,污物梯一端要与供应室相连接。同时要考虑洁净物品向手术部传递的通路。

图 2-24 为手术部前区设有家属等候区的电梯厅。

图 2-25 为工作流线与访客流线相分隔的垂直交通组织方法。

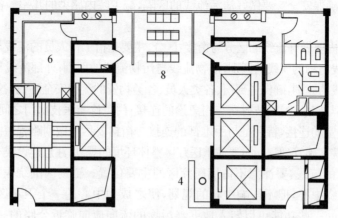

图 2‑24　新建住院部垂直交通电梯组织方法

注:东西两侧各为一个护理单元,护理站直接面对电梯厅。在护理单元床位较多时可采用上述组织方法。但是在实际应用中管理风险较大。

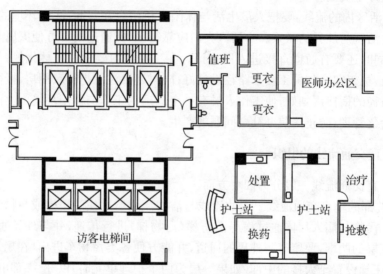

图 2‑25　工作流线与访客流线相分隔的垂直交通组织方法

在垂直交通流线组织方法上要充分利用平面的连廊改造将两楼之间的垂直交通组织起来,达到资源共享的目的。图 2‑26 所示为在原病房电梯间外侧加装 4 部电梯,使每个护理单元达到 5 部电梯。同时在两楼之间通过连廊沟通,既方便工作,又有效地利用了资源。

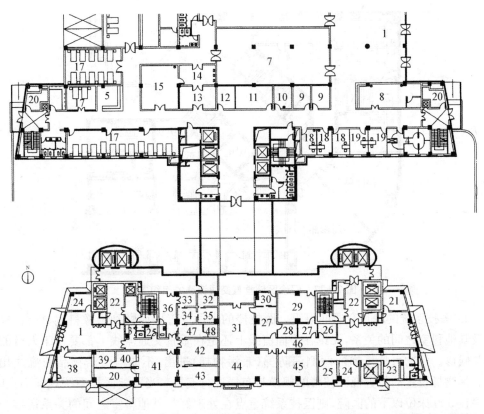

1. 门厅　2. 挂号收费　3. 药房　4. 生活区　5. 护士站　6. 输液区　7. 抢救　8. 急诊
化验　9. 诊室　10. 牙科　11. 女更衣室　12. 男更衣室　13. 清疮间　14. 洗消　15. 手
术室　16. ICU　17. 观察室　18. 诊室　19. 医生办公　20. 空调机房　21. 保卫
22. 电梯厅　23. 库房　24. 值班　25. 暗室　26. 片库　27. 控制室　28. CPU　29. 急
诊机　30. 登记　31. CT机　32. 放射源室　33. 注射　34. 标记　测量　35. 储存
36. 候诊　37. 洗涤　38. 消防中心　39. 储片库　40. 干燥室　41. 示教，读片　42. 主机
室　43. 计算机　44. 整理，读片室　45. CT器械室　46. 放射中心　47. 踏车试验
48. UPS

图 2-26　住院部与门诊区相邻时两栋建筑之间的电梯互通性

2. 门(急)诊部的垂直交通流线的组织　急诊部的通道必须专设,内部的通路与门诊及医技科室相邻。路径要最短。垂直交通的组织要与门诊统一考虑。大厅最好设置扶梯,以解决就诊高峰期人员的分流。如不设置扶梯,则每栋建筑的垂直电梯不能少于三部医梯,两部用于人梯,一部用于消防。在急诊与门诊的消防梯附近适当位置设一部污物梯,以方便各类车辆出入。门急诊的走廊宽度适当放宽,但要满足功能空间的面积。在楼与楼相互连接部可作为医疗街进行设计,如花店、超市、商务中心、眼镜店等,其层高及门宽按规范要求设计。

近年来,在一些医院门诊规划中,垂直交通以扶梯形式为主,这在面积较大、门诊人数较多的医院是必要的。图 2-27 为基地面积受限、门急诊的垂直高度较高时,在入口设置电梯五部,以快速分流就诊人员的方法。

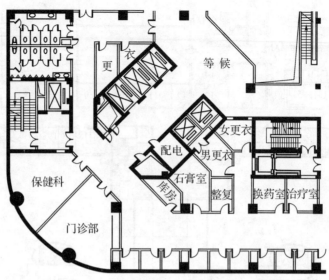

图 2-27　门诊区域垂直交通流线的组织方法

3. 医技系统的垂直交通的组织　医技楼的大厅设置要照顾到影像科、病理科、检验科及其他科室之间的关系,无论在平面流线上还是在垂直交通流线上都要便于人员的进出与候诊。污物可从楼梯的两侧消防梯(兼污物梯)进出,不能与清洁物品的流线相重叠。污物梯设置的位置视医技楼的规模与布局进行安排。当医院医技系统规模不大时,如果在 500 床位以下的医院,则医技系统重点在处理好与其他科室之间的关系衔接。如病理科与手术部之间的路径;影像科与门急诊之间的路径。检验科与门(急)诊之间的路径,无论在垂直交通处理上还是平面交通的连接上能够有效互通。

4. 住院部、门(急)诊、医技系统平面交通与垂直交通互通性组织　当医用建筑群成板块状集中布局时,门(急)诊、医技系统通过裙楼平面连接,达到平面与垂直的互通(图 2-28)。

三、建筑单体的外部环境与交通流线的组合

医疗环境既是患者就医治疗的场所,也是工作人员进行诊疗活动的空间。流动是绝对的,静止是相对的。但是从流动的频度上,门急诊的频度大于病房,这是因为每一个就诊患者在门诊过程中,从挂号到完成整个治疗过程,可能在楼与楼之间、上下之间有多个频次(例如挂号、就诊、缴费、检查、医生确诊、缴费、取药,有时还需要再次检查)。而住院病人在医院内活动的频次相对要少些,但是所需要的医疗环境与流线比门(急)诊病人要求要高。如住院活动场所、家属接待场所,都是在流线规划中要加以考虑的。因此,当规划建筑单体的外部环境与交通流线时,对外部环境要求是:舒适、美化、绿化、人文化。对交通流线的要求是:便捷、顺畅、方便,为医患提供一个和谐、健康的视觉与流畅的通路(图 2-29)。

四、关于污物流线的组织

在医用建筑中,为防止交叉感染与环境污染,对于医疗废物处理除按规定程序交由

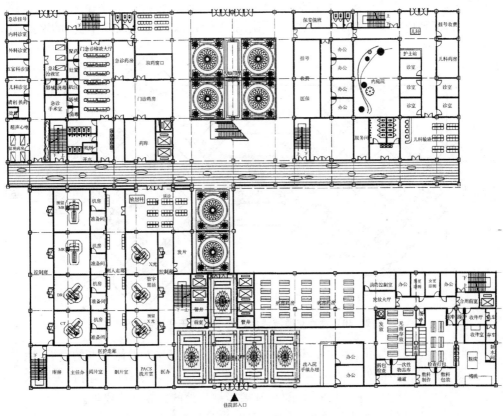

图 2-28　河南焦作某医院门急诊与住院部垂直交通组织方法示意图

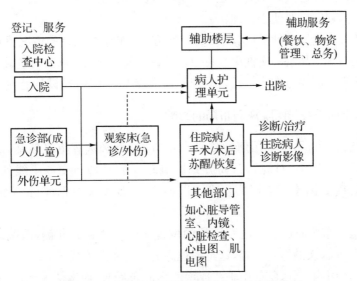

图 2-29　医院各部门外部流线之间的连接关系

卫生行政管理部门指定的医疗垃圾处理部门进行处理外,在医疗废物运离各医疗场所时,必须沿规定的路径运出,到达集中管理的场所。因此,在各医疗建筑中,必须设置污物通道。一般情况下有污物专用电梯或污物通道(图 2-30)。通道的流向:一是手术部与供应室关系;二是供应室与各临床科室洁物补充路径与污物运送路径区分;三是遗体运出住院部的路径与太平间的连接,这是在医用建筑设计规划中要加以综合考虑的重要方面。

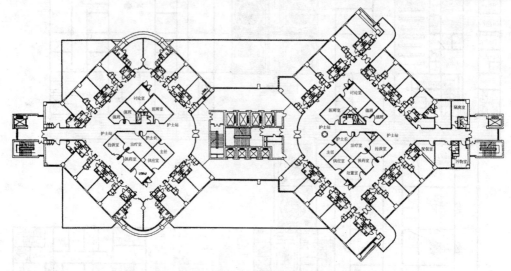

图 2 - 30　垂直交通流线中污物电梯位于住院部两侧

外部环境除庭院绿化、美化外,还要注意停车场的设置与人员休息点的设置,以满足陪护人员与休养人员的外部休闲空间的需要。停车场要按当地政府部门相关要求进行设计,景点设计除要注意季节性的要求外,还要吸纳当地的民族文化要素。

交通流线在建筑的单体与单体之间的通路可以通过连廊进行沟通。如单体邻近,则各楼层之间通过连廊连接。垂直交通通过电梯进行沟通。各单体与外部的连通要有专用通道,设置为双开门,要便于管理。

交通流线可以运用多种手段,在物资运输方面,在经费允许的情况下可考虑设置物流传输系统。一些检品及一次性用品可以使用这一运输手段,减少人工成本,节省时间,减少感染的几率。但要考虑成本投入与当地人力成本的比较,在设计上预留出空间。

五、城市交通干线与医院规划布局的影响

医用建筑的规划无论采用何种规划布局方式,都必须尊重自然基础条件,因势利导。在实际规划布局中,对规划布局方式影响较大的是城市交通干线的走向,是影响布局的形式的重要因素,当出现上述情况时布局形式应根据实际情况进行适应性调整:

1. **主干道成东西向贯通**　医院理想的位置应位于道路的北侧,医院通过中轴线调整,使建筑单体成梯次的组合配置,这是最理想的一种布局方式(图 2 - 31)。但如果医院的位置在干道的南侧,当医院的中轴线成南北纵向布局时,而南侧无出口,左右两侧又距两侧交通干线较远时,医院主出入口的选择可有几种方式:①是在政府规划部门的协助下,按照城市交通规划的总体要求,调整医院主入口的方向,在医院南侧另辟道路;②如果不可调整应将主出入口放在北侧,将门急诊的出入口调整为东西两侧边门进入,向北部进行通透式设计,避开冬季的严寒天气对建筑物的影响,确保医护人员与就诊者的舒适性与安全性。

图 2-31　主入口为南侧,医院建筑布局成品字形展开布局示意图

2. 主干道成南北向贯通　医院位置于主干道一侧,医院中轴线成南北向布局,理想的方位上无出入口,需要将主要入口面向道路的一侧或另一端。此类地块的规划在确定中轴线方向后,医院可以按门急诊、医技、住院部的纵向布局进行单体的规划,但是要将门急诊靠近主通道一侧,形成一种偏正式布局。即:门诊、急诊的大门可面向主交通入口,但病房仍采面北向布局;并在正侧面设置医院的出入口,保持医院整体布局的规整性(图 2-32)。

图 2-32　主入口为东南侧医院建筑为集中布局示意图

3. 医院位置在南与东两个方向上均无主要出入口,只有北与西两个方向有出入口,这时规划的中轴线仍以南北向为主轴展开,建筑朝向仍采用坐北朝南,建筑依次在中轴线两侧展开,门(急)诊通过连廊进行连接,江苏仁义医院采用此布局方式达到了理想的效果(图 2-33)。

图2-33 主入口在西侧医院建筑布局中轴线为南北方向布局示意图

4. 地形不规则,且高差较大 受地形条件的限制,整体规划则应在中轴线确定的前提下,以医疗流线最短捷为原则,进行相关医用建筑单体的布局规划,既要满足医用建筑总体规模的要求,又要使整体布局的安排成为一体。在这种地形上进行规划时,应依山就势,保持建筑与自然的和谐一致,不要刻意为追求平整一致,大开大挖破坏原有的自然生态。图2-34为上海华山医院总平面图,该院受市区用地环境限制,因地制宜,逐步改造,通过拆迁,拆一块、建一点,使规划从无序走向有序。

图2-34 基地面积受限时的医院建筑布局示意图

5. 建设规划的地形较规整,且交通主干道位于医院主出入口方向,在中轴线确定后,其医疗建筑的布局按坐北朝南依次展开,一次规划到位。

第六节 医用工程相关系统设计的原则要求

医用工程的规划与建设,涉及的范围十分广泛,除共性特点外,专业要求十分严格。因此,本节只从一般要求上作简要概述。具体内容将在后面各章节中作详细讨论。

1. 强电系统设计 按综合医院建筑设计规范,医疗区实行双回路供电,手术部要重点保障,如当地无法保障双回路供电,医院要自备发电机组,并有专门区域专人保障。

2. 弱电系统设计 系统设计范围:①综合布线;②楼宇自控系统;③安全防范与一卡通系统;④会议系统;⑤病房传呼系统;⑥卫星电视系统;⑦机房设备控制。本书将以专门章节对弱电系统进行论述。

3. 净化新风系统设计 应按医院不同区域,不同净化的要求及标准进行设计。一般情况下,医院应实行集中式供暖与供冷。新风在各楼层分别设置,最好进行吊装,不要占用主要空间。除正常的空调系统外,有条件的单位,应建立一个小型的四管制空调系统,综合考虑在过渡季节手术室、ICU、NICU、PICU、产科产房、计划生育手术室等区域的单独供暖与供冷,以节省能源。这一要求,在不同地区有不同的要求。具体参见当地热能供应系统情况资料。

4. 空调系统 医院空调系统与一般民用建筑不同的是不仅有常用的供冷、供热及热水系统,而且对温度、湿度、新风量及气流形式均有不同要求,特别是手术室、计划生育室、ICU、住院部、生化室,在不同的季节有不同的需求,因此,在建筑规划中对各系统要进行统筹安排,特别是南方地区的手术部、ICU、妇产科,在温度方面有季节性的要求,当住院部不需要空调时,而其他部位必须解决供热与供暖问题。因此,在空调设计的初始阶段,必须考虑在手术部设置四管制空调,并增加相应容量的热泵机组,充分考虑要与ICU、产科门诊的连通,以节省季节性的空调开支。

5. 供水系统 全院供水系统与外部自来水管网连接,各单元设计计量系统,以便独立核算。消防储水系统应按相关规范进行设置,可放在地下室适当位置,如设计在室外时要做好防漏、防冻措施。

6. 污水系统 医疗区、医技区及医疗保障区的污水接入医院污水处理系统,按国家相关标准进行处理后排入城市污水排放管道;办公区、生活区污水直接排入地方排污管道系统。在设计地下污水管道时,要加大一级管径设计,以保证排放的畅通,并为今后扩大规模预作准备。

7. 热水系统 凡有条件的必须在全院设计热水供应中心,实行统一供应。开水系统,可以考虑在住院部的大楼顶部设置开水供应装置,统一对住院部供应。也可以在各诊区分别设置开水炉,以节省开支。在设置热水系统时,要考虑到手术室、产科、儿科、计划生育室与供应室的使用要求,可以加装专门的系统,对上述两个区域实施供应。

8. 纯水系统设计 应根据血透室、口腔科、检验科、中心供应室、手术部的规模大小与设备的多少,设置纯水处理系统,由专业公司具体设计,在规划设计中要预留设备空间。

9. 垃圾处理 在医院辅助区集中设置垃圾处理站,除生活垃圾集散区外,还应设立医疗垃圾集散区。属于固体医疗垃圾,由当地卫生行政部门指定的机构进行集中处理。如当地卫生行政部门无专业机构进行处理,在医疗辅助区的适当位置要设置医疗垃圾焚烧处理站。

10. 其他 综合医院建设中的消防设计、人防设计、医疗废物与生活垃圾设施的要求,要根据当地条件,在具体设计中与当地有关部门进行协商。涉及环境保护事项要以当地环境保护论证的结论为依据。

第七节 外环境设计

医院外环境设计,除建筑外立面对环境的影响外,院内的假山、雕塑、亭榭、绿化、灯光对于营造院区整体和谐、舒适、温馨的氛围,为患者创造共同活动与交流的空间,增进健康,激发患者产生恬适的心理是极为重要的。外环境设计的总体原则为:着力做好绿化、美化的设计,达到园林化的标准;创造舒心、安全、宜人的环境,达到环保的标准;通过树木、灯光、标识的定位,使医院环境有明确的指向性。

1. 医院园林化的建设 住建部在《综合医院建设标准》中提出了明确的要求,江苏省卫生行政部门在对综合医院评价指标中,将绿化作为基本建设的一项重要指标加以评估,原则上,绿化面积要占医院基地面积的35%,应进行绿化的面积必须达到100%。通过环境设计,做到道路畅通、环境舒适、空间布局合理,小品典雅,绿树成荫,成为公众与住院患者治疗休闲的去处。外环境设计要尽可能与所在城市的人文景观、自然生态相结合,做好衔接设计(图2-35、图2-36)。

图2-35 | 医院外环境整体规划示意图

图 2-36 医院外环境的绿化区的一角

医院的园林化建设,由于各医院因基地面积的大小不同,园林化的要求应有所区别,但应尽量将可绿化的空间根据当地季节性特点,进行不同树种及各种不同植物的配置,凡有条件的应尽可能做好房顶绿化,使整个院区达到春有绿、夏有阴、秋有果、冬有青。在空间较大院区,则应进行开放性设计,将院区与整个城市的景色融为一体,通过廊、亭、榭、桥、水、石、绿的组合,形成医院的自然人文景观。成为患者康复的辅助环境。

图 2-37 医院外环境中的连廊示意图

2. 应将院区交通流线设计融入外环境景观设计之中 在绿色的环境中,在交通流线的特定的点上,通过绿地、坐椅、亭榭的围合,形成各种不同组合的公共空间,让患者进行休闲交流,并能具有一定的私密性。同时,要从院区安全性考虑,对于公共通路上的消防通道、汽车停车场、自行车停放点都应详加考虑(图 2-37)。一般情况下,要通过地下出入口的设置,使车辆的进出,远离休闲区域,防止对患者的休闲产生干扰,也要保持院区绿化的整体性与观赏性(图 2-38)。

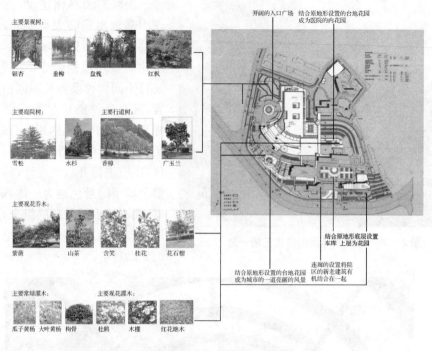

主要景观树：
银杏　垂柳　盘槐　红枫

主要庭院树：　　　　主要行道树：
雪松　水杉　香樟　广玉兰

主要观花乔木：
紫薇　山茶　含笑　桂花　花石榴

主要常绿灌木：　　　主要观花灌木：
瓜子黄杨　大叶黄杨　枸骨　杜鹃　木槿　红花继木

开阔的入口广场　结合原地形设置的台地花园
　　　　　　　　成为医院的内花园

结合原地形底层设置
车库 上层为花园

结合原地形设置的台地花园
成为城市的一道亮丽的风景

连廊的设置将院
区的新老建筑有
机结合在一起

图 2-38　环境设计中的绿化道路参照图

3. 外环境设计中的生态性　除绿化、美化的园林标准外，还必须考虑特殊建筑在外环境中的位置。如生活垃圾站、医疗垃圾回收站、污水处理站、洗衣房等，对于这些建筑的位置，如在地面建设时，除应加强外立面的装饰设计与周边环境相融合外，在通路的处理上应与医疗区保持适当的距离，并对污水与污物的处理严格进行消毒处理，确保环境的生态安全。

4. 外环境设计中的标识性问题　①医院所在区域的方位指向。大型综合性医院凡有条件的应在楼层最高处以霓虹灯标明医院的名称，使周边群众或远道而来的患者，有一个明确的方向，易于到达目的地。②院内主体建筑的指向。在院内的主体建筑与其他建筑的主从关系，要通过周边亭、榭及大冠盖的树木为引导，使患者进入院区能识别医院建筑的主从与方向。③各功能楼宇的指向。在楼宇外部要设置诸如：外科楼、内科楼、医技楼、外宾楼之类的符号，使外来人员通过目视，可自行寻找到达的目标。同时，也可以在行进的路径上，通过假山或石刻进行目标指向，既美化环境，又达到指向明确的目的(图 2-39)。

图 2-39　医院地标性显示图

5. 环境设计中的色彩协调性　建筑外立面色彩搭配应统一协调、简洁明快、相对固定,防止片面追求效果而忽视色彩协调和节能环保。建筑内部环境色彩搭配应该符合视觉心理的自然规律,有益健康。在选用绿化品种时,充分考虑维护费用和养护能力,应选用易生长、宜维护,且具有观赏性或保健功效的树种与植物,力求做到经济、自然、协调。

6. 诊疗场所环境建设必须满足医院功能要求,防止交叉感　门(急)诊候诊区域,应有适宜的绿化,以及等待、休憩、疏散的空间和设施,让患者在等待中,分散精力,减轻疲劳。诊室内应尽量有自然光线,要清洁、安静、方便、有序,墙面或地面可以采用淡蓝色,以减轻医生的疲劳和病人的紧张感,有利于调节病人紧张焦虑的情绪,保护病人隐私,有利于病人康复。医技检查是连接门诊病人和住院病人检查的重要部门,检查的路线一定要清楚、便捷、明确,环境布局一定要简洁、易清洁,色彩以淡雅、明亮为主。

7. 住院部的室内环境　应充分利用自然阳光、自然通风,主建筑的出入口应设置节能减排的缓冲区;走廊吊顶净高不应低于2.4 m;护理单元的重要出入口应设置门禁系统,以方便管理;地面尽可能选用软性材料的地板;手术室或监护室等应该整合各类的插座,方便集中使用。在住院部内要尽可能设置一定的园林绿化区域,方便病人的户外活动,创造一个自然、和谐、优美的空间环境,达到回归自然、放松心情的效果。

8. 环境灯光的设置　不宜过多过密,防止形成光照污染。公共区域可以选择节能环保型灯具;病房内要求开灯就要达到一定的亮度,方便夜间的治疗。在手术室等特殊部位,可采用集程控制的方式,让医务人员可自主调节照明的亮度和背景音乐,让医务人员放松紧张感,减轻疲劳。

9. 住院部各护理单元应考虑医患工作与生活的便捷。除基本医疗空间设置外,应有配餐间、晾衣间、医患谈话间、就餐间、物业人员工作间、医护人员休息间、公共卫生间等。

第八节　工程概算内容

在规划设计中,要紧紧围绕医院建筑的总体规模、重点学科设置,医疗设备及信息系统的规划,绿色建筑的标准实施,坚持用系统的观念,效益的观念、绿色的观念进行整体的规划与设计。在总预算的规模下加速医院建设。一般情况下,医院在进行建筑投资时概算主要包括表2-14内容:

表2-14　医院工程投资概算表(参考)

序号	名　称	计量单位(m²)	单价(元)	合计(万元)	备　注
1	地质勘探			40	工程勘察设计收费管理规定(计价格[2002]10号)
2	规划设计			30	工程勘察设计收费管理规定(计价格[2002]10号)
3	工程设计			300	工程勘察设计收费管理规定(计价格[2002]10号)
4	工程质检费			8	

序号	名　称	计量单位(m²)	单价(元)	合计(万元)	备　注
5	工程监理费			120	建设工程监理与相关服务收费管理规定(发改价格[2007]670号),按照工程建设投资额取费
6	人防设计费			20	工程勘察设计收费管理规定(计价格[2002]10号)
7	燃气设计费			3	根据燃气公司的工程内容来确定
8	市政设计费			4	工程勘察设计收费管理规定(计价格[2002]10号)
9	基础工程等			200	
10	基础设施费用			120	建、安工程费的0.80%
11	白蚁防治费		0.7~2.3	5	苏政发[1996]35号
12	施工图审费	30 000	2	6	苏财综〔2005〕110号、苏价服[2004]26号、苏价综[2004]11、苏价服[2005]146号
13	环境评估费	30 000		5	国家计委、国家环保总局关于规范环境影响咨询收费有关问题的通知(计价格[2002]125号)
14	土地登记费	30 000		8	关于规范土地登记费收费标准的通知(苏价房【1999】134号、苏财综【1999】81号)
15	室外配套费	道路、绿化面积	100~200	200	
16	土建工程	30 000	1 000~1 500	4 500	
17	内部装修	30 00	500~1 000	2 400	
18	空调系统	30 000	400	1200	
19	强电系统	30 000	400	1200	
20	水系统配置	30 000	300	900	
21	弱电工程	28 000	300	550	
22	信息工程	28 000	300	450	
23	电梯设备		4万~5万	500	
24	电梯安装费			50	设备费10%~12%
25	医疗设备			3 500	
26	医用气体	床位数	3 000	150	
27	传呼系统			60	
28	医用办公家具			280	
29	医用小器械			180	
30	医用家具等			300	
31	办公家具			200	
32	手术部装修	(间)	80万	500	

序号	名　称	计量单位 m²	单价(元)	合计(万元)	备　注
33	供应室装修	/m²	3 000	120	
34	产房等装修	/m²	3 000	100	
35	ICU 吊塔等	每床	20 万	100	
36	影像科防护	/m²	2 000	40	
37	体检科装修	/m²	2 000	40	
38	标识系统	项	1	60	
39	污水站设备			50	
40	物流系统			100	
41	发电机组	项		50	
42	供电贴费	kW	220	660	
43	城市基础设施配套费	/m²	150	450	宁价房[2007]22 号、宁财综[2007]38 号
44	造价咨询、跟踪审计		1.2%	150	
45	工程管理费		1%	150	
46	不可预见费		5%～8%	500	
	合计			20 659	

《综合医院建设标准》中,对医院建筑工程的造价计算方法提出了"按建设地区相同建筑等级标准结构形式住宅平均造价的 1.5～2.5 倍"的一个公式,我们在初版中,曾根据江苏地区域 2006 年的相关物价水平及医院建筑工程的基本要求,按照一个 30 000 m² 规模的医院工程做了一个统计,罗列了概算的内容。初稿出版以来,由于新材料的使用与区域物价的调整,也带来的工程概算内容的改变。本次再版,我们根据 2007 年江苏及南京地区相关物价的变动水平与政策性因素,对本节的概算内容也作了相应的调整。由于各地区的物价不平的不同,我们所提供的概算内容与标准,均参照江苏地区的相关标准,仅供读者参考。

第三章
门（急）诊部的区域规划

医院门（急）诊区域是由众多功能要素合成的建筑单体或建筑群，是患者最集中、流动最频繁的区域，合理的空间布局，科学的功能分区，严格的流程设置，是使之形成完整能力的关键性工作。本章就门（急）诊建筑单体规划与分区、公共区域、综合内科与综合外科诊区、儿科门诊区、眼科门诊区、口腔科诊区、耳鼻喉科诊区、妇产科诊区、中医科诊区、皮肤科诊区、康复医学科诊区、健康管理中心区、门诊手术区、门诊辅助区等区域规划的一般性与特殊性要求进行分析与研究。

第一节　门（急）诊部建筑单体规划与布局

综合性医院工程建筑中，如果门（急）诊作为建筑单体进行规划，通常情况下，要考虑建筑体量、交通流线、医疗功能分区、公共区域诸因素的系统构成。

一、关于建筑体量与分区功能一般要求

门（急）诊区域在医院建筑总面积中，占医用建筑总面积 18%。其中：门诊建筑占总面积的 15%，急诊占建筑总面积的 3%。一般情况下，门（急）诊作为建筑单体进行规划，主要出入口位置处于城市交通的主要干道。通常政府规划部门通过规划红线对建筑高度、外部造型主次入口的方向有概略性要求。当城市规划对建筑高度严格限制时，可以进行平铺式设置，如果城市规划不限制建筑高度时，为节省土地，可以"叠加式"方式进行规划，且其内部功能不限于门（急）诊时，可按高层建筑布局的方式进行规划；如果规划以门（急）诊为主时，一般以多层建筑为宜。一个 500 床位的医院，门（急）诊建筑总面积一般为 1.2 万 m^2。建筑层次 4～5 层为宜。各楼层的安排一般规律为：一层门诊公共区域、急诊区、儿童诊区、门诊药房、急诊药房、急诊检验区等；二层外科诊区、门诊手术区、内科诊区、皮肤科诊区、中医科诊区、功能检查科；三层为口腔科诊区、眼科诊区、耳鼻喉科诊区；四层为康复医学科、体检中心、会议中心等。如果医院规模较大，门诊建筑的规模则相应扩大，科室的安排可进一步细化。有的医院将血透中心也纳入门诊建筑规划的范围内。这些应根据医院建设与发展的需求统一安排。

二、门（急）诊的交通流线安排

门（急）诊的建筑一般均面向城市的主要交通干线，通常外部的入口有四个：门诊入口、急诊入口、儿科门诊入口、感染控制科入口，如果感染控制科设在院外，则门（急）诊入

口不得少于3个。主入口位于建筑正门,其路径也可直达急诊。急诊入口位于交通主要入口的一侧,所有车辆可直达急诊大门,急诊大门可以直接面对入口,也可侧对入口,以方便急救车辆进入为原则。儿科作为一个独立的区域,可以考虑有两种设置方式,一种是儿科作为独立区域其内部挂号、就诊、化验、划价收费、取药能形成"一站式"服务,这是最理想的形式;如果不能,则应与门诊取药、收费建立通道。在门诊内部的流线上,垂直交通可通过电梯、扶梯直接使患者到达目的地,每层通过连廊将不同功能区域连接成一个网络,与医学影像科、病理科、检验科、血库、住院部建立通道,以方便患者。同时要加强感染控制流程的管理,在门诊各个区域的末端建立专用污物通道,所有污物集中管理、集中存放、集中运输、集中处理,确保安全。

三、门(急)诊医疗功能分区应按医疗流程的关联性进行衔接分区

不应单纯考虑科室面积大小,更要考虑与其他专业相互支持的路径。如外科系统要考虑与门诊手术室的流线连接;妇产科门诊要考虑与计划生育门诊的衔接;眼科要考虑与准分子激光手术室的关系与路径;泌尿外科要考虑碎石机房的距离;消化内科要考虑与腔镜中心的关系;急诊科是一个相对独立的科室,其功能流线,不仅自身要形成完整的体系,还要考虑到与手术室、ICU之间的通路关系。这些问题在门诊区域规划时均要加以规划,以节省人力与成本,使之形成完整的功能分区。

四、门(急)诊公共区域应展示医院的形象,保持与外界的接触需要

如接待区、导医台、医保办、医患协调办等,均应考虑其位置安排与形象展示。本章将进行专门分析论述。

第二节 门(急)诊公共区域规划与布局

一、门诊公共区域规划设计的一般要求

医院门(急)诊公共区域分为:接待区、导医台、医务协调办、门诊挂号及划价收费处、住院处、门诊办公区等。

图3-1 南京同仁医院门诊挂号、收费、登记、药房局部图

接待区的功能是对首次来院就诊人员进行相关信息采集、接待特约挂号人员、协调相关工作等。因此,其位置应设于门诊入口处,并预留一定的空间作为医院警务室,用于警务人员办公。接待区最好采用开放式,柜台高度要适当,以方便医患沟通与信息采集。日门诊量比较大的医院,接待区要稍大些。并配置强电与弱电接口若干,以方便计算机、打印机及电话的安装与使用。在接待区的大厅内,应以厅柱为依托,安装强电与弱电插座,为医院信息查询系统的设置与安装提供条件,以方便患者自助咨询。

导医台用于提供导医咨询、信息收集、资料索取,其位置一般以门诊大厅的正中为宜,如大厅用于商业运营,也可设置于门诊大厅的一侧。柜台高度要适宜,可采用半圆或L型设计,并应有放置相关宣传资料的装置,为导医人员展开工作提供条件。

医务协调办是医院进行医患纠纷处理与沟通的场所,应设置于门诊较为隐蔽的区域,在接待空间与办公场所,应配置必要的监控设备、录像录音设备,并与医院监控中心相连接,做好资料的收集保全及工作人员的安全保护。

医保办公室位置要与门诊住院处邻近,主要负责接待医保客户,并向住院患者提供相关医保政策咨询服务的场所。环境要相对安静,应设置电话、网络及各类信息点及相应的电源插座。

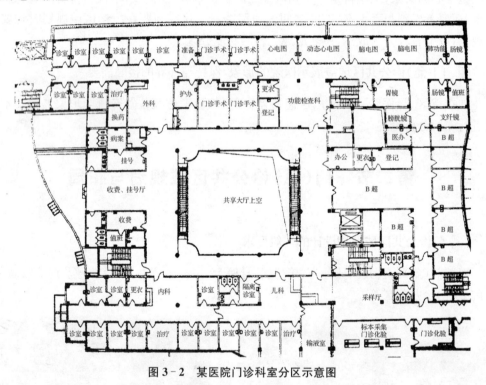

图 3-2 某医院门诊科室分区示意图

住院处一般具有住院登记处、住院收费处、出院结算处的功能,这一区域通常安排在门诊区域或住院部内,医院规模较大时可分别设置。基本流程是:病人确定住院后先在门诊住院登记处办理住院登记、填写相关信息后,再到住院处办理住院手续并缴纳费用,出院时在同一区域办理出院结算手续。住院登记处与出院结算可为独立的空间,可以在医院不同的位置设置,也有的医院将两者的功能放置于一处,但是无论是独立的还是统一的,都应根据其自身的特点与规模进行规划布局,一般的要求是:一半区域为等候区,一半区域为办公区。办公区分为两个部分,前半部空间为开放的,以柜台形式与等候区形成分隔,以方便接待门诊人员与住院患者。分隔可以是透明玻璃窗,在窗上开孔,也可为开放式。按照每 1.2 m 设置一个窗口,每个窗口有电话、网络插座各 1 个,电源插座 3 组。办公区后半部分隔成办公室与财务室及金库。办公室按标准设置强电与弱电插座,财务室要加装安全门、内部要设置金库。在进行弱电系统设计时,要进行一体化考虑,便于监控管理。

门诊挂号及划价收费处可采开放式设计。该区域的主要服务对象是门诊患者,设置应充分考虑患者的便捷性与安全性。空间规划可分为外部工作区与内部管理区。外部工作区采用开放式可连续展开多个工位。按柜台长度每 1.2 m 左右布一个信息点;每两个信息点之间安装一部电话分机,以方便收费员与药房、门诊医生的联系。每个收费点的上方应设置监控,以确保安全。同时要考虑后台监控、审校的信息点连接。如果医院开展"一卡通",则应考虑病人就诊时可在医生开单的终端机上或在病区护士站刷卡缴费的需求。每个工位上都应根据弱电系统的要求,配置强电,以满足计算机、打印机、点钞机、电话、刷卡机的使用需求。每个收费点设一组铁柜用于临时存放现金。收费处窗口夜间如无专人看护均应加装防盗门窗。在挂号及划价收费处的外部要有自助查询设施、叫号系统,以方便病人。内部管理区应设置会计室、金库及票据存放仓库及票据查阅场所。金库的墙体要作防盗处理,外部要有防盗门,并与办公室紧邻,为保障银行上门收费时的安全,应设置必要的监控措施,进行数据资料保全。办公区域内应设置相应的更衣室与休息室,并配置必要的设施。

门诊划价收费处的外部装修主要为呼叫系统、标识系统及显示系统,在进行弱电系统与标识设计时要加以整体规划。如果医院的住院登记处与挂号收费处分别设置,则应在空间安排上,考虑信息显示系统的位置,并将强电与弱电布线安装到位。

近十多年来,随着信息技术的发展,在大型综合性医院中已经形成"一站式"服务的理念。门诊实行分层挂号,收费、化验、取药可在同一区域完成,虽然这种理念的实施需要承担一定的人力资源成本、公共区域建设的投资费用与收费带来的安全保障问题,但他毕竟对患者带来了方便,医院如果采用这种模式,需要在规划设计中一并考虑。当医院规模与业务量较小时,公共区域还是以集中设置为好。

二、门(急)诊诊区环境设计与配置的通用要求

1. 诊室的面积与设置　诊室面积不宜过大,一般以 8~10 m² 为宜,每个医生应有一个独立的诊室,如果以两个医生为一个诊室,面积则应按常规设置。特殊科室,如妇产科门诊,因放置检查设备的需要,诊室空间应从保护病人隐私考虑,适当放大(具体专门章节另述)。候诊区宽度应区分一次候诊与二次候诊,一次候诊区应设置在诊区前端,如条件允许,诊区走廊宽度应适当放大,在 4 m 以上,作为二次候诊。诊室位置的布局,原则上采用尽端布局方式,如无此条件:外科诊室适当内移,以便于医生对病人的直接观察;内科病人更注重于询问,一般情况下应靠阳面、同时,也要考虑残疾人就诊时的运动路线,并在空间上充分考虑其行动的便捷。

2. 诊室的内部设施配置　按照一人一诊室的要求,每个诊室内应配置一张办公桌、一张检查床。检查床位置应靠内侧墙体,并配备吊帘或隔断,以保护患者的隐私。每个

医生办公桌面均设置1个网络接口，1个电话接口；接口的设置要考虑办公桌摆放位置。如一个诊室是两张办公桌，则在办公桌之间加隔断，确保在问诊过程中，医生与患者之间交流的语音不会相互干扰，同时也要注意对患者隐私的保护。医生办公室与主任办公室内均要设置观片灯插座。强电插座应在医生办公桌面以上10 cm为宜。要按照卫生部颁发的《医务人员手卫生规范》，每个诊室均设置洗手池，每个洗手池靠墙的一侧要进行防水处理，最好贴上瓷砖，在洗手池的一侧墙体上悬挂洗手液的装置。特殊场所要采用非接触式水龙头；洗手池应尽量设置于靠近窗户的一角，以方便两个诊室之间水池的相邻，便于冷热水管道的铺设。条件允许时，应全院统一供应热水，以便于管理。

3. 诊室装修中对强电与弱电要进行系统规划　设计弱电接口时，同时要考虑强电插座数量需求。除此之外，还要考虑特殊检查设备的需要。设备可以是一个诊室的专用，也可以是几个诊室合用，在初始阶段应做好规划。并要综合考虑等电位接地、应急电源、特殊照明及双电源供电切换等问题。

4. 以楼层为单位设置诊区　需集中设置更衣室，更衣室内必须设置洗手池并有冷热水；宣教室内要设置网络、电视与显示屏接口；实验室要注意排风系统的畅通；资料室应设置电话插座、网络插座，并设置电源插座若干组；治疗室、换药室、处置物品间均应配有紫外线消毒装置；所有房间在吊顶时都要考虑窗帘安装与遮光的处理方法。

5. 护理站的设置与装修　门诊诊室无论是分专病诊区或内外科混合编成为一个诊区时，各区域均应设置护理站（分诊台）。护理站的配置要适应不同科室组合的要求。如果专科分层设置，并采取"一站式"服务模式，则每层的护理站与诊室的联系应有排队叫号系统、公用电话、有线电视、显示屏、信息查询系统，以便于挂号、排队、分诊、叫号、收费。同时，还应在诊区附近设置化验室与药房。VIP诊区的护理站设计要充分展示人性化与便捷性。语音提示与诊室及候诊室相通。环境相对要封闭。在一些特殊的诊区，更应注重人性化管理需求的安排，如计划生育门诊的护理站安排、产科检查室的安排，要注重舒适性与对隐私的保护。

第三节　综合内、外科门诊区域的规划与布局

一、综合内科布局

综合内科一般分为：心内科、呼吸内科、消化内科、肿瘤内科、内分泌科、神经内科、肾内科、血液科、中医科等。每个科室视其门诊量设置诊室；一般来说，新开业的医院，在初始阶段都应有1～2个诊室，如门诊量大，可逐步增加开放诊室的范围。同时在内科范围内考虑设置高级专家门诊。门诊诊室的装修及内部设置除通用要求外，还要考虑部分科室的特殊要求。主要是：

1. 心内科门诊流程与布局　心内科门诊如作为一个独立的区域，主要由诊区与功能检查区组成。每个诊室原则上应配置电话、网络接口各2个，电源插座4组和双地线插座。每个房间均应设置洗手池，如果设置VIP诊室，则应按专家诊室要求设置，以套间为宜。

当心内科的规模较大时,将心电图室、平板运动间、食道调搏室、动态血压室等集中组成功能检查区。每个检查室内,按设备需求及检查操作需求进行平面的规划。心电图室可以大空间,可同时展开2台以上心电检查。并把检查与读图、发报告的空间连接成一体,以便于管理。电话、网络插座按需设置;电源插座沿墙面分布,一般不得少于4组;每个标准间考虑放置2部心电图机;每个房间有氧气、负压装置各1组。平板运动间内电源插座不得少于4组,并设置氧气及负压装置各1组。动态心电图室设电话接口、电源插座,房间要有防盗装置。动态血压室内,插座四组沿四面墙体分布,并应有网络接口。食道调搏室,电话插座一组,电源插座4组,氧气装置1套。机修室内插座4组。在设置电源插座时,要根据机器型号选择德标或国标插头与插座。在设备采购时要在合同上加以明确。

2. 呼吸内科门诊流程与布局　呼吸内科门诊诊区一般分为诊室和纤支镜检查室。诊室布局按通用要求,应有双联观片灯、网络接口2个、电话接口1个、电源插座及洗手池、清洁池。纤支镜室室内净化按洁净手术室十万级标准设计,应规划有术前准备室、检查室、纤支镜洗手槽、氧气和负压吸引装置,以及心电监护仪架或功能柱。肺功能室需内设柜子、洗手池、电源插座等。

3. 消化内科门诊流程与布局　消化内科是内科系统中比较特殊的科室,除诊室外,主要区域还有腔镜室。腔镜室布局一般分为上消化道检查室与下消化道检查室,布局要考虑两种情况:①医院成立腔镜中心,根据各类腔镜设备配置情况安排操作空间。每个腔镜室内的强弱电要满足设备需求,并配置氧气、压缩空气、负压装置。同时,在邻近腔镜检查室的附近设置清洗消毒间,如果环境许可应将检查间与清洗间连成一体,形成完整的清洁流线,以保证患者及设备的安全。②单一的腔镜室空间设置,在紧邻腔镜室设置清洗消毒室。无论哪种布局方式都要在腔镜室入口外设置等候区。如果为中心布局,则应设置麻醉准备区与苏醒室,以提高工作效率、确保安全。

4. 皮肤科门诊流程与布局　皮肤科的空间规划,在条件允许时,应划出独立区域,充分考虑感染控制的要求与检查设备的摆放空间与病人隐私的保护。诊室按通用要求配置:每个诊室内都要有洗手池、有电话、网络电视接口;实验室、真菌室、病理室要有灭菌装置;微波室、冷冻室要有设备带、灭菌灯。每个房间均沿墙体踢脚线上部按规范布设电源插座每个房间不少于四组。治疗室内除一般要求外,还应配备紫外线装置。处置室内设置的容器应符合感染控制要求。

二、综合外科诊室布局

综合外科诊室一般分为普外科、胸外科、泌尿外科、神经外科、眼外科、耳鼻喉外科、骨科等。在这些科室当中,每个科室在门诊区域中都有程度不同的特殊要求。如进行骨科诊室的安排时,要使之靠近石膏房。特别是眼科、耳鼻喉科、口腔科,感染控制要求严格,专业技术设备较多,当进行其流程与规划设计时,要从设备、人员、门诊量诸方面作出统一的安排(具体内容将设专门章节进行详细论述)。

三、门诊手术区布局

门诊手术区应紧邻外科诊区设置,规模的大小,视外科专业需求确定。一般医院的门诊手术室以门诊预约的一般小手术为主，以普通外科手术居多。如果专科特点比较特殊，则应设置与专科需求相一致的门诊手术区、在区域的划分上，应设置一个普通手术区、一个洁净度相对较高的手术区。如在该区设置眼科手术室，就要作为一个单独的手术区进行流程规划。门诊手术室设计的洁净等级应执行《医院洁净手术部建筑技术规范》标准。每间手术室内设置要求同普通手术室。附属用房至少应配备手术准备室、刷手处、换床处、护士站、消毒敷料和消毒器械储藏室、清洗室、消毒室（快速灭菌）、污物室、石膏室等。

第四节　儿科门诊区域的规划与布局

儿童是易感人群，按照《综合医院建筑设计规范》的要求，儿科门诊"应自成一区，宜设单独出入口。应增设的用房：预检处、候诊处、儿科专用厕所和隔离诊查室，隔离厕所。隔离区应有单独对外出口。宜单独设置的用房：挂号处、药房、注射、检验、输液。候诊处面积每病儿不宜小于 1.50 m²"。大型综合性医院的儿科门诊的设计与规划，除应遵守上述规范所提出的要求，还要对医院儿科门诊区域流程安排进行整体的规划与布局。通常情况下，儿科门诊区域分为五个部分：儿科门诊候诊区、儿科诊疗区、儿科治疗区、儿科输液区、儿童感染性疾病隔离诊区，同时要从儿童独特的心理需求进行诊区童趣化设置。各区域的流程与设置要求如下：

1. 儿科门诊候诊区　应包括预诊室、分诊台、候诊区、卫生处理区。预诊室主要用于首诊儿童病情的预诊与信息收集。预诊室内应设置诊桌、诊椅及电脑信息接口；候诊区内应设置分诊台。分诊台应配置电脑信息系统，打印系统、儿童称重装置、分诊叫号系统。如儿科门诊实行"一站式"管理，则应考虑儿科挂号、分诊、收费、刷卡、打印、取药的需要，在空间上增加面积，在流程上进行调整。候诊区主要为患者（家属）等候区，由于儿童患者的特殊性，候诊区面积应适当放大，要按照一个患儿两个家属陪同的空间需求进行安排，防止过分拥挤；卫生处理区，应设男女卫生间及亲子卫生间及保洁人员工具用房。同时还应考虑残疾人卫生间的设置（图3-3）。

在候诊区内或附近区域在可能时应安排一定的空间设置儿童乐园（图3-4）。儿童乐园

图 3-3　南京同仁医院儿童医院门诊分诊台及候诊区

内地面与墙体应为软质材料，确保儿童运动嬉戏时的安全。同时，在儿童乐园墙体上应设置警示性标志，提醒陪护家属在儿童嬉戏时注意安全。

图 3-4　某医院儿科门诊区域内的儿童游乐场

2. 儿科门诊诊疗区　分为普通候诊区、专家候诊区。普通诊疗区又分为内科诊疗区与外科诊疗区。专家诊疗区也应设置独立的分诊台。专家诊区的大小根据病种分类与专家人数多少确定,原则上为一人一诊室,同时要考虑专家带教时学生的诊室位置与患者就诊位置的安排,防止发生冲突。当有小儿外科诊区时,如外科规模不大,可在普通诊区划出一定空间专门设置。其功能与流程要符合感染控制的规范,做到洁污分流。其要素主要包括:诊室、灌肠室、处置区、换药室,并能进行一般小手术;其通道应将污物直接出诊区;并有相应的设施。

3. 儿科门诊治疗区　主要包括小儿留观室、小儿抢救室、治疗室、处置室、儿科化验室、穿刺室、监护室等。上述各空间的要素配置与一般诊室相同。每个空间内均要设计紫外线消毒装置、医用气体装置。其留观室要紧邻抢救室,穿刺室要介于留观室与抢救室之间。进出的门宽度要适当,以保证抢救人员的进出(图 3-5)。

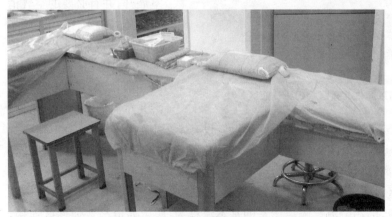

图 3-5　儿童门诊输液穿刺台

在儿科治疗区设置时，要考虑抢救与留观儿童家长的等候区的安排。通常情况下，应在候诊区的一侧，安排一定的空间，配置一定数量的桌椅与电视，供患者家属等候时休息与交流之用（图3-6）。

图3-6　某儿童医院家属候诊休息区

4. 儿科门诊输液区　儿科门（急）诊的输液区布局空间要适度放大，功能要齐全。输液区设护理站，护理站的传呼系统与每个椅位相连接；输液空间通过隔断进行区划位置，每个椅位上均要有传呼、氧气、负压系统。空间内按方位安装电视系统。小儿输液区要有完整的流程控制，并要考虑患儿家长的陪同人数多，输液区椅位的空间适当宽大。该区域要形成完整的功能配置。区域内应有独立的皮试室、配液室、处置室、穿刺室，各空间要相对分隔，紧邻输液室展开，并有必要的空气消毒措施，输液空间上，要考虑患儿输液陪同人数一般为一人，因此椅位中间的距离一般不小于1.5 m。学龄儿童输液区可配置桌椅，

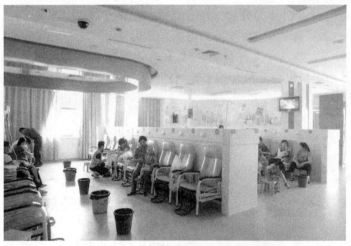

图3-7　南京同仁儿童医院门诊输液区

便于儿童学习与作业。有条件时，应在输液区附近应设有亲子卫生间（图3-7）。

5. 儿科感染性疾病隔离诊区　综合性医院儿科的隔离诊区通常情况下有两种处理方式，一种是将儿童隔离诊区与医院感染门诊放在一区进行安排，设置单独的出入口，再一种是将儿童隔离诊区设置于儿科门诊区的末端。采用这一方法时，要注意与普通诊区的空间分隔与医患分流、洁污分流。隔离诊室的基本流程为：医生通道与普通诊区连接，当出现感染性疾病患儿时，医生可直接从普通诊区进入隔离诊室，诊疗结束后从原路更衣后返回；患儿通道从外部进入，通过缓冲进入候诊区，在诊区附近设置卫生间，诊治后通过原路返回，不得与其他就诊儿童接触。如需继续治疗，则直接进入隔离监护室；污物出口要与污物电梯相邻或直接与外部连接，使污物不得对其他环境产生污染，如一定要经过其他区域，其污物要严格密封。

在儿科诊区空间环境的设计上要注意舒适性与童趣化的处理。诊室与候诊区要充分考虑患儿的陪同人数多,诊疗、输液空间每个椅位能容纳儿童和1~2名家长;环境设计上注重视觉空间的童趣化,通过色彩的配置,游戏工具的设置,卡通壁画的渲染,为患儿提供一个具有心理抚慰的色彩空间;同时也要注意设施与设备的安全性与牢固性,防止儿童运动过程中发生事故,除场所有必要的提示外,必须保证设施的稳定与必要的保护性措施。

第五节　眼科门诊区域的规划与布局

眼科门诊区域的规划与布局主要应从两个方面考虑:一是眼科的规模,二是设备的配置。在此基础上要根据患者诊查的流程进行空间的布局(图3-8)。设备的安装位置要根据患者诊疗检查的流程布局,诊室之间要互通,保证患者以最短的路径到达检查位置。

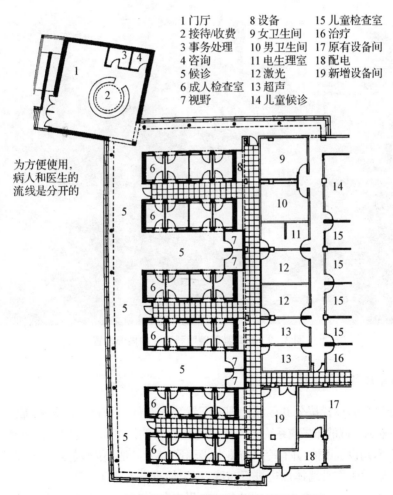

1 门厅　　　8 设备　　　15 儿童检查室
2 接待/收费　9 女卫生间　16 治疗
3 事务处理　10 男卫生间　17 原有设备间
4 咨询　　　11 电生理室　18 配电
5 候诊　　　12 激光　　　19 新增设备间
6 成人检查室 13 超声
7 视野　　　14 儿童候诊

为方便使用,病人和医生的流线是分开的

图3-8　国外某医院眼科门诊区域的平面布局图

眼科门诊区域包括：普通诊区、专家诊区、荧光室、A/B超室、视野室、电生理检查室、激光治疗仪室、技术室、同视机房、共焦激光神经纤维仪、断层扫描仪、屈光检查室、治疗室、暗室、验光室、近视眼检查室、近视眼诊室、手术室、麻醉准备间、术前准备间、示教室、资料室。其布局应视护理站的位置进行安排，一般诊室临近护理站，专家诊室必须有一个相对隐蔽的空间，检查室在诊室的周边，并以检查的频次依次排放。

如果眼科门诊不作为独立诊区而与其他诊区共处于一个平面时，也必须划分明确的界限。诊区内部的患者流程要便捷，检查室之间能够互通，便于患者在不同区域检查时能以最短时间到达。相同的设备，以采用大空间布局为宜。专业检查设备必须根据体积大小、功能及检查的频度确定空间大小，一般 8 m² 足以满足设备、医务人员及患者检查时的空间需要，避免盲目追求豪华而在空间处理上不适当的浪费（图3-9）。如果条件允许应将配镜中心与眼科放在同一层面上，如独立设置配镜中心，则应合理布局，以方便患者为原则。

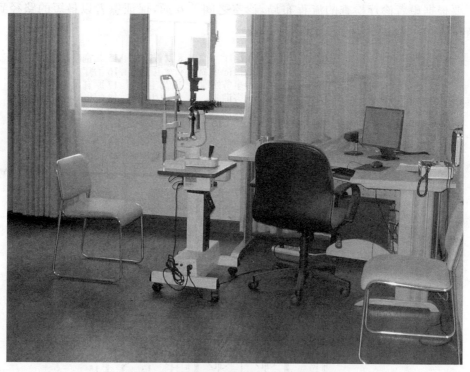

图3-9　南京某医院眼科诊室的内部设置

一、诊室及各辅助区域

诊区分诊台的设置按公共区域护理站配置要求布局，具有挂号、分诊、收费功能。

诊室与辅助区域的布局应系统配置，必须考虑设备的供电需求与设备接地要求。凡有人员活动的场所，均设洗手池，并有冷水与热水、医用气体及其他必备设施。电生理室要有屏蔽。

诊室强电插座应沿墙体周边进行布线，每个检查室不少于4组；诊室2组；暗室6组。眼功能检查室、生理学检查室、视力初查区的强电每个房间按每 2 m² 装一组插座。每个门诊室配一个裂隙灯，每个裂隙灯处装一组电源插座。各检查室及主任办公室、医生办公室、资料室、示教室等各空间均设置网络接口。示教室、医生办公室、主任办公室、各候诊厅,凡有条件的均设置有线电视接口,以方便教学与宣教。主任办公室、医生办公室、服务台、近视眼门诊室应安装电话接口。

　　眼科设备众多,每种不同的设备都有接地要求。为保证设备接地的稳定性与安全性,在建筑施工前,对强电、弱电配置的线路走向,相关的设备的接地要求,按规范做好等电位接地的设计与施工,电生理室要预留空间,做好屏蔽设施施工的各项准备,以保证设备到场后能及时投入安装使用。

　　二、眼科手术室

　　装修设计中遵循《手术部建筑设计规范》,按百级净化标准建设,手术室间数按医院的规模与手术量确定。准分子激光室,按手术部的相关标准进行装修配置(图 3 - 10)。如果准分子激光室作为一个独立的区域设计时,在流程上一般设置家属等候与术前准备区、术后恢复处理区(图 3 - 11)。

　　1. 家属等候区　设置于手术区外,椅位按患者与椅位数 1∶1.5 设置为宜;候诊病人要分次进入,分为一次候诊区与二次候诊。在一次候诊与二次候诊区之间的通道上要设置换鞋、更衣室,患者换鞋、更衣后进入手术准备区。术前准备间要有洗眼室与休息间,病人分批次进入,在一个特定区域内等待,做好手术前的相关准备。

　　2. 术后恢复处理区　术后恢复处理区应设于手术区内部边缘,便于医护人员观察。病人术后应接受观察,待手术稳定后再让病人离开,以保证病人的安全与舒适。如眼科手术室与门诊手术室在一起时,则应对眼科手术室与其他普通手术室之间要作明确的区分,以确保眼科手术室的洁净要求。普通门诊手术与眼科手术人员的进出路径不可交叉。

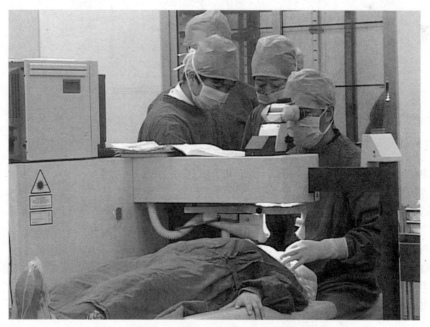

图 3 - 10　南京同仁医院眼科准分子激光室手术室

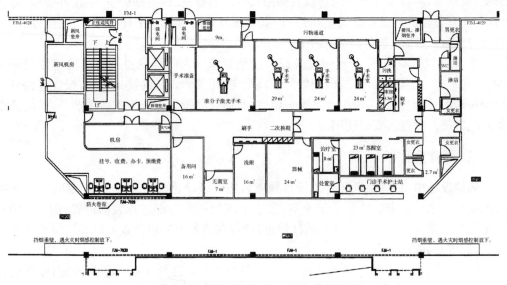

图3-11 南京同仁医院眼科门诊布局及准分子激光手术室

三、准分子激光手术室的空间尺度与照明、净化要求

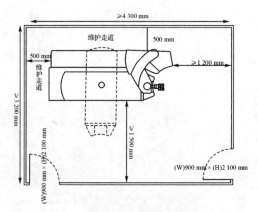

图3-12 净化间尺寸示意图

注：

1. 净化间电源要求为380 V 50A 50Hz(三相五线制——含接地、接零)。

2. 维护走道的间距为50 mm。

3. 机头与墙面的距离要≥1 200 mm。

4. 主机的上床位与墙面的距离要≥1 500 mm。

5. 两扇门的尺寸至少有一扇门要≥(W)9 00 mm×(H)2 100 mm。

6. 整个净化间的净尺寸：长≥4 300 mm；宽≥3 200 mm；高度≥2 400 mm。

7. 主机工作时环境温度范围为18～24 ℃；环境湿度范围30%～50%。

8. 当主机处于关机状态时，环境温度范围为—10～40 ℃。

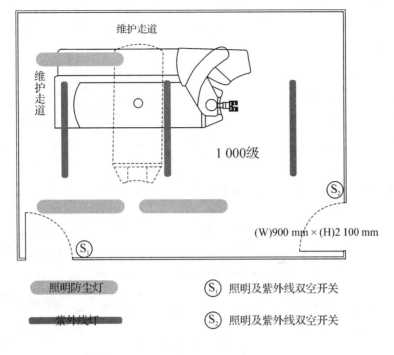

| 照明防尘灯 | S_1 照明及紫外线双空开关 |
| 紫外线灯 | S_2 照明及紫外线双空开关 |

注:
净化区域整体为10 000级(万级)
■ 此色为1 000级(千级)的区域
1 000级(千级)的区域照明度为250Lx以上;
10 000级(万级)的区域照明度为200Lx以上。

图 3-13　区域净化要求

　　准分子激光手术室内的净化新风配置,要根据手术室的总体布局及与其他手术室的关系进行安排,一般情况下,如为单独的准分子激光手术室,则应按如下要求进行配置(图3-14):

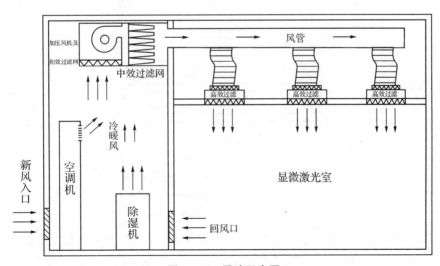

图 3-14　风路示意图

准分子激光手术室内的电器配置要按照规范进行接地,其配电要满足设备运行的要求,确保安全。一般情况下,激分子激光手术室净化间内的电器配置要求(图 3-15、图3-16):

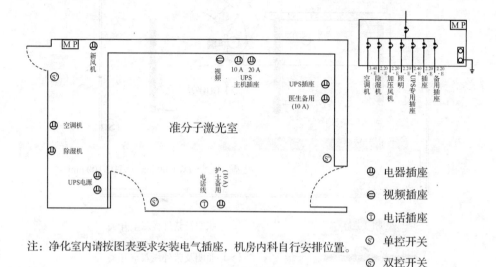

注:净化室内请按图表要求安装电气插座,机房内科自行安排位置。

图 3-15 电器配置要求

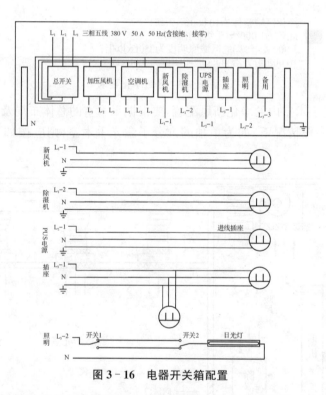

图 3-16 电器开关箱配置

在新建医院初始阶段的规划设计中,如果设备未确定时,必须对准分子激光手术区进行预留,便必须注意准分子激光手术设备的安装区域空间的最低值的预值,防止空间过小,影响安装及日后的操作(图 3-17)。

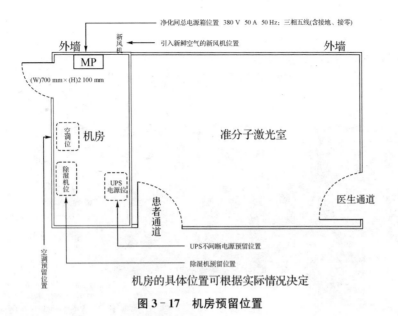

图 3-17　机房预留位置

第六节　口腔科门诊区域的规划与布局

口腔科的患者诊疗主要集中于门诊。口腔科的规划应按照门诊量的大小确定椅位规模,在布局上应着眼长远发展预留空间。口腔科的规划布局的基本要素有:等候区、治疗区、清洗消毒室、X线室、辅助区等(图 3-18)。

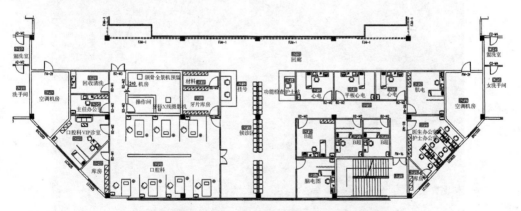

图 3-18　南京同仁医院口腔科平面布局示意图

一、等候区

等候区应设置相应的分诊台、叫号系统、电视系统、电话系统,候诊椅位面对护士站放置,便于分诊叫号。同时要具有挂号、收费、打印功能。

二、治疗区

治疗区包括：口内诊室、口外诊室、口腔修复诊室、正畸室、模型室、技工室、铸造室和烤瓷室、口腔科手术室、特诊室、资料室、主任办公室与医生办公室等（图3－19，图3－20）。

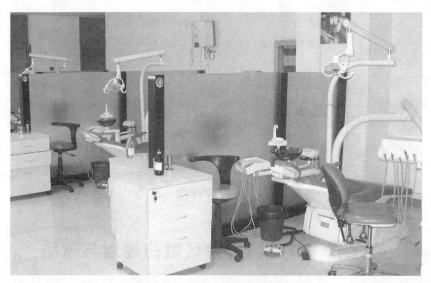

图3－19　南京同仁医院口腔科工作室

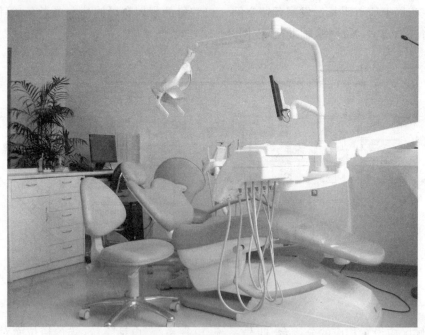

图3－20　南京同仁医院口腔科VIP工作间椅位图

1. 一般治疗区　口内诊室、口外诊室、口腔修复室和正畸室作为一般治疗区，采取开放式布局。以每个椅位为一个治疗单元。在椅位的下部必须安装四条管道：①进水管道;②出水管道;③电路系统;④气路系统。椅位间隔 2 000 mm,椅位地箱与墙间隔 550 mm。配电源插座一组(三插和两插,220 V)。并在设备上安装医用设备漏电保护装置。每个椅位之间设立隔挡、诊疗台、冷热水洗手池;上下水路、电路;网络接口与口腔科局域网接口、呼叫系统。每个椅位要设计有中心供氧及压缩空气接口。椅子摆放朝向外窗,以便于医生对患者的观察。不同型号或品牌的治疗椅进水部位不一致,因此应先确定设备型号,再确定椅位的摆放位置。操作方向上,医生在病人的右侧。每个椅位要有水池,室内照明、湿度、温度、新风量应符合《综合医院建筑设计规范》要求。每个椅位空间内均按感控要求安装电子灭菌系统。在每个独立的空间内均应设双极漏电开关,控制整个诊室电源。

2. 模型室设计 要根据平面布局及功能要求进行设计,在模型室一侧的墙体上要安装有双头煤气灶以满足进行模型加工时加热的需要;在其他墙面上,每侧都应安装三相插座各 3 组和两相(220 V)插座各 1 组。

3. 技工室设计 安装集中吸尘排出系统并与技工桌相连。技工桌要靠窗放置,每张桌边墙上要预留压力气管(直径同地箱气管)、吸尘管和电源插座(三插和两插,220 V),管间间隔 100 mm。技工室的功能只能进行小规模修理。材料室内有电源插座 3 组,网络接口 1 组。室内照明、湿度、温度应符合标准。技工室内的水池、石膏台及修复存放柜应根据室内面积大小制作。水池要有两层下水设置,第一层下水池的高度在 10 cm 左右,对使用过的石膏水进行沉淀处理;第二层为直接下水,一般情况下用上水道,清洗时放开下水道。

4. 铸造室和烤瓷室设计 每室在墙体的一侧装 380 V 三相四线制插座各 1 组;在两室间隔墙边预留高压气管(同地箱气管)。由于两室的设备发热量较大,空调制冷系统的设计应满足设备运行的环境要求。铸造室必须安装烟雾、粉尘、有害气体的抽排系统,对铸造过程中的粉尘进行二次排放。每室各设洗手池一个,室内水池应做成两个相连的,一般要求宽600 mm,长 600 mm,深 500 mm。水池下水管道直径不小于 700 mm。在两个水池间隔下方距池底 200 mm 处放置一个直径 60 mm 的通水管与水池下方沉淀池相通,以便于粉尘收集。

5. 手术室及准备间设计 口腔科手术室,应按一般手术室的要求设计,并备有外科手术准备间、拔牙器械柜、电子灭菌灯等。手术床上方安置手术灯,墙上安三相插和两相插座(220 V)各一个。每张椅位配气路、上下水路、电路;配一个电源插座(三插和两插,220 V)。有中心供氧、负压吸引。两室之间的门可两面开。室内照明、湿度、温度、新风、空调等按标准设置,安装空气调节置换系统。各种设备均应采用医用漏电保护装置。

6. 特诊治疗区 主要用于接待 VIP 患者,分为贵宾候诊室、专家诊室与治疗室,最好设计成两套间或三套间。并与一般诊区的辅助用房相连接。在环境设计上既要简洁典雅,也要方便来宾候诊。墙体最好采用透明装饰,配玻璃门。并按感控要求配置冷热水洗手池;贵宾候诊室内设电话和呼叫系统、配闭路电视及音响。门边配双极漏电开关,治疗椅位的设置按规范配置,并配置治疗台。强电与弱电的配置按诊室规范要求设计。有中心供氧与负压吸引装置。设备应采用医用漏电保护装置。

7. 资料室设计 要设置呼叫系统。室内空调、新风、照明、湿度、温度应符合相关的规范要求。门边配双极漏电开关,控制整个资料室电源。并安装两个 380 V 三相四线插座。

8. 主任与医生办公室设计　主任办公室要有电话、网络、打印机接口,并要有观片灯插座。为保证各类设备的正常使用,应在除办公桌位置外的三边墙体上预留强电插座(220 V)每边各两个。医生办公室原则上采大开间设计,除电话、网络、打印机接口外,应设呼叫系统;如没有专设的更衣室,应在办公室适当位置安装衣橱。办公室内应设洗手池。

三、清洗消毒区

口腔科一般的物品消毒由中心供应室完成,特殊的操作器械等,在口腔消毒室完成。消毒室分为三个空间进行设置:一间为清洗间,一间为消毒间,一间为无菌间。在流程上要按清洗间、消毒间、无菌间的顺序过渡。

图 3-21　南京同仁医院口腔科消毒供应室清洗区

清洗间要设置三个水池,按清洗池、浸泡桶、冲洗池顺序排列。在清洗池边设一负压装置,用于对有腔器械的冲洗。并设一个医疗垃圾收集处。在其墙壁上要有两组插座。清洗室内装一个双头煤气灶,水池宽 600 mm,长 600 mm,深 500 mm。一个 380 V 三相四线制插头,用于测试相应小器械的动能(图 3-21)。

消毒间内设备发热量大,且均为精密仪器,空调系统的设计应保持一定的恒温,同时室内应设置两个 380V 的三相四线制插座以满足设备的正常运行。消毒间应安装电子灭菌系统、相应的洗手池,并配有小型配电箱。分别用于清洗机、消毒机、打包机、冰箱等。

无菌间要有良好的通风条件,环境要整洁,要有摆放物品的架或柜,要有专门的插座,以便于空气消毒机的使用。

清洗消毒区的三个空间均要相对独立,装修时要注意装修材料的质地(图3-22)。

四、口腔科的X光机室

口腔科X光机室一般要求在15 m²,装修要进行防辐射处理,墙体用实心砖,外涂钡粉。平面上划分为两个空间,一为机房,一为操作间。

机器安装要根据操作要求,进行空间的合理安排,全景机与牙片机可安装于同一机房,控制室分别控制。牙片机支架的安装要由设备供应商提出安装技术要求,确认设计方案后再组织施工。在设备采购时,要确认应配置电缆线的长度走向与型号,防止厂家提供电缆过短,影响安装与操作及机房的美观。在施工前,对控制室内的控制线的长度要事前确定,并预留管道,以方便日后管理与控制(图3-23)。

图3-22 南京某医院口腔科消毒供应室清洁区传递窗示意图

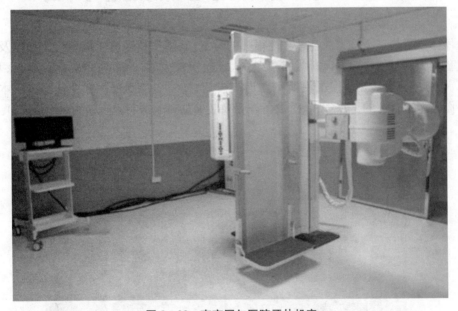

图3-23 南京同仁医院牙片机室

五、口腔科辅助设施

1. 水系统 口腔科的用水一为机械用水,二为病人漱口用水。机械用水与病人用水同为净水。设计时在椅位的下部水要预留管道,既要有上水管道,也必须有下水。为确保病人治疗安全,中心供水必须将自来水过滤消毒处理后送达机械使用,以保证机械正常运转与治疗安全。在进行口腔科的整体规划时,对净水设备要预留一定的空间,一般需 10 m²，以保证设备的安装。供水设备的管道不可使用镀锌管，应采用 PPR 管一类的不生锈、不变质的材料。下水系统必须汇入全院污水排放系统，不能存有死角，防止污染。供水系统要设置远程控制开关，以及时关闭，节省用水。如果医院有血透室或供应室，可将其供水系统与口腔供水连为一体。水压应满足机器要求，如压力不足，要有增压措施。诊室内的洗手装置要按照感染控制要求，可配脚踩式冷热水洗手池或自动洗手装置。在诊疗台附近设置的洗手池要有冷热水供应。

2. 医用气体系统　主要涉及氧气与真空吸引系统。氧气系统应与全院系统相连接，由医院的氧气站供应。负压站应在口腔科附近安装真空吸引系统，最好设在地下，以防止噪声对周边医疗环境的干扰。真空吸引系统的气量要根据机器的台数及台压力大小确定，通常情况下可采用"一拖二"或"一拖四"的比例，具体应视经费和需求而定。

3. 强电系统　在设计口腔科强电系统时，在开放式的空间内，如以椅位为单元，每个椅位下部要有电源插座一组，供椅位动力装置使用。同时，在口腔科诊疗室的大空间内，除照明外，如确定采用紫外线消毒，则应进行消毒灯设计与布线。

4. 弱电系统　门诊分诊台、口腔内、外科诊室、主任办公室、医生办公室及治疗室内应配置网络插座，建立口腔科局域网插座，配电话和呼叫系统。

第七节　耳鼻喉科门诊区域的规划与布局

耳鼻喉科是一个技术性与综合性很强的科室，必须从长远发展规划门诊诊区及其相应配套设施的布局。如果该科为重点学科，且规模较大时，诊室应分别设置鼻科、耳科、喉科、头颈外科及一定规模的测听室。当规模相对较小时，则进行综合性安排。本节将该科作大型综合性的重点学科，对设备配置及装修的要求进行重点研讨（图 3-24）。

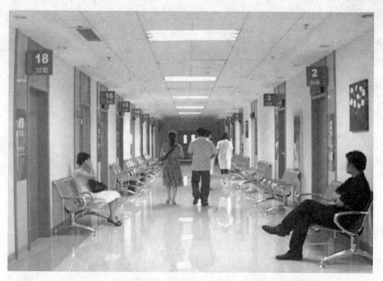

图 3-24　南京某医院耳鼻喉科的门诊外走廊

一、鼻科

1. **诊室** 可根据具体情况确定,一般情况下每个诊室可容纳两名医生。每个诊室内一个工作台(工作台可为单人位或双人位,采购时可根据医生的工作习惯及诊疗需要进行选择)(图3-25)。

2. **内窥镜室** 每间内窥镜一台置于桌上或置于小车上,诊疗床一张,负压吸引装置一套,写字台一张。每个房间设置消毒器。

3. **鼻内窥镜检查间** 系统检查装置一套(内窥镜、冷光源、显示器、录像、打印设备等)。氧气、负压吸引装置一套。

4. **鼻科设备不得靠窗放置。** 所有强电插座沿墙体两侧每1.5 m范围内设两组插座。插座要满足通用装备的要求。

图 3-25 南京某医院耳鼻喉科的门诊诊室示意图

5. 当鼻科与喉科的工作量较大时,应在该科室的适当位置增设清洗消毒室,以满足临床感染控制要求与任务量的增长。如工作量一般,可由中心供应室负责其导管的消毒清洗。

二、耳科

诊室的多少视科室规模而定。每个诊室内设一个检查台。同时按普通诊室的要求设置强电、弱电系统,如电话、网络、打印机接口等,并设置必要的电源插座。诊区听力中心要分别设置:声场测听室、电反应室、前庭功能室、纯音测听室等(图3-26)。

图 3-26 南京地区某医院测听室平面示意图

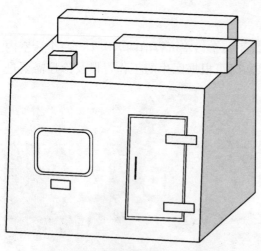

图 3-27 电反应测听室空间外形

1. 电反应测听室　电反应室主要用于脑干、耳蜗诱发电位、电测听、阻抗检查等。

空间要求,长不得小于 3.55 m,宽不小于 2.66 m,高不低于 2.8 m。顶部有消声通道、接地芯连接点与电源滤波器出连接点(图 3-27)。要求:周边要做屏蔽、隔音与消音处理,同时要设置通风系统、网络系统、多功能插座,以及洗手池、电话、对讲、稳压系统、消毒装置。测听操作间可设于外部,可独立可与其他空间合用。该测听室的标准应符合 GB/T 16403 标准要求。

2. 声场测听室　建筑空间平面以 8～10 m² 为宜。建筑空间的周边和上下楼层,不得设置高电流、高磁场、高噪声设备;测

听室与走廊之间的玻璃要求防电流、磁场、噪声;全屏蔽(按屏蔽专业要求);单独空调(静音);网络接口 2 个;多功能插座 6 组;有稳压电源;通风要良好。电测听检查室分内外两个区间。内区为患者检查区,外间为工作人员操作区。当患者就位后,工作人员通过视窗观察并通过语音向患者发出指令,保证检查的进行。该测听室的标准应符合 GB/T 16296 标准要求(图 3-28)。

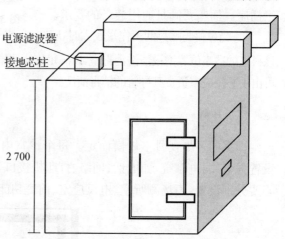

电源滤波器

接地芯柱

2 700

图 3-28　声场测听室的外形与结构图

3. 前庭室　房间的大小以 15 m² 为宜,平面分割成两小间,大间约占 2/3,小间占 1/3。大间为患者检查室,做电、磁、光的屏蔽处理。通风要良好;并有网络多功能插座;有洗手池、电话对讲系统、空气消毒装置、氧气与负压吸引系统等。

4. 纯音测听室　纯音测听室的空间正面宽不得小于 2.1 m,侧面宽不得小于 1.5 m,高度不得低于 2.7 m,在其顶部

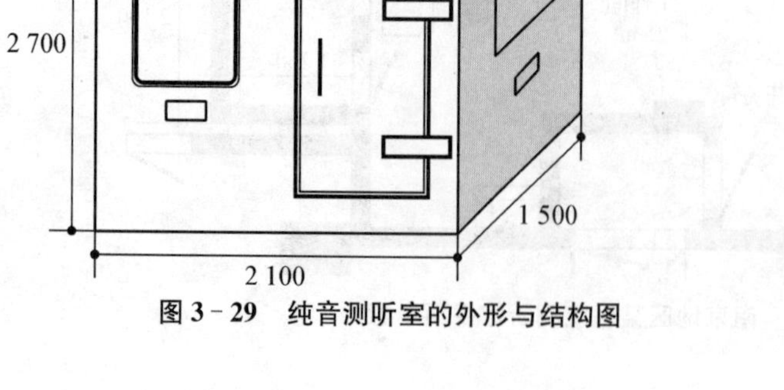

消声风道

2 700

1 500

2 100

图 3-29　纯音测听室的外形与结构图

医用建筑规划

74

要有消音风道的空间,并有送、排风及暖通通道。同时要做好纯音室的隔声处理。该测听室的标准要符合 GB/T16403 标准要求(图 3-29)。

5. 操作间　上述各测听室,如果在独立设置时可将操作间置于测听室的外部.按相关要求设计水池、通风、网络、多功能插座、消毒、氧气、吸引、暗插座盒(地下)、排风、对讲等功能。如在大空间设置工作间时,则要考虑设置隔声门,将四个空间对外的声音隔断,同时增加电源总控开关,并在各室门前分别设置操作台,具体设计方式根据各医院科室的情况确定。但大空间要有足够的面积,以供操作人员交流操作方便与测听安全。

6. 测听室的施工要求　在确定测听室的规模后,应做好测听室平面布局的安排及设计,合理分割空间,并预先留置安装场地,保证安装工作的进行。在施工上,墙体结构要满足各测听室安装时的要求,做好连接基础;顶部要做好新风、空调各出入口的安装及机型的选择,防止噪声太大,影响测听质量;要控制好监控前室与内部测听室的高差并安装好强弱电线路,确保施工质量。

各测听室及操作间施工前,对设施与设备本身的外部环境要求,要有明确的界定。要提供先期的条件,如空调系统的静音要求,设备的安装条件与空间。并了解该设备内部的结构,以为施工及后期维护做好准备(图 3-30)。

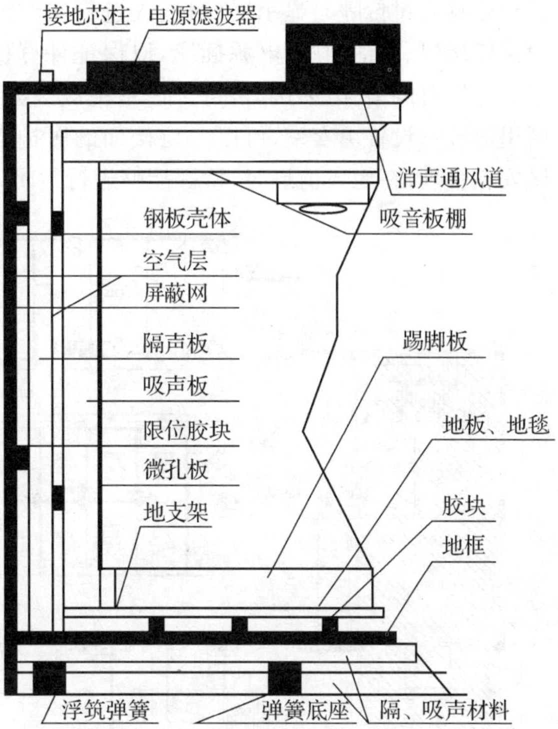

图 3-30　测听室结构图

三、头颈外科

1. 治疗室、处置室为全科共用。
治疗室内有治疗台、药品柜、洗手池,在治疗台上有电源插座。药品柜旁有电源插座一组,在治疗台上侧应安装空气消毒装置。并有一放置冰箱的位置。

2. 处置室设两个浸泡池,一个洗手池。在靠墙的一侧设置地柜与吊柜。

3. 消毒间地面要有密封式下水道,周围墙边每隔 1.5 m 一组电源。如果器械包由科室进行处理,则在消毒间设置清洗池、电蒸消毒、高压消毒、烘干系统。同时要安装网络、电话、对讲系统。

四、喉科

喉科诊室装修与其他诊室同。动态喉镜检查室室内要有水池,设置地柜一组。沿墙周边每隔 1.5 m 设插座一组。设医生办公桌一组。语音频谱分析仪室室内要有水池,设置地柜一组。沿墙周边每隔 1.5 m 设插座一组。设医生办公桌一组。当喉科作为一个独立科室时,应有教学诊室。设网络、电话、对讲、多功能插座、闭路电视并留电子教学屏幕接口,室内要有洗手池。

五、注意事项

耳鼻喉科门诊的装修中应注意的问题:①电路设计要考虑到科室设备的特点,插座要多选,以适应不同设备的插座标准。②注意空间透光度,一般情况下内部隔墙可选用内夹百叶的双层中空玻璃,这种材料的遮光力较强,也便于清洗与养护。如果该诊区为耳鼻喉科门诊专用诊区,则应在该区设置护理站,并统一布线,能够进行专科挂号、分诊、预约、收费。每个诊室均能与全院联网,以便对患者的各类检查报告进行查阅与检索。分诊台能够通过传呼与显示屏,对病人进行实时分诊。传呼系统与各诊室相通,在分诊台设网络接口、电话插座、电源插座,以保证计算机、打印机及传呼系统的工作与运行。每个诊室均有网络、电话接口,每个诊室里医生办公桌面一侧的墙体上都应设观片灯。诊区里应统一设置更衣室,可以一层楼面的医护人员共用,也可分区设置。同时要注意诊区安全管理,在无人值班时,诊区能够进行封闭,以确保安全(图 3-31)。

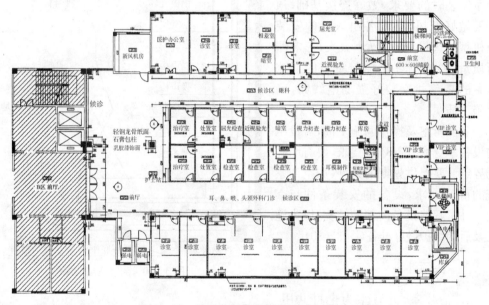

图 3-31　某医院耳鼻喉科门诊的布局图

第八节　妇产科门诊区域的规划与布局

妇产科门诊是妇科与产科的综合体。在规划中要考虑三方面需求:①一般诊室需求,要根据门诊量及医生可能编制人数配置诊室的间数;②要考虑检查设备的布局与诊室如何结合;③要考虑计划生育门诊诊区与手术区的设置。该区域的空间要素通常包括:诊室、胎心监护室、阴道镜室、B超室、宫腔镜室、产科宣教室、护理站、治疗室、处置室、计划生育室、妇产科门诊手术室。在布局设置上除要遵循一般诊室的规范外,要将诊区与计划生育诊区分开设置,特别是流程上既要注意感染控制符合规范要求,又要保护患者隐私(图 3-32)。各要素的布局与装修要求:

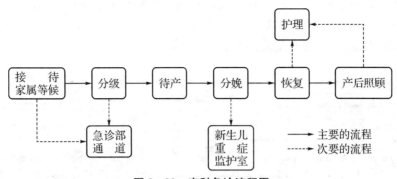

图 3-32 产科急诊流程图

1. 妇产科诊室　妇产科的诊疗空间具有私密性,在平面布局的设计中应注意空间的隐蔽性。门诊诊区内宜采用不多于 2 个诊室合用 1 个妇科检查室的组合方式,最好 1 个诊室设 1 个检查室。在独立的空间中,要按照妇科检查时的特殊性进行必要的分隔,如果诊室是条状的,可进行内外分隔处理,外侧为诊室,内侧为检查室。如果门诊的诊室较多,妇产科的诊室可以用三个房间的面积做成两个诊室,中间的房间一分为二,分别作为两旁诊室的检查室。每个诊室内设置电源插座 2 组、电话插座 1 个、网络插座 1 个,墙面上设置双联观片灯 1 组。检查室内设置妇科检查床 1 张,双人洗手池 1 个,并有冷热水。检查室墙体周边每间隔 1.2 m 的距离,设置电源插座两组。并在检查床位置的顶部设置拉杆吊灯,以便于妇科检查时操作。如果诊室面积小时,必须设置共用的检查室,确保患者的隐私得到保护。

在设计妇产科诊室时,如果面积许可,并有市场需求时,则应在门诊区域设置 VIP 诊区,以接待有特需的患者,满足不同层次就诊者的需求。

2. 胎心监护室　设置水池 1 个,在其墙面的规定部位设置电源插座 2 组。并在监护室内设置吸引与吸氧装置各 1 套。在医生办公桌面设置电话、网络接口各 1 个;电源插座 1 组。

3. 阴道镜室　该室平面布局要充分考虑设备与检查床的摆放位置,同时对于水电配置要从实际需要考虑,在对称墙面各设置两组电源插座;洗手池 1 个;在医生办公桌面设置电话、网络接口各 1 个,电源插座 1 组。

4. B 超室　在检查床的一侧摆放设备,并按照设备的配电要求设置电源插座两组,在医生办公桌面设置电话、网络接口各 1 个,电源插座 1 组。室内设洗手池 1 个。

5. 宫腔镜室　宫腔镜室设检查室与准备间。在检查室设备的周边均匀设置电源插座;在医生办公桌面设置电话、网络接口各 1 个,电源插座 1 组。在宫腔镜准备间内设双人洗手池 1 个,电源插座 2 组。

6. 产科宣教室　宣教室的大小,要视总体面积的安排,一般要求,要便于组织宣传与教学工作的开展,内部要设置网络、电话、电视与显示屏接口;并在四面分别设置电源插座各两组。在讲台的地面,要设置地插若干组。

7. 妇产科门诊候诊区　护士站要有传呼装置并与医生办公室连接。妇科候诊区护士站要设一护士办公室。

8. 计划生育室门诊及手术区　这一空间内可分为诊室(门诊应靠近计生手术室)、护理站、计划生育咨询室、医师室、主任室、麻醉办公室、药流手术室(净面积约 20 m²)。隔离手术室及术后恢复室,在其附近要有治疗室 8 m² 左右,处置室 6 m² 左右。护理站担负分诊与护理的任务,同时要有配套的库房。

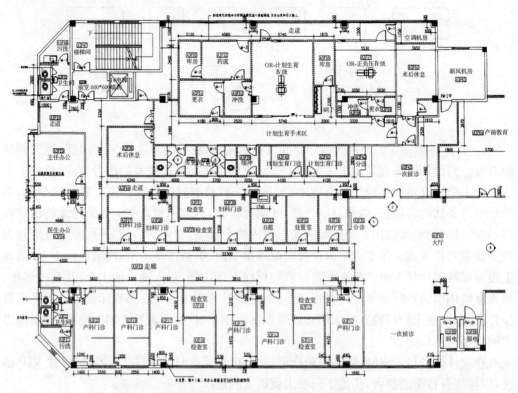

图 3-33　妇产科门诊平面布局及人工流产手术室布局图

(1) 计划生育门诊区:主要分为诊室、计划生育咨询室、医师室、主任室、麻醉办公室,其内部配置与一般诊室相同。护理站的规模根据空间大小设置,设有分诊台、更衣室、治疗室、处置室与污洗间。咨询室内要有相应的电视显示屏,空间适当宽大。麻醉办公室在手术区内,以 2 人以上办公区域为宜。应设置有更衣室与医生办公室;每个医护人员办公的空间均应有洗手池。

(2) 计划生育手术区:手术区分为人流室、药流室、手术室。人流室与药流室的净面积各以 20 m² 为宜,可放置两张手术床。在其附近设置更衣室、冲洗室、休息室;冲洗间应两面开门。药流室要有相应手术器械配置及冲洗间、更衣间(手术者用)、人流专用厕所。每个手术间设置刷手池。手术室面积在 20 m² 左右。手术室附近应设置治疗室及术后恢复室。恢复室床位根据手术量多少设定,一般在 2~4 张。

计划生育门诊及手术室功能布局安排中应注意的问题:一是洁污分流。二是医患分流。所有洁净物品通过洁梯或洁车送到洁净物品储备间;所有污物通过污物走廊收集后进入污物电梯,一般垃圾送医院垃圾站,医疗垃圾专门回收销毁。所有患者经缓冲间、冲洗间、手术室、休息室路径进入;所有医护人员按照缓冲间、洗浴更衣间、洗手间、手术间的路径进入。同时应将洗手池、一次性物品存放间设置于清洁区,确保安全(图 3-33)。

计划生育手术室应按污染手术室装修,做到新风充足,并有必要的空气消毒装置。

空气洁净度按30万级标准,在条件允许时要在计划生育区内设置一个感染手术室,感染手术室的门要独立出入,以对有传染性疾病的患者进行手术时用。一般手术室的墙体可用铝塑板或瓷砖贴面,以便于清洗,洗手槽双人位并设电动开关,休息室,手术室要有氧气、负压、吸引装置。手术室设密封式地漏。所有手术室内不准用窗帘。色彩要淡雅柔和。手术灯可移动。氧气、吸引在头部。不锈钢器械柜在手术部的一侧墙面嵌入,有器械柜与药品柜。

第九节　急诊部区域的规划与布局

急诊部是医用建筑中使用频度最高的区域。急诊部的面积应在医用建筑总面积中占3%。规划中主要应考虑:外部流线与公共交通路线的衔接,要方便急诊病人的直接到达;内部的流线上要便于与影像科及相关医技诊室的联系,与门诊及临床科室相的衔接。急诊单元流程以入口为起始点,空间要素主要包括:急诊入口与大厅、抢救区、留观区、输液区、诊疗区与辅助区。如果医院不专设儿科急诊区时,则应在急诊区安排相对隔离的区域作为儿童输液区与儿科急诊区。环境设计要确保医护人员的安全,对那些不能自控的人能进行隔离处理,为工作人员与就诊患者创造一个良好、安全的就诊环境。各区域的流程布局与设置的要求如下(图3-34):

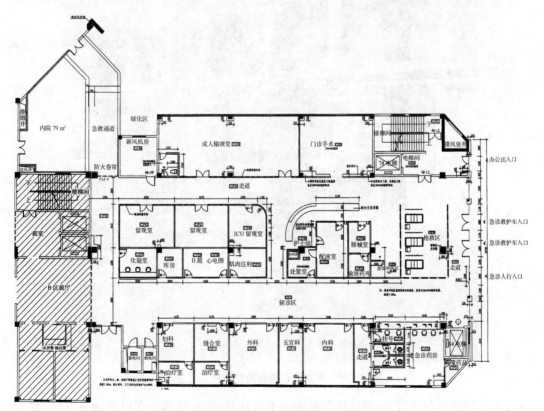

图3-34　南京同仁医院急诊科平面布局图

1. 急诊入口　急诊入口是抢救危重病人的起点,入口道路的坡道要平缓,地面要平整,与外界连接的大门要宽敞,除救护车辆可进入外,还要区分人行道及残疾人通路。在急诊部大厅与外界交接处,要设一缓冲地带,便于冬夏季节的防寒防热。急诊外部的标识指向要清楚,便于病人及社会车辆直接到达目的地。有条件的单位,其外部场地,要适当宽大,能够容纳两台救护车以上。

2. 急诊大厅　急诊大厅的设置与医院规模及任务应相一致。大型医院的急诊救护车辆可直接进入急诊大厅,也便于残疾人进出,在大厅内要设置急诊病人候诊处、挂号分诊台、收费处、急诊药房、警卫台;同时要有轮椅、平板救护车的存放点。在病人到达时,能及时分诊与处置。一般医院急诊大厅相对可小些,防止因面积过大增加基建投入浪费资源。诊室的多少视医院规模而定。同时,要注意急诊药房夜间值班室的设置,如果医院位置远离生活区,则应在急诊部附近安排夜间值班房。

3. 抢救区　是采用敞开式大开间设计展开床位,还是相对封闭的空间要视具体情况而定。如果门厅进入后即为抢救区,理论上对于及时展开抢救是有帮助的,但是如果与外界不加分隔,则在抢救过程中家属及其他人员的围观,会影响抢救工作的进行。如果急诊部区域面积足够大时,应加大急救区的纵深,并对该区域加以适度封闭,更有利于急诊抢救的实施(图3-35)。区域内的流程分为三个部分安排:

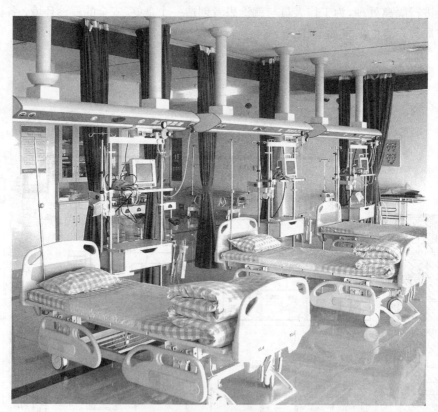

图3-35　南京同仁医院急诊抢救区实景图

(1) 冲洗区与洗胃室:冲洗区的地面下水要预留,防止堵塞。在设置洗胃室时,要考虑到冲洗的下水处理与温水的使用。洗胃池上部分设热水系统,地面有开水冷却装置,以方便使用。

（2）监护室：设置抢救床与设备带（电源插座、传呼装置、氧气、负压吸引），有双位清洗池。在监护区内应预留功能柱的位置及空调新风系统。急诊区设抢救床位不宜过多，应视急诊量大小与病区的大小而设，危重病人应及时转入 ICU。

（3）急诊手术区：主要由清创室、治疗室、处置室及夜间急诊 B 超室、化验室、心电图室组成。急诊手术室要紧邻抢救室。急诊手术室主要用于开放性损伤急救病人与特殊情况下的病人抢救手术及一般开放性损伤的清创缝合。手术室的建设要严格按照《手术部建设规范》进行设计建设。手术室的间数，视医院规模与急诊人次确定。如果手术室间数较多时，则要在手术室周边设置更衣室、洗手池、处置室、治疗室（可共用），但每个抢救手术室都必须设无影灯、仪器台、设备带（一个床位段）、周围墙面踢脚线以上各设两组电源插座，并留网络、电话接口。室内内设处置柜，在处置柜的两侧各设洗手池。注射室内设药品柜、洗手池、电源插座等。

4. 急诊留观区　急诊留观区的床位一般要求是按全院床位的 2% 设置。每个床位段设置设备带，在其上设传呼装置、电源插座、氧气、负压接口。新建医院在初始阶段留观的床位不得少于四张，并与护士站紧邻，如果留观区床位较多，必须独立管理时，则应按护理单元的要求进行平面的规划与流程设置，要单独设置护士站与治疗室、处置室。此设置方式需整体分析，防止人力资源成本过高与占用资源过多问题。

5. 急诊输液区　一般输液区为大空间设置，可采开放式布置，也可采分隔式布置，从管理上说，以分隔式为好。VIP 输液区可采单室输液室或双人间设置，单间数量根据建筑面积及目标客户多少的需求确定。普通输液区设计时，对平面流程要进行整体的规

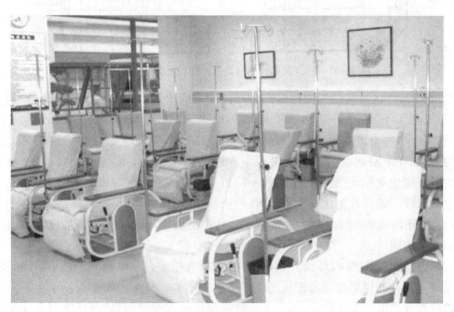

图 3-36　某医院输液室实景图

划，当输液椅较多、输液间较大时，在该区要设置护士站，把皮试、接药、配液及与输液室的连接进行统一安排（图 3-36）。通常有两种方式：一种是输液大厅设置在急诊护理站周边，在护理站内设置设配液间及药品库、大输液间等；另一种是专为输液区设置配液区

及药品柜,使配液、输液在同一区域内完成,同时要有处置室。在配液室的墙体周边设置电源插座。在输液区每个椅位上设传呼装置。

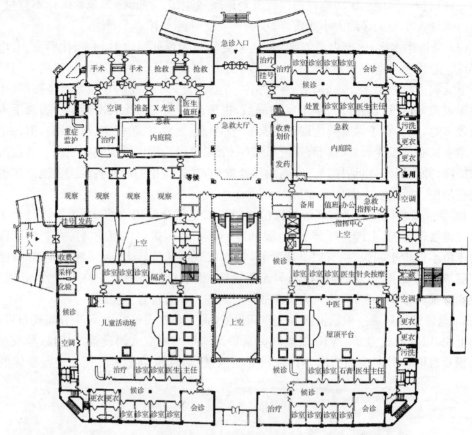

图 3-37 某医院急诊布局与其他部门之间的布局关系图

6. **急诊诊疗区** 应设置内科诊室、外科诊室、机动诊室。诊室设置的个数视急诊量确定,每个诊室可以一人一室也可两人一室,视建筑面积而定。诊桌上设强电插座三组,弱电插座一个,每个医生的工位上要有观片灯。在诊疗区如果在条件允许时,则应设置功能检查区,在医院建设的初始阶段可不专设。急诊诊疗区应设置清创室、治疗室、处置室。为节省用房面积,一般情况下治疗室应置于诊区的一侧可与抢救室合用(图 3-37)。

急诊诊疗区如设置生化检验室、功能检查室、X光机室,各空间布局要求如下:

(1)生化检验室:净面积在 10 m² 左右,并在沿墙体周边布置电源插座,保证化验设备的运行动力即可。

(2)功能检查室:空间可稍大些,可以独立也可相连。一般有心电图室、B超及其他检查设备。在初期规划时要考虑到先期与后期的衔接。每个房间要有洗手池,每台机器摆放的位置设强电插座 4 组,在医生办公室一侧的踢脚线设网络、电话接口各 1 个,电源插座 3 组。

(3)X光机室:预留大功率电源,空间要作防护处理,并根据机型要求进行机房与操作室的设计安装施工。

一般来说,新建医院,在经营初始阶段这些空间可预留,待医院发展到一定阶段后再正式配置设备才可使用，以此省初始投资。

7. 护理站　急诊部护理站主要为输液区服务，同时要兼顾到外科诊室及注射室。除必要的计算机、电话系统外，在护理站的附近要设置治疗室与处置室。室内要安装紫外线，或用空气处理机消毒。治疗室内灯光要按照规范要求设计，保证外科医生进行创伤处理时的照度需要。

8. 急诊儿童诊区　在急诊科设置儿科诊室时，要按照国家相关规范规划流程与布局。诊区独立设置，并有专用通道。这一区域中要按常规设诊室、治疗室、处置室。儿童输液室必须与成人输液区分隔。分诊可由急诊科护士兼任。诊区新风设计要满足规范要求，输液、留观室内的空气要进行净化消毒处理。一般情况下，可预设紫外线消毒灯。同时，对于有传染性疾病的患儿要有专用诊室。

9. 急诊办公区与生活区　急诊办公区应设置主任办、护士长办、示教室（可作为会议室共用）、家属谈话室等。急诊生活区内应设男女值班室、男女更衣室、库房、轮椅存放间、就诊人员物品存放处等。值班室内应有洗浴间、洗手池及必要的电视、电话接口。公共部分应设置相应的卫生间、开水与热水系统，以便于病人饮水、急诊留观病人的用水。

第十节　血液透析中心区域的规划与布局

医院透析中心的建设必须按照规定的工作流程进行安排（图3-38），内部功能必须符合国家的相关规范，确保透析过程的安全。

一、血液透析中心的规划

小型的透析室，可与肾内科毗邻，按相关规定进行设计与规划建设。大型综合性医院的血液透析中心必须相对独立，位置应在交通便捷的通路上，以便于门诊血透病人的接诊与治疗。中心内部应按照相应的规范进行布局与装修。一般情况下，中心内部应划分成接诊区、治疗区及辅助区（图3-39）。治疗区主要包括：血透治疗间、治疗室、污物处置室、护理站；接诊区主要包括：医生诊室、接诊区、候诊室、患者更衣室、休息室、洗涤室等；辅助区主要包括：工作人区更衣室、工作人员休息室、水处理间、储存室等。上述三个区域的洁净要求是：治疗区为清洁区；接待区为污染区。各区域具体要求如下：

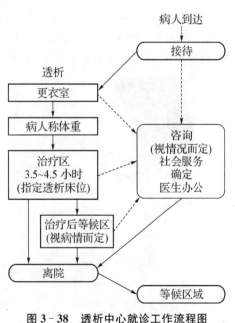

图3-38　透析中心就诊工作流程图

1. 治疗区的布局要求　血液透析治疗区与治疗室应当达到《医院消毒卫生标准》（GB 15982—1995）中规定的Ⅲ类环境要求，整洁安静，光线充足，并配备空气消毒装置、空调等。新风系统必须符合规范要求，以保持空气清新。透析治疗间地面应使用防酸材

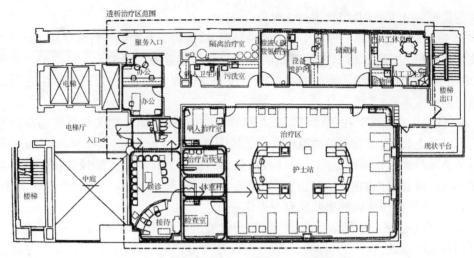

图 3-39　国外某医院血液透析中心平面布局图

料并设置地漏。一台透析机与一张床(或椅)为一个透析单元,透析单元间距按床间距计算不能小于 0.8 m,实际占用面积不小于 3.2 m²。每一个透析单元应当有电源插座组、反渗水供给接口,废透析液排水接口、供氧装置、负压吸引装置。根据环境条件,可配备网络接口、耳机或呼叫系统等。透析治疗间应当具备双路电源供应。如果没有双路电力供应,在停电时,血液透析机应具备相应的安全装置,允许将体外循环的血液回输至病人体内。如果透析间为开放设置,则在护理站周边设置治疗室与处置室;如果透析间分区设置,则在各空间内应设置操作台,方便配液与管理。透析治疗区一般要分区设置,如果条件允许时应设置部分单间或套间,以满足不同层次患者的需求(图 3-40)。

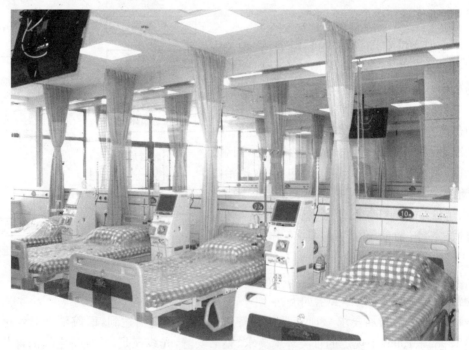

图 3-40　南京同仁医院血液透析病房实景图

2. 护士站　设在便于观察和处理病情及观察设备运行的位置。备有治疗车(内含血液透析操作必备物品及药品)、抢救车及基本抢救设备(如心电监护、除颤仪、简易呼吸器等)。

3. 治疗室　治疗室应达到《医院消毒卫生标准》(GB 15982—1995)中规定的对Ⅲ类环境的要求。透析中需要使用的药品如促红细胞生成素、肝素盐水、鱼精蛋白、抗生素等应当在治疗室配制。备用的消毒物品(如缝合包、静脉切开包、无菌纱布等)应当在治疗室储存备用;存量较多的透析器、管路、穿刺针等耗材可以在符合《医院消毒卫生标准》(GB 15982—1995)中规定的其他Ⅲ类环境中存放。如果血透中心未设置消毒净化机组,则应在治疗室设置空气消毒机,以保证物品存放要求。

4. 复用间　在治疗区,要设置复用间。其主要功能是对血透管路的清洗。复用间空间要适当间隔,一部分为阳性病人复用间;大部分为一般患者复用间。在分隔时要注意物资的流向安排,防止交叉感染。如果周边环境允许,应在复用间附近设置污洗间。污洗间应远离透析区。

5. 处置室　为污染区,主要用来暂时存放生活垃圾和医疗废弃品,且要做到分开存放,单独处理。医疗废弃品包括使用过的透析器、管路、穿刺针、纱布、注射器、医用手套等。

6. 血液透析中心的护理工作一般为日间护理,其内部的平面结构布局与流程要照顾到日间门诊病人就诊的特殊性。在布局的流程关系上要考虑到相互工作的关联性。

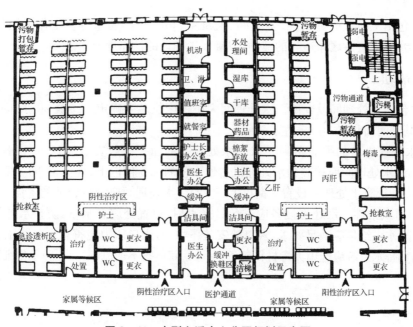

图 3 - 41　大型血透中心分区规划示意图

特别要注意"对乙型肝炎病毒、丙型肝炎病毒、梅毒螺旋体及艾滋病毒感染的患者,应在各自的隔离透析治疗间或隔离透析治疗区进行专机透析。治疗区或治疗间,血液透析机不能相互混用"。因此,在治疗区的规划布局中,要根据患者的来源及透析中心的规模进行分区建设,规范流程,确保安全(图 3 - 41)。

二、接诊区

接诊区的空间采用开放与封闭相结合的方法。

1. 接诊区　设置于患者入口处，形成一个完整的候诊区，为患者提供休息场所，同时完成登记、称体重、预约的过程。并要考虑病重患者与残疾人称重的平台设置。如接诊区空间是封闭式的应注意新风与空调系统的配备。

2. 更衣间与候诊室　患者更衣区的大小应根据透析室(中心)的实际病人数量决定，以不拥挤、舒适为度。患者更衣区设置椅子(沙发)和衣柜，病人更换透析室(中心)准备的病号服和拖鞋后方能进入透析治疗间。病号服和拖鞋应专人专用。工作人员更衣区应设置于工作人员入口处，经更换工作服、工作帽和工作鞋后方可进入透析治疗间和治疗室。

3. 医生办公区　医生办公室数量按需求设置，一般有主任办公室和医生办公室，诊室内部配置按一般要求配置强弱电。病人在完成各项预检后由医生确定病人本次透析的治疗方案，开具药品处方、化验单等，并安排病人进入透析间。

4. 在血透室的外围应根据床位数设置家属等候区。空间大小按每2张床3人陪同设计，保证家属等候的舒适性，并在空间内设置开水供应装置。

三、办公生活区

主要包括工作人员更衣间、卫生间、值班室、护士长办公室等。工作人员要专设通道，并与治疗区、接待区作适当的缓冲，以确保工作区的洁净度要求。

四、辅助区

主要包括水处理间及仓库。水处理间大小视床位多少确定。一般20张床位的血透中心，水处理间面积以20 m² 左右为宜。

1. 水处理机房的平面布局要求　水处理间的面积一般要求≥12 m²；房间最小宽度≥2.5 m；水处理间面积应为水处理机占地面积的1.5倍以上；地面承重应符合设备要求；地面应进行防水处理并设置地漏(图3-42)。水处理间应维持合适的室温，并有良好的隔音和通风条件。水处理设备应避免日光直射，放置处应有水槽，防止水外漏。水处理机的自来水供给量应满足要求，入口处安装压力表，入口压力应符合设备要求。透析机供水管路和排水系统应选用无毒材料制备，保证管路通畅不逆流，避免死腔孳生细菌。

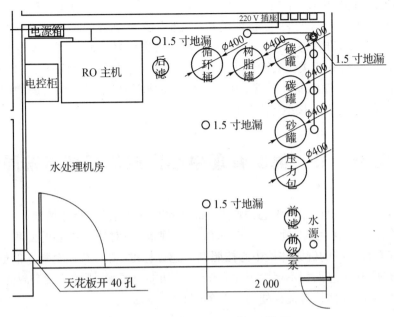

图 3－42　水处理间平面布局示意图

2. 水处理设备进场前的准备

（1）土建准备：在水处理设备到达现场前，纯水输送管路最好由设备供应商铺设至血透室，并按医院所设置的床位位置预留接口。水处理间的下水地漏及水处理间所需要的下水沟槽或铺设下水明管道施工完成。配合完成土建施工中所需工作：如做防水（防水层厚度要足够厚，以免打地栓后造成渗漏，推荐≥120 mm）、基台、下水、过墙开孔、管路走天棚需要在棚顶做吊架、吊杆安装等。水处理间设备在运行时，会产生一定的声音，为了不影响医护人员及患者的正常工作、休息及治疗，应对水处理间的墙壁、门窗等考虑隔音处理。在水处理设备安装前要对楼板的承载能力测试以确保安全。同时要根据前级预处理、反渗透主机的体积及重量做好安装的前期准备。

（2）运输通路准备：设备所经过的走廊过道、房门、电梯、楼梯及楼梯转角平台等必须能够满足设备的通过，其净宽度≥1.0 m。

（3）水源要求：设备水源必需引进水处理间，水源供水管径由院内主管道至水处理间所有管路直径均≥50 mm，中间不得有瓶颈现象；并预留 50 mm 内丝或外丝管螺纹接口；在供水管路上安装总水阀门和压力表；供水压力介于 2～4 kg/cm²，压力稳定；流量≥6 m³/h；如果供水水源压力过低，应提前考虑增加源水水箱，容积≥3 m³；如果供水水源压力≥5 kg/cm²，应提前在总供水管路中加装减压阀和压力表；如果水源有季节性或一天内有时段性出现水压过低或流量不足，应提前考虑增加源水水箱。设备即时产量只能满足该设备所标定的供水量，如医院拟用反渗透水配制透析浓缩液或复用冲洗透析器及管路，应提前说明，并增购分级供水装置。以免在使用运行过程中，出现配液或复用与血透用水相互争水，血透用水不足而影响正常透析工作的开展。

（4）强电配置要求：要根据设备型号确定配电总功率；电压：三相 AC 380 V±10%，频率：50 Hz±1 Hz；总线要求：三相五线制（三火一零一地），线径≥6 平方线；设备配电箱要求:预处理部分:电压:单相 AC 220 V±10％,频率:50 Hz±1 Hz;推荐三孔 10 A 防水插座 4 个,距地 1.5 m 安装;主机配电箱:内部安装≥30 A 三匹 D 级(工业级)不带漏电保护总空开一个,推荐为墙挂式小型配电箱一个,进线要求见总线要求,安装位置请参见水处理间布局图,在相关位置距地 1.5 m 高;供电容量要满足设备需要。如果电源有季节性或一天内有时段性出现低压或高压或三相不平衡等情况,请提前考虑增加稳压电源。电源零线与地线应分开。接地电阻≤4 Ω。

第十一节　健康管理中心区域的规划与布局

　　健康管理中心(也称体检中心)规划与布局的基本要求是:合理规划体检的空间,科学构建体检流程。卫生部与建设部在《医院建筑规范》中对体检中心的面积未作硬性规定。大型综合性医院的健康体检中心按照有关地方标准,要具有相对独立的健康体检场所及候检场所,建筑总面积不得少于 400 m²。其功能与要素,既要注意资源的有效配置,又要从现实出发,为体检者提供便捷的服务(图 3-43)。

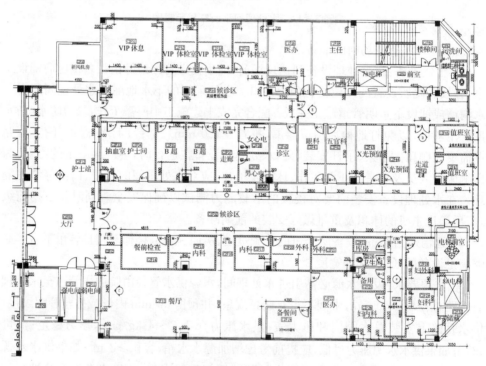

图 3-43　南京同仁医院健康管理中心平面布局示意图

一、平面布局的基本要素

　　健康管理中心区域的流程设置一般情况下应包括:诊室(要根据体检量的大小,分别设置内科、外科、五官科、妇产科诊室)、抽血室、彩超室、心电图室、X 光室、妇科检查区等,并有休息室、更衣室及就餐区等。其装修要求同普通诊室。每个独立的检查室使用面积不得小于 6 m²。

图 3-44　健康管理中心抽血室

二、布局的基本原则

健康管理中心是医院进行体检接待与体检实施的场所。其规模既受到经济能力的限制，也受到医院规模的限制。大型综合性医院在进行体检中心的建设中必须注意体检中心在流程设置上的便捷性与合理性；空间上的私密性；保障的周密性；体检过程的舒适性；医疗环境的安全性。

1. 流程上的便捷性与合理性　在流程上做到三个融合：①将检查的流程与体检项目有机融合。一般空腹体检项目在前，餐后项目在后，尽量使体检者能依次完成检查，顺向流动，减少不必要的运动，缩短体检时间。②流程设计要关注仪器设备的特殊要求，如彩超要放置在温度恒定、通风良好的房间；对通用设备的使用，一般患者与 VIP 进行合用，在通道上采用双开门形式，进行检查时，封闭一个通道，保证其私密性（图 3-44）。③空间融合，把等候区进行分别设置，先到的客人在主等候区，后到的客人在专业等候区，使整体上的服务做到有序流动。在体检中，需人员与大型装备的配合时，由医院统一调度，保证效率。护理站按特殊要求进行设置，要便于人员接待，也要便于操作（图 3-45）。要有网络系统及电视、电话系统。

图 3-45　健康管理中心护理站

2. 空间上的私密性　要根据客户检查项目区分为一般客户与特殊客户，在流程上要做到三个分开：①妇科体检与一般体检分开，只要条件允许就要进行适当的分隔，令阴道镜检查室、妇科 B 超室及妇科相关诊室有一个相对隐蔽的环境，注意对个人隐私的保护（图 3-46）。②一般客户与 VIP 客户相区分，VIP 客户有专用等候室、专用通道，并有专人陪护。③医疗与生活分开，在空腹检查结束后，有供就餐的专用空间，并方便相互交流。

3. 保障的周密性　休息室与餐厅装修要精心设计。餐厅不宜过小，并要有电源装置，以保证冰箱、微波炉的摆放，同时要设置洗手池及电视、电话。就餐区内应设开水间，以方便体检者（图 3-47）。如就餐区设有洗手池时，应区分工作人员用洗手池与体检者洗手池。

4. 体检过程的舒适性　体检是健康人群对自身身体的一次检验，医院健康体检中心要为客户提供良好的体检环境。①在空间布置上色彩要淡雅舒展，同时要注意环境的绿化与美化。②在体检的同时，可以欣赏音乐、名画，可以就座交流（图 3-48）；在体检结束后，可以有一个舒

图 3-46　健康管理中心的妇检科检查区域示意图

适的空间就餐，也可以相互交流。③对于体检的结果能在一个特定的场所与体检者进行交流，并注意其私密的保护。

5. 医疗环境的安全性　在体检中心的建设中，要注意的三个方面的问题：①配电问题。在装备不确定的情况下，各相应的诊室的配电要留有余地。同时对于一些需要接地的装备，要在总体设计时预留接口，这样装备进场

图 3-47　健康管理中心餐厅实景图

时才能确有把握，使之能尽快投入使用。②装修中要注意吸音的处理：一般而言，体检中心在进行工作时，体检的时间相对比较集中，在相对的时间内，吸音如处理不好，回音过大，对于检查者与医护人员的精力集中都会或多或少产生影响。这是在设计中不得不注意的问题。③是各区域中水设施的配置：要按照手卫生管理规定，凡是有诊室的地方都要有洗手的设备，确保医护人员安全。

图 3-48　健康管理中心贵宾休息室

医用建筑规划

三、辅助区域装修要求

1. X光室的装修　该区域的装修要按相关规范进行设计与施工,在内外区域的分隔时要注意操作空间的安全性与可靠性,不宜过小,有碍操作。室内部分按防辐射要求进行装修,确保安全。在装修设计中,要充分考虑检查室内空调,将操作间与检查室的空调分开设计,保证体检者的安全与舒适(图3-49)。

图 3-49　健康管理中心 X 光室实景图

2. 贵宾休息室　在健康管理中心要设置贵宾休息区,以接待 VIP 客人,该区域视接待的对象安排进行整体规划,一般要求室内应有电视、电话及相应的设施,如卫生间及洗手池等。

3. 功能检查室、主任、医生办公区应位于该区域的末端,以便与客户进行交流。条件允许时,应在中心内设置清洗室、装订室、洽谈室、医务人员更衣室。

4. 健康体检中心的卫生间　要设置体液摆放台,以便于标本收集。

第十二节　康复医学中心区域的规划与布局

一、康复医学中心的平面要素

康复医学中心应包括下述要素:主任办、医生办、接待登记处、PT 室、OT 室、ST 室等。各室的装修根据其治疗对象与功能的不同,功能训练室可以在大空间中展开,物理疗法及语言疗法可分成多个空间展开。在进行平面规划时,主要应考虑空间的面积及各类配电要求,保证设备的摆放与运行安全。如果有水疗设施,则应有事提前规划好专用空间,并做好防潮、防漏耐腐蚀处理,保证设备与设施的正常运行(图3-50)。

1. PT——物理学治疗　是运用物理、机械原理,对病人进行治疗。例如,利用"热"效应来达到镇痛目的,利用"冷"或"冰"疗来达到抗炎、抗高热、抗痉挛的目的,利用"生物反馈"来改善病人习惯性意志控制的自主功能,利用"按摩"改善关节活动困难、解除痉挛以及改善神经肌肉的功能障碍等,以消除或减轻病人的痛苦。

2. OT——作业治疗　是分析、研究病人偏瘫或受伤后所致的残疾和功能损伤情况,采用各种不同的方式方法来改进和帮助病人受损的功能,使他们在身心上适应社会的生存需要,在日常生活方面尽量能够独立完成,如饮食、穿衣、个人卫生等。其目的都是为了帮助病人把身体功能发挥到最大限度(图3-51)。例如,有目的地让病人进行手工艺工作,有

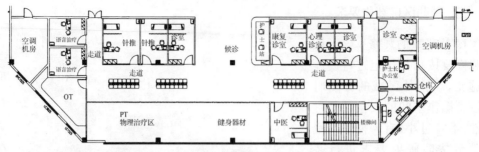

图 3-50　南京某医院康复医学中心平面布局

选择性地进行帮助他们恢复功能的训练，并且制造或利用一些矫形器具，如夹板、支具等，矫正肢体的畸形、痉挛，以保持肢体的正常功能姿势；或者直接增强病人的肌力，改善病人的关节活动度，加强各种感觉器官的协调和统一性及动作的计划性。此外，作业疗法还可以使病人的精神和注意力集中，提高病人处理和解决问题的能力（图 3-52）。

图 3-51　康复医学中心作业疗法训练场地

图 3-52　南京同仁医院的 PT、OT 功能空间的布局实景图

3. ST——言语治疗　言语是人类最珍贵而特有的本能，是人与人之间进行交谈、传达信息的工具。由于疾病使这种联系受到阻碍。言语治疗就是通过研究、分析、评价以及利用图片或教给病人舌头的位置摆放，以恢复发音或认知功能，恢复病人应有的言语交流能力。

作业疗法与物理疗法是密切相关的，有的治疗目的也是相同的，如二者都是为了增强肌力，改善关节活动度，恢复病人身体的各种功能。作业治疗与物理学治疗的主要不同点在于二者采用不同的治疗工具和方法。物理疗法主要是利用热疗、水疗、超声波、按摩和各种体操等，来改善神经肌肉的一般功能。而作业疗法主要是让病人利用各种锻炼功能的工具进行训练，通过工作训练来达到治疗的目的。因此，OT 室内要确保有足够的空间供病人锻炼，同时确保配电的安全（见图 3-53、图 3-54）。

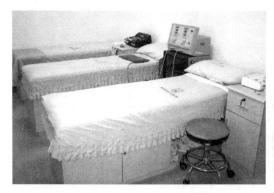

图 3-53 康复医学中心物理治疗室　　　　图 3-54 康复医学中心运动治疗区

二、康复医学中心的装修要求

所有检查室、诊室、更衣室均设洗手池,洗手池可设计于靠近门的一侧或在门的对面靠墙角位置。所有检查室和诊室的办公桌位置,设强电插座三组,并在办公桌的对侧设强电插座两组,每组相隔 1 m 左右,高度按规范。所有诊室的办公桌靠墙一侧的上方,设双联观片灯,有强电插座。其他所有诊室灯为日光灯,特殊检查诊室的强电按病房强电配置。冷热水保障:应从医院热水中心提供;如不能从热水中心提供,则应在诊室的对应位置设置热水器,供洗手用。

接待登记处设(网络)3 个,电话接口 3 个。所有诊室网络按一个医生 1 个网络接口,1 个电话接口计算。特殊检查病房设电话接口 1 个,电视接口 1 个,网络接口一个。音乐广播系统独立控制,设在护士站。

主任办公室的强弱电、洗手池按标准配置。PT 室、OT 室、休息室各留电话接口、洗手池一个,放长方桌。PT 室、OT 室沿墙每隔 1.5 m 设一个强电插座。高度按规范。地面做木地板,以保证安全。理疗室插座按房间大小每 2 m^2 一组。

第十三节　感染控制科区域的规划与布局

综合医院内感染控制科的设置是国家卫生行政部门的强制性要求,对于正常的传染性疾病的诊治与突发公共卫生事件转诊起枢纽作用。感染控制科应自成一区,并邻近急诊部,以方便特殊情况的处理。目前,在一些新建的医院中,感染控制科的布局分为两种情况:一种与门诊同在一个区域平面的布局;还有一种方法是将感染控制科作为一个独立的区域与门诊入口、急诊入口、儿科入口并列为四个入口,这样布局时,在交通上必须有专设的通道,并有明确规定的标识,与其他诊区要切实分开;也有的医院在门诊区域设计时,将其独立于门诊之外,为一栋专用的建筑,但其出入通道与急诊部、医技部门相衔接。无论何种方式进行布局,其专业要素与流程的安排必须符合如下要求:

图 3-55 所示为上海市公共卫生中心传染病医院病房楼护理单元的平面布局。该平

面在诊区病房部分与辅助设施均自成一体,进行封闭管理。清洁区、污染区严格区分。在综合性医院进行感染控制科门诊区域的设置与病房布局时可作参考。

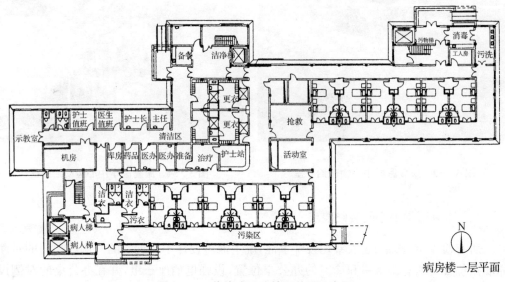

图 3-55　传染病医院护理单元示意图

一、诊区空间基本要素

一般应设有挂号处、收费处、预诊分诊台、诊室、更衣间、换鞋、淋浴间、值班室、开水间、办公室、缓冲间、取药处、化验室、诊查室、治疗室、处置室、移动X光机室、病人专用卫生间(同时,要考虑残疾人卫生间的设置)。其排污系统要与污水处理站排污通道相连接。在诊疗区靠近护理站并与病人卫生间相邻处的适当位置设置一间观察室,以便对病人的输液与留观。

综合性医院的感染门诊诊区设置应考虑不同的传染性疾病的隔离要求,如呼吸系统门诊与肠道病门诊区域应作适当区隔,并使流程尽量符合需求。如果感染性门诊的就诊量不大,且任务没有连续性,感染性门诊诊区设置在流程符合要求的前提下,管理要严格,规模要适当,内部配置要符合基本医疗需求。

二、治疗区内部设置的特殊性要求

一般应设置观察病房、输液病房、负压病房(特殊性感染性疾病治疗)、护理站、配餐间、卫生间、开水间等。这一区域如设置正负压切换病房时,要将该病房置于建筑的末端,与其他区域采取隔离措施。病室前区要设置缓冲间,末端要有卫生处理设施,对空间分布及空气处理采取二级过滤措施,一方面防止病菌的传播,另一方面防止医护人员的感染。诊区与病区采分隔措施。工作人员通过缓冲进入。

三、诊区与治疗区的流程要符合感控要求

在流程设计上要注意各要素的连接与畅通,分区要明确,通风要良好,自然光线充足,医护人员进入诊区,从入口起,经更衣室、换鞋、缓冲间后进入诊疗区,依次完成一次

更衣与二次更衣;完成诊疗返回时,依次完成污物与服装回收等,该诊区设置要做好感控流程管理与隔离保护,确保医护人员安全与病人安全。在缓冲间内要设置紫外线消毒装置;医患通道要严格区分。要设置医护人员的卫生间与淋浴间(不可与病人共用)。

图 3-56 所示为隔离病房的平面布局。

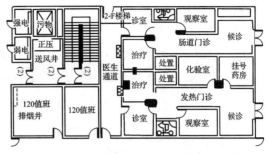

图 3-56　感染门诊诊区示意图

四、技术配置的相关要求

1. 强电配置　各个区域内的照明配置要符合诊室照度要求,每个诊室在医生诊疗桌一侧要有一个单联的观片灯,每个医生的工作位置要配置强电插座 4 个,供电脑、打印机、电话、观片灯之用。所有房间除一般照明外,要安装紫外线消毒灯。在治疗室内要安装空气净化处理机,以确保工作人员配液时的安全。

2. 弱电系统配置　该区域内的门诊挂号、收费、药房、化验室、诊室等各部位电脑系统均与全院的信息系统相连接。每个医生工作站都要有电话与网络接口,并与全院联网。

3. 医用气体系统的配置　在观察室内每张床位前各配置氧气接口一个、负压吸引接口一个。如果离医院的主要气体源较远时,可以外接氧气瓶或设置汇流排,不专设线路。

4. 空调系统配置　感染性疾病门诊如果远离医院空调主机房,可不设中央空调,每个房间内均设置一个强电插座,需要时可安装分体式空调。

5. 水电系统的配置　冷水系统,要保证每个诊室与每个空间内均要有洗手池。热水系统要保证医护人员在进入退出诊区、更衣时都能淋浴。对留观患者,也要安排淋浴位置。同时,要将热水系统接至每个洗手池旁。如果院内的热水系统无法到达,则可以设置太阳能或电热水系统。开水供应,该区域内的开水供应,在开水间内设电开水炉。在配置强电时,注意开水间电源功率要求。

第四章
医技系统的建筑规划

医技系统是向医疗活动提供重要支持的技术部门。《综合医院建筑设计规范》中规定,其空间的建筑面积应占医院总建筑面积的27%左右。主要应包括:检验科、病理科、输血科、影像科等。因其涉及的设备不同、技术要求不同,空间要求也有所区别:有的设备可以安装在一个建筑群内,有的设备则需要有独立的区域专门进行建设规划。本章主要结合医院医技系统的规划实践,就相关专业科室在空间布局与流程设置中应注意的有关问题提出设想,因影像科涉及内容较多,本书将另辟专门章节进行论述。

第一节　检验科(临床检验中心)的规划与布局

医院临床检验中心的检验结果用于评估患者体内感染部位的化学成分及其平衡状态、遗传基因特征、体内细菌或病毒性质或水平,由此确定病人治疗方案的重要依据。临床检验中心一般担负下述任务:

1. 化学检验　包括生化测试,尿样分析、毒理分析,及其他化学分析,如酶、激素、维生素、微量元素等。

2. 血液学检验　通过人工或自动化分析仪以及一些必要的特殊设备进行血液学和血液凝血功能检测,以确定血液中各种血细胞凝血因子的种类、数量及其活动表现。

3. 微生物学检验　通过细菌学、病毒学、寄生虫学、真菌学、结核病学以及其他一些微生物的研究分析,鉴别并量化体内各种微生物的情况。

4. 免疫学检验　主要通过免疫学测定和其他特殊的化学、血液学分析研究人体免疫系统的特征和表现。

5. 血库管理与血液供应　主要工作包括:确定血型,进行血液的交叉配血及相关抗体的滴度分析,对所供血液进行准备与储存,与输血有关的临床资料收集、分类、补充工作,血液及血制品的再利用及血液的供应。如果大型综合性医院中有专职的输血科,并与检验科实行分离管理,则其任务与上述要求是相同的,仅规模及服务能力不同。

根据检验中心担负的任务,其建筑设施的平面布局通常情况下分为两种方式:

一种为大开间开放式设计,工作流线起始于样品收集登记区域,然后分送到各个化验区域。在登记接收样品后,样品根据不同的要求或经离心处理后分送到各个化验区进行分析。标本样品可直接送达下列区域:化学分析区、血液学分析区、免疫学分析区、血库、微生物学分析区作进一步处理。处理结果可通过报告中心发出。样品收集区邻近处要有候诊区及男女卫生间,建筑设计与布局上要便于保护病人的隐私。

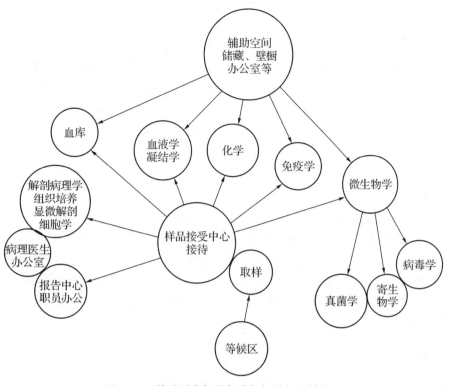

图 4-1 检验科内部及与外部相关部门的关系

另一种布局方式是将建筑平面分为若干个小的空间，按专业不同的要求，进行流程布局设置（图 4-1）。目前不少医院在新建中，均采用大空间形式。如果检验科与病理科同属一个科室，则在平面布局要考虑到病理科的特殊性要求（图 4-2）。

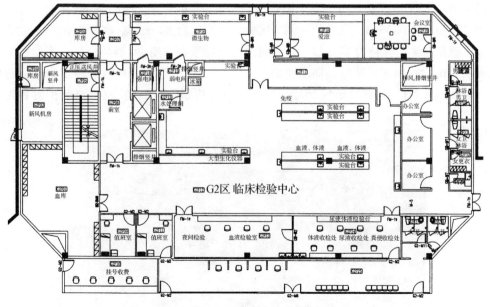

图 4-2 南京同仁医院临床检验中心平面布局

流程设计中必须保证从样本接收中心到检验科各个区域有直接的联系。如化学分析室与血液学分析室工作量大，布局上就与样本接收中心最近。免疫室则可稍远。工作区域宜大开间，微生物室则要进行封闭净化处理。如检验中心只在一个空间运作，则要设置一个常规微型化验室，便于紧急情况的处理。在内部空间规划中，要留有备品库，以便存放各类试剂及物品，同时还要在适当位置留有纯水制备间。

检验中心与各临床科室及手术部、门急诊均有密切的联系。其在全院医用建筑系统中的位置，要方便对手术部的输血供应，方便门急诊的联系及检验的及时性。同时，在其内部要通过空间的逻辑组合，形成合理的流程。

一、等待区

等待区也称为患者候检区。其内部要有足够的空间以容纳候检者。等待区要设置两个出入口，抽血人员的等候与体液检验人员的等候应加以分隔。抽血区操作台的宽度以 70 cm 为宜，操作台下部应空置，能让患者在抽血时有一个舒适的体位，并有隔板间隔。在体液检验区的一侧，要有男女卫生间，并设置相应的摆放台，供患者摆放标本。在等待区与工作区衔接的过渡区中间，要用透明墙体进行相对分隔，使患者就诊时有一个舒适的空间，同时便于科室的管理。

二、检验区

检验区是检验科的核心区域，必须按流程要求进行合理的分隔(图 4-3)：依次可分为血液检验室、体液检验室、艾滋病筛查实验室、生化检验室、微生物检验室、分子生物学实验室。在具体规划中，应视医疗需求与检验科设备情况确定具体设哪些工作室。以大型综合性医院而言，在进行分区装修时，在空间上应注意以下问题：

1. 血液检验室　与外部相邻的墙体，基础部分可做成操作台，上部窗口用玻璃分隔，中间可悬空 25 cm，基础部分为一个操作台，宽 50 cm 左右，高度在 80 cm 左右。外侧出窗为 20 cm，内侧 30 cm。靠墙的一侧为实验台。实验台 60 cm 宽，高度为 80 cm，防火木质板。室温常年应保持为 20～25 ℃，四周顶部安排吸顶式空调，通风良好。实验台上部每隔 1.5 m 设一组连排插座。周围墙面每 1.5 m 设一组插座。血液检验室内的周边要考虑血细胞计数仪、凝血分析仪、恒温箱、尿沉渣分析仪，冰箱、离心机、试剂柜等各类设备的放置。

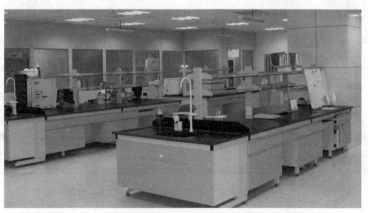

图 4-3　生化实验室的大空间设置时的实验区实景图

2. 体液检验室　窗口上部为玻璃,中间悬空 25 cm,做一个台子内外宽 60 cm,高度在 80 cm 左右。外侧出窗 15 cm。靠墙的一侧为实验台,60 cm 宽,高度为 80 cm,防火木质板。实验台上部每隔 1.5 m 设一组连排插座。周围墙面每 1.5 m 一组插座。温度常年保持为 20～25 ℃,四周顶部要安排吸顶式空调,通风要保持良好。

3. 艾滋病筛查实验室　此区域应划分成两个部分:一部分为实验室。尽量选择一个空间较为宽大的区域,内部设置实验台,基本的设备有酶标仪、洗板机、离心机、水浴箱、冷藏冰箱等。在此空间内,在实验台平面上部应每隔 1 m 设置一组电源插座。一部分为办公区,要设置电话、网络插座各一,在办公室内沿墙每隔 1.5 m 设置插座一组。在办公桌附近要设置三组强电插座,以保障计算机、打印机、电话等设备使用时的强电需要。

4. 微生物实验室　微生物室的流程与环境有其特殊的要求,一般情况下要分成四个区域进行设置(图 4-4):

(1) 标本收集区,位于实验室的入口处,有专设窗口对外。

(2) 标本处理区,进行标本检测并出具报告的区域。在这个区域中,有条件时应将空间分成 4 个独立空间设置:①涂片染色区;②细菌鉴定及药敏分析区,其实验台面邻近血培养分析仪、细菌鉴定与药敏分析仪;③结核菌检测区为一个独立的空间,配置生物安全柜等设施,其通风排风口与安全柜摆放位置应在设计时留置,防止遗漏;④发放报告区,收集有关资料,发放检测结果的报告,均在该区进行。最好为独立区域,与其他区邻近为宜。

(3) 污物处理区:标本经检测后做消毒处理;所有污物在此集中,经消毒后处理。

(4) 无菌区:用于分装存放培养基及放置各类无菌试管、塑料器皿等。室内的空气净化处理要求要按 P2 实验室的规范进行设计。在微生物实验室入口处设标本台,高度为 80 cm 为宜,宽度视实验室大小确定,一般为 80 cm。操作间内的每个桌面上设置超净工作台,确保实验安全。该室要设置大功率电源,具体要由设备提供商提供具体的参数。在进行该区域的设计时,既要考虑新风的补充与排放,也要考虑超净工作台新风的更新循环,实验台应靠近窗口设置,要避免空气排放管道太长,排风不畅,影响安全。靠门处做标本台。仪器台面下可做成地柜,用于放置培养箱、血液自动培养仪、鉴定仪、药敏分析仪、显微镜等。

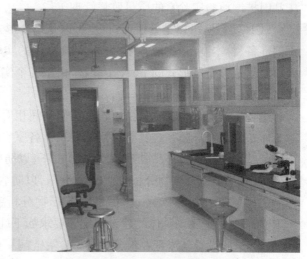

图 4-4　微生物实验室实景图

5. 生化实验室　生化实验室应分为前后两室。前处理室设操作台,标本接收台,应预留放置离心机及冰箱、水浴箱等的位置。既要视面积大小进行布置,也要视仪器设备的具体情况而定。后室采大开间设置,要考虑普通检验区的仪器摆放要求,在与接待区紧邻的地方设地柜,用于摆放发光分析仪、酶免疫分析仪、酶标仪、洗板机、冰箱、离心机、

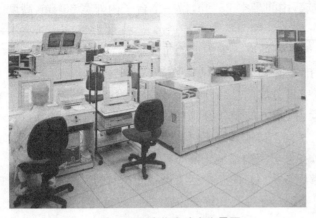

图 4 - 5　生化实验室实景图

水浴箱等。室内要设置网络、电话接口,强电插座在其台面上部 10 cm 处每隔 1.5 m 设置四联插座一组。后室为临床化学检验室,在操作台上可放置生化分析仪,并有水处理设备、电源稳压系统,不间断电源。墙体上设电话、网络接口等,前后两室均沿墙每隔 1.5 m 设一组插座,同时设备的安装位置,各类管道走向(如水管、电线管、网线管及配套仪器的位置)均要有统一的考虑,以保证操作方便,环境安全(图 4 - 5)。

6. 基因扩增(PCR)实验室的规划与布局　临床基因扩增检验技术是指以临床诊断治疗为目的,以扩增检测 DNA 或 RNA 为方法的检测技术,如聚合酶链反应(PCR)、连接酶链反应(LCR)、转录依赖的放大系统(TAS)自主序列复制系统(3SR)和链替代扩增(SDA)等。临床基因扩增检验实验室设立在二级以上医院。PCR 是临床基因扩增实验室的主要设备,开展此项技术,必须按规范建立实验空间、使用经国家食品药品监督管理局批准的临床检验试剂。各省、自治区、直辖市临床检验中心负责对所辖行政区域内临床基因扩增检验实验室的质量监督管理工作。

PCR 实验室可以是分散形式,也可以是组合形式。分散形式 PCR 实验室,是指完成试剂准备、标本制备、扩增、产物分析实验过程的实验用房彼此相距较远,呈分散布置形式。对于这种布置形式的 PCR 实验室,由于各个实验之间不易相互干扰,因此无需特殊条件要求。

组合形式 PCR 实验室,由于各个实验空间相对集中布置,容易造成相互干扰,因此,对总体布局以及屏障系统具有一定的要求。各室在入口处设缓冲间,以减少室内外空气交换。试剂配制室及样品处理室宜呈微正压,以防外界含核酸气溶胶的空气进入,造成污染;核酸扩增室及产物分析室应呈微负压,以防含核酸的气溶胶扩散出去污染试剂与样品。如果使用荧光 PCR 仪,扩增室和产物分析室可以合并。若房间进深允许,可设 PCR 内部专用走廊。具体的建设与配置要求如下(图 4 - 6):

(1) 空间设置与流程要求:PCR 实验室空间一般区隔为试剂准备、标本制备、扩增、产物分析等 3~4 个区域。在使用实时荧光 PCR 仪、HIV 病毒载量测定仪的 PCR 时,建立 3 个区域即可。各空间应完全独立分隔,空气不得在区间相互流通。空间分隔时,试剂准备区、产物扩增区、扩增分析区,不需太大;标本制备区,适当放宽。标本制备室内应设生物安全柜、低温冰箱等。试剂准备区、标本制备区应设紧急洗眼器。

实验区域内流程、路径的标识必须清楚,要严格按照单一方向进行,即试剂储存和准备区→标本制备区→扩增反应混合物配制和扩增区→扩增产物分析区。区域内设备管理要严格分类,避免不同工作区域内的设备、物品混用。不同区域的工作人员穿着不同颜色的工作服,离开各工作区域时,不得将工作服带出。

在进行扩增实验室的规划设计时,凡有条件的都应在试剂准备、标本制备、扩增3个区域设置缓冲间,确保空气的洁净、实验结果的准确性与人员的安全。

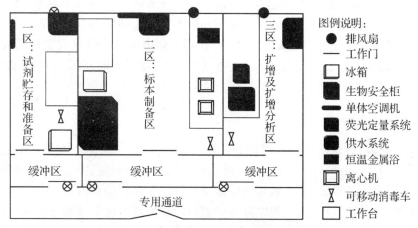

图4-6 PCR实验室空间设置示意图

（2）PCR实验区各空间设备配置要求:试剂储存和准备区的配置要求:该区一般以超净工作台为试剂配置的操作台面,并根据工作需要配置2~8 ℃和−15 ℃冰箱;混匀器;微量加样器(覆盖1~1 000 μl);移动紫外灯及天平、低速离心机、混匀器等。

标本制备区的配置要求:该区域为扩增实验室的主要空间,必须配置生物安全柜、超净工作台、加样器、台式高速离心机(冷冻及常温)、台式低速离心机、恒温设备(水浴和/或干浴仪)、2~8 ℃冰箱、−20 ℃或−80 ℃冰箱、混匀器、微量加样器(覆盖1~1 000 μl)、冰箱、混匀器和可移动紫外灯等。

扩增区的配置要求:该区域配置的主要仪器为核酸扩增热循环仪(PCR仪,实时荧光或普通的)、加样器、超净台、可移动紫外线灯(近工作台面)等。必须实行双电源配置,如无法解决,应配备稳压电源或UPS,以防止由于电压的波动对扩增测定的影响。

扩增产物分析区的设备配置要求:该区配置的仪器设备应根据工作量的需要确定,一般要求为:加样器、电泳仪(槽)、电转印仪、杂交炉或杂交箱、水浴箱、DNA测序仪、酶标仪和洗板机等。特别要注意的是,该区域空气流向应由室外向室内,可通过在室内设置通风橱、排风扇或其他排风系统达到空气流由室外向室内流动的要求。

（3）PCR实验室主体结构的装修要求:PCR实验室内的主体结构装修其用材要便于清洗、耐腐蚀。一般情况下可用彩钢板、铝合金型材。室内所有阴角、阳角均采用铝合金内圆角铝,确保结构牢固、线条简明、美观大方、密封性好。地面用料建议使用PVC卷材地面或自流坪地面,整体性好。便于进行清扫,耐腐蚀。没有条件的也可采用水磨石地面或大规格的瓷砖。照明选用净化灯具,能达到便于清洗、不积尘的要求。

其内部流程按规范要求进行分隔与气压调节。如果设置成试剂准备、标本制备和扩增检测3个独立的区域。整体上应设置缓冲走廊。每个独立实验区设置有缓冲区,各区通过气压调节,使整个PCR实验过程中试剂和标本免受气溶胶的污染并降低扩增产物对人员和环境的污染。通过技术设计达到:打开缓冲区Ⅰ,缓冲区Ⅱ和PCR扩增区的排风扇往外排气,在实验区的外墙上和各扇门上都安装有风量可调的回风口,通过回风口向室内换气。

在感控流程的管理上,应在各个实验区和缓冲区顶部以及传送窗内部安装有紫外线灯;试剂准备区和标本制备区 设置移动紫外线灯,对实验桌进行局部消毒。试剂和标本通过机械连锁不锈钢传递窗传递,保证试剂和标本在传递过程中不受污染。

(4)PCR 实验室在装修过程中应注意的问题:强电配置要满足实验区的要求,采用不间断电源;网络配置要确保信息系统与电话的畅通;水系统的水压、水温要满足实验区要求,同时要在工作人员的入口处设置更衣洗浴间。

三、血库

大型综合性医院输血科应独立设置。要以布局流程合理、防止交叉污染为原则,面积要达到 200 m²。至少应设置储血室、配血室、发血室、值班室、办公室、洗涤室及库房。空间分区应符合下述要求:储血区包括储血室、发血室、入库前血液处置检测区包括仪器放置、实验操作;输血治疗室(一般医院不设置);污物处理区包括污物存放区、洗消区;夜间值班休息室;同时,应设置资料室以方便输血档案存取,示教、参考书籍的存放。

一般规模的医院可将输血科的功能设置于检验科内,作为一个工作单元进行规划安排,使之在空间与通路上相对独立,对外有窗口,内部要有通路与手术室相通,以保证对麻醉科的及时供血,也便于科室送(取)血。在操作空间、流程上,应符合国家的相关规范。如果血库的空间比较大,承担的任务比较重时,其空间的划分上,通常包括如下要素:采血区、合血室(细胞分离、成分血制备)、储血区、发放区(应与采血窗口分别设置)及相应的工作人员用房。污染区与非污染区应进行隔离。上述各空间内要做好空气消毒或净化处理,并有足够的新风与排风装置。强电插座要满足储血冰箱、离心机、水浴箱、显微镜、台灯等的需要,并配备电话、网络插座。

四、检验科装修注意事项

每人办公桌均设置计算机、打印机、电话接口与相应的强电插座。并在每个操作台前设置强电插座一组。各实验室地面水池下水口旁安装地漏。洗涤间内水池需防强酸、强碱。并按实验台的大小安装若干小水池,高度为 40 cm,内径为 60 cm×60 cm;若干个大水池,规格为 60 cm×100 cm。各室(除洗涤间、更衣室、暗室、储藏室、试剂仓库、冷库、恒温室、冰箱室外)均应有网络、电话接口。细菌室、艾滋病实验室(实验室与缓冲间)顶部安装紫外线,并安装排风装置。细菌实验室须留通风柜出口;常规临检室、洗涤间、试剂仓库、储藏室等区域,需设计排气扇。由于冰箱用电量大,室内必须安装四组电源插座,并考虑空调系统的需要。

在检验科的平面布局中,除实验区外,必须根据需要设置办公区域与辅助功能区域。主要包括:主任办、技师办、会议室、工作人员值班室、备品库等,以保证检验科的正常运行。

五、检验科的感染控制与消毒处理

一般情况下,检验科的空气消毒与感控处理分为两个部分,一部分对空气过滤有特殊性要求的区域,如微生物实验室、分子生物学实验室等,必须符合相关实验室的净化要求,严格空间流程的管理。另一部分为一般实验区,要定期进行空气消毒。在设计中要按照感染控制的相关规范,对各空间的空气消毒处理进行规划。如确定以紫外线消毒为主要手段,应在装修时统一设计,统一完成,避免空间装修完成后再进行重新施工。

第二节　病理科区域的规划与布局

病理科通常承担的任务:一是普通外检或活体组织学检查,即通过对人体的各种组织标本进行病理检查以确定其病变性质、范围及发展程度等;二是快速冰冻切片分析,即当患者在手术过程中时,将病人的组织样本在低湿冷冻状态下快速制成很薄的切片,然后在显微镜下进行观察分析,以初步明确疾病的病理诊断,为临床医师分析病因,解释患者的症状,确定治疗原则,决定手术方案与手术范围及评估患者的预后等提供重要的依据。病理科是直接面对病人、直接面向临床一线、与手术室关系密切的科室。所以,在病理科建设上,其位置要与手术部邻近为好。同时,由于病理科检验标本多数具有污染性,所使用的试剂均易燃。因此在建筑布局中,对于病理诊断过程的防污染,试剂管理的防火及资料管理的空间防护与管理措施都必须充分考虑。

一、病理科的空间要素

一所 500 张床位以上的综合性医院,病理科的面积在 300 m^2 左右为宜。空间上应具有如下基本要素:收发室、取材室、仪器室、切片室、诊断室(可设置 2 间以上)、细胞学诊断室、免疫组化室、读片讨论室、收发室、暗室及主任办公室、医生办公室等。在进行空间组合时,要注意流程的合理性,做好空气的感控处理,防止交叉感染的发生,装修设计与施工要严格按照相关规范进行。强电、弱电的布点安排与一般诊室的不同之处在于其高度均应与操作台平行,满足病理实验仪器安装的要求。并与医院信息系统连接,以保证临床能获取及时的信息。

二、平面流程组合方法

一般情况下,可将仪器室、切片室、诊断室及取材室作为一个区域合理组合。将自动脱水机、染片机等使用甲醛、二甲苯、乙醇等有害试剂的仪器均集中于仪器室。切片室、化验室、诊断室围绕仪器室展开,使切片、诊断室与仪器室间的路径最短。同时要在仪器室设置排风量较大的排风系统,并加装紫外线消毒设施,确保工作环境的安全性,防止污染(图 4-7)。

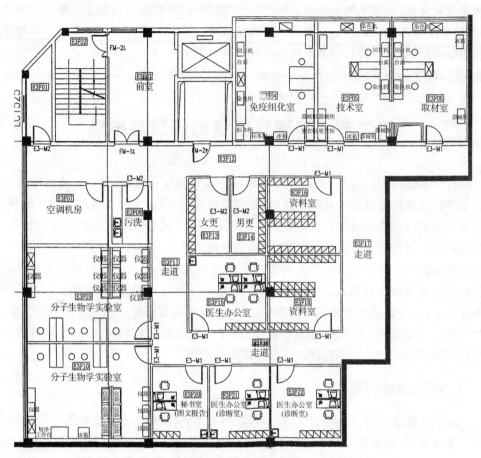

图 4-7　南京同仁医院病理科平面布局示意图

三、病理科教学用房

病理科可将读片讨论室作为教学用房进行设计与装修。该区域主要用于病理科专家对病理报告的复查及诊断教学之用。对其空间要进行认真规划与安排,应将多头显微镜、计算机接口、显示屏、闭路电视及资料室集于一室,以充分发挥其作用。同时,应专门设置一间诊断室,内设显微照相装置、计算机等设备,以备高年资医生进行教学准备之用。

四、病理科辅助用房

应将收发室、资料室、更衣室、厕所及淋浴间进行统一规划。特别是淋浴间应在向阳一面,通风良好,以防止取材人员的血污对外界产生污染。同时,在设置病理科的通道与入口时,要预留设备能够出入的通道,防止门框过窄过低,影响设备进出场。

五、病理科布局与装修注意事项

①对需要进行排风的设备应尽量靠近窗口安排,以减少排风管路的长度,影响排风效果,造成环境的污染。②室内的地面最好用瓷砖,以便于清理打扫。③由于其使用的试剂均有易燃性及危险性,应设置专门的空间对这些物质加以管理,防止丢失,造成不必

要的损失。当医院规模较大时,要考虑有尸检室、洗涤室、淋浴更衣室、诊断室、厕所等必要的设施的空间安排。如果医院规模不大,病理科设置尸检房,则应在太平间附近一体规划,如果检验科与病理科设置在同一个平面中时,必须在区域作必要的关联安排。图4-8为检验中心与病理中心为一体时的布局安排。目前国家规范中明确病理科与检验科是分列的。在实际应用中有些布局上的方法是可以作参考的。

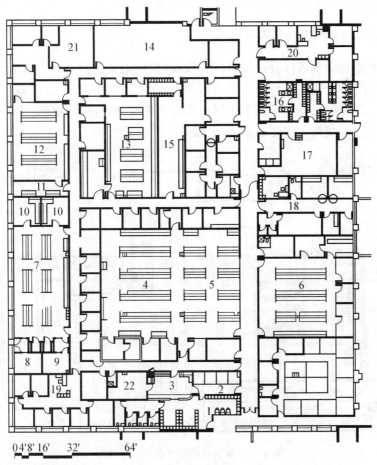

1. 候诊　2. 取样　3. 样品接受区　4. 化学/尿样分析区　5. 血液学/凝结学分析区　6. 血库　7. 微生物学分析区　8. 真菌学分析区　9. 寄生物学　10. 病毒学　11. 组织培养学　12. 显微解剖学　13. 细胞学　14. 石蜡/幻灯片储藏　15. 教学实验室　16. 工作人员更衣室　17. 供应物品储藏　18. 摄像室　19. 病理科医生工作室　20. 实习医生工作室　21. 实验办公室　22. 报告中心

图4-8　国外某医疗检验科中心平面布局示意图

第三节　药剂科(药学部)区域的规划与布局

药剂科(药学部)的规模应根据医院的功能与床位数进行设定,有时也要根据医院赋予药剂科的任务范围进行规划。一般来说,500张床位以上的综合性医院的药剂科,必须包括:中药房、西药房、急诊药房、住院药房等,同时要有储藏空间,如:大输液存放间、毒麻药品室、药库房(分中药库房与西药库房)、煎药室。如为综合性医院,且以西医为主时,药库房应以西药库房为主,中药库房要在适当的位置辟出一个小的空间。此外药剂科必须有必要的办公场所。在进行整体规划时,要考虑到药品的发放及药品进场验收的出入口的设置,做到安全有序,防止发药与进药交叉、内部与外部交叉、区域之间交叉,影响管理的效能。在进行各场所的规划时,具体要求如下:

一、药剂科(药学部)的基本布局

药剂科的整体布局可以分片设置,也可以根据功能分层设计。一般情况下,门诊药房为药剂科的主体。这一区域分为西药房、中药房。如设中药房,在区划上要加以适当分隔。此外,在急诊科、儿科区域也应开设药房。住院部可以独立展开中心摆药与住院部药房。可视平面规模与需要而定(图4-9)。

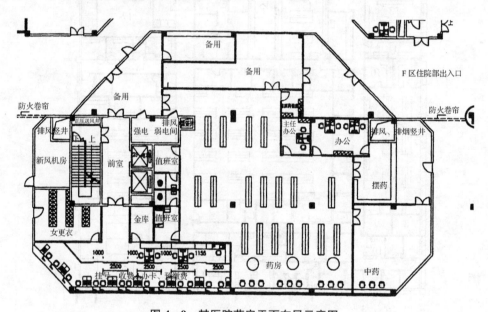

图4-9 某医院药房平面布局示意图

根据《综合医院建设标准》(征求意见稿)中科室建筑面积指标的分配,药剂科面积:500床位医院,药剂科面积为2650 m²;1000床位以上医院,药剂科面积为5487 m²。药剂科的规划要素包括西药房、中药房、危险品库房及大输液库房。西药房、中药房应位于门诊与急诊交通方便处,并与挂号、收费处相衔接。药库房空间人为常温库、阴凉库、大输液库房、毒麻药品库房、化学危险库房等。同时,应包括:药剂科的办公用房及药学情报室与实验室等。其中,化学危险库房应距主体建筑30 m,并具有一定的防爆、防火设施。药库房的面积要视医院规模进行安排。

1. **西药房的布局** 内部空间要素分为:取药等候、发药核对处、发药窗口、药物咨询室、药库房、贵重药品存放间、调剂室、工作人员办公室、更衣室等。夜间发药窗口应安排在门诊部适当位置,最好与划价处相邻(如急诊夜间不设发药窗口,则要在门诊药房设置);门诊药房分为中药房与西药房设计,具体按规范要求进行。根据工作量不同设置发药窗口,一般要求每1.5 m左右设置一个窗口,每个窗口的位置要有弱电、强电、网络和打印机接口等,窗口是开放的,还是半开放的透明设计,要综合考虑安全因素及形象因素,一般情况下,当设计为开放式时,必须考虑到休息日及夜间的安全问题,采取适当防护的措施进行加固处理,以确保安全(图4-10)。

图4-10 西药房的一角实景图

2. 中药房的布局 中药房一般分为三个空间:中药房、中药仓储中心和煎药间。中药分中成药和散装中药,中药房发药处也相应分为中药配药及中成药发放两块。如备有散装中药,则中药房和仓储中心都要适当增大面积。储藏室里可做一些货架,也可设置为中药房办公室。如中医科规模较大时,则要在适当位置设置煎药间。煎药间要远离药房,要与蒸汽、水源临近,并便于排放废气,该区间的电功率要稍大,一般设计不能小于15 kW。煎药用水的上水,要做好防漏,下水保持通畅,防止堵塞。排风系统的机械要耐腐蚀,并具有较大功率。如用电器煎药,要做好台面,并在墙体的台面上部按2 m左右等距离设置强电插座。

3. 毒麻药品库的装修 毒麻药品是药剂科的一部分,也是公安部门与卫生行政管理部门重点检查监督的重点。一般设置于门诊药房的中心区,便于监控与管理,还应有必要的防护设施,如:防盗门窗、监控录像点等。同时要双人双锁管理。其内部要放置冰箱、冷藏柜、保险柜等,并定期进行检查,确保安全。

4. 住院部药房(又称中心摆药) 主要任务是:负责住院病人的药品供应及出院病人所需药品的领取。各医院规模不同,住院部药房的布局与大小也有所不同。一般住院部药房的位置在住院部一楼,必须具有两个功能区,一个为出院病人取药区,药房的规模不宜大,只要能保证出院病人取药所需即可。另一为中心摆药。中心摆药区的布局分为三大空间:①摆药区,面积要大些,周边为药架,中央为摆药台;②清点校对区,病区护士取药时能够进行清点核对;③药品储存区,主要用于中心摆药区各类药品的存放与管理。如有条件,住院部药房应设工作人员休息场所和洗手间。其工作流程与空间设置要求为:网上接受申请、药剂师摆药处、科室护士取药清点处、药库、贵重药品存放处、大输液仓库、办公室、更衣室、卫生间。在大型综合性医院建设中,还要考虑医院危险品仓库的地点与管理与住院部药房的远近。

5. 药房咨询窗口 大型医院的药剂科(药学部)应设置药房咨询窗口。该空间可以是封闭的,也可以是开放的,无论哪种方式,都要便于与患者交流。

6. 急诊药房 如急诊区与药房距离较近,则急诊药房白天可以关闭、夜间开放。如独立设置急诊药房时,则应在急诊药房一侧设置公共卫生间及淋浴装置。并在急诊药房内设置信息系统与强电系统,如电话、网络、强电插座等。

7. 静脉药物配液中心及临床药学工作室 凡有条件的二级以上综合性医院均应设立静脉药物配置中心。临床药学工作室的工作空间一般情况下不得少于 2 间工作室。一间为实验室,主要用于摆放药学浓度监测仪;一间为工作室,可以与药学情报工作室合用。

二、药剂科(药学部)的辅助用房设置

1. 办公用房 一般要分为会议室、主任办公室、药剂师办公室、接待室等。各个空间要根据需要分别设置必要的电话、网络、打印机接口及电源插座。

2. 生活用房 应根据需要设置值班室、更衣室、洗手间。值班室内除值班床外应设置强电插座、电话、传呼、电视系统。更衣室要区分男更衣室与女更衣室。如果面积较小时,更衣室内一侧为衣柜,一侧放办公桌,为工作人员的休息场所。更衣室内设一个电话插口。在值班室内要设置公用卫生间及冲淋装置。

3. 仓储用房 一般有西药库房、中成药库房、试剂库、消毒液体库存放间、大输液存放间等,这些空间除要有必要的电源插座外,所有库房要通风除湿,所有的地方进行分隔,要做好防潮、防盗、防鼠的措施。在设置仓库区的进入通道时,在方位上要避开主出入口,出入口如设置平开门,要注意门的宽度,保证送药车与领药车能顺畅进出。同时要注意剧毒药品库房的设置的位置,要确保安全、便于管理与监控。

三、药剂科(药学部)装修注意事项

装修要按照就近、方便、适用、节省面积的原则进行设置。如面积较紧,药房内工作人员可不专设办公室,可在发药区设办公用桌,并留有电话接口。在门诊药房的每个发药窗口设网络、打印机、电话接口,并配置相应的强电插座,供计算机、打印机用。同时,要从安全防护考虑,该区域要设置监控装置,以便于遇有特殊情况时提供证据保全。药房如有夜间值班人员时,则应在取药窗口设置呼叫按钮,以便夜间工作的开展。

如在急诊与儿科门诊设置药房时,则应注意功能的完善。除药房外,还应单独设置夜间值班室及男女更衣处与淋浴处(可与急诊共用更衣与淋浴间)。

综合医院的药剂科的规划与流程要作统筹安排,如门(急)诊紧邻,则应将急诊药房与门诊药房统一在一个区域内,同时要考虑急诊的夜间药房供应与管理,不要造成空间浪费与人力资源的浪费。

第四节　静脉药物配液中心的规划与布局

静脉药物配液中心的主要功能是:进行抗生素、细胞毒性药物、普通药物及营养液配置,建立静脉输液配置中心是合理使用药品减少浪费,防止空气中微生物、微粒进入输液造成热原样反应,避免二次污染及药源性疾病的发生。目前,在一些规模较大的医院为提高临床药物配置的安全性,都设置有配液中心。国家卫生部办公厅在[2010]62号文件中明确规定:"医疗机构采用集中配置和供应静脉用药的,应当设置用药调配中心(室)。肠外营养液和危害药品静脉用药应实行集中调配与供应。"中心的选址需要考虑物流运输及人员流线的便捷并通过专业分法计算出满足临床配置需要的使用面积。

一、静脉用药调配中心的基本布局要求

1. 静脉用药调配中心(室)总体区域布局、功能室的设置和面积应当与工作量相适应,并能保证洁净、辅助工作区和生活区的划分,不同区域之间人流与物流出入走向合理,不同洁净级别区域间应应有防止交叉污染的相应设施。

2. 静脉用药调配中心(室)应当设于人流流动少的安静区域且便于医与医护人员沟通和成品运送。设置地点应远离各个污染源。禁止设置于地下室或半地下室,周围的环境、路面、植被等不会对静脉配液过程造成污染。洁净区的采风口应当设置在周围 30 m 内,环境整洁,无污染地区,离地面高度不低于 3 m。

3. 静脉用药配液中心(室)的洁净区、辅助工作区应当有适宜的空间摆放相应的设施与设备。洁净区含一次更衣、二次更衣及调配操作间;辅助工作区应当含有与之相适应的二级仓库,药品与物料储存区、排药准备区、审方打印区、成品核对查、包装和发放区等及普通更衣区、洁具清洗区等功能室。

同时在面积充足的情况下应设有其他辅助工作区域如普通更衣区、普通清洗区、耗材存放区、冷藏区、推车存放区、休息区、会议区等。全区域设计应布局合理,保证顺畅的工作流程,各功能区域间不得互相妨碍。

4. 为确保药品的安全,在辅助区域中应当分设冷藏、阴凉和常温区域,库房相对湿度在 40%~65%。二级药库存的门宽要便品消防安全与药品车进出。

5. 配液中心的流程设置　中心的选址需要考虑物流运输及人流的便捷,并需根据中心的任务确定需要的使用面积。一般情况下以床均面积 0.3~0.4 m² 为宜。中心内应具备二级仓库、排药准备区、审方打印、洗衣洁具区、缓冲更衣区、药品调剂区、成品核对区、发放区(冷藏室)等工作区域。同时在面积充足的情况下应设有其他辅助工作区域如普通更衣区、普通清洗区、耗材存放区、冷藏区、推车存放区、休息区、会议区等。全区域设计应布局合理,保证顺畅的工作流

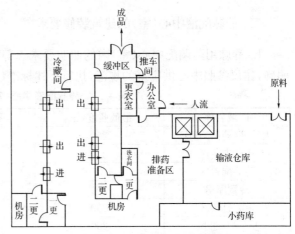

图 4-11　医院制剂室简图

程,各功能区域间不得互相干扰(如图 4 - 11~图 4 - 13)。

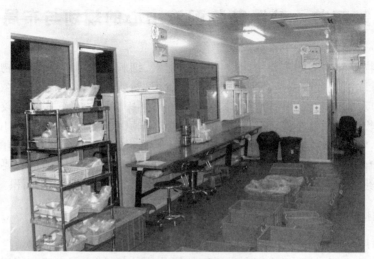

图 4 - 12　配液中心排药准备区

图 4 - 13　配液室传递窗设置实景图

二、静脉配液中心(室)的建筑装修要求

1. 静脉用药调配中心(室)内的照明要求。静脉用药配置中心的照明要求规范并未明确,建议参照中心供应室的规范,执行下述标准(表 4 - 1):

表 4 - 1　静脉配液中心(室)照明要求

区域名称	最低照度(lx)	平均照度(lx)	最高照度(lx)
大输液(药品)仓库	200	250	300
排药准备区	200	300	500
药品配置区	1 000	1 500	2 000
冷藏库房	200	250	300
审方打印区	200	300	500
更衣、缓冲区	200	300	500

2. 配液中心的装饰要求　墙壁色彩应当适合人的视觉;顶棚、墙壁、地面应当平整、光洁、防滑,便于清洁,不得有脱落物;洁净区的顶棚、墙壁、地面不得有裂缝,能耐受清洗和消毒。交界处应成弧形,接口严密,以减少积尘和便于清洁。建筑材料要符合环保要求。

3. 配液中心各区域中的净化要求　中心内各工作间应按静脉输液配置程序和空气洁净度级别要求合理布局。不同洁净度等级的洁净区之间的人员和物流出入应有防止交叉污染的措施。洁净区的洁净标准应当符合国家相关规定,并以经法定检测部门检测合格后方可投入使用。各功能室的洁净级别要求:

一次更衣室、洗衣洁具间为 10 万级;

二次更衣室、加药混合调配操作间为万级;

层流操作台为百级。

其他功能室应当作为控制区加强客理,禁止非本室人员进出。洁净区应当持续送入新风,并维持正压差;抗生素、危害药品静脉用药调配的洁净区和二次更衣室之间呈 5～10 Pa 负压差。

4. 静脉用药调配中心(室)需根据药物性地分别建立不同的送排(回)风系统。必须将抗生素类药物及危害药物(包括抗肿瘤药物、免疫抑制剂等)的配置和肠道外营养及普通药物的配置分开。需要建立两套独立的送排(回)风系统,即:配置抗生素类药物及危害药物的洁净区为独立全排风系统。排风口要远离其他采风口,距离不小于 3 m,或者设置于建筑物的不同侧面。排风应经处理后方可排入大气。

一般区分为:抗生素类药物和危害药物(包括抗肿瘤药物、免疫抑制剂等)的配置,需要在Ⅱ级生物安全柜中进行。肠道外营养药物和其他普通药物的配置,需要在百级水平层流净化台中进行。为保证百级层流台保持较好的净化工作状态,中心内对各区域的洁净级别有以下要求:一更、洗衣洁具间为 10 万级,二更、配置间为万级,操作台局部为百级。洁净区应维持一定的正压,并送入一定比例的新风。配置抗生素类药物、危害药物的洁净区相对于其相邻的二更应呈负压(5～10 Pa)。

5. 温度、湿度、气压要求　静脉用药配置中心(室)应设有温度、湿度、气压等监测设备和通风换气设施。室肌温度要保持在 18～26℃;相对湿度 40%～65%。洁净区之间的压差在 0～5 Pa。

6. 中心内洁净区的窗户、技术夹层及进入室内的管道、风口、灯具与墙壁或顶棚的连接部位均应密封。应避免出现不易清洁的部位。洁净区应设有随时监测的仪器、仪表,包括温度计、湿度计、空气压力计等。各洁净区在尘埃粒子数、细菌测试、换气次数、温湿度等方面按洁净级别均需达到《药品生产质量管理规范》(GMP)相应要求。中心建立后需经当地省一级食品药品监督管理部门或省、市属法定检测部门检测合格并出具书面报告后方可投入使用。中心建成使用后每年应至少做一次检测,合格后方可继续投入使用,检测报告须存档。

图 4-14 配液中心成品核对区实景图

7. 中心应具有与所配置静脉药物相适应的药品库房,并有通风、防潮、调温设施。应设立专门的外包装拆启场所(区域)、仓库、排药准备区、成品核对区(图 4-14)、审方打印区等区域为控制区或无级别区域。中心内应有足够的照度,普通工作间的照度宜大于300 lx。洁净区照度参照 GMP 标准。

洁净区内安装的水池、地漏的位置应适宜,不得对配置造成污染。万级洁净区内不可设地漏。工作区域内不宜设置淋浴、卫生间等。

三、配液中心的设备选型要求

中心内设备的选型安装应符合静脉药物的配置要求,易于清洗、消毒或灭菌,便于操作、维修和保养,并能防止差错和减少污染。中心内与药品内包装直接接触的设备表面应光洁、平整、易清洗或消毒、耐腐蚀,不与药品发生化学变化或吸附药品。设备所用的润滑剂、冷却剂等不得对药品和容器造成污染。中心内应建立设备管理的各项规章制度,制定标准操作规程。设备应有专人管理,定期维护保养,并做好记录。中心内洁净区空调新风机组更换空气过滤器(包括初效、中效、高效)以及进行有可能影响空气洁净度的各项维修后,必须经运行、检测达到配置规定的洁净度并经验收签字后方可使用。验证记录应存档。中心内所有购置的核心设备应经过国家权威部门认证,其生产厂家应具有国家有关部门颁发的生产许可证。核心设备的维修要选择具有相关资质的厂家进行维修。

附: **静脉配液中心管理总则**

1. 中心由药师与护师等技术人员为基础组成,药师负责监督、管理中心的运转,并运用其专业知识检查处方药物的合理性;护师负责配置药物,配置严格遵守无菌操作技术。

2. 中心所有工作人员均应经过培训后方能上岗。

3. 含物、化妆品和露出的首饰不允许带入控制区,私人物品不得存入冰箱。

4. 进出洁净控制区应严格按 SPH-001 更换洁净区服装。并按规定做好每天的清洁消毒工作。

5. 严禁吸烟。

6. 操作人员有疾病或割伤,尤其是患有消化道或呼吸道疾病时,应立即调整不得进入中心区域。

7. 在工作开始前和每次外出返回后应彻底清洗双手。

8. 非工作人员进入控制区域必须在得到主任的批准,并遵守有关规定。

9. 下班后关闭水、电、门窗,严格做好安全防范工作。

第五节　腔镜中心、内镜中心区域的规划与布局

一、腔镜中心的建筑规划与布局

1. 腔镜中心一般由腹腔镜、宫腔镜、子宫肌瘤镜、前列腺气化电切镜、膀胱镜等组成。腔镜手术在临床上的应用,是医学史上一个里程碑,它引领临床手术进入微创时代,尤其是对胆石症和妇科诊疗领域的意义深远。在妇科方面:腹腔镜子宫全部切除及次全切除,腹腔镜子宫肌瘤切除,卵巢及输尿管切除,良性卵巢瘤及卵巢囊肿切除,子宫内膜异位症,宫外孕,慢性盆腔炎,宫腔镜检查,宫腔镜黏膜下子宫肌瘤切除等(图4-15)。在外科方面:腹腔镜胆囊切除,腹腔镜阑尾切除,腹腔镜肝肾囊肿开窗,腹腔镜胃穿孔修补,腹腔镜精索静脉曲张结扎,经尿道前列腺电切术,输尿管镜输尿管结石、膀胱结石碎石术等。腔镜手术以其手术创伤小,术后疼痛轻,恢复快,腹部不留明显瘢痕且住院时间短,术后无肠粘连等并发症等显著优点,最大限度减轻病人痛苦。腔镜中心可作为一个临床科

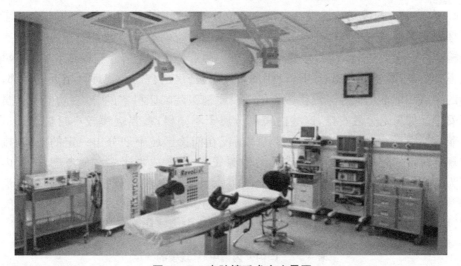

图4-15　宫腔镜手术室实景图

室实行独立管理,在不同医院有不同的组合方式。中心的建筑布局按手术区流程进行规划,有些以产科腔镜为主,有些以普外科为主,有些以泌尿外科为主组成腔镜中心。也有医院将专科腔镜集于手术室统一管理使用。

2. 腔镜中心的空间规划　以腔镜手术室(根据需要设置手术室间数)为中心设置各类辅助用房。如:护理分诊台、医生诊室、办公室、更医室、休息室、卫生间、患者的缓冲间、等候区、污物处置室、清洗消毒设备间、病人专用卫生间。区域流线各要素组成时,要

注意如下问题:①医患通道要分开,医生从一个通道进入,通过卫生处理后进入手术区;患者从另一个通道进入,避免交叉感染的发生。②空间要素流程要符合规范。入口处应设置等候区、缓冲区、手术准备区。手术等候区最好设置患者休息室,面积大小一般视内镜的多少而定。③各类配置要满足要求。手术区:除必要的供电系统外,要有氧气、负压、吸引装置。可以在进入内镜室前进行必要的预处理。手术准备区:根据患者的手术种类,设置各类医用气体与相应的抢救设备。手术恢复区:应设置若干床位,床位数根据中心的规模而定。如果医院内镜区规模不大,则根据实际情况进行设置,腔镜中心要设置病人专用卫生间与工作人员卫生间。如腔镜分属不同科室管理,且无成立中心的必要时,可以手术部为主进行腔镜管理,应在手术部建设中注意腔镜室的安排。

3. 在腔镜中心的建设规划中,要根据各类腔镜功能对环境的要求,并按照国家卫生管理的行业规范及各类强制性规范进行建设。在流线上要处理好与其他科室的关联性。如卫生间的共用、污洗间的设置、公用通道的管理等都是必要的。特别是该区域作为一个独立单元进行规划时,要对新风排风系统及对候诊区,治疗室、主任医生办公室及清洗中心的空间要素进行详细规划。

二、内镜中心的建筑规划与布局

内镜中心的设备一般有肠镜、胃镜、气管镜、超声内镜、纤支镜等及相关治疗项目的综合性治疗场所。在现代化的综合性医院中,随着内镜及相关器械、配套设备的不断增多,人们对内镜中心的设计也提出了更高的要求。

1. 内镜中心的规划与规模　内镜中心位置的规划应考虑患者停留的时间、患者检查的特性及与其他科室之间的衔接。由于接受内镜检查的患者多数是门诊病人,且有些病人在检查前一天要进行清肠,接受空腹检查。因此,选址应靠近门诊或在门诊区域内。楼层不宜太高,既要减少患者的运动距离,也应与药房、收费处、病理科相近或相邻,便于患者的缴费和标本送检等。内镜中心的规模要视医院临床科室的分类、功能及人员状况进行安排。如果是分散安排,这些内镜可分属于不同科室,当规模较小时护理人员可以进行兼容性管理,医院可根据各科室具体情况在门诊区域中划分出一定的空间,按专业要求规划科室的腔镜室。但从节省人力资源成本、设备成本诸多方便考虑,成立内镜中心更为合理。根据有关国家相关资料统计,内镜中心的规模应根据医院的内镜诊治人数确定。通常情况下,在国外,每平方米每年诊治 10 人次的标准。国内,根据有关医院的数据,按每平方米诊治 20 人左右为宜,以此标准确定内镜中心的规模(表 4-2)。

表 4-2　国内外内镜中心、规模的确定

内镜中心	年诊人数(人次)	面积(m²)
美国外科急救中心(Ambulatroy Surgical Center)内镜中心(Kingbport TN)	5 000	982.5
英国 Joyce Green 医院内镜中心(Dartford,UK)	5 000	570.5
英国 Leicester 总医院内镜中心(Leicester,UK)	4 800	949.6
日本北里(Kitazato)大学医院内镜中心,相模原市(Sagamihara City Japan)	2 800	373.5

医用建筑规划

内镜中心	年诊人数（人次）	面积（m²）
日本筑波(Taukuba)大学医院内镜中心，筑波市(Taukuba City，Japan)	4 800	436
复旦大学中山医院内镜中心	33 000	1 500

注：此资料摘自《中华消化内镜杂志》2006 年 12 月第 23 卷第 6 期。

2. 内镜中心的布局形式与要求　内镜中心的整体布局应做到医患分开，流程合理。其流程要求必须具备五大功能、三个通道的布局形式。五大功能即候诊区室、准备区、手术区、恢复区、辅助区。三大通道的布局指：①患者候诊区与患者通道，一般应包括：候诊区、预约登记处、分检处、麻醉苏醒室、进入内镜诊室的通道。特别要注意预留等候区的面积，要保证患者及陪护家属有足够的等候空间，并在完成检查后回到苏醒区进行观察，恢复后出院的空间。②医护人员与后勤人员通道，此区域为医护人员日常工作区，在空间上应包括：医护办公室、会议室、图像控制室、内镜消毒室、配件储存区及内镜诊室的通道。③内镜诊室区域，由若干个内镜室组成，在设置时既要从现实出发，也要考虑医院的规模与内镜中心可能的发展。在初始阶段至少应有上消化道内镜检查室与下消化道内镜检查室各一间，同时设置必要的辅助用房。这是中心的核心部分，必须加以重视。

3. 内镜中心的各要素设置要求

（1）肠镜与胃镜室的设置：肠镜室的面积每间在 25～28 m² 为宜。在肠镜室内应配置专门的卫生间。胃镜室的面积每间在 20～25 m² 为宜。空间内的主要设置为：内镜检查床、内镜主机、医生办公桌、图像终端设备与打印机等。

（2）ERCP 诊疗室：ERCP 诊疗室是开展十二指肠镜诊疗的空间。其面积应安排在 60 m² 左右。分为两个区域。①操作区：可安排 30 m² 左右，其空间内安装 X 光机一台、内镜主机一台、及配件储备柜，用于摆放 ERCP 配件。②控制区：主要功能是控制与操作 X 光机及内镜图像采集及医生讨论的区域。此区域内配置各类终端，医生可通过终端观察内镜诊疗这程。此区域面积可安排 20 m² 左右。

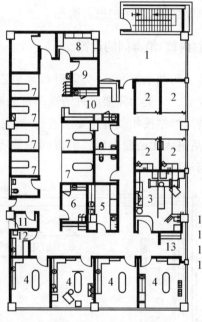

1. 候诊
2. 术前准备
3. 荧光检查室
4. 内镜室
5. 内镜洗涤室
6. 门厅
7. 恢复
8. 清洁物品储藏
9. 办公室
10. 护士站/治疗
11. 日常用品储藏
12. 污洗室
13. 医案室

图 4-16　某医院腔镜中心布局示意图

（3）VIP 内镜诊疗室：根据患者群的构成情况，医院可从实际出发，满足特殊人群患者的需求，开展 VIP 诊治服务。该类诊室可安排为 100 m² 左右，形成内镜诊疗室与苏醒室两大基本构成。各自相对独立。且与其他内镜室相隔离，以保护患者的隐私。

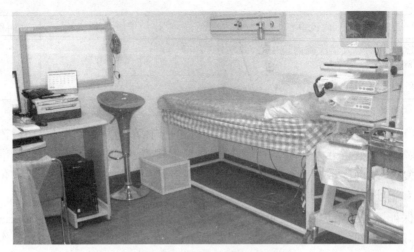

图 4-17 消化内镜室实景示意图

（4）苏醒室的设置：以保证患者术后安全复苏的场所。中心应根据诊疗人数的规模设备苏醒室的床位规模。一般情况下，以 4～6 张苏醒床位即可。每张床位应配置氧气与吸引气体接口若悬河，并有摆放心电监护仪的设置。床间间隔以 1.5 m 左右为宜，并采用布帘或隔断区隔，以保护患者隐私。

三、腔镜(内镜)消毒间的设置

腔镜消毒分为两个方面，一类需进行环氧乙烷消毒的腔镜，这部分工作任务可由消毒供应中心完成。一类为需要经过清洗消毒的腔镜。因此，必须在腔镜中心内预留消毒间的设置。洗涤严格按相关程序要求进行，通常为：初洗、酶洗、次洗、浸泡、精洗、干燥的流程进行，最后进入无菌储存区。消毒间内要有水源与压缩空气，以确保腔镜消毒工作的有序开展与清洗质量。

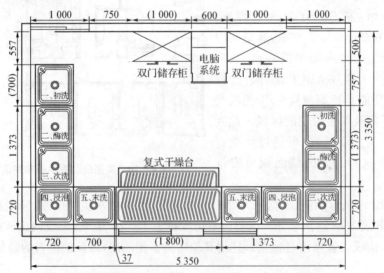

图 4-18 清洗消毒中心的平面布局与局部实景图

在规划腔镜中心消毒清洗间时,对于空间的面积要视清洗任务与设备多少进行规划,不一定要正方形或长方形,而应将设备的清洗流程进行规划后按要求预留水、电及压缩空气管道位置及相应的导管存放位置(图4-18,图4-19)。确保腔镜消毒清洗质量及清洗后的防护要求落实,防止感染事件的发生。

图4-19　清洗消毒中心实景示意图

第六节　功能检查科区域的规划与布局

功能检查科是多种超声诊断和心电检查设备集中的科室。如心电图、超声动态心电图、活动平板运动应激检查、腹部超声检查、血管超声检查、浅表部位小器官彩超检查和多普勒心脏超声、三维超声等新技术设备、经阴道(直肠)的腔内超声检查等。通常可进行肝、胆、脾、胰、肾脏、心脏、腹部、小器官、血管检查项目,有些医院还开展了超声引导下的肝内病灶、肾囊肿、胰腺囊肿、胸腔积液介入性诊疗工作,以及超声引导下肺穿、超声引导下胸膜活检、经阴道超声诊疗等工作。因此,功能检查科的功能要视医院专业特点及科室分工而定。其布局(图4-20)要视设备情况而定,也要视功能检查科的功能而定,根据门诊量、设备配置及发展远景确定规模。

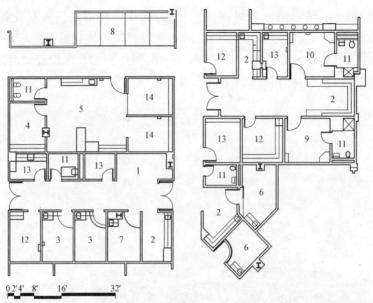

1. 候诊区　2. 设备/工作区　3. 心电图　4. 动态心电图　5. 运动应激检查　6. 血管超声检查　7. 控制/观察　8. 住院病人观察　9. B超检查室　10. 卫生间　11. 医生办公室　12. 辅助用房　13. 病人准备间

图4-20　功能检查科平面布局示意图

功能检查科的各个空间可根据设备不同而灵活组合,但基本要求是要满足患者与工作人员就诊与检查的需要。一般情况下分为三个区域,各区域具体要求如下:

1. 等候诊区　等候诊区分为一次候诊区与二次候诊区,一次候诊区可采用开放式,二次候诊区可设置于走廊内。该区域的大小要视任务量而定,并设有分诊台(图4-21)。分诊台按一般门诊分诊台要求设计,有排队叫号系统,电脑系统。

图4-21　功能检查科分诊台与等候区实景图

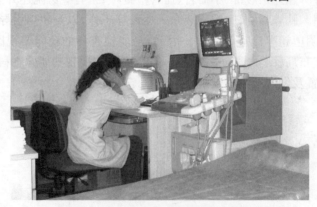

图4-22　功能检查科B超室实景图

2. 工作区　根据设备的台数及未来可能的发展进行设置检查室。检查室内除要有设备台外,并有办公桌、检查床、打印机及微机接口。每个检查室强电要满足设备要求,弱电要满足院内联网要求。灯光照度按一般医用建筑的要求设计。各诊室的大小,要视设备功能与诊断与教学需要设置(图4-22)。

3. 办公区　要设置会议室、主任办公室与工作人员办公室、更衣室及卫生间等。在该诊区要根据工作任务设置值班室。并将强、弱电及空调系统安排到位。

4. 功能检查科的新风系统、空调系统及强弱电配置要从功能检查科的特殊性考虑。

图4-23　功能检查科脑电图室实景图

在设备配置的区域内空调必须保障,强电配置要考虑进口设备的插座的通用性,并预留插座(图4-23)。

5. 功能检查科的设备决定了装修的不同要求。如果在功能检查科内设置脑电图室,则应按照相关要求进行屏蔽处理。在平板运动室要安装氧气系统及急救装置,防止事故的发生。

第七节　图书馆区域的规划与布局

大型综合性医院,必须医教研并举,设置图书馆既为满足临床教学的需要,也为各学科专家及医务人员提供一个学习交流的环境。因此,在医院的适当位置进行图书馆的设置是十分必要的。国家对图书馆的建设有特定的规范,但医院的图书馆由于受面积的限制,又需要功能齐全设置,因此,要从医院实际条件出发,在规范许可的范围内,并结合阶段发展的实际需要,进行图书馆的规划与建设。

一、交通流线的划分

为了保证图书馆的人员进出有序,规划时应将工作人员通道及读者通道作适当划分,以便于管理。在工作人员的入口处分别设置办公区、图书整理室。在阅览区从入口开始,须依次设置公共服务区、出纳台、图书卡片查阅柜、普通藏书区阅览区、专业藏书区、专业阅览区、音像设备间与媒介室、音像视听室(如有缩微资料可存于此)。区域间用通透材料分隔。

二、各区域功能要求

图书馆的功能布局分为办公区、公共服务区、藏书与阅览区、音像视听室。各区域功能区分为如下:

1. 办公区各室的功能

(1)图书馆工作人员办公室:该区域为独立空间,可在靠近入口处的区域中进行分隔。该区域中要有网络接口 2 个;电话插座 1 个;强电插座 6 个。

(2)接待室为图书馆对外交往的区域。

(3)图书整理室:独立一室,要求光线充足,环境安静,室内要设有紫外线消毒灯,对整理后的图书进行消毒处理后上架。

(4)开水间:为阅读者提供饮水,其他地方不设水池与供水处(从防潮要求考虑)。

2. 藏书与阅览区功能要求　由于医院图书馆规模较小,馆藏不多,藏书区与阅览区可采用藏阅合一的形式。阅览区又分为公共服务区、普通阅览区、专业阅览区、视听室。

(1)公共服务区:区分为三个单元要素。

①接待空间:主要为前来图书馆借阅书籍的人员临时休息处;要有一定的空间摆放茶几、沙发及小饰品。有储藏柜,供读者放置携带的物品。

②服务台:为读者借还书及接待人员的工作场地。要求有网络接口 2 组、电话接口一个,并有相应的强电插座,服务台适当放宽,能摆放两台计算机及打印机、复印机,供读者复印、打印之用。并有一定的地方摆放账册。

③图书卡片目录检索柜:如不作电子查询器,则需制作查阅柜。查阅柜的规格一般为 4×4 屉的目录柜组合。具体视现场情况确定。但在装修时要标定位置。如有可能可在其下方留弱电线路,为日后进行电脑查询预留条件。

(2)普通藏书阅览区:为开架式阅览,在靠近音像室墙体的一侧放置各类报架,在沿专业阅览区的墙体向西侧依次放置书架;在书架的前侧安放

图 4 - 24　图书馆藏书区

阅览桌椅(图 4-24)。

(3) 专业阅览区:在东西对向成直线留置一个通道,在通道的北侧为电脑阅览区,所有的电脑台沿墙体成一线布置。每 1.2 m 为一个电脑台面。每个电脑台面下设置网络接口一个,电源插座两个。在其背后成纵向布置书架。

在通道的南侧为藏书区。藏书区通过书架的分隔在阅览区形成四个"凹"形布局,在每个"凹"的空间中作设置四人阅读场所。但在"凹"字的上部灯光要柔和,照度要满足阅读的要求(图 4-25)。

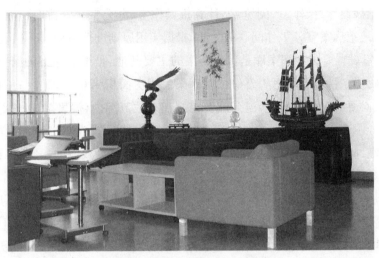

图 4-25   图书馆阅览室一角实景图

(4) 音像视听区:该区域中主要为各类音像及微型资料的阅读与查阅。区域四壁要进行防噪声处理。同时对该区域中要进行分隔,用一小部分为服务台,供查(借)阅资料用。在空间中要分布服务器插座及相应的强电插座。视听区要作吸音处理,并做防磁、防静电处理。

三、环境要求

1. 安防监控系统   在普通阅览室与专业阅览室的适当区域要设置监控系统。灭火系统为气体灭火系统。在阅览区域内不得设水池。

2. 温度上限为 30℃,下限为 5℃。相对湿度 60%～65%,以利于资料保存的耐久性。

3. 装修用材尽量少用木材,以防虫蛀及白蚁。

4. 在装修中,对总体环境的规划要注意通风采光。特别是视听室的房间,通风问题尤其应加以重视。对普通阅览区与专业阅览区之间的墙体上面应做成通透的大玻璃窗。使图书馆整体上更为开放敞亮,便于管理。

四、强弱电系统布线要求

现代化的图书馆在视听与信息交流上必须满足读者的要求。一般情况下,可以图书馆沿墙体的一侧设置网络接口,每隔 1 m 左右安装一个网络接口,以便于读者上网阅读。

第八节　病案室区域的规划与布局

医院病案室是住院患者医疗信息收集整理、审核、保存、查阅的空间。病案室的规模,视医院床位数与门诊量而定。标准化病案室的建筑要根据有利于医院临床信息流通的原则进行建设,使病案建设从位置、布置、空间等方面都适应信息管理发展。病案室空间规划应包括病案库、操作室、阅览室、计算机操作室、办公室。安排时应充分考虑发展的需要,有机地把病案室各工作间联结一起,根据实用原则进行布局。

1. 病案室设置要求　病案库是保存病案的主要基地,是维护病案的安全、延长病案寿命的基本物质条件。平均每 1 万份住院病案需用房面积 4.0～4.5 m²;库房密闭性要好,库内辅以必要的现代化设施,温湿度要控制在有效范围内(温度为 14～24℃,相对湿度为 45%～60%),自然通风和自然光线充足,绝对不能设置成"死库",有良好防火、防水、防尘、防潮、防虫蛀、防鼠咬等设施,减少不利因素对病案载体的侵害,保证病案的完整与安全。条件允许的单位,病案库应配备空调、窗帘、电风扇、自动消防系统、日光灯等。当照射病案光线太强时,关闭窗帘;而光线不足时,照明系统开始工作,库房有烟雾时,自动报警。在病案室内,在墙的周边每隔 1.5 m,设一组强电插座。

2. 病案室的分区与装修　病案室一般分为病历接受区、病历检查区、病历阅览区、病历保存区。①病案接收区:主要功能是接受科室送达的病案,并进行清点,其空间要分两个部分,送达病历时的清点与接受以后的登记。②病历检查区:为医院专家组对全院病历进行检阅检查的区域,空间要大,每个空间可成条形分隔,每个专家要有一个椅位,并有强弱电插座,灯光要符合阅读要求;阅览区,主要供医护人员借阅病历阅读场所,这些场所要有必要的设施,供医护人员及来访人员查阅病历与复印病历。③病历讨论室:供专家及工作人员使用。设电话、网络接口各 2 个,每台电脑配强电插座两组。在墙体适当的位置要做成地柜,用于病历资料的摆放。④存放区:可成大空间布局,便于查阅。

3. 计算机室　病案室应与全院的信息中心相连接,建立局域网络系统,将住院病人出入院管理系统、财务管理系统、病案首页管理系统、病案统计系统、科技档案管理系统、人事管理系统、质量控制管理系统、门诊管理系统、公费医疗管理系统、药房药库管理系统等多个系统连接成一体。为高效、充分地利用丰富的病案统计信息资源创造有利条件,改变单机工作状态和部门级应用阶段,将储存全部病案录入计算机中,解决重号,彻底摒弃手工操作,实现医院各系统联网。同时可建立光盘病案管理系统。光盘病案占用空间少,检索速度快,保存时间长(100 年),可利用医院现有计算机和网络设备,阅读光盘。光盘病案是一种全新的病案管理方式,是 21 世纪病案存储的理想方式,也是病案室规范建设的发展方向。

医院的病案室应设置主任办公室,并与工作人员办公室相连接。在靠近主任办公室的外部墙壁上设置相应的电脑、打印机、电话接口,以方便办公与接待。

第九节　医用高压氧舱的规划与布局

医用高压氧舱是按照《压力容器安全技术监察规程》及 GB150《钢制压力容器》的有关规定设计与制造的特殊医疗设备。通过输入介质——压缩空气或氧气,在密闭舱体内形成一个大于 1 atm 的高压环境,病人在此高气压环境下进行吸氧治疗。故称之为高压氧舱。

高压氧医学是一门新兴、边缘、覆盖多种领域的特殊性学科。自 1964 年我国使用医用高压氧以来,40 多年来,医用高压氧的快速发展,特别是近 20 年来,是我国高压氧医学进入快速发展的新阶段。目前,我国高压氧舱的种类,使用数量,科技人员队伍,临床应用与科研成果等方面在国际上取得了令人瞩目的影响。

1. 医用高压氧临床上的作用　利用增加的压力来治疗潜水造成的减压症。利用高压氧增加的氧气分压来提供治疗。增加血液携带氧气的能力。在正常大气压时,氧气在体内的运送大部分经由血红蛋白,小部分经由血浆。在高压氧时,血红蛋白可携带的氧气提升不多,但可大幅增加血浆所能携带的氧气。

高压氧最主要的治疗适应证包括:难以愈合的伤口,如开完刀的伤口或糖尿病足;放射线造成的软组织坏死或骨头坏死;一氧化碳中毒;减压症;严重的厌氧菌感染;严重难以治疗的贫血;长期难以治疗的骨髓炎;加速伤口愈合;运动伤害。以上除一氧化碳中毒和减压症是急诊医学外,其余多为骨科学的范畴。在美国医疗保险体系 Medicare 支付14 种状况下的高压氧治疗,欧洲则认为高压氧治疗还有更多的适应证,这些适应证包括脑中风、失智症、脑性麻痹和失神性抽搐、莱姆病及小儿麻痹。

2. 医用高压氧舱建设面积要求《综合医院建筑设计规范》中,对各级综合医院的医用高压氧建设以型号区分提出了不同的面积要求。小型(1～2 人) 170 m²;中型(8～12 人) 400 m²;大型(18～20 人) 600 m²。最近,许多省级卫生行政部门对医用氧舱的设置根据相关规定均制订了具体的管理规范与建设要求。江苏省在 2010 年 3 月专门下发了《江苏省医用高压氧治疗技术管理规范(试行)》,明确规定二级以上医疗机构;或设置有急诊科,内科、外科、医学影像科、检验科等科室,核定床位总数在 30 张以上的医机构可设置医用高压氧技术。并对不同的医用氧舱用房提出了基本的条件与建设要求,明确提出:

大型多人氧舱(每台) 300 m² 以上;

中型多人氧舱(每台) 200 m² 以上;

小型多人氧舱(每台) 150 m² 以上;

单人氧舱(每台) 15 m² 以上;

婴儿氧舱(每台) 10 m² 以上。

注:按氧舱内径和同舱治疗人数,多人氧舱分:大型氧舱(内径≥3.0 m,同舱治疗人数≥16 人);中型氧舱(内径≤2.8 m,同舱治疗人数≤14 人);小型氧舱(内径≤2.0 m,同舱治疗人数≤6 人)。

医用氧舱应设置在耐火等级为一、二级的建筑内一层,不宜设置在地下室或其他层面,并使用防火墙与其他部位分开。氧气间宜设置在主体建筑靠外墙的房间,室内电器等应符合防爆要求,通风良好,冬季有保温设施。氧气瓶有固定设施,并远离热源、火源和易燃、易爆源。医用氧舱场所应配备消防器材,留有专用通道(图4-26)。

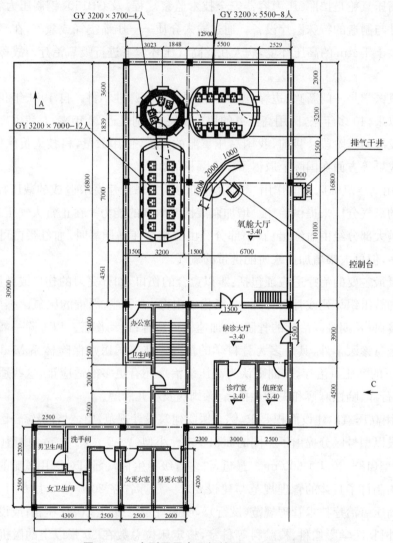

图4-26 大型医用高压氧舱群一层总平面图

医用高压氧科室医疗用房条件,平面布局相应设置:候诊室、诊疗室、医护办公室、更衣室、卫生间等。并应根据氧舱类型和设置的高压氧治疗区实行封闭式管理(图4-27)。

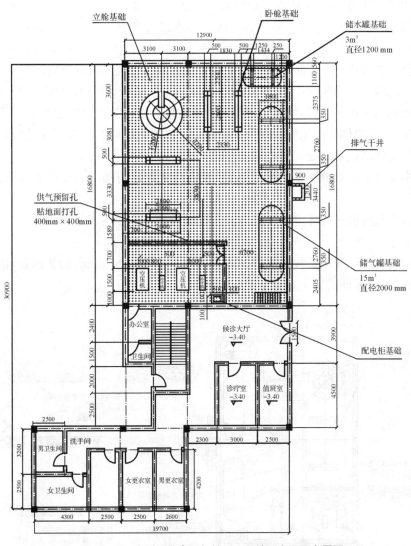

图 4-27　大型医用高压氧舱群一层地下室平面布置图

3. 医用高压氧设备的技术构成　氧舱由舱体、液氧储罐、压缩空气储藏罐、供排气及排氧系统、控制系统和辅助设备等构成。在大型医用高压氧舱的土建平面设计中，要注意下述问题：氧舱大厅内部正对氧舱门的位置不得设置任何支柱，地沟盖板与配电柜基础按常规设计。空压机的基础震动负荷为 2 吨。氧舱基础根据氧舱自重及水压试验下介质的重量决定。烟台宏远氧业有限公司生产的各类氧舱重量如下：

型号 3270 氧舱自重 14 吨；水压实验介质 50 吨。

型号 3255 氧舱自重 13 吨；水压实验介质 40 吨。

型号 3237 氧舱自重 8 吨；水压实验介质 26 吨。

15 m^3 储气罐自重 6.5 吨/个，水压实验介质 15 吨。3 m^3 储水罐 1.5 吨/个，水压实验介质重 3 吨。各基础由建筑设计部门根据荷重与当地土质情况进行计算，确定钢筋与混凝土标号。

4. 医用高压氧舱施工中应注意的问题　在整体施工的组织计划中,在完成施工图设计后,要严格按施工程序进行。氧舱、储气罐、储水罐的基础要先行施工,待完成安装基础后才能进行下一步的工程。在舱体、储气罐、储水罐就位前,应做好基础的校平工作,在确认合格后方可进行下一步工程。上下水管道要随土建施工同时完成。

空压机间需加装排风间不小于 50 m³/MIH 的排风扇。空压机房的装修要注意隔音处理。机房的门采用隔音门,墙体采用隔音材料装修。室内温度要控制在 10 ℃以上。

为确保安全,舱体的接地要按规范进行设计。接地电阻<4 Ω,并采用热镀锌扁铁由接地网引至舱体基础平面处。

设计中要考虑氧舱地下室的排水问题,并将自来水管与阀门引至储水罐附近,以方便管理。

医用高压氧舱的运行环境要考虑空调系统的设计。一般情况下,医用氧舱系统要在 0 ℃以上运行。

氧气的安装严格按相关规范执行。应采用直径 25 mm×2 mm 的紫铜管,由外部引至控制台底部,且保证供氧压力不小于 0.6 MPa。

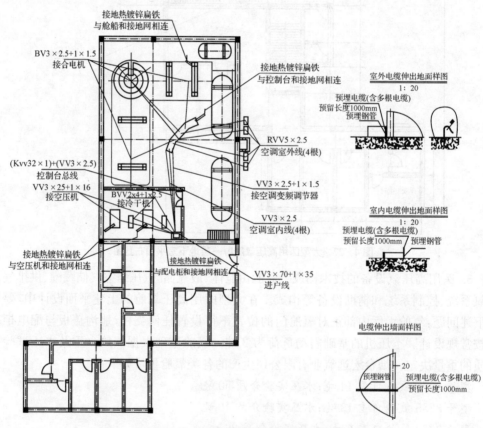

图 4-28　医用高压氧舱群电缆预埋图

医用高压氧治疗科的建筑设计中,要注意用电量的保障,高压氧舱群本身的用电量要根据设备的容量及功率要求进行配置。同时要考虑办公与大厅照明需求。照度按相关规划执行。高压氧舱本身的用电安装需要注意以下事项:所有电缆均需加保护钢管;

配电柜基础内的电缆预留长度不得少于 4 m;控制台、氧舱所用电缆均需接至设备正上方,其他电缆的预留长度按设计需要。

在高压氧治疗科的建筑设计中,同时要考虑信息系统的设置。将传呼、电话、电视及医院管理所需的各类信息系统的布线要综合考虑,一次性完成招标工作,并将相关信息线路引入控制台。以保证安全与管理。

5. 医用氧舱的安装 应遵循下列程序:

(1) 医用氧舱制造单位在氧舱安装前,须向设区的市级质量技术监督局特种设备安全监察部门提交施工告知书,并报送医用氧舱安装监督检验单位(如:江苏省质量技术监督局授权检验范围的医用氧舱检验机构),经审查认可后方可进行安装。

(2) 安装过程须由医用氧舱使用单位所在地区(如:江苏省质量技术监督局授权检验范围的医用氧舱检验机构)有相应检验资质的检验单位进行安装监督检验。医用氧舱安装完毕后,监督检验机构出具"医用氧舱产品安装安全性能监督检验证书"。

(3) 医用氧舱安装、调试完毕后,氧舱使用单位应根据《医用氧舱安全管理规定》、《医用氧舱国家标准》等规定,组织对医用氧舱验收。验收工作应有使用单位所在地区的市级以上质量技术监督和卫生行政部门的代表参加,并应聘请高压氧医学、质检、消防等方面的专家参加,验收后应出具医用氧舱验收报告。

6. 医用氧舱的登记注册 医用氧舱建成投入使用前,使用单位应按照《医用氧舱安全管理规定》、《锅炉压力容器使用登记管理办法》等要求,持医疗机构购置氧舱前的论证报告、产品合格证、质量证明书、医用氧舱产品安装安全性能监督检验证书、医用氧舱验收报告等有关资料,在所在地区的市级质量技术监督行政部门登记注册,领取医用氧舱使用证、压力容器使用证后,方可投入临床使用。

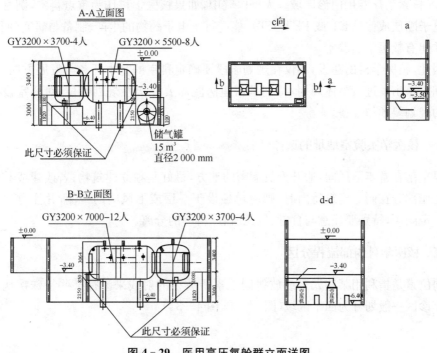

图 4-29 医用高压氧舱群立面详图

图 4 - 29 所示空压机位置,其所产生的热量必须采用封闭式风道将散热排出室外。并须在建筑施工过程中一并完成。不可建成后再考虑排热问题。同时要做好隔音防震的措施。

7. 高压氧治疗科的公共区域与工作区设置 公共区域必须设置候诊椅,并有电视系统及传呼系统。能及时与患者进行沟通。同时应考虑在候诊区设置阅览室,供等候的患者休闲。医务人员的办公区与一般医生办公室相同,在办公桌面上应设置观片灯、电脑、电话、打印机插座等。有条件的单位,应在科室内设计学习室。大型综合性医院应设置教学室。并设男女卫生间、更衣室等。

第十节 核医学科的规划与建设

核医学,又称为原子医学。是指放射线同位素、由加速产生的射束及放射线同位素产生的核辐射在医学上的应用。既可用于诊断,也可用于治疗与科学研究。核医学科是三级综合性医院的必备科室。

核医学科是一个依靠大量精密电子仪器、使用开放性放射性核素为诊疗手段通过采用了核物理、放射化学、药物学、电子计算机和医学等领域的最新成就,对疾病进行诊治疾病的科室,已成为现代化医院不可或缺的学科之一。

核医学科的基本设备包括:①全身脏器放射性核素显像:必备仪器为 SPECT、医用核素活度计;②体外标志物分析:必备低仪器为 γ 计数器、自动化发光分析仪或时间分辨荧光免疫分析仪器;③骨密度测定:必备仪器为双能 X 线骨密度测定仪;④辐射防护监测仪器;⑤核素治疗专用门诊区域。大型医院中,如果核医学科作为重点科室,则必须能开展正电子断层成像(PET 或 PET/CT),能进行正电子药物的生产、制备与研究(回旋加速器),并建有核医学实验室。

因此,核医学科的建设,不仅在规划阶段要确定科室的基本任务与发展方向,同时要从基础需求出发进行整体规划,特别是新建医院需要一次性规划到位,对科室设备配置空间的规划要预作准备。

一、核医学实验室地址的选择

要坐落在常年下风向,避开人员稠密的地方,最好是独立建筑物;若改建或其他非放射性工作部分在同一建筑特内时,则应单独设于一层或下风向的一侧,并注意与其他部门有一定间距,特别要注意与食堂、托儿所、产科等的分离。

二、核医学科内部流程分区

同位素是指利用某些元素或放射同位素所放射的射线来治疗某些特殊疾病。同位素治疗诊区一般划分为四个区域(图 4 - 30、图 4 - 31):

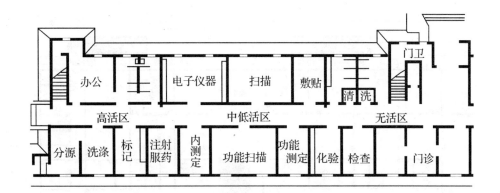

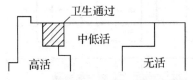

图 4 - 30　同位素诊断治疗区域的布局方式

1. 低活区　又称之为非限制区。低活性区(放射活性为微居里水平,包括测量重和示踪室),为同位素的诊疗区。空间包括候诊区、诊室、离心分离储存室、卧位抽血室、卫生间等,

2. 中活区　又称为监督区。中活性区(放射活性高于低活性区,包括注射室、扫描室、洗涤室等,室内需要有通风柜或手套箱),为同位素的核心治疗区,包括登记室、功能测定室、运动负荷测定室、扫描间、诊断病房、注射服药室、SPECT 区域(含机房间、准备间、控制室、缓冲与更衣间、库房等)。

3. 高活区　又称之为控制区。高活性区(放射活性在高居里水平,须远离其他工作室,房间墙壁要有足够厚度,包括储源室、同位素发生器室、同位素发生器室、开瓶分装室、污物处置室;储源室要有单独出入口,以便运输)包括剂量室、试剂配制、标志室、分装室、储源室、注射室及治疗病房、洗涤室等。

放射性活性区应与非放射性活性区分开,有条件的单位应设置卫生通过间,以进行更衣、淋浴、监测放射性污染等。一般布局为清洁区位于上风向侧,无放射性物质污染,包括会议室、图书室、资料室等。区域内还应设置医务人员办公区,包括男、女更衣室,医生办公室,主任办公室,示教室及卫生间等。

核医学科的建设宜设在单独的区域内。如安排在医技部门的系统内与其他部门共处于一个建筑时,宜设于建筑物的顶层或首层,自成一区。且符合国家的有关防护标准,特别要注意,对放射源应设有独立的出入口。平面布局应按照:"控制区、监督区、非控制区"的顺序查置。

控制区应设于尽端,并应有储运放射性废弃物的设施。

非限制区进入监督区的出入口处应设计卫生通过室,控制区出入口处也应加设卫生通过室。

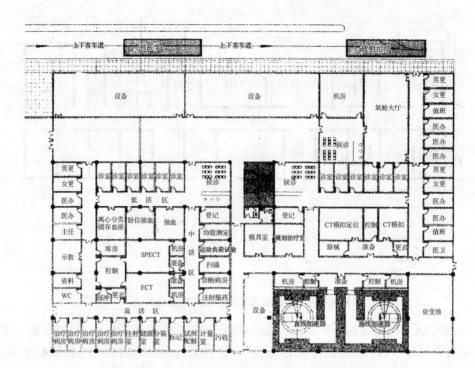

图 4‒31　南京某肿瘤医院核医学科平面布局示意图

三、核医学科的建筑规划要求

临床核医学是开放型放射性工作,存在内、外照射和环境污染等放射防护问题。因此,核医学科(室)的建筑设计除满足使用和管理需要外,还应符合放射性防护要求。科室的建筑面积应根据科室开展的业务范围、工作量并兼顾近期需要和远期发展,县级医院不小于 200 m²,地市级医院不小于 500 m²,省级医院不小于 800 m²(开设病房者,根据床位数另定)。配备有 PET 和回旋加速器的科室,其建筑面积须在原标准基础上增加 500～1000 m²。建筑要求主要根据开放型放射性工作单位的类别和工作场所的级别而定。具体内容包括正确选址、用房的合理布局、内部设施及附属设施符合放射防护要求等。临床核医学科(室)多属第 3 类开放型放射性工作单位,可以设在医院的一般建筑物内,但应集中在建筑物的一端或一层,与非放射性工作科室相对隔离,有单独的出入口,注意远离产科、营养科等部门。核医学治疗专用病房应与普通病房分开。核医学科的显像检查室最好与放射诊断、超声等专业科室集中在同一建筑物内,以便相互联系和统一管理,形成完整的影像学科。

核医学科的建筑结构必须根据设备重量,加大基础承重量设计,使之能承受铅板、铅砖和铅屏风以及其他设备。实验室地面及工作台:应为不易吸附放射性物质,并便于清洗者,地面可根据条件采用聚氯乙烯塑料、塑料漆、硬橡胶或耐酸金属板覆盖,覆盖物的块与块之间的缝隙要密合,边缘与地面相连处高出 20 cm 与墙体贴连。工作台及通风风橱的工作面,应采用光滑、无缝、耐酸的金属板等制造;墙体离地面 2 m 以下涂以耐酸油漆,天花板的转角处要做成圆形,便于冲洗。

四、其他要求

高活性操作室所有管道(包括自来水、暖气片等)最好置于墙内再以光滑材料覆盖,避免外露;电灯开关装于门外;最好采用弹簧门。自来水龙头用脚踏式或肘推式开关。应设置独立的电源供电。活性区有良好的通风换气装置,使室内空气对于外部经常保持负压,使空气从低活性区流向高活性区。高活性的实验室应备有通风柜,其排气口应高出周围(50 m 范围内)最高屋顶 3～4 m,排气口应安装过滤装置和节流器,选用离心式鼓风马达,安装于屋顶的管道口外,操作时的截面风速每秒不低于 1 m 有两个通风柜时,应同时开关(由一个开关控制)。对于微居里水平的放射性核素分装、称重和研磨应在手套箱内进行(用有机玻璃做成)。放射性核素实验室,须设有小型暗室。

第五章
住院部的建筑规划

住院部是患者住院治疗与康复的重要场所,是多数人生老病死的"驿站",也是人类情感交汇的所在。在整个医院各类用房中的建筑面积之比为39%。有研究表明住院部的空间流程与色彩设计对病人心理治疗具有不可替代的作用,对于医护人员的安全也极为重要。因此,无论是规划者或设计者都应将住院环境的设计作为患者家庭生活延伸的一部分进行规划。其空间既要方便患者的治疗与休养,更要从心理上使患者生活的空间有家庭化的氛围,既要安全、宁静、私密,也要方便、实用、科学。住院部的功能主要包括:各类护理单元的病房、护理站、治疗室、处置室、教学室、阳光室、医护人员办公室及特殊的治疗空间,如CCU、ICU、血液病房等。本章着重从功能布局与流程的相关方面作详述。

第一节 住院部建筑平面布局形式与发展

住院部建筑平面布局形式发展有近百年的历史,各种几何形态、多种组合方式,可谓百花齐放。所处年代不同,住院部护理单元的布局形式风格各有区别,但其设计的初衷都是为方便治疗护理与保护患者安全。我国早期的寺庙医院、欧洲的教会医院都是以大空间集中设置病房,病人均集中于一个医疗场所内;到了南丁格尔时期由于护理学的进步,在欧洲兴起大空间一字形靠近墙体的布局形式,发展到后来的单走廊布局,双走廊布局,矩形、圆形的紧凑型布局等。这些布局形式的发展都与时代的科学认知水平与科技发展水平相一致的。感染控制科学的发展,使病房由集中走向分散;建筑学的发展,使高层建筑成为可能,护理单元可以进行叠加式建设,更大范围地节省土地;中央空调的发展,使双走廊成为可能;电梯发展,使高层建筑的交通物流更加方便;信息学的发展,使病区护理工作更加方便快捷。

但无论哪种平面布局方式,都没有最好的结论。单走廊平面,其优点是病区的通风条件较好,南向的病房较多,但缺点是当护理单元床位较多时,护理人员的护理路径相对要长一些。回廊式的布局,能最大限度使用基地面积,也能使病房的辅助功能区集中布置,给护理工作的组织提供了方便,但是这种布局方式的问题是在护理人员较少的情况下,工作强度过大。受人力因素的限制,存在人力资源成本过高的问题。相较而言,紧凑型的矩形平面布局可以更加灵活地进行病区组合,有时可以将圆形与矩形相结合进行病区的组织。但是当护理单元发展到一定规模时,护理单元的规模越大,建筑成本越高,人力资源上也不经济。同时,还要考虑感染控制问题的解决。平面布局仍需在实践中探索。

19 世纪开始的单走廊式平面布局(图 5-1),目前不少医院仍采用此种布局方式。这种布局方式能充分运用基地面积,病房比较规整,但护理路径相对比较长。

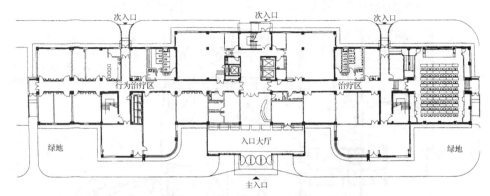

图 5-1 单走廊式平面布局示意图

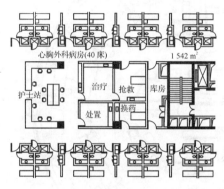

图 5-2 双走廊式平面布局示意图

20 世纪 40 年代开始在各国流行的一种双走廊式平面布局方式(图 5-2),将护理的辅助用房集中于护理站的周边,形成便捷的交通流线,扩大了病区的容量。但随之而来的问题是当床位较多时,夜间值班护士值班人数就要增加,否则难以应对路径长影响护理人员及时到达病人床边处理问题。

20 世纪 50 年代紧凑的环形平面(图 5-3),这种布局方式,护理人员的服务路径较短,所有的病房均围绕护理站排列,病房与护理站之间的距离、病房与病房之间的距离比较短,交通比较便捷,两点之间的路径有多种选择。在病房床位相对稳定

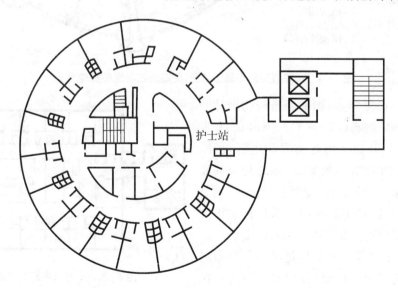

图 5-3 紧凑型环形布局示意图

的前提下,这是一种比较有效的设计。存在的问题是所有的房间均不规则,使用上空间浪费较大。公共用房安排比较困难,按教学医院或附属医院的要求,其面积难以容纳。特别是当病房数量增加时,环形需要向外扩张,效率可能受到影响(图5-4)。

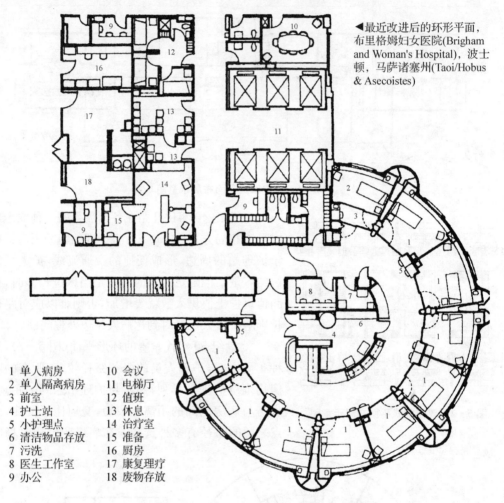

▲最近改进后的环形平面,布里格姆妇女医院(Brigham and Woman's Hospital),波士顿,马萨诸塞州(Taoi/Hobus & Asecoistes)

1 单人病房	10 会议
2 单人隔离病房	11 电梯厅
3 前室	12 值班
4 护士站	13 休息
5 小护理点	14 治疗室
6 清洁物品存放	15 准备
7 污洗	16 厨房
8 医生工作室	17 康复理疗
9 办公	18 废物存放

图5-4 紧凑型环形布局示意图(此图为妇科医院护理单元)

1950—1960年,双廊平面布局的设计开始在欧洲国家兴起(图5-5)。国内在20世纪70年代也开始采用此类方法进行设计。其优点是比单廊式的效率高,问题是公共面积占用过多,护理人员运动路径过长,特别是夜间护理时,问题更加突出。这是在采用这一设计方式时需要加以注意解决的重点。

20世纪70年代还采用过的三角形布局的变形。将三角与圆形、方形有机地统一在一个平面中(图5-6)。这种设计形式,能充

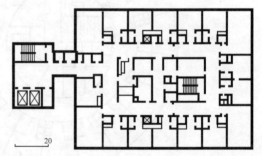

图5-5 正方形布局的变形

医用建筑规划

134

分运用有限的基地面积,增加靠南一侧的病房数量。但是这种方式的空间不够舒展,所有建筑中没有一间规整的房间,给使用带来不便。

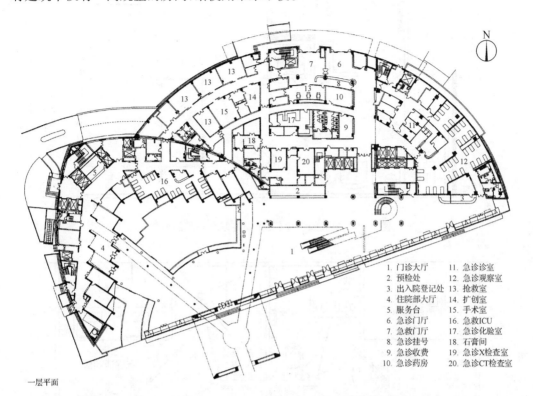

一层平面

1. 门诊大厅　　　11. 急诊诊室
2. 预检处　　　　12. 急诊观察室
3. 出入院登记处　13. 抢救室
4. 住院部大厅　　14. 扩创室
5. 服务台　　　　15. 手术室
6. 急诊门厅　　　16. 急救ICU
7. 急救门厅　　　17. 急诊化验室
8. 急诊挂号　　　18. 石膏间
9. 急诊收费　　　19. 急诊X检查室
10. 急诊药房　　　20. 急诊CT检查室

图 5-6　三角形布局变形示意图

随着护理单元平面布局的发展,病房的布局的理念也在不断更新。但基本的形式是单人间、双人间、多人间。建设部、卫生部在新近颁发的综合医院建筑设计规范中,对此并无明确的要求,只要求多人间病房不得少于 5%。目前,在国内医院建筑中,一般情况下均提倡以双人或三人间为主,并按医保要求设置多人间病房,以满足不同患者的要求。提出设置单人间的基本理论是:关照病人的私密性与舒适性的要求,在单人病房内,病人可以得到更多的休息,有利于病情的恢复,可以用于多种隔离,病人自由度较大,在病房内的休息时间比多人间的病人要多,医疗事故也能得到减少。通过单人间的设置,能减少住院病人在护理单元内移动性的开支,减少护理保洁的工作量。持不同意见的人认为,这样浪费了医疗资源。但无论如何,目前单人间在各大医院都得到了不同程度的推广(图 5-7)。

为满足不同患者群的要求,不少单位在单人间的基础上发展了 VIP 病房,将病房按照家庭化的要求进行布局安排。不仅在设施上满足病人治疗与生活要求,并在家庭化上下工夫,使病房建设理念进入一个全新的时代(图 5-8)。

在护理单元的规划中,走廊宽度与高度、卫生间的朝向、单廊与双廊、三人间与两人间等问题一直在争论中。规范要求每床建筑面积应≥30 m²;病房开间≥3.4 m²,并未给出统一的规定,目前也未能求得统一。关于护理单元走廊的宽度,有些医院在设计护理单元的公共走道宽时达到 3.5 m 以上。一般研究表明,护理单元的走廊以 2.3 m 左右即

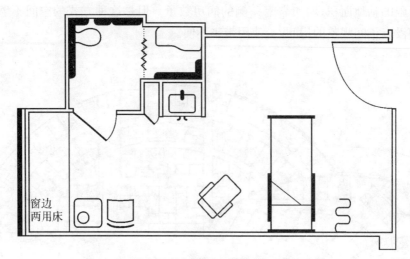

图 5–7　单人间病房(卫生间在阳台一侧的设置)

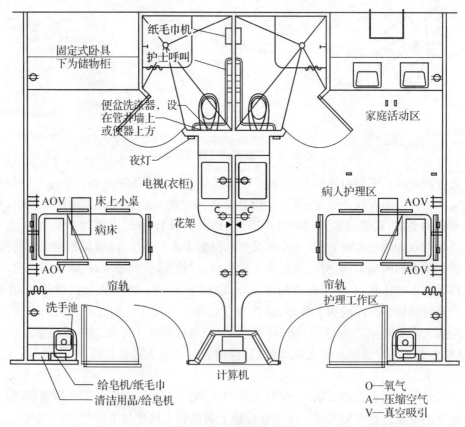

图 5–8　VIP 病房布局

可,保证护理车在走廊的转弯半径要求。关于病房内的卫生间是放在阳台面,还是靠近走廊面。将卫生间设置在阳台面的主要理由是为了便于护理人员对患者的观察。在信息化发展的今天,床头传呼系统的设置,病房门的观察窗设置,较好地解决了此类问题。多数人认为,卫生间设置在走廊一侧为宜。关于病房开间的宽度,有些单位从地下停车场设置的考虑,将柱距设计为 8.4 m,病房开间达到 4.2 m。这种做法满足了停车场要求,但是病房内开间过宽浪费了面积也增加了投资。多数意见认为,病房开间以 3.9～4.0 m 为宜,是一种经济适用的开间宽度,既满足舒适性要求,也节省了建筑面积。楼层走廊的高度在吊顶后不得低于 2.1 m,病房高度不得低于 2.6 m。病房门均为子母门。每间病房均设卫生间。每间病房的储物柜均设计为嵌入式,进入墙体内。关于病房的设置,根据我国医疗制度的规定,在承担医保任务的医院,可以设置部分单人间,但不大于总床位数的 15%。对于公共部分的设计,除要有治疗室、处置室、污洗间、配餐间外,还要有家属谈话间、阳光活动室。每个病区要有两间病房的卫生设施可供残疾人使用。在面积允许时,可设病人餐厅。在护理单元设计中,对重点科室,如产科病房及产房、心内科、妇儿科、骨科和 ICU 病房,应进行专业设计,其他单元按一般规范进行设计。

第二节　护理单元公共区域的布局形式

根据综合医院建设标准,住院部的建筑面积在二级以上的综合医院总的建筑面积中占 36.5%～38% 以上,医院规模在 600～1 000 张床位时,其所占比例应在 37%～38%。分区与布局要以床位规模及科室设置为依据。如果是新建医院时,住院部作为独立的单体,内外科置于一栋建筑物中时,则住院部的布局与流程要考虑到内科与外科的楼层分布,外科与手术室之间的连接。通常妇产科与外科的层次要紧邻手术部,儿科为确保其安全,则应居于楼层的最下部,内科应在上层。一般情况下应按此分布原则进行科室的安排。如果内科与外科是独立的单体建筑,则在布局上重点考虑手术部、供应室与外科的各科室及手术室的联系方式。并考虑眼科及妇产科与手术部的关系。但在住院部中各区域公共部位装修的基本要求是一致的,病区装修则根据科室的具体情况、流程要求确定,本节重点讲述公共部位的流程布局与装修要求。

护理单元中的公共部分,主要指护理站、治疗室、处置室及开水间及医护办公室、污物处置室、阳光室等。

一、护理站布局要求

在一个护理单元中护理站设置于哪个位置,一直存在不同的认识。一种认为设置于病区入口处,有利于接待住院病人;另一种认为,设置于护理单元中间部位为好,便于临床护理人员在出现紧急情况时能在最短时间内到达患者的床边。笔者从诸多医院的实际应用情况分析,护理站设置于护理单元的中部优点多于设在入口处,对于缩短护理路径,提高护理效率有好处。护理站空间的设置应分为外部开放式的护理工作区与内部封闭式的护理辅助治疗工作区。该区主要包括:护理站台、治疗室、处置室、护士长办公室等,以方便治疗与护理准备工作的进行。

护理站的设计以采用两边开放布局为宜,既方便医护人员工作的便捷,也方便患者入院时的手续办理与相互交流。柜台的高度以标准的桌面高度 80 cm/79 cm 为宜。采用差次方法制作,高出桌面部分为打印机、计算机摆放位置。下部应将所有的强弱电的线路布置到位,同时在柜台的部分区间应设计病历柜与文件柜的位置,以保证该区域的整齐美观。近年来,诸多医院降低了护理站柜台的高度,便于患者咨询,体现人性化。柜台背后的墙体上,应有悬挂白板、时钟的位置,下部摆下表格柜等。在柜台墙体的贴角线上部的适当位置上设置电源插座,供病历牌显示装置用。在开放式护理区中,应根据需要设计水池等。

图 5-9　病区护理站实景图

二、护理辅助用房的布局及设施配置

辅助用房的布局既要符合工作流程要求,也要符合感染控制的要求。辅助工作区主要包括:治疗室、处置室、配餐间、开水间与污洗间。治疗室、处置室一般情况下要紧邻护理站。处置室要靠近污物电梯,以缩短污物运送长度。污洗间要与污物电梯紧邻,便于污物清洗处理。配餐间与开水间要设置于清洁区域,与餐梯邻近。可以在同一空间内设置配餐间与开水间。

治疗室主要用于配液与药品存放。空间上要注意空气消毒处理。要在治疗室的适当位置配置插座,供安装空气消毒机或空气净化箱。治疗室靠窗的一侧设地柜,在其平台上方的墙面上需要有2组电源插座,一侧设置一组药品柜,一侧放置冰箱,在墙面的踢脚线位置留电源插座2组。并要在适当的位置设洗手池。

处置室主要功能为医用器械的清洗浸泡、医疗垃圾存放区域。在处置室与治疗室之间要有一个通道,便于用过的器械与物品及时传递至处置室。处置室要设置浸泡池一组,内置水龙头(按龙头个数分割加盖),浸泡池的下水管道要满足排水的要求,柜盖及配件要耐腐蚀。并设洗手池一个、吊柜若干。要留出位置放置标识明确的污物桶。医疗垃圾要打包后经污物电梯运出,进行处理,不得对病区形成二次污染。

污物处理间,主要为病区生活污物集中与清洗的空间。应设置于靠近污物电梯与病区公共卫生间附近。内设污洗池、拖把池、便盆、浸泡池。墙壁上应设悬挂装置,并有下水口。同时应在污物间附近设置被服回收箱。由于护理单元的专科不同,各医院具体的要求不一,在护理站及其周边的辅助工作区有多种形式的组合方式,在设置中总体上遵循洁污分流原则即可。

在外科护理单元中,有的医院配置了换药室,有的医院则以床头换药为主,具体如何配置应根据住院部面积大小,综合考虑。骨科护理单元要在护士站附近设一石膏间,面积不宜过大,以节省空间。

在眼科、耳鼻喉科的护理单元中,当护理单元与门诊距离较远时,则应设置独立的检查室,并配置相应设施,如眼科的暗室、口腔科的治疗椅、耳鼻喉科的内镜检查室及腔镜清洗池等都要在护理单元设计时一并考虑。

图 5-10~图 5-12 为医院护理单元的辅助用房布局因需要不同而在安排上有所区别。

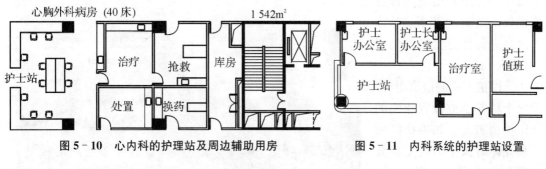

图 5-10　心内科的护理站及周边辅助用房　　　图 5-11　内科系统的护理站设置

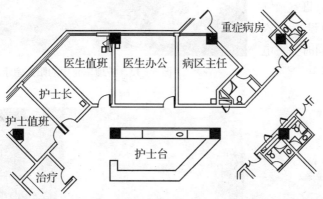

图 5-12　内科护理单元及周边辅助用房的配置

三、护理单元中办公用房布局与配置

办公用房包括:主任办公室、医生办公室、教学室、值班室、阳光室、库房等。其布局通常布置于整个护理单元的尽端或背阳的一侧,尽量让病房朝阳。

主任办、医生办,均需设置双联观片灯及电话、网络接口,并配置相应的强电插座;要有办公桌、书柜等。医生办公室,由于人员多,空间要大些,如采取集中办公的方式进行布局,则应按空间大小设置医生办公桌数,在每一个桌位上设置网络接口、投影仪、强电插座,形成完整的内部网络,便于电子病历与相关系统的使用。同时在辅助设施上要安排各种表格柜、白板，便于教学工作的开展。

教学用房：依据相关规范，如系教学医院，在医院总体规划时，应按每接收一个实习学员 4 m² 的标准增加建筑面积。在护理单元建设中应当根据条件，设置教学空间，应有信息投影播放系统。在综合布线时，要进行总体的规划与设计。

配餐间的设置与装修：配餐间设置一般有两种考虑，一种是护理单元内同时设置工作人员就餐的场所与住院患者的配餐场所。工作人员就餐场所可设置与配餐间紧邻的空间内，不宜过大。还有一种是只设置患者配餐间。配餐间的设置应邻近送餐梯的清洁区域，有独立的空间，远离污物处置间。配餐间内部设计上要有开水池、洗碗池、污水桶及相应的桌椅、橱柜等。并在相对应的墙体上设置强电插座，供微波炉与冰箱的放置方便病人临时加餐。

凡有条件的病区，应在每个护理单元的适当位置设置阳光室，让患者在治疗之余进行休息交流与沟通（图 5-13）。

医护人员的值班用房：每个科室都应设置相应的医护值班室。如果病区面积允许时医生值班室应分男女设置，护士值班室独立设置，并在其中设置更衣间、卫生间等。同时要将电话与电视接入其中。

图 5-13 护理单元中的阳光室示意图

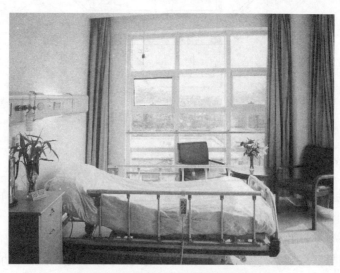

图 5-14 护理单元中的双人病室示意图

四、病房空间布局与配置

护理单元中的病房空间布局在轴距确定的前提下,病房内纵向距离按每 2 m 布置一张床位为宜。病房应设置多人间、三人间、两人间及 VIP 病房,以保证不同层次人群的需求。病房内部配置:双人间、三人间病房应按床位,每床配病床一张,床头柜一个,方凳(或椅子)一张、陪护椅一张。陪护椅也可根据总床位的比例确定。VIP 病房,每人配置病床一张,床头柜一个,椅子二张,单人沙发一套,办公桌一张(如系套间,则设沙发一组,小圆桌一张、坐椅若干),并配一个微波炉。

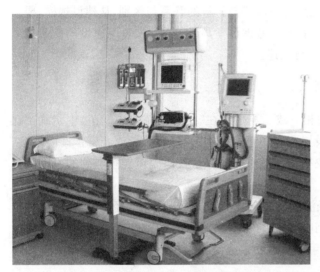

图 5-15　护理单元中 VIP 病房实景图

心内科的病房设计除按一般病房要素与流程设计外,如设置 CCU 病房,其数量应按综合医院建筑设计规范相应要求成独立单元配置,内部应设护理站、治疗室、处置室、医生办公室,并配置相应设施,以便于护理工作的开展。如医院设备配置 DSA,则 CCU 病房要划出专门的区域加以规划。如安排在后期发展,则应在住院部建设中预留床位空间。作为大型综合性医院在建设中无论分区与否,都要预留发展区域,为科室建设奠定基础。

VIP 病房的内部配置应根据科室的不同进行内部的配置,如必要的沙发、微波炉、电视等,对于特需的病房应配置秘书室、厨房等。

儿科病房:综合医院的儿科建设,在医院建设初期是否成立独立的护理单元必须慎重。一般情况下,如果当地居民地比较集中,年轻人居多时,则按规范进行儿科建设。在儿科病房的建设中主要应注意三个方面的问题:①病房的空气处理,在设计时要加以规划,可以在新风口设计高压静电灭菌系统,也可在儿科病房涂刷灭菌涂料。②根据产科的发展规模设置新生儿监护室,条件允许时,设置 NICU 病房,设计时要根据相关规范进行流程规划。③儿科病房的建设注意环境的童趣化,床头家具配置要注重安全性。其他与一般护理单元相同。

ICU 病房:在住院部内作为一个单元,应与手术部临近。一般情况下,每 100 张床位设置 2 张 ICU 床位。在大型综合性医院中也可按专科设置 ICU,但是 ICU 的规模原则上不得少于 5 张床位,以确保效率。

医用气体及输液轨道:在护理单元中,每个床单元必须有氧气、压缩空气及负压接口。如果为节省费用可以每个房间设置一个压缩空气接口。每个床位段均应有照明灯,输液轨道位于病床正上方,轨道基座吊筋必须与房顶水泥基础连接,输液轨道每套包括:轨道、滑轮、输液吊杆。每个病区要设置传呼系统,以便护理单元的日常管理。

第三节 产科护理单元的规划与布局

妇产科是多学科的集合体,与医疗科学、伦理科学、心理学等诸学科密不可分。涉及下一代的生命与健康,关系到千家万户的幸福,是一所医院综合能力的体现,也是学科建设上的重点。

一所医院的妇产科规模与医院的规模及门急诊量密切联系。当医院规模较大时,妇科与产科的病房必须分别设置,并充分考虑产科与妇科的联系与区别,从建设规模、要素合成、交通流线、设备配置、技术要求诸方面考虑该学科的特殊性,确保建设的质量。本节着重对产科产房护理单元的建设进行论述。

一、产科建设应遵循的基本原则

1. 产科的规模要与医院的规模相一致 卫生部在《综合医院建设规范》中明确:"在综合性的公立医院中,产科病房的设置要有一定的比例"。随着民营或合资性医院增多,其规模已不受其比例的限制,而是要根据当地市场的存量及医院可能争取到的份额进行产科规模的规划。

2. 产科的服务质量应随国家经济的发展有所提高 随着国家的经济发展,人民群众对医疗健康的需求日益增长,加之高收入人群的增多,在这样的条件下,专业化的产科医院应运而生,高档次的产房、先进的手段日益增多成为一种趋势。因此,服务水平与内容也应相应提高档次。

3. 产科的规划应遵从道德伦理 生育安全、个人隐私的保护、产妇心理的护卫,都是在进行产科规划建设时要考虑的相关因素。在综合医院中产科的规模一般为总床位数的 2%～3%。通常情况下与妇科为一个科室,分立而不分治,即在一个主任领导下开展工作。如果作为重点学科则应将产科与妇科分开。一般情况下以 40 张床位为宜组建科室。

4. 产科病房的设计要尽量做到家庭化 尽可能多地设置家庭病房,让产妇在家人的陪伴下完成生产过程,减少焦虑与不安。有条件的住院部应尽量将病房设置在靠近阳光的一侧,让产妇能直接看到户外的景色,舒缓产前的焦虑和不安。

二、产科单元的要素与流程

产科单元由病房(母婴同室)区与产房区组成。其流程设置要符合产科的工作特点。从住院待产到生产、母婴监护及护理均应按流程要求进行空间的设计,既要为产科医护人员的工作提供医疗与护理的便捷,也要为住院病人的生产与生活提供方便与安全;产房净化流程要符合感控要求,从更衣洗涤到空气处理要建立符合规范的操作流程,以确保生产过程的安全。空间要素一般分为三个部分:

1. 病房(母婴同室)区 产科的母婴同室区需独立设置。因其人群是需要进行特殊医疗与护理的健康人群,又因其婴儿护理的特殊性,所以,与其他科室有所不同。母婴同室区应设置:抢救室、治疗室、处置室、护士站、男女更衣室、值班室、双亲接待室、医生与

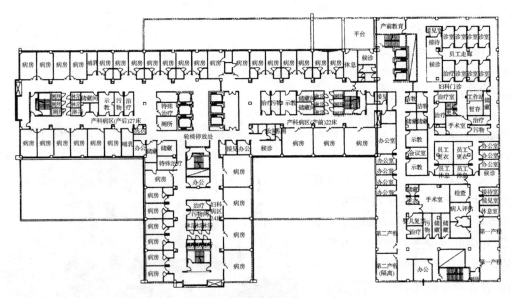

图 5-16 妇产科护理单元平面布局图

护士办公室、洗手间、污洗间等。并在产房附近,尽可能设置婴儿沐浴游泳室、接种室。必要时设置特婴室,应靠近护士站。2008年建设部、卫生部新颁发的《综合医院建筑设计规范》中明确提出,产科必须增设的用房:产前检查室、待产室、分娩室、隔离待产室、隔离分娩室、产期监护室、产休室。如条件限制,隔离待产室和隔离分娩室可兼用。

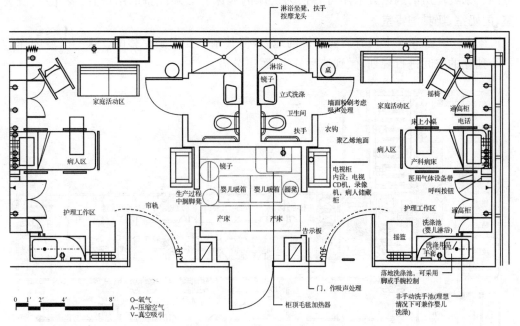

图 5-17 产科病房(家庭病房)平面布局示意图

母婴同室区的组成除设置少量的双人间外,应以单间为主,做成家庭式病房。产妇的分娩区应有陪伴分娩室。产妇在医生陪护下进行生产,一名医生可以陪护1~2位产妇。室内可放产床1~2张。产科母婴同室区对外联系要设置独立通道,并实施监控管理,确保婴儿安全。产科应设重症监护室,以实施对高危产妇的监护治疗。每个护理单元可设置2张床位。每个床位设备带均应有氧气、负压系统及相应的电源插座、传呼系统等。VIP待产房同普通待产室,设备与陪护有所区别。除产房外其他所有的待产室均要有厕所。

隔离产妇分娩区应设置在产科病房的末端。其分娩室、待产室与普通产房相同。

2. 产科产房区 产房是胎儿脱离母体开始单独存在的第一个外界环境,必须清洁、安静、无污染源,并应形成便于管理的相对独立的区域。达到宽敞明亮、空气清新、设备简单适用,便于清洗消毒。产房区,包括产科手术室与产房,入口处应设卫生通过室和浴厕。待产室应邻近分娩室,宜设专用厕所。母婴同室或家庭产房应增设家属卫生通道,并与其他区域适当

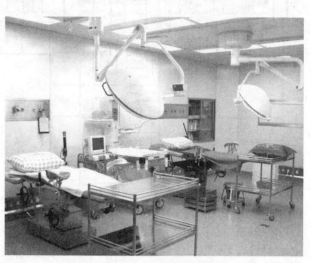

图5-18 产科产房布局实景图

分隔。家庭产房的病床宜采用可转换为产床的病床。必须配备的用房有:婴儿室、洗婴室、配奶室、奶具消毒室。

图5-19在布局上仍有需要商榷的地方,但其基本要素是完整的。这一区域要作为一个独立的空间进行规划,做到洁污分流,医患分流。

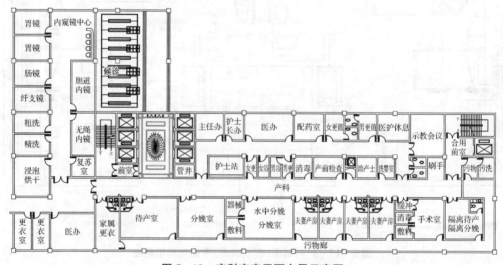

图5-19 产科产房平面布局示意图

医护人员的基本流程是:入口处应设卫生通过室和浴厕。经缓冲间,男、女更衣室、

换鞋、洗手后,进入手术区,完成后原路退出。

产妇的流程是:经缓冲更衣、换鞋缓冲、进入待产区,分娩室。产后在产休区休息一段时间后再进入产科病房。待产室应邻近分娩室,宜设专用厕所。

一般分娩室平面尺寸宜为 60 m²,剖宫产手术室宜为 5.40 m×4.80 m。内部设置应按手术室一般要求进行配置,手术灯宜为活动式,可以在区域内进行调整方位。药品柜采用嵌入式,洗手池的位置必须使医护人员在洗手时能观察临产产妇的动态。新风要满足需要,产房、隔离产房均按Ⅲ级净化进行设计,要符合卫生通道的需要;工作人员更衣室内要设置更衣柜、洗手池等。母婴同室或家庭产房应增设家属卫生通道,并与其他区域适当分隔。家庭产房的病床宜采用可转换为产床的病床。在产房的一侧要专设一间隔离产房,与内部的护理单元既相衔接,又相隔离,便于观察处理(图 5-20)。如产科临近医院中心手术室,该区域可不设手术室,只设产房即可。待产室应设置于产房区域内。每床要配置设备带,设备带上设置:氧气、负压装置各 1 组、电源按每床 2 组配备。功能带上要设置摆放仪器的装置。

1. LDR 2. 护士站 3. 剖宫产房 4. 高危产房 5. 婴儿苏醒
6. 清洗/器械 7. 污洗室 8. 门厅/谈话 9. 更衣 10. 等候
11. 洗涤区 12. 抢救 13. 抢救洗涤 14. 办公室 15. 麻醉储藏
16. 治疗室 17. 营养品 18. 示教室

图 5-20 国外某医院产科产房要素示意图

待产室内要设置护士站一个,规模可小些。护士站可配置电源两组;电脑一台、照明装置一组。所有的待产室均要有卫生间。护士站要设置于便于观察的位置,要以保证产房与婴儿护理为重点。护士站近旁要设置治疗室与处置室。治疗室内的设置要有药品柜、配液台、洗手池及空气处理机。处置室内要有洗手池、浸泡池、分类医疗垃圾装置等。

产房在末端或在一个相对封闭的空间内,有负压手术室、分娩室及相应的设施,与普通产房进行分隔。墙面可用瓷砖,也可用铝塑板,色彩要淡雅温馨。地漏必须是封闭式的。产科手术室旁设妇检室。设妇检床一张用于备皮,有药品柜等。室内有电源插座三组。灯光要满足操作要求。

产房的温度应保持在 24~26℃,湿度在 50%~60% 为宜。并应符合空气净化处理的相关要求。

3. 辅助区域及设施 主要用房为:护士站、洗婴池、配奶室、抚触室、沐浴游泳室等。洗婴水嘴离地面高度为 1.20 m,并应有水温控制措施,防止发生烫伤事故。配乳室与奶具消毒室不得与护士室合用。配奶室按母婴同室、母乳喂养的要求,则不需设置配奶室。如产科与儿科在一起,儿科的 NICU 内应设置配奶室。内放微波炉、冰箱以及配奶桌、电烧开水器、电水壶等。配奶室要电源四组,水池一个,同时要用紫外线消毒装置。

(1) 产房、隔离产房装修与配置的基本要求:墙面用材要便于清洗,内部设置按照手术室的要求,墙体上要安装情报控制面板,在产床的一侧有三联观片灯。顶部要有手术无影灯,每张产床一侧都要设置药品柜、器械柜,桌面式台柜一个,以方便消毒物品的摆放。不锈钢器械柜在手术部的一侧墙面嵌入。各类气体按规范设置于产妇头部一侧的墙面上,墙面层应具有不产尘、不积尘、阻燃、易清洁、耐腐蚀、耐紫外线照射、耐擦洗和抗菌、防火、防潮等性能。辅助区,如:处置室、配奶室等部位的墙面可用瓷砖,也可用采钢板或铝塑板,色彩用暖色调。入口宜用自动门。吊顶材料:可采用轻钢龙骨(能满足上人需要),并进行隔音保温处理,面层材质同墙面。地面材料:采用可擦洗型、防火、耐磨的优质 PVC 卷材,厚度不小于 3.0 mm,污物走道为耐磨 PVC 卷材,卷材与地面之间用自流平材料,以保证产房内地面的平整度。如有妇检室则应在室内设妇检床一张用于妇检及一般手术,备有药品柜等。

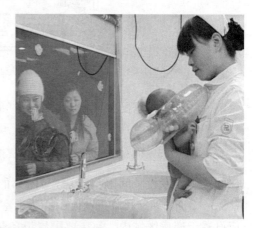

图 5-21 产科婴儿洗澡池及游泳池实景图

(2) 产科沐浴触摸室的装修:要从产科规模与服务人群的层次需求考虑其装修的档次与内部设置。沐浴触摸室通常由游泳池、淋浴池、触摸打包台等三部分组成:

①婴儿游泳池:一般为桶式深池,用于婴儿的游泳与锻炼。游泳池的色彩:最好是乳白中带有蓝色(如淡绿等)而不是白色;材料质地要柔软;游泳池规格:高 50~55 cm,宽 70 cm,长 80 cm;柜子下方应悬空,游泳池数量应根据需要设置。每个游泳池上有可移动或可转动水龙头 3~4 个于水池两侧;水管上有冷热水特别标识。淋浴池的规格一般要求:长 100 cm,宽 60 cm,高 35 cm,与水池柜要配套安装(图 5-21)。

②淋浴池:淋浴池与游泳池紧邻。用于婴儿游泳后进行冲淋之用,又称洗婴池。水池柜:高 80 cm,宽 70~85 cm;下方应悬空。材质为防水材料。洗婴池水嘴离地面高度为 1.20 m,池内放 20~30 cm 高的方凳(防水材料做成),方凳上加 8 cm 左右的海绵,确保婴儿洗澡时的安全。池上装置:在距池平面的墙体上 40 cm 左右设一淋浴龙头装置。同时应有肥皂架、小毛巾架和盒架等设施。设施的排列要根据现场的平面确定。

③触摸打包台:触摸床位于两池的背后的空间,用于婴儿在完成洗浴后的按摩与打包。由方形或长方形柜体组成,柜体或桌面下可以放物品。衣柜一组,可放置毛巾及护士洗澡衣等。打包台的一侧设置衣柜,放置洗澡衣、婴儿洗澡用品及消毒毛巾等。在触摸室内设置对讲装置,便于医务人员与产妇及家人联系,让家属做好准备,有序安排婴儿游泳、沐浴(图5-22)。

图5-22 产科产房洗婴池与婴儿打包台

游泳池和淋浴池均以防水材料做成的柜体为支撑,长度按实际需要确定;婴儿沐浴间的设施可以购置,也可以由装修单位制作。触摸室应向婴儿家属开放,在沐浴间旁可设家属及陪护人员观察等候区,面对家属及陪护人员的一侧应是玻璃窗,淋浴室外放置吧台椅、会客桌及轻质椅若干。在触摸室内还应设置音响设备,以便在为婴儿触摸按摩时播放柔和音乐,稳定婴儿情绪。

三、内部配置要求

产房、新生儿病房、待产室、抢救室及各病房的氧气、负压吸引装置及设备带,均要满足产科的要求。产房每张产床配置手术无影灯一台。如需吊装手术灯,要按规范设计做好基座预留。电源采用双电路互投供电,照明供电与动力线路必须分别铺设。供电线路从总配电箱接驳至设计用电的位置。产房、隔离产房与新生儿病房内的灯具必须使用符合洁净要求的气密型照明灯具。净化空调系统的机组必须做到低噪声,高稳定性,便于清洁;净化风管用防腐性能较好的镀锌板制作,要便于检修。送风过滤器质量标准同手术部要求。弱电系统包括:网络系统、电话系统、广播、有线电视以及呼叫系统,均应科学设计,方便适用。

沐浴触摸室的装饰:要充分考虑内部空气洁净度与室温安全控制要求。为确保婴儿在沐浴触摸过程的安全,要保持淋浴室内的空气清洁,室内的墙体上部应安装空气消毒机;中央空调要维持室温在26~28℃,否则应增加壁挂式空调,确保婴儿洗浴时的室温的稳定。照明应以吊灯为主或使用日光灯,光线一定要柔和,防止损伤婴儿视力。如果热水是由蒸汽转换的,则该区域内应设有防止蒸汽进入沐浴触摸室的措施。在进行婴儿沐浴与游泳室的建设时,必须注意设备的大小与水温的控制,一般要求在洗婴室热水的前端装有水温恒定控制设备,以保证新生婴儿沐浴的安全。同时,在设计游泳池时,要注意控制水流速度,相对确保水温的恒定。

空调系统与热水系统要考虑产科不同季节性的要求,热水系统要保证全天候不间断供应。因此,在建设规划中要与手术部、ICU等区域作为一个整体统一设计,避免建成后再行拆改,浪费资源。

第四节 重症加强治疗病房（ICU）的规划与布局

重症护理单元是综合医院实施医疗救治的特殊医疗场所，其规划与建设，既要从医院的全局考虑，也要从自身经济能力出发进行合理的规划。在总体规模确定的前提下进行重症监护单元的布局。重症监护单元可以集中建设，也可以根据专科的学术地位设置独立的重症监护单元。但无论是集中还是分散，都要确定与手术部、检验科、输血科及其服务科室的关联性及 ICU 自身的床位规模、基本布局、装备配置、净化级别、基本流程及其内部装修要求。当进行集中配置时，必须做到要素完整，符合规范，当进行分散配置时必须与科室的要素结合，保证医疗工作的有效进行。

一、重症护理单元的规模与护理单元设置

《中国重症加强治疗病房（ICU）建设与管理指南》（2006）中明确，ICU 的病房数是根据医院等级和实际临治患者的需要，一般以该 ICU 服务病床总数或医院总床位数的 2%～8%为宜，可根据实际需要适当增加。每个护理单元以 8～12 张床位为宜。近年来不少大型医院实施的是按科室设置重症护理单元。在规划 ICU 建设时，要确定不同人群的要求，可以设置一定数量的单间，配置一些特殊性的装备供特殊人群之需。按专科分别设置重症护理单元有其好处，便于对危重病人的救治与管理，但是每设置一个重症护理单元就需要一套护理班子，在无形中也增加了人力资源的成本，如果一个医院重症护理病床少于 15 张以下的，不宜分专科单独设置，还是以集中设置为宜。对于重症护理单元的装备配置，应以病人为中心，配置任何装备都要以救治为目的，防止不适当追求豪华高档，浪费医疗资源。

二、重症护理单元的基本要素与流程

重症护理单元的基本要素为：男女更衣室、男女值班室、卫生间、治疗室、器械室、处置室、医生办公室、主任办公室、护士办公室、护理工作站、谈话室、会议室、缓冲间、仓库、空调机房，以及必要的供电照明系统、净化空调系统、弱电系统（电话、网络、公共广播、有线电视、呼叫系统等）、医用气体系统、消防系统等（图 5-23）。在空间允许的情况下，应在 ICU 设置示教室、家属等候区，并加以规范管理。

流程布局的原则要求（图 5-24）：

1. **医患通道要分开** 一是患者通道，主要供患者及工作人员在治疗期间的进出及患者家属必要探视时的通道，通道口设缓冲间，缓冲间内要设置更衣柜与鞋柜，以供工作人员更衣换鞋使用。二是家属探视通道，设有缓冲间与更衣柜。三是医护人员通道。依次设

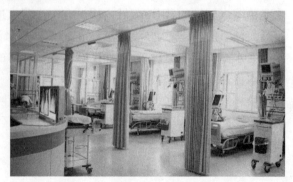

图 5-23 某医院 ICU 内部配置实景图

医用建筑规划

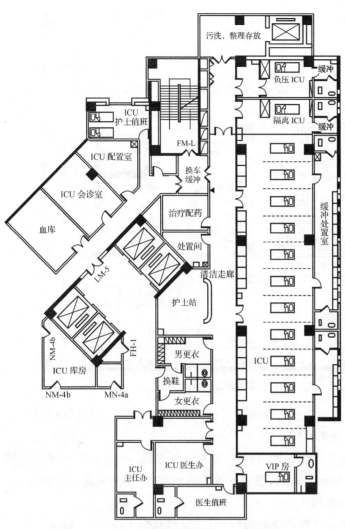

图中文字：
污洗，整理存放
负压 ICU
缓冲
隔离 ICU
缓冲
ICU 护士值班
FM-L
ICU 配置室
换车缓冲
ICU 会诊室
治疗配药
血库
处置间
LM-5
清洁走廊
缓冲处置室
护士站
NM-4b
FH-1
男更衣
ICU 库房
换鞋
女更衣
NM-4b MN-4a
ICU
ICU 主任办
ICU 医生办
VIP 房
医生值班

图 5-24　ICU 半集中式设置平面布局示意图

置缓冲间、更衣间、卫生间，医护人员通过缓冲后更衣进入。

2. 洁污流线要清晰　洁物可通过工作人员通道经缓冲间进入库房；污物及医疗垃圾均经过污洗间处理后进行分装进入外廊，直接送达污物间或直接由医疗垃圾回收人员运出，防止对其他区域产生二次污染。

3. 治疗间设置要符合规范要求　ICU 的病床位置应靠近外窗一侧，有充足的光线与良好的护理空间，保证病人在该区域内既能享受到好的医疗救治服务，也能有一个安全的救治环境。流程设置上要注意下述问题：按空间分设床位，为保护病人的隐私，在每张病床的一侧设置直轨，床与床之间通过布帘进行遮蔽。医疗床的展开空间要便于工作人员救治活动的开展。当床位的布局为敞开式时，每床的占地面积为 15~18 m²。每个 ICU 最少配置一个单间，每间面积在 18~25 m²，床与床之间的距离不能少于 1.2 m；当床与床之间用隔帘相遮挡时，距离不能少于 1.3 m。在床位的后侧则要求留出 60 cm 的通道，供医护人员通过。独立的单间，每床面积不能少于 10 m²，隔断物要透明，便于观察与护理工作的进行。更衣室、洗手池、患者的入口处要有缓冲间。污物处置室与治疗室的通道要相邻，但污物流向必须是不可逆的。各空间内要对空气进行消毒处理。

4. 负压 ICU　如果在 ICU 内设置负压病房，则需要在病房的前端设置缓冲间，并采用独立的空调机组。每个 ICU 的正压和负压病房的设立可根据患者的专科来源和卫生行政部门的要求决定，通常配置负压隔离病房 1~2 间。

三、各独立要素内的配置要求

1. 缓冲区　医护人员通道入口、患者通道入口、探视人员通道入口，均设缓冲间，并

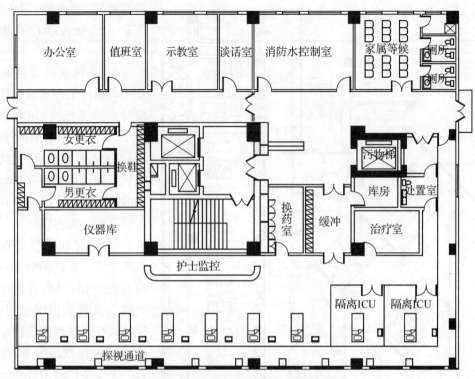

图 5 – 25 ICU 集中式设置平面布局示意图

在缓冲间内设置更衣、换鞋柜,仅供患者与探视人员使用。工作人员入口处的缓冲间、更衣室、卫生间等独立设置,保证使用便捷。

2. 护理站 护理台的设置要注意下述问题:①要有网络接口、通信接口、传呼系统接口,便于开展工作;②要有一定的储藏空间,便于各类表格的存放,要注意其高度的设置,便于护理人员工作与观察,做到整洁大方。

3. 治疗室的设置 室内要有肿瘤药物配液台,最好设置超净工作台,以保证工作人员的安全与健康。有空气消毒装置、有药品柜、有洗手池。在治疗室的一侧的墙体上留有冰箱插座。室内要有一定的储藏空间。

4. 处置室的设置 要有浸泡池、储物柜、垃圾存放柜(桶),并进行分色管理。在邻近ICU 的适当位置要设置病人卫生间(兼作污洗处理)。治疗室与处置室的空间最好用玻璃窗分隔,便于护理人员观察。

5. 主任办公室与医生办公室 按通用要求配置。必须有医生工作站,有观片灯、有网络、电话、传呼系统接口。并要配置打印机等装置。

6. 男女更衣室 要有更衣柜与洗手池,如果是独立的重症护理单元,则要在其内部设置淋浴设备。

7. 值班室 无论是单一的重症护理单元,还是综合的护理单元,都要设置医护值班室。并要有基本的生活配置与传呼装置。

8. 污洗间 要进行内外分隔,内部为污物倾倒、清洗处,外部为污物存放打包处,外部直接与走廊相通,污物及医疗垃圾打包后直接进入公共污物存放间,进行处理。

四、辅助设施的配置要求

1. **医用气体系统**　重症监护病房的医用气体有其基本要求。一般要求每床配置功能柱一个，或配置一个床位段的设备带。每个床位段必须有氧气接口、负压吸引气、压缩空气等终端及相应的电源插座。但在各个医院因经济能力的不同，或由于现场的环境不同，配置方式亦不同。当床头配置设备带时，设备带应进行通布，在设备带上分段按床位要求设氧气、负压吸引、压缩空气、传呼系统等终端及相应的电源插座。在设备带的上方的墙体上可做一平台，作为摆放各类仪器与设备的地方。如果现场环境不允许这样做，则应配置桥架式吊塔。可以一床一柱，也可两床一柱，分为干边与湿边。还有一种可以每床配置一个吊塔，功能比较好，但投入比较大，应根据医院的经济能力进行配置方法的选择。

2. **供电与照明系统**　ICU需要有适宜照明强度与用电的安全性要求。因此，在设计上，电源必须采用双路互投供电。照明线路和动力线路必须分别铺设。保证急救时的安全，同时，在医疗场所的照度，必须达到350 lx的要求，保证抢救时有足够的亮度。晚间可配有较暗的壁灯。或在床头设备带上配置日光灯。室内灯具必须使用符合洁净要求的气密封型照明灯。病房进出口两端应设置疏散指示及安全出口指示灯。在医生办公室要设置观片灯。在ICU内，应设置等电位接地系统。ICU空间内设备多、金属物体多，为了防止在供电系统三相负荷不平衡时金属物体之间产生电势差，应将这些物体按等电位要求连接起来并可靠地接地。

3. **净化空调系统**　进入重症监护病房的患者，均为危重病患者，其治疗与生活的环境质量，直接影响到救治效果。因此，对于此空间内的空气洁净度要求相对就要高些，卫生部、建设部在《综合医院建筑设计规范》中明确为：净化级别为Ⅲ级[在《医院洁净手术部建筑技术规范》洁净手术部用房分级中，对主要洁净辅助用房把重证护理单元(ICU)归入三级净化要求范围内]。因此，在重症监护病房内所有配备的净化空调机组必须为医用卫生型空调机组，不得用通用机组代替专用机组。风机应为低噪声，风机段底部应有减震装置。所有风管必须采用防腐性能良好的镀锌板制作，每隔一段距离应设检查口。净化送风口采用优质过滤器。机组内外任何部位不得存在二次污染源。机组的加湿应采用不孳生细菌、无污染的电加湿方式，并能保证重症监护病房内所需要的最大加湿量，以确保此空间内的空气净化质量。

4. **信息系统**　信息系统是保证重症监护病房高效运行的重要保证。必须从开始就要将其列入医院整体规划建设的范围。其中主要包括：①电话系统：确保ICU和外界的联系，在相应的办公用房均设置网络电话接口。②网络系统：各辅助用房及办公室均预留电脑网络通信接口和电缆，可与中心计算机室和楼宇控制中心相连。③公共广播系统：整个系统包括多路广播。要求广播性能稳定，抗干扰性好，音质清楚。④有线电视系统：在医疗空间内增加有线电视，对一些病情好转中的病人可以起到辅助治疗的作用。在医护值班室装有线电视插座。⑤呼叫系统：满足护士站与医生办公室、男女值班室之间的呼叫对讲需要。

5. **装饰选材**　其墙体围护结构可以选用轻钢龙骨做支撑，外衬硅酸钙板，外贴铝塑板。也可做实墙，墙面可贴瓷砖，也可用抗菌涂料。地面采用PVC材料。但无论用何种材料都要便于清洗与管理，有利于环境清洁，配置的设施要坚固耐久，符合环保要求。

6. 噪声控制　根据国际噪音协会的建议,ICU 的噪音不要超过白天 45 dB(A),傍晚 40 dB(A),夜晚 20 dB(A)。地面覆盖物、墙壁、天花板应尽量采用高吸音建筑材料。

第五节　新生儿病室及重症监治病房的规划与布局

新生儿病室与新生儿重症治疗病房(NICU)是医院儿科建筑规划的一个重点。一般综合性医院将 NICU 设置于儿科,也有医院设置于产科。但无论设置于哪个科室,都必须严格按设计规范进行内部要素的布局与装修,在设计上要由专业公司进行,以确保工程质量,确保患儿治疗过程的安全。

一、新生儿病室

卫生部《新生儿病室建设与管理指南》(试行)的要求,二级以上综合医院应当在儿科病房内设置新生儿病室。新生儿病室是收治胎龄 32 周或出生体重 1 500 g 以上,病情相对稳定不需要重症监护的新生儿的房间。其建筑布局应设置在相对独立的区域,病室建设应当符合医院感染预防与控制的有关规定,做到洁污分开,功能流程合理。要紧邻NICU,符合感染预防与控制的有关规定。无陪护病室每床净使用面积不得少于 3 m²,床间距不少于 1 m。有陪护的病室应当一患一房,净使用面积不得少于 12 m²。

新生儿病室应当配备负压吸引装置、新生儿监护仪、吸氧装置、氧浓度监护仪、暖箱、辐射式抢救台、蓝光治疗仪、输液泵、静脉推注泵、微量血糖仪、新生儿专用复苏囊与面罩、喉镜和气管导管等基本设备。有条件的可配备吸氧浓度监护仪和供新生儿使用的无创呼吸机。

每个房间内至少设置一套洗手设施、干手设施或干手物品,洗手设施为非手接触式。

在新生儿病室建设过程中,医院在建筑布局上要考虑新生儿病房与 NICU 的关系。在邻近新生儿监治病房设置新生儿病房时是与重症监护病房一体化建设,还是分开建设,必须进行充分论证,一般情况下,可以考虑将其与重症监护病房

图 5－26　新生儿重症治疗病房与新生儿病房一体化布局图

一体化安排,这样可以充分利用人力与物力的资源(图5-26)。

二、新生儿重症监护病房

新生儿重症监治病房,收治患儿一般都是病情危重,体重极低,机体抵抗力较差的,感染的几率较高,必须加强监护救治的新生儿。NICU在平面布局上分成四个区域规划:①治疗区,分成重症监护室、隔离恢复室、隔离室。②护理区,分为护理站、洗婴室、配奶间、治疗室、处置室等。③辅助区,分为医生办公室、男女更衣室、值班室及器械室等。④家属等候区及探视区,在设计时要作整体的安排与考虑。各区域功能及配置要求如下:

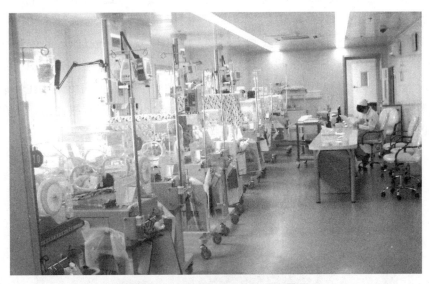

图5-27 新生儿重症监护区实景图

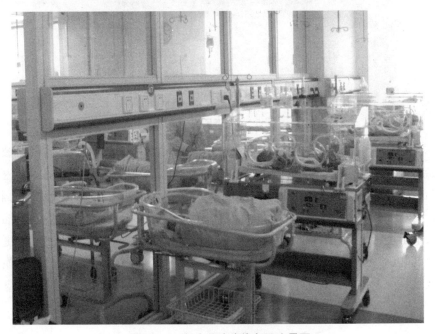

图5-28 新生儿治疗恢复区实景图

1. 隔离监护区　主要收治有传染病的或疑似患儿。在一个大的区域内用透明材料分隔成单间,并设置空调净化系统,具有负压隔离监护室。

2. 新生儿监护区　分室设置,每室以3～6个保温箱为宜。为了防止感染,每个患儿要一人一箱一消毒。在室内间隔设置洗手池,护理每个患儿前或护理后都必须进行手消毒,以确保安全。室内的温度要控制在28～30℃,相对湿度为55％～60％。净化级别10万级(图5-27)。

3. 治疗恢复区　新生儿进行治疗后,在恢复阶段为防止新的感染,应在监护区内,建立恢复区,以确保治疗效果。其内部的设置与监护室要求一致,只需与其他区域作一般分隔(图5-28)。

4. NICU护士站工作台　形式与大小要与NICU规模一致,所在的位置通视度要好,护士站左右两侧采用开放式设置,紧急抢救时能及时到达救治位置。护士站台内应配置相应的电话、网络接口,接入医院局域网;护士站台下能放置病历架。在邻近护士站的一侧要设置治疗室与处置室,处置室要与污洗间相近,对外要有缓冲通道。在护士站的周边以不妨碍交通为前提,选择一个空间摆放相应的器械(图5-29)。

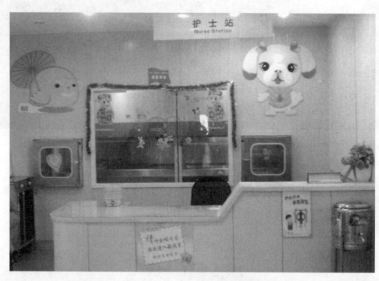

图5-29　NICU护士站

5. 辅助区　主要包括洗婴室、配奶室、更衣间、污洗间、治疗室、处置室、器械间及男女更衣室。洗婴室的水质最好用纯水,严格控制温度,防止婴儿烫伤。洗婴室内要有婴儿换尿布与更衣的工作台及存放消毒衣、被、尿布的橱柜,要有存放抢救用药的器械柜,并在适当位置设置氧气及吸引、压缩空气的接口。配奶间(图5-30),室内强电插座要保证冰箱、消毒柜、微波炉的需求,同时要配备工作台、开水壶,以保证配奶之需。更衣洗浴是进入该区医务人员的必需流程;在进入该区前必须进行洗手、更衣、戴口罩与帽子。因此,在区域划分上要有男女更衣室。在靠近走廊的适当位置要设置污洗间,并应有良好的通风设施,以确保能排除洗涤尿布及儿童衣服时产生的湿度和气味。

图 5 - 30　NICU 配奶间实景图

三、新生儿病房与 NICU 装修注意事项

1. 所有设备的选用要注意噪声的控制,安全声音在 45 dB 以下,夜间在 20 dB(A)以下,以防止损害新生儿的听神经。因此,在选择各种设备与仪器时的报警声及器械碰撞均需注意控制。在装选择材料时要选用环保、吸声材料,以降噪,确保患儿安全。

2. 光线及照度要严格控制,不可长期让新生儿处于明亮光照的环境中,以防止早产儿的视网膜受损,要尽量减少光照对早产儿的影响。要避免灯光直射眼部。

3. 病房入口处应设置缓冲间,工作人员要经严格的洗手、消毒、更衣后方可入内。

4. 新生儿重症监护病房的面积按每张床位占地面积不少于 3 m^2 为宜;床间距不少于 1 m。NICU 每张床占地面积不少于一般新生儿床位的 2 倍。

5. 新生儿病室及 NICU 的医用气体配置按展开的床位数,以设备带为载体,每床配置氧气接口、负压吸引接口各 1 个,每间病室内配置压缩气体接口一个,以及各类强电插座 4 组。

第六节　血液科白血病护理单元的规划与布局

大型综合性医院一般设置血液科。血液科的病房分为两个部分,一部分为白血病人治疗的普通病房,另一部分为需要采用严格控制措施的骨髓移植病人生活的空间,我们称之为血液层流病房。

一、白血病病房的基本流程要求

白血病病人属于免疫力低下病人,是因白细胞不成熟,对疾病缺乏抵抗力的患者。

白血病病人接受治疗的空间称为免疫低下病房，又称为白血病病房。白血病病房的基本流程要求是：医护人员在进入病房前需要先脱去外衣并洗手，在跨过一个低矮的门槛后换拖鞋或鞋罩，并穿上一次性的塑料衣罩，随后再进入设有脚踏开关的自动大门；病区内设有多个单人病室。有的病室还安装有双重门；两道门之间为缓冲区，设有专门的洗手池；洗手池为不锈钢可进行清洗消毒。病室门口设有一次性使用的口罩供应盒；医师在检查病人前先用热水洗手或戴手套。病室内不用窗帘，以免积尘，可采用内夹百页的双层玻璃。为了避免院内的交叉感染，该病区通常设计成独立的系统。

二、血液层流病房的流程与要求

骨髓移植病人或重症急性放疗病人由于其治疗时间较长，一般要2～3个月，因此，在病室的消毒灭菌、护理管理方面具有特殊的要求，着重在防止感染、切断传染链为目的。必须在专科中设置无菌病房，以满足治疗环境要求。

白血病层流病房的基本要素及环境要求　白血病病房的整体布局要进行分区安排。病房要采取单间布置，并与护士站、治疗室、药浴室及相应的辅助用房成为一个特殊的护理区域。这个区域的洁净度从高到低、从内到外分成洁净区、准洁净区与污染区。并采取分流入口与内外廊分流。如果不设外廊，则要在室内设置探视系统，以便于家属与病人沟通与交流。分流主要是指医生、病人、探视人员的通道设置。通过分流入口及洁净度区分，从而达到确保病人有一个洁净的治疗空间（表5-1）。一般情况下病区分三个部分设计。

表5-1　血液病房内空间内温、湿度及净化要求

房间名称	温度(℃)	相对湿度(%)	洁净级别	噪音(dB)	静压(Pa)	照度(lx)
血液病房	22～25	40～60	全部百级	≤45	相对走廊≥7.5	150
洁净工作室	21～27	45～65	万级	≤48	相对外界≥15	150
洁净通道	21～27	45～65	万级	≤48	相对外界≥15	150
病人更衣室	21～27	45～65	十万级	≤48	相对外界≥5	150
病人药浴室	21～27	45～65	十万级	≤48	相对外界≥5	150

（1）层流病房的前区：主要由处置室、治疗室、医生办、护士站、体表处理室、敷料间等组成，为医疗区。

（2）病房区：患者用房是洁净的核心区，并与外部的治疗用房及辅助用房相连接。患者用房以单间为主，为层流间，在设置层流间面积时既要考虑到节省投资与能源，也要考虑到病人的相对舒适度及护理人员护理时的便捷性（图5-31），每间面积以 6～10 m² 为宜，装修材料要通透，窗台放低，色彩要淡雅，以减轻病人的心理负担。

（3）辅助区：医生值班室、护士值班室、备餐间、库房、污物间、淋浴间、卫生间、更衣间、机房等。

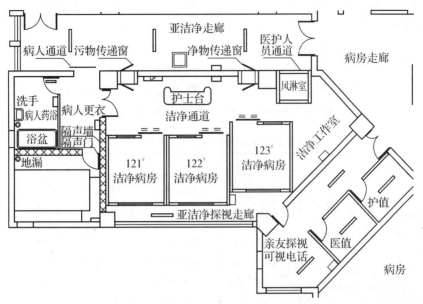

注:图中前区部分位于亚洁净走廊,物品通过传递进入洁净区,该病房于2000年投入使用。

图5-31　南京军区南京总医院血液层流病房布局示意图

三、血液层流病房装修注意事项

1. 血液病房应注意环境的密封性　不得有任何渗漏现象发生。墙体注意垂直平整,墙体与墙体间的连接用小圆弧过渡;装饰材料应满足无毒、无刺激物挥发、表面光洁、易于清洗与耐擦拭,防火阻燃,且膨胀系数小,缩水率低的要求。

2. 管理的便捷性与安全性　为确保血液病房的洁净,减少病人感染几率,在装修中将工作人员的内廊做成洁净空间,在玻璃墙体上打孔,将输液装置置于内廊中,这样可以减少工作人员进入病房的次数。在治疗室应配置超净工作台,并做好排风系统,以确保工作人员的安全。在配餐间尽可能配置清洗机及餐具消毒机。

3. 污物处置间的给排水处理　要注意污水的消毒处理。污物处理间必须设置管径较大的污物倾倒池。并修建足够深大的便器浸泡消毒池(如使用一次性便器,可不设消毒池)。病区内宜设净水系统,以确保安全。

四、强弱电系统与医用气体

1. 强电系统　每个病房按大于3 kW设置,墙面踢脚线以上四周分别设插座,每侧一组,每组中220 V 3个,380 V的1个。室内照明光线要柔和,室内外开关要能双相控制,以方便管理。

2. 弱电系统　血液病房全程由医务人员服务,因此病房内医患之间必须有畅通的联络。设计时要将传呼对讲系统作为一个重要的功能设备,保证双向传呼、双向对讲、定时护理、免提对讲及通话功能。有条件的应设置电视及背景音乐。同时还要解决好与家属通话的可视功能。

3. 医用气体　每个病房内均应配置氧气、压缩空气、负压吸引装置等。装修时，接口与墙体间必须密封。

五、空气净化设置要求

血液病房内的空气洁净度要求比较高，一般情况下分为四级，其空气洁净度级别与细菌浓度（浮菌或沉降菌）两项指标必须同时满足表5-2～表5-4所列标准：

表5-2　洁净护理单元内用房空气洁净度级别与细菌浓度

级别	适用范围	空气洁净度级别	细菌浓度	
			浮游菌（个/m³）	沉降菌[个/（直径90）·（30 min）]
1级	重症易感染病房	100	＜5	＜1
2级	内走廊、护士站、病房、手术处置、治疗室	10 000	＜150	＜5
3级	体表处置室、更换洁净工作服室、敷料贮藏室、药品储存室	100 000	＜400	＜10
4级	一次换鞋、一次更衣、医生办公室、示教室、实验室、培育室	无级别	—	—

表5-3　洁净护理单元设计参数

级别	名称	静压		换气次数	单向流截面风速	
		程度	相邻低级别最小压差（Pa）	对室外最小正压值（Pa）	（次/h）	垂直（m/s）	水平（m/s）
	100级病房	++	+8	15	＞25	0.18～0.25	0.23～0.3
	10 000级用房	+	+5	15	＞15		
	100 000级用房	+	+5	15	25		
	体表处置	—	—5	10	＞15		
	厕所	—	—10				
	污物间	—	—10				

表5-4　洁净护理单元设计参数

级别	温度		相对湿度（%RH）	最小新风量（次/h）	噪声[dB(A)]
	冬季（℃）	夏季（℃）			
	22～24	24～26	45～60	≥10	≤50
	22～24	25～27	45～60	＞5	≤50
	20～22	26～28	＜65	＞3	≤60
	24～26	27～29	＜75	＞6	≤60
	22～24	27～29			

维持正压是洁净血液病房必须采用的重要隔离手段，一般情况下按照无菌病房、洁

净内廊、治疗室、存品库、更衣室、外走廊(污物通道)、浴厕由高到低的顺序来控制压力梯度。血液病房的净化为100级,目前多采垂直层流的设计方式。以顶部送风,两侧或单下侧回风(房间宽度小于3m时可用单侧回风)确保病人在室内活动时,在任意位置上其呼吸线高度的空气均达到100级。层流病房采用独立空调净化系统,高效过滤平布,其满布率≥80%。风机应设调速装置或双风机互保,确保病人活动时有最大的风量,病人休息时风量最小。在洁净区内的浴室、厕所等要设置排风装置,使其保持负压状态。原送风系统与排风系统要有止回密封阀,防止空气倒流。同时对整个血液层流病区中的辅助区房间的净化空调系统要根据区域需要设计子系统,以确保安全。

第七节　烧伤科护理单元的规划与布局

大型综合性医院的烧伤科病房设置一般分三类情况:①重症烧伤病人的监护室;②非急重病人或轻度烧伤病人的病房;③完成自体移植或轻伤病人的恢复性病房。因此,在设计该科时要注意整体环境的安排,使各类病人各有专室,能有效防止感染发生,切断外源性的细菌污染,降低感染率。

一、组成烧伤病区布局的基本要素

烧伤科除病人用房主要有:①接诊室:设置于科室入口处,与浸浴室相邻。②浸浴室:每8～10名病人设置一间,该室要求通风、保暖、干燥、有热水系统及浸泡容器。③治疗包扎室、手术室(可与医院手术部相邻)。④辅助用房有药剂室、物品库、洁净物品库、污物处置间、备餐间、医务人员更衣间、医护办公室、医护值班室等。烧伤科作为独立护理单元配置时,必须设置护理站、治疗室与处置间,烧伤加护病房也应以独立护理区域设置。

二、烧伤病房建设中的分类要求

烧伤病人是易感染病人,采用层流洁净技术为开放性治疗创造了条件,也可缩短治疗时间。因此,为节省开支,烧伤病房应分类进行建设(表5-5)。

表5-5　烧伤病区中区域温度参考值

部　位	冬季		夏季	
	温度(℃)	相对湿度(%)	温度(℃)	相对湿度(%)
病区周围走廊	20	55	26	55
一般病房	24	55	24	55
急诊室、手术室、浴室	24	55	24	55
更衣室、服务室	20	55	24	55
重症者病房	30～32	35～45	26～30	35～45

1. 重度烧伤监护病房(BICU)　主要监护对象为大面积烧伤、易感染的病人。因此,

病房宜设置有气密电动门的独立的单间病房,病房走廊宜设洗手池与记录台。外来探视通过观察窗,减少交叉感染。在设置监护病房时,除卫生间外,需在床边设计一个血透池与排放装置,以代替床边的洗手池。烧伤监护病房的消毒隔离、空气净化是降低其室内细菌浓度、防止感染的主要手段。空气净化需达到百级。由于人体大面积裸露,室温相对要高些,同时为防止噪声干扰病人休息,风机需进行智能控制,使之在白天与晚上具有不同的风速与温度。夏季温度 26~30℃;冬季温度30~32℃;相对湿度为 35%~45%;垂直层流型的风速白天不低于 0.25 m/s;晚上不低于 0.15 m/s。水平层流型的白天不低于 0.35~0.38 m/s;晚上不低于 0.19~0.22 m/s。同时,为保证安全,该区域要设置两台风机进行备用,一台故障时,另一台立即启动,以维持室内的无菌环境。换气次数,每小时 12 次。独立新风机组,对新风冷(热)三级过滤处理后送各循环系统。所用水源应进行灭菌处理。

2. 轻度烧伤病房　适用于烧伤Ⅲ°面积达 30%~40%者,或者从重症监护转入者。其设备与监护室相似,床边血透排放池可不设,附加面积可适当减少。以 2~4 人一间房为宜。新旧病人应分室收治,净化级别可设置为万级或千级。具体视医院情况而定。

3. 一般病房　适用于康复者或轻度烧伤病人。应注意新旧患者分室收治,病室应靠近活动室,且不对其他病室产生影响。

4. 医护辅助用房　同一般护理单元。

注意:按烧伤常规,大面积烧伤患者采开放疗法,但冬季要有保温条件,层流室内不排除表面的污染,为防止接触感染,在使用中要对室内经常进行表面清洗消毒是一项重要制度!

第六章
手术部的规划与建设

手术部是综合医院规划与建设中的核心工程。净化质量是手术部建设全局中的关键。其基本的技术是采用符合要求的净化方法对空气进行灭菌过滤，控制细菌与病毒污染，对进入手术部的人员及物品采取有效的防护措施及管理，从而确保患者的手术安全及工作人员的健康。本章依据原建设部、原卫生部联合颁发的《综合医院建筑设计规范》《医院洁净手术部建筑技术规范(GB 50333—2002)》，按照系统的原则，重点对手术部系统规划与建设的基本依据、平面布局流程的组织方法、功能分区与路径安排、装修中的若干问题进行探讨。

第一节　手术部规划与建设的主要依据

一、手术部建设位置的选择

《医院洁净手术部建筑技术规范》(GB 50333—2002)指出：医院手术部建设要充分考虑季节性风向对洁净手术部的影响。一个医院所在的城市，季风的方向与频度，是建设手术部要考虑的首要因素。如果一个城市冬季西北风，夏季东南风对建筑物影响最大，则手术部不宜设在此方向上。要注意风频对于手术部的污染影响。洁净手术部要在受风频最小的方向对面。其次，要考虑周边环境对于手术部的影响。手术部在建筑规划中应自成一区或独占一层，防止其他部门人流、物流的干扰，有利于创造和保持洁净手术部的环境质量。同时要考虑其安全性与便捷性，不宜将手术部设在高层建筑的顶层或底层。顶层存在防漏与节能问题，放在底层容易受到周边环境的污染。基本的要求是洁净手术部应与外科科室相邻，与相关科室近层与近邻，以方便手术部工作的开展。

二、手术部的建设规模

《规范》中明确，综合医院手术部手术间的间数以医院总床位数的2%为宜，原则上可按每50张床位设置一个手术室，或者按外科病床数的4%，即每25张外科病床设置一个手术室。但是近年来，随着医院规模的扩张，经营理念的变化，医疗手段的变化，手术部的规模已不受相关规定的约束，也对手术部的建设数量产生了一定的影响。因此，对于建设多大规模的手术部，要根据医院专业性质及外科专长进行规划。一般应在《规范》允许范围内进行规划。

三、手术间的面积

手术间一般分成四种类型，《规范》对手术间面积大小有参考范围。洁净手术室单间的面积取决于手术的复杂程度与使用治疗仪器的多少。手术种类不同手术室的面积则有所区别(见表6-1)。

表6-1　手术部面积参考值

类　型	最小净面积(m²)	参考尺寸[长(m)×宽(m)]	参考容纳人数(人)
特大型手术室	40～50	7.5×5.7	12人以上
大型手术室	30～35	5.7×5.4	10人以上
中型手术室	25～30	5.4×4.8	8人以上
小型手术室	20～25	4.8×4.2	6人以上

手术室的净化级别按医院外科手术病种种类需求确定。①Ⅰ级特别洁净手术室:适用于关节置换手术、器官移植手术及脑外科、心脏外科、妇科等手术中的无菌手术;Ⅰ级洁净辅助用房:适用于生殖实验室等需要无菌操作的特殊实验室的房间。②Ⅱ级标准洁净手术室:适用于胸外科、整形外科、泌尿外科;肝胆胰外科、骨外科及取卵扶植手术和普通外科中的一类无菌手术。Ⅱ级洁净辅助用房,适用于体外循环灌注准备的房间。③Ⅲ级一般洁净手术室、适用于普通外科、胸外科、耳鼻喉科、泌尿外科和普外科中除一类伤口的手术,如胃、胆囊、肝、阑尾、肾、肺等手术,妇产科等手术。Ⅲ级洁净辅助用房;适用于刷手、手术准备、无菌敷料与器械、一次性物品和精密仪器的存放房间、护士站以及洁净走廊。④Ⅳ级准洁净手术室;适用于肛肠外科及污染类等手术。如阑尾穿孔腹膜炎手术、结核性脓肿、脓肿切开引流等手术。Ⅳ级洁净辅助用房:适用于恢复室、清洁走廊等准洁净的场所。⑤Ⅴ类手术间(特殊感染手术间):主要接受绿脓杆菌、气性坏疽杆菌、破伤风杆菌等感染的手术。此类手术室应为正负压切换手术室,有独立的出入口。防止交叉感染的发生。⑥非洁净辅助用房:适用于医生和护士休息室、值班室、麻醉办公室、冰冻切片室、暗室、教学用房及家属等候处、换鞋、更外衣、浴厕和净化空调等设备用房等。《医院洁净手术部建筑技术规范》(GB50333—2002)对各类手术环境有明确的规定(见表6-2)。在具体规划过程中,某种等级的手术室的数量,则应从实际情况出发。因此手术部的规模与床位数有关,净化的级别与手术病种有关,在确定上述前提条件下,还要考虑到投资规模。

表6-2　洁净手术部用房主要技术指标(规范要求)

名　称	最小静压差(Pa) 对相邻低级别洁净室	换气次数(次/h)	手术区手术台工作面高度截面平均风速(m/s)	温度(℃)	自净时间(min)	相对湿度(%)	最小新风量 [m³/(h·人)]	最小新风量 (次/h)	噪声(dB)	最低照度(lx)
特别洁净手术室	+8	/	0.25～0.3	22～25	≤15	40～60	60	6	≤52	350
标准洁净手术室	+8	30～36	/	22～25	≤25	40～60	60	6	≤50	350
一般洁净手术室	+5	18～22	/	22～25	≤30	35～60	60	4	≤50	350
准洁净手术室	+5	12～15	/	22～25	≤40	35～60	60	4	≤50	350
体外循环灌注专用准备室	+5	17～20	/	21～27	/	≤60	/	3	≤60	150

医用建筑规划

162

名　　称	最小静压差(Pa) 对相邻低级别洁净室	换气次数(次/h)	手术区手术台工作面高度截面平均风速(m/s)	温度(℃)	自净时间(min)	相对湿度(%)	最小新风量 [m³/(h·人)]	最小新风量 (次/h)	噪声(dB)	最低照度(lx)
无菌敷料、器械、一次性物品室和精密仪器存放室	+5	10～13	/	21～27	/	≤60	/	3	≤60	150
护士站	+5	10～13	/	21～27	/	≤60	60	3	≤60	150
准备室(消毒处理)	+5	10～13	/	21～27	/	≤60	30	3	≤60	200
预麻醉室	−8	10～13	/	22～25	/	30～60	60	4	≤55	150
刷手间	>0	10～13	/	21～27	/	≤65	/	3	≤55	150
洁净走廊	>0	10～13	/	21～27	/	≤65	/	3	≤52	150
更衣室	—	8～10	/	21～27	/	30～60	/	3	≤60	200
恢复室	0	8～10	/	22～25	/	30～60	/	4	≤50	200
清洁走廊	0～+5	8～10	/	21～27	/	≤65	/	3	≤55	150

在手术部的建设中，洁净手术室的数量、等级、空间大小宜根据医院性质、规模、级别与财力确定。手术室中的百级手术室的数量应根据需要确定。综合性医院需要建Ⅰ级手术室时，该级手术室的间数不应超过洁净手术室总间数的15%，至少有一间。对于专科医院则视需要确定该级手术室数量。

四、洁净手术部布局规划

洁净手术部的设置要综合考虑与手术部相邻要素的衔接，如：手术部与外科系统的连接，外科在楼层的顶部，则手术部应设置于顶层，否则应在楼层的中部与外科护理单元邻近。同时，也要考虑与供应室的关系：如果医院手术部的所有无菌物品和部分一次性物品均由中心供应室直接供应，手术部使用后的物品经过清洗、打包处理后，根据污物性质，一部分作为废弃物，另一部分送回供应室进行消毒处理，那么中心手术部的面积可以适当缩小；反之在手术部内要建设消毒供应中心。因此进行总体规划时，应充分考虑手术部内部设置上洁净物品的存放间与中心供应室的联系，并考虑手术部建设可能分步建设，分期投入使用的影响。

图 6-1 所示：以洁净手术部为核心，严格区分患者、医务人员、洁物和污物流程，以及其与住院部、ICU、供应室的相互关系。在进行手术部设置时，可按此图理清关系，进行平面的规划。

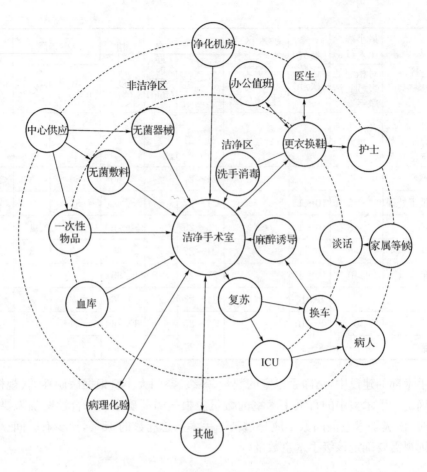

图 6-1 洁净手术室与相邻要素关系图

第二节 洁净手术部平面布局流程的组织

洁净手术部是指由洁净手术室和辅助用房组成的自成体系的功能区域。其平面布置方式多种多样，基本的要求是流程合理、医患分流、洁污分流，以利于减少交叉感染，并有效地组织空气净化流程控制与设计，满足洁净度要求。在这样的前提下可根据建筑的基本结构进行布局方式的选择。洁净手术室的组合形式分为以下两种：

组合方式一：有前室的洁净手术室。这种手术室的布局，只有洁净通道，没有污染通道，手术所产生的污物经冲洗消毒密封包装后运出室外，这种布局方式的优点是可以进行单走廊布局，麻醉准备间设置于前室，可提高洁净手术室利用率；刷手间接近手术室，避免感染。图 6-2 所示为有前室的洁净手术室，刷手间与手术室的门为双向自由门。

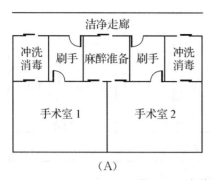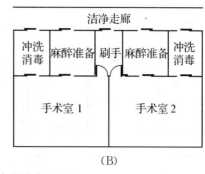

(A)　　　　　　　　　　　　　　(B)

图 6-2　有前室洁净手术室的布局方式

组合方式二:无前室洁净手术室。由手术间及其侧方的消毒间及刷手间组成。也可将刷手间放至洁净走廊内。图 6-3、图 6-4 所示为无前室手术室的布局方式。

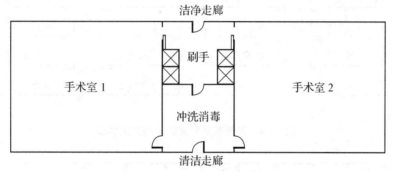

图 6-3　无前室洁净手术室的布局方式之一

洁净手术部的平面布局,根据已有的模型,大致有以下三种形式:①单通道布置:这种布置方式要求,手术部的污物经就地处理后可进入洁净通道。②双通布置:将医务人员、术前患者、洁净物品的洁净路线与术后的患者、器械、敷料、污物等污染路线严格分开。③多通道布置:当面积允许时,可多通道进行布置。这样更有利于分区对污物进行处理,减少人流、物流交叉感染。近年来,还有医院在手术部建设中采用核心布置的方式。

1. 单通道布局(图 6-5)　主要优点是节省建筑面积,投资少。手术部外侧无走廊,只有内侧的大空间与通道。缺点是:由于是单通道设置,只有一个出口,手术所产生的污物必须进行就地消毒后方可运出,不利于洁污分流。因此,每间手术室均必须有消毒间,并有清洗、消毒、干燥设备。从总体上看,这种方式,节省了建筑面积,并不节省投资,不宜采用。

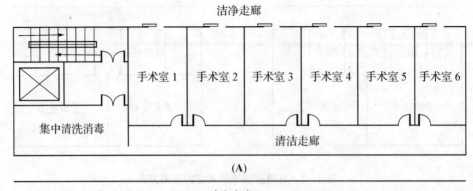

(A)

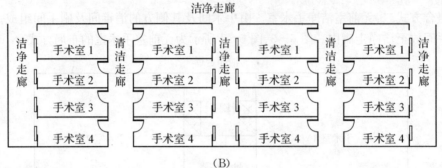

(B)

图 6-4　无前室手术室的布局方式之二

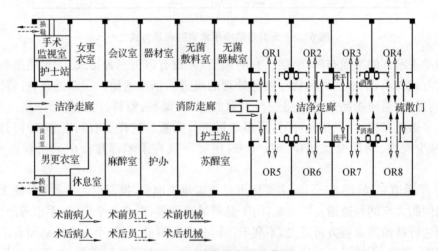

图 6-5　单通道布局示意图

2. 双走廊通道布局(图 6-6)　优点是内外通道相通,有利节污分流,有利于手术部与外界的连接。洁净物品均从中间通道进入,污物均从外部通道运出。一般大型综合性医院的手术部均采用此布局方法。

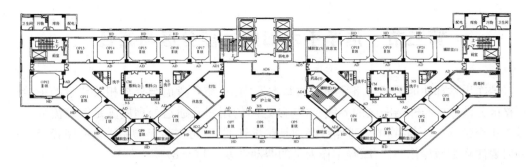

AD 电动气密门　HD 手动气密门　RG 纤维阻尼风口　KI 药品器械柜　KO 收纳柜　SH 观片灯
OT 计时钟　KG 脚踢开关　G 医用气体面　DP 情报面盆　CM 组合电源插座　PS X 胶片收藏
NS 医用洗手池　SM1 双开门　SM2 单开门

图 6-6　双通道布局示意图

3. 多通道布局(图 6-7) 一般均用于大型综合性医院。有利于不同手术要求的洁净手术室的布局,有利于物品、人员、污物的分流。

无论采用哪种布局方式,手术部与外界的联系的要点除与相关科室的密切联系外,必须把患者家属的等候与探视的区域,作为手术部整体规划的一部分加以重视,一方面便于亲属表达对患者的关注,从心理上满足亲情的需要,同时也便于维持手术部外围的管理秩序。近年来在部分医院的手术部设计中充分考虑了这一需求,在接近手术部的入口处设置专门的等候区。图 6-7 方案将家属等候区布置于电梯入口的一侧,换床也位于此处,有利于探视者的管理,有利于秩序的维护。手术部的入口与ICU 的距离不宜太近,与手术科室要相对分隔,以便于安全防卫及秩序的维护。

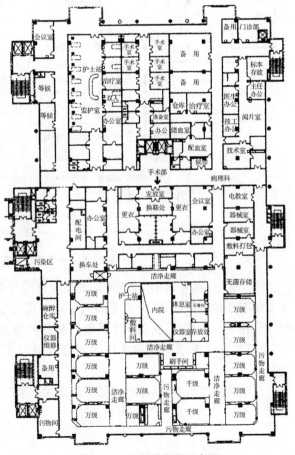

图 6-7　多通道布局示意图

第三节 洁净手术部的功能分区与路径

洁净手术部功能分区与路径安排的基本原则是:充分考虑与外界相关要素的衔接;严格区分洁净区与非洁净区的界线;区与区之间的用房及通道处理应满足医疗流程,有效防止交叉感染;废弃物的处理路线必须是一维性的,不可与洁净物品进入的路径交叉;同时要注意缩短操作路线,减轻工作人员的劳动强度(图6-8)。

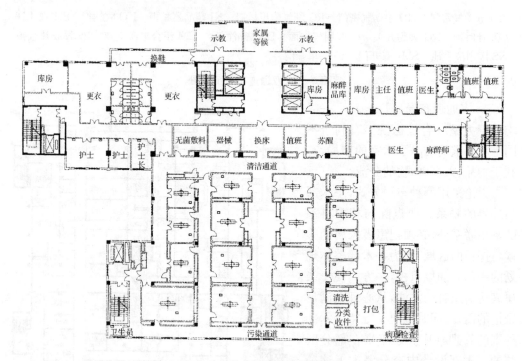

图6-8 手术部功能布局示意图

多年来,一些专著中,对手术部的功能分区与布局方式有大量的描述,但因建筑平面本身固有条件的限制,不少手术部的布局方式与空间设置均有所缺憾。我们认为,手术部建设作为一个系统,从总体上既要严格按照规范进行布局,确保患者与医护人员的安全,也要充分考虑辅助科室工作的便捷与患者家属的心理需求,确保手术部安全有效运行。

从系统角度观察,洁净手术部一般必须按照"五区、四通道、一窗口"的要求进行功能分区。

一、"五区"

所谓"五区"是指:家属等候区(外部)、麻醉办公区、卫生通过区、手术区、污物处置区。各区域的具体要素是:

1. 家属等候区 家属等候区位置的选择要考虑患者家属的焦虑心理,一般应将等候区设置在手术部入口处的外部空间,面积大小视手术室数量及手术量确定,原则上可按

医用建筑规划

每间手术室等候的家属 2～4 人,每人 1～1.5 m² 考虑。邻近手术室要设谈话室,便于手术过程中遇有特殊需要时手术医生与家属沟通。谈话室为清洁区,家属在污染区,必须进行区隔,以保障卫生与安全并要有信息显示,告知患者家属手术病人手术进行状态,以保持等候区的安静与安全。过去在手术部规划中,不少医院将家属等候区设置于出入口的另一端,或设置于地下室,致使等候的家属经常拥挤到手术部入口处,影响手术部的工作开展与环境管理。在平面布局时应予以重视。

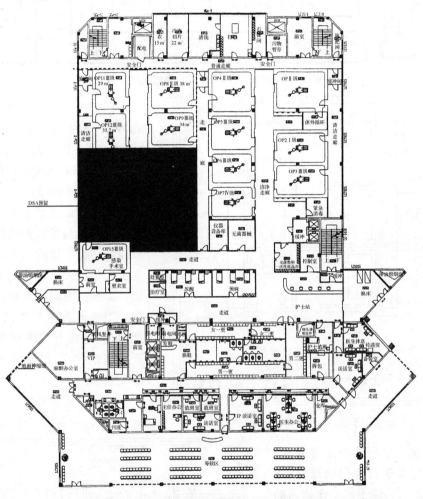

图 6-9 南京同仁医院手术部总体布局示意图

图 6-9 所示为南京同仁医院的手术部布局。其特点是将家属等候区设置于手术部前端的通道上,并以显示屏显示患者姓名及手术进行的情况,以平静等候区家属的心情。但是该方案存在的问题是由于手术患者是分别从东西两侧入口进入手术区。家属往往离开等候区集中于入口处,使电梯厅显得拥挤,最好的方案是将患者入口与家属出入口集中于同一个位置上,有利于手术区外围的管理。

2. 医护卫生通过区 医护人员卫生通过区是指进入手术区的医护人员卫生通过的唯一区域。从入口处开始依次要设置清洁鞋帽发放区、一次更衣处、淋浴区、二次更衣区、缓冲通道,然后进入手术区(图 6-10、图 6-13、图 6-14)。

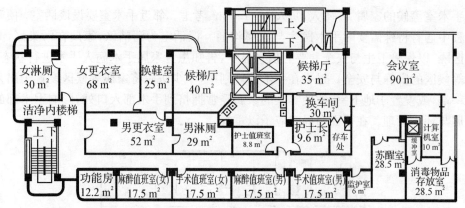

图 6-10　手术部医护人员卫生通过区的基本流程

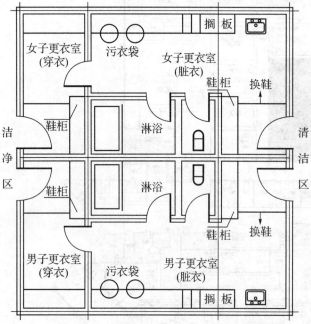

图 6-11　一般卫生通道设置方式

医护人员卫生通过方式通常为两种：一种是一般卫生通过方式，术前术后医护人员均从此进行卫生处理通过，术前术后的进入与退出为同一通道（图 6-11）。

另一种形式是手术部医护人员术前进入与术后退出的通道分开设置。该区域的主要区别点为医护人员进入与退出为不同的通道。以不同方向与流程进入或退出。卫生通过区与办公区紧邻、相通，但是在空气净化要求上作严格区划管理，以保证手术区的空气安全。

术前术后分开的卫生通过方式的设置，一般见于传染性疾病的手术室。采用这一通过方式，辅助用房要进行专门的设置，外部通廊要与其他手术室作适当的区隔（图 6-12）。污物收集、清洗必须有专门的通道，以保障医护人员的健康，也为防止交叉感染的发生。通常情况下采用一般卫生通过方式即可。

3. 麻醉科办公区　麻醉办公区是指麻醉科工作人员办公、休息及手术医护人员休息的区域。该区应为清洁区，其构成要

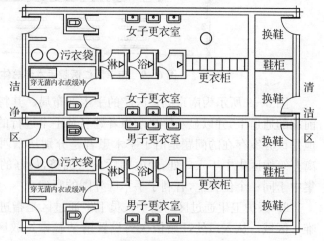

图 6-12　术前术后分开的卫生通道设置方式

170

素为：主任办公室、医生办公室、会议室、手术监控室、仓库、工作人员就餐区、医护人员值班区、家属谈话区、卫生间等。家属谈话区内部应与洁净通道相连接，外部要与家属等候区相连接，并采取必要的隔离措施，以便有特殊情况时与病人家属商谈。

4.手术区　是指由若干手术室及辅助设施组成的区域。基本要素包括：洁净手术室、麻醉准备间、刷手间、冲洗消毒间、术后苏醒室、换床处、护士站、消毒敷料间、消毒器械贮藏室、清洗室、消毒室（快速灭菌）。使手术室形成完整配置。

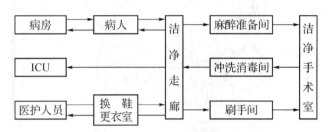

图 6-13　工作人员、患者与护理单元流程系统图

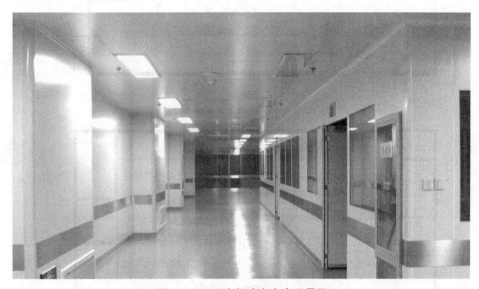

图 6-14　手术部洁净走廊实景图

（1）洁净手术室：是指采取一定空气洁净措施，达到一定细菌浓度和空气洁净级别的手术室。一所医院设置多少手术室与医院的规模及外科床位数是相关的，同时又与专科能力相关。一般情况下，百级手术室与千级手术室主要是与器官移植、神经外科手术、眼科手术、胸外科手术及骨外科手术相关。普外、产科手术等可以在万级以上的手术室进行。如果手术室内设置有设备间时，则设备间的净化级别低于手术区一个级别即可。眼科手术室如果是专用的，则与其他百级手术室的净化范围有所区别要严格按规范要求施工。在装修骨科手术室时，考虑到有 X 光机在室内的使用，必须进行防护装修，以符合环境评估要求（图 6-15～图 6-18）。

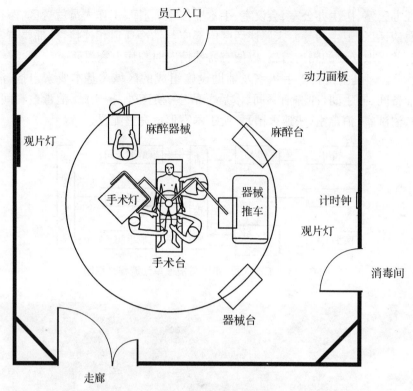

图 6-15 普通手术室平面图

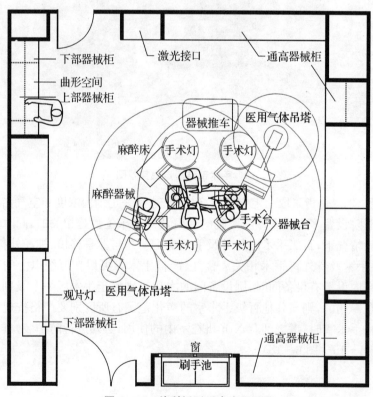

图 6-16 外科矫形手术室平面图

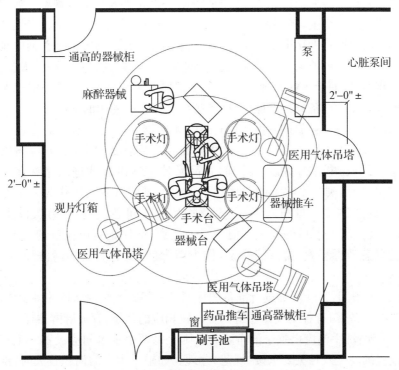

图 6-17　心血管手术室内部的布局示意图

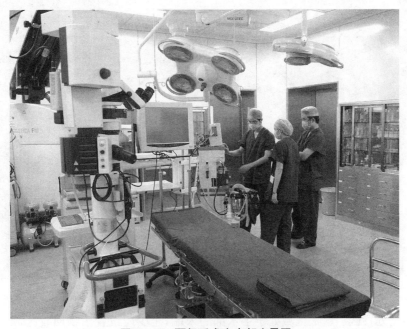

图 6-18　百级手术室内部实景图

近年信息化手术部的建设是一种趋势。

（2）手术苏醒室：苏醒室是用于患者术后苏醒恢复的治疗空间，净化级别为万级。手术患者在手术苏醒后可转入 ICU 或病房观察。苏醒室可以与手术室在同一个区域，也可以在手术部的入口处与办公区相邻,便于值班医生夜间进入手术区观察。如果苏醒室与手术部不在同一个楼面上,则要设置专门的空间,使患者在手术后,通过专用通道进入苏醒室。一般方法是通过专用电梯将患者送入苏醒区,还有一种方法是普通电梯在通向苏醒室的一侧设置专门的通道。内部应设置护理站、治疗室、处置室及医护人员值班室,末端要与外部相通,以便于污物处理。每个床位都要有相应的氧气、压缩空气及负压吸引装置。并要有必要的设备悬挂功能,保证各类抢救设备的使用的安全。

(3)无菌物品器械存放间:用于手术部内无菌物品与无菌器械的存放。应设置于洁净区。如果手术部的主要物品消毒是由消毒供应室保障,则存放间应与供应室的洁物输送梯为一体,在电梯前室设缓冲间,物品及器械通过缓冲进入储藏室。如果设置独立的消毒供应室,则在手术部的总体规划上应将供应室的设置作为一个专门的区域安排(供应室的总体要求见第八章)。无菌物品存放间必须是10万级以上的净化要求,以保证各类敷料与器械的安全。但是必须注意,即便是有供应室的手术部,在其内部也应设置紧急消毒装置,要专辟一室,作为消毒间,要有必要的清洗设备,并与外走廊形成连接。

(4)麻醉准备间:是麻醉师进行准备的区域。空间的大小视床位的多少作出安排,但在墙体上要有设备带,有各类气体通道。并设置相应的柜子,存放麻醉器械。

(5)洗手池:洗手池应设置于洁净区。原则上每两个手术间应设置一个三人位的洗手池。其设置的高度及相关要求按《规范》办理。如果手术室的面积较大时,洗手池应集中设置,洗手水龙头应用感应式装置,以做好感控工作(图6-19)。

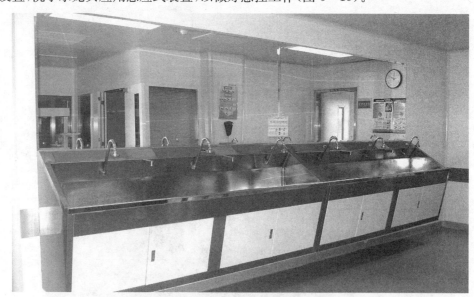

图6-19 手术部洗手池实景图

5. 污物处置区 这一区域处于手术部的末端,至少应设置污物回收区,形成一个回收分类、清洗打包、消毒管理的完整区域,同时应有石膏室、冰冻切片室等。如果消毒供应室与手术部没有直接的联系,则手术部内要有消毒供应设备,并要有特定的空间。所有污物均应通过污物电梯下送到相关单位进行处理,所有的器械都应送至供应室清洗消毒。同时应设置污物清洗间及卫生间。供配电间一般情况下不要设置于手术部内,以方便检修。图6-20所示为手术部污物清洗区的腔镜清洗设备。

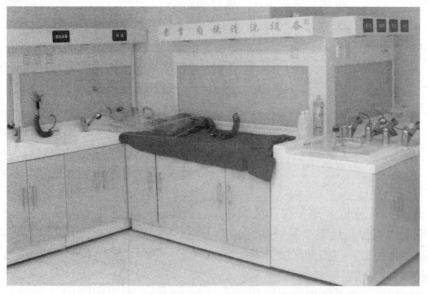

图 6-20　手术部污染区内镜清洗设备实景图

二、"四通道"

所谓"四通道"是指：患者通道、医护人员通路、洁物通道与污物通道。上述四个通道是确保手术部医患分流、洁污分流的有效保证，也是洁净手术部与外部连接的路径安排（图6-21）。

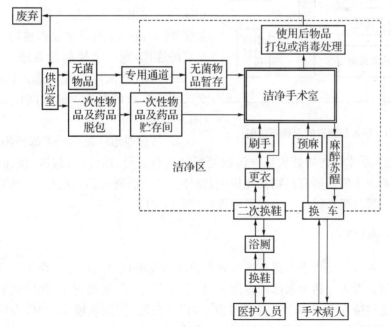

图 6-21　洁净手术部划区的路线系统图

1. 患者通道　是指手术患者进入与退出洁净手术室的路径。患者在进入手术部洁净走廊前应更换手术推车及被服。在其通过的路径上应设置换车的缓冲间,缓冲间位于洁净区,患者经此换车后进入麻醉准备间。手术后经此退出进入 ICU 或病房。这一通道与外科手术科室的交通连接必须妥为安排。手术病人进入手术室前的通道上要设置缓冲间。缓冲间既要考虑放置对接床,还要有工作人员更衣的空间,缓冲间内部要符合净化要求,采用电动门为好。在与缓冲间相邻处设置护理站,在病人进入手术室后处理各类手续,安排手术(图 6-22)。

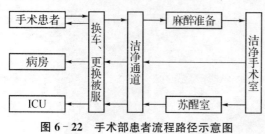

图 6-22　手术部患者流程路径示意图

2. 医护人员通道　是指工作人员进入手术室前进行强制性卫生通过的通道。医护人员经该通道到达辅助区进行卫生处理完成换鞋、更衣、刷手后方可进入手术室。这一通道要与患者通道严格区分。这一通道区域要设置洁衣供应处,医护人员在窗口领取洁衣、鞋、帽后进入卫生通过区。卫生通过区必须有换鞋、更衣、浴厕处。经清洁后进入手术区(图 6-23)。

图 6-23　医护人员流程路径系统图

3. 洁物通道　是指手术部经过消毒处理的物品、器械进入的通道。该通道要与供应室相连接。如果是平面的连接则应在通道上设置缓冲间,通过专用窗接收器械物品。如果是垂直的连接,则在洁梯前设置缓冲间,进入手术区的物品、器械经缓冲后进入储物间,防止交叉感染事故的发生。储物间设置于洁净区(图 6-24)。

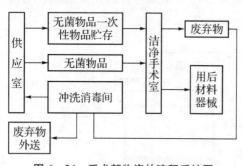

图 6-24　手术部物资的流程系统图

4. 污物通道　是指手术部使用后的物品,经清洁区送至手术部污物处置区。污物处置区应有分类、清洗、打包区,快速切片室,石膏室等,并有卫生间。所有污物在此集中,经分类清洗后通过污物电梯,一部分作为医疗垃圾处理,一部分送至供应室进行消毒灭菌(图 6-24)。

三、"一窗口"

所谓"一窗口",是指手术部在遇有紧急情况时血液接收的窗口。由手术部通知输血科,输血科可由专人送达手术部的专用窗口,进行交接。一般情况下,如医院有独立的输血科时,输血科应在手术部附近设置供血室,以备急需;医院规模不大时,在检验科设置输血室。为保障应急需要,手术部应在洁净通道上设置窗口,以便进行血液送达时的交接。

第四节 手术部的内部装修

手术部的内部装修,应在装修前做好平面设计,按《手术部建筑设计规范》达到如下要求:

1. 平面布局要求　紧凑合理,分区明确,方便管理与使用,人流、物流走向合理顺畅,洁污分明,预防交叉感染(图6-25)。手术间净高不得低于2 800 mm,按规定设置污物通道。吊顶和墙体、墙体和墙体、墙体和地面之间拼接必须平整、严密,所有连接角均需处理成圆角,圆角半径不小于40 mm,使手术室内部不致存在死角,便于清洁与消毒。洁净手术部内踢脚线必须与地面成一整体,踢脚与地面交界处的阴角必须做成圆角。所有地面均要求用原材料处理成无缝地面。所有墙体及钢结构要求有良好的电气接地,所有区域的电气接地符合《医院建筑设计规范》的有关标准。

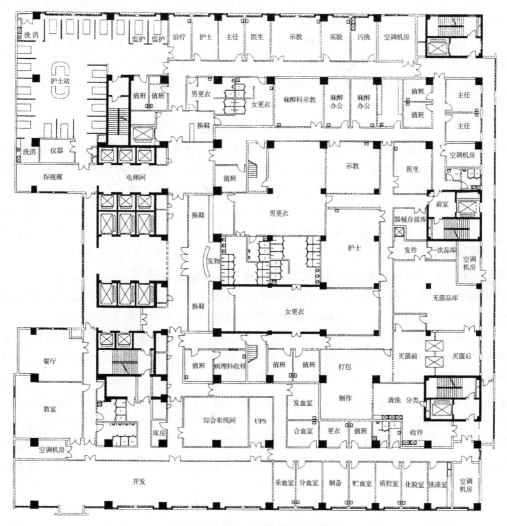

图6-25　洁净手术部平面布局示意图

2. 装饰材料的选用　装饰材料要便于清洁,不吸尘,不产尘。具体要求是:

(1) 墙体材料:手术间隔断可以是砖墙贴瓷砖,或彩钢板,有条件的也可采用装配式轻型钢结构墙体。墙面层可以选用厚度不小于 1.2 mm 的优质不锈钢板或厚度为 12.0 mm硅酸钙板＋1.50 mm 优质电解钢板。要求面层具有不产尘、不积尘、阻燃、易清洁、耐腐蚀、耐紫外线照射、耐擦洗和抗菌、防火、防潮等性能,表层处理要求附着力强、不脱落、不开裂(涂膜施工要求至少在 6 层以上,厚度≥40 μm)。医院在招标中应提出具体用材要求。吊顶材料:手术部内吊顶材料要求采用轻钢龙骨(能满足上人需要),并进行隔音保温处理。地面用材:手术部地面采用防静电、可擦洗、防火、耐磨的优质 PVC 卷材,厚度不小于 3.0 mm,污物走道为耐磨 PVC 卷材,卷材与地面之间用自流平材料,以保证手术室内地面的平整度。

(2) 洁净走廊、清洁走廊和洁净辅房的材料选用,可采用轻钢龙骨轻质隔墙,内衬隔音板、做隔音保温处理。面料选用耐擦洗、耐酸碱、防火、隔音保温材料制成防菌板材,要求采用隔音保温材料。洁净走廊、污物走廊墙面设置不锈钢防撞带,阳角设置不锈钢护角,不锈钢板厚度不小于 1.5 mm。但手术部的办公用房、男女更衣室墙面全部采用防菌墙面涂料,清洗打包间墙面采用瓷砖。

(3) 地面材料:选材必须符合现行标准要求,建议采用防静电 PVC 地板铺设。办公用房、男女卫生间、污洗间采用防滑地砖。吊顶材料:可上人吊顶、防水、防锈、防火、耐擦洗、隔音、保暖气密封性强,满足洁净要求。手术部的办公用房、男女更衣、污洗走廊等吊顶可采用铝扣板。

3. 供电照明系统　手术室供电必须实行双回路供电,以确保手术安全。每个手术室都应配置独立的配电箱,每间手术室配电负荷不应小于 8 kW。手术室设计平均照度应在 350 lx 以上,准备室为 200 lx 以上,前室为 150 lx 以上,均设荧光灯具,配置电子镇流器,手术部洁净区照明由洁净气密型灯带组成。手术间墙面设两组电源插座面板、每组电源插座面板含 4 个单相插座(220 V,10 A)、2 个接地端子,其中要在手术床头部附近地面设(220 V,10 A)五孔防水地板插座一组。辅房区均设二、三孔插座 2 组,所有插座、开关面板均采用优质产品。手术间照明应采用嵌入式洁净气密封照明灯带组成,禁用普通灯带代替,灯带必须布置在送风口之外。洁净手术室的总配电柜,应设于非洁净区。每个洁净手术间应设有一个独立专用双路配电箱,配电箱应设在该手术间清洁走廊侧墙内。控制装备显示面板与手术间内墙齐平严密,其检修口必须设在手术间之外。

洁净手术间必须保证用电可靠性,应采用末端切换双路电源,应设置备用电源,并能在 1 分钟内自动切换。洁净手术室内用电应与辅助用电分开,每个手术室内干线必须分别敷设。洁净走廊应设置应急照明灯,照明应采用多点控制。可靠的接地系统:Ⅰ级、Ⅱ级手术间规定设置一台隔离变压器(IT)接地系统及 IT 监测系统。医疗仪器应采用专用接地系统。凡在手术室内用于插入体内接近心脏或直接插入心脏内的医疗电器设备的器械应采取防微电击的保护措施。宜采用患者有可能在 2.5 m 范围内直接或间接触及的各金属部件进行等电位连接。医院手术部应在该建筑物作总的等电位联结的基础上再作局部等电位联结。

4. 手术室的配电设施

(1) 净化机组配电柜:净化机组配电柜是空调净化机组、新风机组的配套设备,数量多,安装在设备层或手术部机房内,手术室智能控制网重要的组成部分。手术室空气洁净度、温湿度、静压、新风量、噪音、供电网络对地电阻都应严格监视和控制。

空调净化机组、新风机组各级过滤器的压差,风机供电频率及转速,电动阀门开启度,新风、送风、回风的温湿度,换热器进水、回水的温度等参数,既要现场控制,又要中心监视。手术部使用面积大,监控参数多,采用智能控制网集成以后,成为严密的整体上升为建设医疗设备,因此建筑医疗设备是构成现代手术部的基础,现代手术部属于典型的建筑医疗设备。

净化机组配电箱内安装有 DDC(数字现场控制器),它直接同手术室控制屏通信,检测和控制净化空调机组。

(2) 手术室配电箱:每间手术室配置一套配电箱,由于体积较小,安装在手术室外墙内,检修门必须设在污物走廊一侧,为维修提供方便(图 6-26)。隔离变压器通常安装在手术室配电箱内,也可采用专用箱体安装在就近位置(图 6-27)。

手术室配电箱控制室内多种电器设备应包括:①照明灯带 1 组;②照明灯带 2 组;③手术应急灯;④无影灯;⑤看片灯;⑥自动门;⑦保温柜;⑧手术床电源;⑨排风扇;⑩隔离变压器。

图 6-26 手术室配电箱实物图

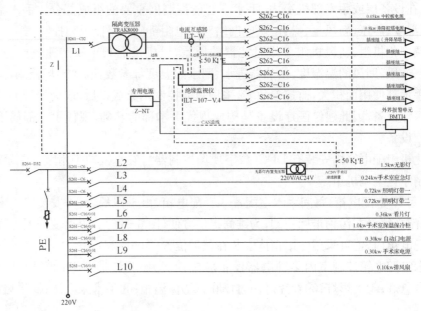

图 6-27　手术室配电箱电气系统图

第五节　手术部空气调节系统的设计

手术部的建设中,空气调节系统的优劣,是手术部建设的主要质量标准,也是患者安全的重要保障条件。空气净化系统的先进与否以及气流组织模式,是达成手术室净化级别的基本条件。

1. 手术室必须配置独立的净化空调机组,即"一拖一"。洁净走廊、洁净辅房、污物走廊及相关的辅房净化空调机组采用机组最小风量能满足正常气流循环即可,以维持手术间内正压。同时满足洁净区对与其相通的非洁净区应保持不小于 10 Pa 的正压,洁净区对室外或与室外直接相邻的区域应保持不小于 15 Pa 的正压。

净化空调系统应使洁净手术部处于受控状态,应既能保证洁净手术部整体控制,又能使各洁净手术室灵活使用。净化空气处理机组应选用性能优越的产品,机组的新回风混合段、初效过滤段、风机段、中效过滤段、表冷段、电加热段、加湿段等必须与手术室的净化要求相符合,表冷器置于风机及中效过滤器之后,保证经过表冷器的空气为经过预过滤处理的洁净空气,避免表冷器上积尘,同时表冷器及冷凝水盘处于机组的正压段,保证冷凝水的顺利排走,杜绝积水现象。

2. 净化空气处理机内表面及内置零部件应选用耐消毒品腐蚀的材料或面层,材质表面光洁,保证机组内静压 1 000 Pa 时的漏风率少于 1%;冷凝水管排出段应有存弯,保证光滑不积尘;表冷盘管采用防腐亲水铝箔,换热效率高,并能避免表冷器表面出现水滴现象;采用干蒸汽加湿器加湿,质量可靠,运行稳定,加湿效率高;Ⅰ～Ⅲ级洁净用房净化空调系统的高效过滤器之前系统内的空气相对湿度不大于 75%。机组应设置灭菌装置。

3. 新风系统采用分区集中控制,机组配置原则要求按照三级过滤器设计,将新风进行预过滤,机组设置灭菌装置(新风量应高于规范标准)。采用定风量阀控制。

4. 手术室排风系统和辅助用房排风系统应分开设置:各手术室排风单独设置,并和送风系统连锁。排风系统应设有防空气倒灌设施。

手术室内送风口应集中布置于手术台上方,使手术台及周边区位于洁净气流形成的主流区内。Ⅰ级手术室洁净区的气流必须是单向流,工作区高度截面平均风速在 0.25～0.3 m/s。高效过滤器要求更换方便。洁净手术室应采用双侧对称下部回风,不应采用四角或四侧回风。回风口上边高度不应超过地面上 0.5 m,回风口下边离地面不低于 0.1 m,室内回风口气流速度不应大于 1.6 m/s,走廊回风口气流速度不应大于 3.0 m/s。洁净走廊及相关辅房为上送下回风,送风为高效送风口;30 万级清洁走廊采用上送上回风。

手术室建设完成后,要对相关项目组织测试。项目至少包括:手术区手术台工作面高度截面平均风速、最小静压差、换气次数、温度、相对湿度、自净时间、噪声、洁净度、最低照度、最小新风量、含菌浓度等。具体标准要符合表 6-3 要求:

表 6-3　洁净手术室的等级标准

等级		沉降法(浮游法)细菌最大平均浓度	空气洁净度级别
Ⅰ	特别洁净手术室	手术区 0.2 个/30 min·Φ 90 皿(5 个/m³) 周边区 0.4 个/30 min·Φ 90 皿(10 个/m³)	手术区 100 级 周边区 1 000 级
Ⅱ	标准洁净手术室	手术区 0.75 个/30 min·Φ 90 皿(25 个/m³) 周边区 1.5 个/30 min·Φ 90 皿(50 个/m³)	手术区 1 000 级 周边区 10 000 级
Ⅲ	一般洁净手术室	手术区 2 个/30 min·Φ 90 皿(75 个/m³) 周边区 4 个/30 min·Φ 90 皿(150 个/m³)	手术区 10 000 级 周边区 100 000 级
Ⅳ	准洁净手术室	5 个/30 min·Φ 90 皿(175 个/m³)	300 000 级

第六节　手术部控制系统

对净化空调系统、医用供气系统设置自动控制。其中净化系统需有两套控制,分别置于空气处理机房控制室及手术室内。手术室可根据手术需要独立开停,调节温湿度,要求机组的开停不能影响到手术部的有序梯度压差分布。手术部控制系统自成体系,独立控制,能够为楼宇自控提供监控接口。

空调机房控制室至少应有以下功能:空气处理机开机、停机控制;空气处理机高、低速控制;空气处理机运行显示;空气处理机马达过载显示;初、中效过滤网阻塞状态显示;机组控制系统与防火阀报警连锁;手术室排风机运行控制;可同时提供接点及直流电压讯号,以便中央监视系统了解手术部空调净化机组的运行情况。

每间手术室内的多功能控制系统(图 6 - 28)至少应有以下功能:可集中对手术室内的照明、手术灯及空调等进行控制。手术室内多功能系统控制,开关键应为平面触摸式,具有显示手术或麻醉过程所用时间。应独立设置,应有时、分、秒的准确时间标识,并配有触摸或按钮式控制器,时钟至少可显示北京时间、麻醉时间和手术时间。净化空调系统温度、湿度显示与调节控制;空气处理系统开关与运行状态显示;空气处理机高、低速运行控制;高效过滤器压差报警;机组过载保护故障报警。控制手术室顶部照明系统开关。手术灯的开关及调光(专用开关);手术间与护士办公室的免提式对讲:要求免提电话机既可实现各手术室之间的联系又能与护士站及其他功能房的联系;控制麻醉废气体回收机开、停,各种医用气体工作显示、故障报警;电流过载及功能报警;隔离变压器运行显示功能;控制空调机组的运行或停止;当高效过滤器阻塞时可发出声光报警。

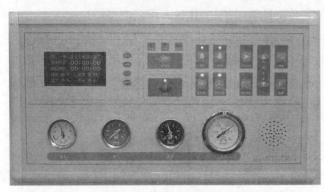

图 6 - 28　手术部控制系统

医用建筑规划

第七节　手术部辅助设施

　　1. 手术室内所配置的手术灯、手术床及吊塔详细规格型号在建筑装饰进行的过程中必须明确。并在设计与装修时预留接口,满足设备安装要求。

　　2. 医用密封自动电趟门　每个手术间的洁净走廊均设计一洞口尺寸为 1 400 mm×2 100 mm 的光控脚感应电动、手动两用不锈钢移动门,门体上应设 600×300 mm 手术观察窗;在每个手术间污物走廊侧均设手动不锈钢气密门(带防碰及锁紧功能),尺寸为900 mm×2 100 mm。材料厚度不小于 1.5 mm。在手术病人入口换车处的缓冲间外部设电动门,功能同上。感应门的开关方式要求低位脚上下感应、手动开关控制两种方式;电动门的传动机构要求运行平衡、可靠性强、电机采用无刷电机,免维修,使用寿命长;门系统具有安全防夹功能,具有断电或门系统出现故障时可手动开启功能。夹层材料应具有较好的保温、隔热、降噪功能。医用滑动式气密封电动趟门要求操作平稳安静、气密封效果好、运行速度可作调校,控制模式采用微电脑控制,具有多种安全运行模式并考虑消防需求。门身构造能抵挡日常碰撞而不致变形。每樘门包括:防撞感应探头、自动延时关门。此要求,可视各医院具体情况而定,一方面要符合净化要求,另一方面要考虑经济能力的可能。

　　3. 内嵌式 X 光看片箱、器械柜、药品柜、麻醉柜　设计时,应根据手术室的功能,在其四壁的适当位置安装,确保功能。

　　4. 防水、防尘电插座　符合现行规范要求。

5. 麻醉废气排放系统　采用的整套装置必须性能稳定、可靠,并在设计时充分考虑排放口位置的合理性。保证麻醉废气及病人口中呼出的废气收集排出效果,减少对医护人员健康的损害。

第八节　手术部弱电系统与医用气体

一、弱电系统

每间手术室应具有下述功能:①手术示教系统。要根据Ⅰ级手术室、Ⅱ级手术室、Ⅲ级手术室的设置及其教学需求,在其内部设手术示教装置。并在麻醉科相邻的位置设置示教室,面积应根据教学需要设置(图6-29)。每间手术室均设置全景摄像布线。②电话系统:手术室的电话只供手术室与护士站之间使用。③信息网络系统:各手术室、辅助用房、办公室均预留有可与中心计算机室和楼宇控制中心相连的电脑网络通信接口和电缆。特大型手术室一般设计8个信息点、其余的手术室设计5个信息点左右,具体的点数要视手术部用途及需要而定。④有线电视:在医生休息室和值班室加装有线电视插座。⑤消防报警系统应与消防中心连通。

图6-29　手术部示教室

二、医用气体

净化手术部的医用气体有氧气、负压吸引、压缩空气、氧化亚氮(笑气)、氮气及二氧化碳。在手术部的设计中,必须在技术层留有医用气体汇流排空间,以便于各类气体与手术室连接。每间手术室的墙壁及吊塔上均各设一组气体终端,每组设氧气、负压吸引、压缩空气、笑气输出及麻醉废气回收终端。氧气、负压吸引,压缩空气进线由医院大系统接至手术部界面。笑气从设备层引出至终端,气体终端气量必须充足、压力稳定、可调节。气体终端采用优质插式自封快速接头,操作方便,且接口不具备互换性。麻醉气体排放采用射流技术、使用进口麻醉废气回收终端。在各手术室设置医用气体控制系统,通过气体制动与报警控制箱,使手术室所用气体管道均通过气体制动与报警控制箱后进入手术间,各手术间内有气体报警装置。

三、气体管道的材料选用

医用氧气管道采用铜管,负压吸引采用不锈钢管,麻醉废气排放采用高强度PVC管,其他气体管道全部采用不锈钢管;洁净手术部医用气体管道安装应单独做支架、吊架,不允许与其他管道共架敷设。各种气体管道与支吊架接触部位要按国家有关规范、标准要求做导静电处理措施。进入洁净手术室的各种医用气体管道必须做接地。具体由专业厂家提供具体设计方案。

第九节　手术室的给排水与消防

　　洁净手术部内部给水主要保障：①医护人员生活用水；②保障术前医护人员刷手用水；③保障水术器械清洗用水；④手术部内墙壁、地面冲洗用用。由于手术部是为患者治疗的场所，环境空气受诸多因素影响，给水的质量直接影响到手术质量。因此，洁净手术部的内部用水，其水质必须符合国家《生活饮用水水质卫生规范》；水系统的设计与安装必须符合相关规范。

一、洁净手术部内用水的水质要求

　　供给洁净手术部的水质，必须符合国家《生活饮用水水质卫生规范》，此为基本要求。由于我国目前自来水的供给是经长距离输送，储水设备与周边不洁环境长期接触，易产生细菌，生成铁锈，产生二次污染，自备水井同样存在此问题。因此，手术部用水如使用自来水，在使用前应设置消毒过滤装置。特别是对于要求较高的手术前医生刷手用水，宜选择小型的除菌设备进行除菌处理。一般可采用陶瓷过滤器、紫外线消毒器、臭氧与二氧化氯等措施进行消毒灭菌、过滤水中杂质。

　　为了防止水中生成肺炎双球菌，洁洁手术部内的所有漱洗区域同时应设置冷热水系统；蓄热水箱、容积式热光换器、存水槽等设施的内存热水在需要循环的场所，其水温不应低于60℃以上。根据世界卫生组织推荐："水温应高于60℃储存，至少在50℃以下循环。而对某些使用者而言，需要将水温降到40～45℃。为保证蓄水温度不利于肺炎双球菌的生长，可以通过调节温阀的使用来实现，该阀放在靠近排放点的地方"。

二、洁净手术部给水系统设计

　　为保证洁洁手术部的供水不间断，水系统应有两条独立的干线保证，一路水管道出现故障时，另一路能立即投入使用。如果只有一条水管线，则应设置储水箱或增设第二水源来保证供水。通过洁净手术室的管道及刷手间的管道均应暗装，并采取防结露措施。

　　管道应设置于夹层或竖井中，并要做好保温，采取管外壁缠包毛毡、纤维棉、聚乙烯泡沫管壳等，以保证手室部的温湿度，同时，也要防止墙面受潮，粉刷脱落，影响墙面质量与建筑美观。手术部内如如需设置无菌水及冷却水系统，其管道也不应引入手术室内，而是引到邻近的附属用房内。管道井尺寸应便于检修与管理，发生渗漏时可及时组织维修。

　　凡进入手术室内的管道，要严格进行密封，既要防水，也要防渗漏。防止室外未净化的尘埃进入室内，防止室内空气向外渗漏，影响室内的正压值，同时也减少室内能源浪费。

　　在管道系统安装中，要注意到给排水、医用气体、暖通空调、冷冻、冷却、强电与弱电各类管道在管道井与技术层中的排列，必须综合安排合理施工，以保证手术室的安全运行与检修工作的顺利实施。

　　洁净手术部使用的给水管一定要充分考虑其安全性能与卫生性能。目前，在市场上供应的给水管道应使用不锈钢管、钢管或塑料管。禁止使用冷镀钢管于室内给水管道。目前市场上的给水管有许多新产品，要分为三类：①塑料管：具有化学稳定性好，卫生条件好，热传导低，管内光滑阻力小，安装方便，价格低廉，材料基本无二次污染等优点；其缺点是抗冲击力差,耐热性差,热膨胀系数大。②铜管与不锈钢管:铜管在经济发达国家与地区的建筑给水、热水供应中得到普遍应用。其机械性能好,耐压强度高,化学性能稳定,耐腐蚀,使用寿命为镀锌管的3~4倍;且具有抗微生物的特性,可以抑制细菌的滋生,尤其对大肠杆菌有抑制作用。所以铜管为首选管材。不锈钢管的强度高、刚度好,内壁光滑,无二次污染。③金属与非金属复合管:兼有金属管强度大、刚度好和非金属管的耐腐蚀、内壁光滑、不结垢等优点;其缺点是两种材料热膨胀系数差别较大容易脱开。目前,已有技术能妥善解决此问题。设计给排水管线时,应从整体出发,综合设计。压力管道避让重力自流管道;给水管道避让排水管道;附件少的管道避让附件多的管道。并严格进行管道的强度、气密性试验,严格执行设计与施工规范。

三、洁净手术部的排水设施

为防止污秽空气对洁净手术部的污染,其室内所有排水设备都要密封,排水口的下部设置高水封装置,并有防止水封被破坏的措施,防止与室外大气相通。所谓的高水封,是针对以往水封较低、小于50 mm、极易干涸、臭气外溢而言的。按行业标准,DN50规格地漏最小有效水封应大于165 ml;DN75规格地漏最小有效水封应大于330 ml;DN100规格地漏最小有效水封应大于565 ml。以保证一定量的储水容积及高度,阻隔下水道污秽气体窜入室内。因此,排水管道要按规范布置好通气系统;手术室内卫生设备不允许使用共同存水弯;选择优质的密闭式地漏。在手术室内不允许设地漏,在洗手及清洗池等处设置不锈钢洁净型地漏。刷手池应靠近手术室,采用不锈钢制作,龙头采用自动感应式水龙头。

四、洁净手术部消防设计基本要求

洁净手术部的建筑防火设计应符合《洁净手术部建设实施指南》外,尚应符合国家《建筑设计防火规范》、《高层民用建筑设计防火规范》和《医院建筑设计规范》。建筑内部装修必须考虑建筑防火需要。洁净手术部的室内装修主要为墙面、顶棚和地面以及室内家具、饰物。设计中应充分考虑洁净手术部的密闭特点及功能要求,既要考虑装修效果与消毒洁洁的要求,尽量采用不燃材料和难燃材料,避免采用遇高温或燃烧时会产生较多烟气或有毒气体的材料。在选用装修材料时,其燃烧性能应按照从顶棚至地面逐步降低的要求进行选材。

对于洁净区,如窗口不能开启或经常处于密闭状态,其内部装修设计应按无窗房间考虑;无自然采光楼梯间、防烟楼梯间的顶棚、墙面和地面均应采用A级装修材料;建筑平面疏散走道和安全出口的门厅,其顶棚装修材料应采用A级装修材料,其他部位应采用不低于B1级装修的材料。装修中不应遮挡消防设施和疏散指示标志及出口,也不应改变疏散出口门的开启方向,不应减小疏散出口、安合出口以及疏散通道宽度或妨碍这些设施的正常使用。

第十节　手术部建设技术的新动态

医学领域成功采用空气洁净技术,推动了自身的发展。医用洁净技术以除尘方式实现除菌,在大风量、高阻力状态下运行,导致洁净手术部出现"建设高投入"、"运行高能耗"、

"设备大空间"的三大建设"瓶颈",制约了医用洁净技术的发展。滤菌技术同杀菌技术相结合,是医用洁净技术发展的新途径,循环风紫外线动态杀菌系统已成功应用于洁净手术部系统,为解决三大瓶颈提供了新的可能。

一、洁净手术部建设中的问题与机遇

洁净手术部建设,经过二十多年的实践验证,是手术室发展过程中一次重大的进步。但它的技术发展、向中小医院普及均面临建设资金高投入,使用管理高能耗,设备占据大空间的困难,时至今日,我们有条件反思这些面临的问题。

1. 建设高投入　洁净手术室是通过除尘达到动态除菌,除尘是过程,除菌是目的。用以除尘的空气净化设备系统庞大:新风机组,净化空调循环机组,静压箱,高效送风口,消音器,过滤器,送风、回风、排风管道。再加上配套的空调设备、室内装饰工程及其他配套设施,一间常规手术室,不包含任何医疗设施,仅净化工程(含装饰)价格通常在30万～60万元,一中型手术部(含配套辅房),常常要突破1 000万元。医院不堪重负,往往采用"低价中标",埋下诸多隐患,严重阻碍了洁净手术部的建设和发展。

根据2009年卫生年鉴统计,我国医院卫生院共5.882万所(乡镇卫生院3.9万所),医院卫生院床位396.3万张(乡镇卫生院床位数达90.5万张)。国际上通常按100张床位,配置2间手术室,全国手术室应拥有量约为:

$$(396.3万/100)\times2\approx8万间$$

由于微创外科的迅速发展,"内病外治"方法的推广,现在手术室的配置量必然超出这一估算。如实施洁净手术部建设标准,全国手术室空气净化工程投资总金额约为:

$$(30万～60万元)\times8万\approx250亿元～500亿元$$

这样一笔巨大的投入,必然是我国医疗卫生公共事业的沉重负担。

2. 运行高能耗　洁净手术部采用两项技术措施:多级过滤,频繁换气,能有效地除去空气中的尘埃和微生物,通过除尘达到了动态除菌,为手术部提供了一个满足手术要求的洁净环境。但是,多级过滤造成高阻力,频繁换气造成大风量,必然导致运行高能耗。

(1) 高阻力:手术室空气净化流程如图6-30所示,图中末端采用我国学者推荐的阻漏层送风天花,高效过滤器前移至高效过滤箱内,送风口内设置亚高效阻尼层,属于四级过滤系统,能消除高效结合面的渗漏。新风进入回风段,同回风相混合,进入初效段,初效过滤器滤去直径为10 μm大颗粒尘埃,进入换热器段和加湿段,进行温度、湿度调节,然后再进入风机段加压,经过中效过滤器,滤去1～10 μm的尘埃,进入消音器,把噪降到58 dB以下,送至手术室的高效静压箱,经高效过滤器滤去0.3～1 μm的尘埃,经高效送风口,把洁净空气送至手术室台面。手术室的回风口安装有初效过滤器,回风管路上也装有消音器。手术室安装有余压阀,以恒定内外压差。

系统内的阻力作工程性粗略统计(见表6-4):

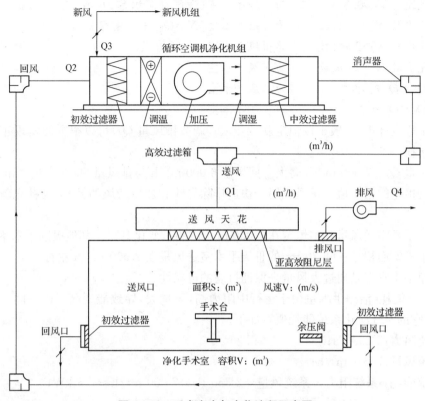

图 6-30 手术室空气净化流程示意图

表 6-4 系统内阻力统计表

部位	初阻力(Pa)	终阻力(Pa)
初效过滤器	50	100~150
中效过滤器	100	200~250
消声器	200×4	200×4
高效过滤器	250	400~600
亚高效阻尼层	200	350~450
沿程损耗	100	100
系统总计	1 500	1 950~2 350

系统总计中新风机组内的阻力损耗尚未统计在内，手术室空气净化系统大约是在 1 500~2 500 Pa 压力范围运行(这是工程性粗略统计)。产品型号不同，阻力差异有限。手术室净化级别不同，但过滤器级数相同，目前多数采用三级过滤，阻力差异有限。

(2) 大风量：根据 GB5033—2002 标准的规定，Ⅰ级手术室送风量同手术室面积无关，基本恒定在 7 000 m³/h 左右，风量分配大体如下：

送风量 $Q_1 = 7\ 000\ m^3/h$

回风量 $Q_2 = 6\ 000\ m^3/h$

新风量 $Q_3 = 1\ 000\ m^3/h$

排风量 $Q_4 = 500\ m^3/h$

送风速度 $V \approx 0.3$ m/s　　　　为 Ⅰ 级手术室(送风口面积 $S \geq 6$ m²)

换气次数 $N \geq 30$ 次数　　　　为 Ⅱ 级手术室($N = Q_1$/手术室容积 V)

换气次数 $N \geq 20$ 次数　　　　为 Ⅲ 级手术室

换气次数 $N \geq 10$ 次数　　　　为 Ⅳ 级手术室

当 $Q_3 > Q_4$ 时,　　　　　　　　为正压手术室

当 $Q_3 < Q_4$ 时,　　　　　　　　为负压手术室

在工程设计中,一般采取恒定新风量 Q_3 ,调节排风量 Q_4 ,可以很方便实现正负压手术室的转换。

送风量 $Q_1 = 7\ 000$ m³/h 略大于回风量 6 000 m³/h 与排风量 500 m³/h 之和,以维持室内保持恒定的正压值。排风机用于快速排除异味和加快新风的补充,为补充新风提供条件。

Ⅰ 级手术室送风量基本恒定在 7 000 m³/h 左右,变化有限。其他级别手术室送风量正比于手术室面积。一间 30 m² 的 Ⅲ 级手术室送风量在 2 000 m³/h 左右。

洁净手术室正是通过大风量来保证过滤的可靠性。

(3) 高能耗:洁净手术室由于运行中阻力高,风量大,导致能耗高。以一间 Ⅰ 级手术室为例,它的空气净化系统能耗概算如下。

系统阻力:2 350 Pa;

系统风量:7 000 m³/h;

系统能耗:系统阻力×系统风量 = 2 350 Pa×7 000 m³/h ≈ 4.5 kW;

风机功率:系统能耗/风机效率 ≈ 4.5 kW/0.7 ≥ 6.5 kW。

考虑到电气的功率因素和运行的安全系数,实际使用的风机功率普遍大于计算值。

一间 30 m² Ⅲ 级手术室净化系统风机功率 ≥ 2.2 kW。

一间 40 m² Ⅰ 级手术室,在夏季运行时,其净化功率、空调功率、医疗设备功率、照明功耗、辅助设备功率总和 ≥ 30 kW。

从计算可知,洁净手术室节能降耗工作,应从降低阻力,减少风量入手。科学的风量计算,尚待寻求新的方法,尚待实践和总结,目前只能延用洁净技术的计算公式。降阻节能已取得了成功的经验,宜积极总结推广,用增大阻力方法来提高净化效率是不宜采用的。

3. 设备大空间　手术室内无影灯安装高度是 3 m 左右,吊顶内需安装静压箱、高效过滤器、送风管、回风管、消音弯头等设施,吊顶内高度不能低于 1 m,因此,手术室的建筑高度必须在 4~4.5 m。

循环净化空调机组、新风机组及配套净化设施,体积大,管道连接复杂,需要在设备层安装,因此手术部上层必须具备设备层,建筑高度必须在 2~2.5 m(图 6-29)。不具备设备层时,只能在手术部内部设置净化设备机房,其面积占手术部总面积的 30%,虽减少了手术室配置,但增加了消音工作的难度。

手术部的建设造成很多困难,特别是改造工程,更是难以实施。我国 3.9 万所乡镇卫生院难以建设洁净手术室。

图 6-31 洁净手术部设备层

二、循环风紫外线手术室的前景

鉴于洁净手术部建设中出现的瓶颈，中小医院难以普及，又不宜同数字化手术室匹配。一种新型手术室——循环风紫外线手术室诞生了，它突破了洁净手术部上述瓶颈，具有动态杀菌，低阻送风的功效，已在欧美地区推广应用。

循环风紫外线动态杀菌技术，是紫外线杀菌技术同空气洁净技术相结合的一种灭菌方法。传统的紫外线杀菌方法虽然高效、简便，但只能静态除菌，不能动态除菌。手术前使用，手术中关闭，以免伤害室内人员。循环风紫外线技术是将灭菌后洁净空气，循环送入手术室内，它采用洁净技术的气流形式，但它将三级过滤，简化为一级过滤（保留中效过滤器），其风量小，阻力小，能耗小。而且设备简单，安装方便，适用微创手术室，适用中小医院手术部，也适用其他需要灭菌的环境，有着广阔前景。我国一些医院已开始应用这一新技术，对相关产品进行调查，在医疗环境开发应用，取得了显著成果。图 6-32 是正在进行测试的循环风紫外线白血病病房。

循环风紫外线动态杀菌技术在推广应用中，应加强对气流组织形式的分析研究，特别是风量大小如何确定，是否继续延用空气洁净技术中计算方法和推荐值。一些地区洁净手术室的临床统计结论，同洁净技术中的层流效果、乱流效果不相一致。临床环境的复杂性决定了不简单地搬用其他领域的方法。如何建立起手术环境科学的气流形式，如何在手术环境中推广应用循环风紫外线动态杀菌技术，需要医用工程界专家与权威人士共同探索，使医院手术部建设技术更加完善。

三、现代手术部发展的新趋势

现代医学图像功能，从单一以诊断为目的向治疗过程转移，这是革命性的大转变，它推动外科医学技术日新月异进步和发展，促使手术室建设多元化，技术数字化，管理一体

图 6-32　循环风紫外线白血病病房

化,功能复合化。特别是影像导航下的外科手术 IGS (imaging guided surgery)问世,促成影像学、放射外科和立体定向技术的有机结合,衍生出多种新型的治疗手段,成为现代手术室的特征和技术核心。如:脑血管造影定向技术、磁共振定向技术、内窥镜立体定向技术等。伽玛刀、高强度聚焦超声刀(HIFU)、X刀、激光刀、射频技术和质子束放射系统的应用,使外科手术对人体的损伤大大减小,由大创、小创阶段进入到微创、无创阶段。微创、无创概念已深入到外科诊断与治疗的各个领域。

现代手术室是具有智能装备的手术室,它以现代计算机技术、影像技术、通信技术、控制技术等关键技术为支撑。采用了医学图像存储和传输系统,将各类医学影像设备所获得的医学图像送至手术现场,以指导手术过程。并在手术室内安装专用的手术影像设备,取得实时的手术动态图像,以指导手术的进行。医护人员能够实时地获得丰富的与手术及患者相关的必要信息,自动或辅助医生完成复杂的手术操作,获取并记录患者和环境的信息,从而为实现高质量、高效率的手术创造了条件。

IGS 是利用特殊设计的计算机软件,将病人术前 CT 或 MRI 图像进行三维重建(3—D—reconstruction),并通过术中定位系统,对手术器械在术野中的位置进行精确定位,术者参照显示在计算机监视器上的三维影像(水平位、矢状位、冠状位)观察到手术器械的实际位置。

IGS 可与具有导航功能的手术显微镜或内窥镜相连同接,将手术视野扩展到显微镜及内镜视野之外,使术者在术野中进行手术操作的同时,能顾及到术野周围的重要组织结构,如:颅底、眼眶、神经、血管等。并可随手术的不断进展,影像导航系统可提供连续的手术器械定位,使手术安全、彻底、减少手术并发症的发生。如史赛克导航系统测量精度达到 0.07 mm,使外科手术更为精确,减少外科手术过程中的人为因素,最大限度地保护正常组织,加快病人伤口痊愈的速度。

信息技术及医学装备的发展，使传统手术室的概念发生了根本的变化。伴随而生的：一体化手术室；复合型手术室；MRI 导航手术室；机器人手术室；数字减影手术室；数字化手术室，对保障手术质量，确保手术安全，提高手术效率，提供了有效的保障。

（一）一体化手术室

融合计算机网络技术、图形信号处理技术、空气洁净技术、机电设备自动控制技术于一体，将与手术过程各系统统筹设计，为手术全程提供准确、安全的工作环境，实时获得与患者相关的重要信息，观察和控制设备的运行，使手术室便于操控，提高工作效率。

一体化手术室设备，包括三个组成部分：一体化手术室集中控制系统（SCB）；一体化学手术室数字网络信息传输及存储系统（AIDA）以及一体化手术室交互式咨询控制系统（TELEMEDICINE）。

在手术室无菌区内用一个触摸液晶屏可以轻易地控制所有手术室内的设备，包括内窥镜设备、手术灯床、摄像机、室内照明等几乎所有设备。如 Karl Storz 公司产品可实现对内窥镜设备以及第三方设备的功能进行一体化集中化控制和参数设置，可控制 63 台以上的不同设备。通过一个界面进行集总"控制"，是将现有手术室整合成一个功能性的手术室系统，以提高手术的安全、效率和能力。

一体化手术室系统由麻醉科总控制室、多间手术室、医生办组成，通过网络把教室、专家会诊室、院外专家、旅途中的医生等连接组成一个大手术信息共享平台。

手术部控制系统可配置多种接口，连接手术室多种信号，如固定视频源（包括术野摄像机、全景摄像机、视频会议终端、HIS 病人数据、PACS 影像资料、生命监护器、麻醉机等）、移动视频源（显微镜、内窥镜、彩超机等），音频源（天花话筒、医生头戴话筒、DVD 机、电话终端等），显示设备（悬挂式液晶、嵌入式液晶等），音箱，打印与录制设备，控制触摸屏等组成。可进行档案管理、视频转播、视频会议、护士工作站能够进行所有设备的灵活控制。

目前在中国大陆地区能开展专业的一体化手术室项目的，只有少数几个厂家，并且主要是国外品牌，如德国史托斯、美国史赛克、德国 WOLF、英国施乐辉、德国 MAQUET 等。中国自主研发一体化手术室的单位不多，华中科技大学医学图像信息研究中心是其中之一，他们在一体化手术室信息集成系统的研发中，同临床相结合，进行了大量卓有成效的工作，开发的手术室综合信息展示平台，已经在武汉协和医院进行了两年多的试用。

【一体化手术室实例】

南京鼓楼医院于 2012 年建成两间全功能的腔镜一体化手术室，如图 6-33、图 6-34 所示。可对内窥镜手术设备进行原型化的触摸屏集中控制或声控，可以对手术灯、电动床、电刀等手术室通用医疗设备进行原型化的触摸屏集中控制或声控。可以进行动静态手术资料的自动记录和管理。

在手术室内可以将不同图像源（包括内窥镜影像、全景摄像机影像、术野摄像机影像、显微镜影像、计算机手术导航、麻醉参数、心电参数、超声图像等）传送到本手术室内的任一显示终端，传输质量达到 HD 高清标准。

在手术室内可以将不同影像源（包括内窥镜影像、全景摄像机影像、术野摄像机影像、显微镜影像、计算机手术导航、麻醉参数、心电参数、超声图像等）和手术者声音传送到手术室以外（包括示教室、会议室）的任一终端，视频可 2 出 1 进。声音自动同步叠加，实现双向交流。

可以将手术室外(包括示教室、会议室、多功能室的全景摄像机、外接摄像机)等的影像显示在本手术室的任一显示终端上。声音自动同步叠加,实现双向交流。

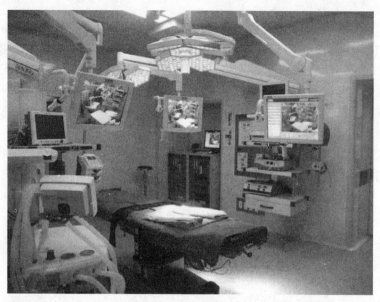

图 6-33　一体化手术室

以上控制可以由手术室主动控制。系统框图如图 6-34 所示。

可以在院内设示教室 1 间。采用光纤、视频线等直连方式;可以和所有一体化手术室实现双向的视音频交流;可显示高清视频源的信号。显示手术室内的麻醉、呼吸参数;显示核心手术室内设备参数;显示所有一体化手术室内的窥镜、全景、术野、显微镜、超声、C 臂机、计算机导航等视频源的影像。

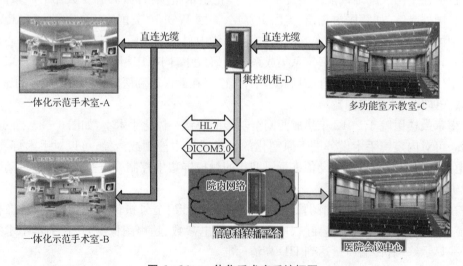

图 6-34　一体化手术室系统框图

(二) 复合型手术室

复合手术室或称混合手术室,是介入治疗发展到今天的一个热点。传统概念的 Hybrid 技术是英国的著名心脏外科学者 Angelini 最早提出,当时主要治疗冠心病和先天性心脏病。现代的 Hybrid 手术,主要是一种融合了内、外科优势并结合医学影像学的技术整合在一起的现代手术技术。继 2007 年,北京阜外心血管医院建成了亚洲首个一站式 Hybrid 心脏外科手术室。2009 年,解放军总医院建成中国首个完整的 MRI 神经外科手术室。2011 年南京军区南京总医院建成的数字减影血管造影(DSA)复合手术室,磁共振成像(MRI)复合手术室,是大型的一体化复合手术室(图 6-35)。该手术室整合了术中介入影像造影设备和磁共振定位技术,除了能够进行复杂的心血管和神经外科手术外,还能进行胸主动脉夹层动脉瘤的术中造影和经皮支架置入,避免因来回搬运患者带来的较高风险。外科医生能在实时影像指导下进行手术,减少手术偏差。图 6-36 为已投入使用的华西医院一体化复合手术室。

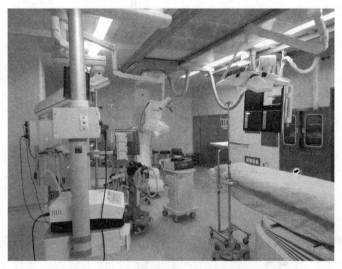

图 6-35　南京军区南京总医院复合手术室

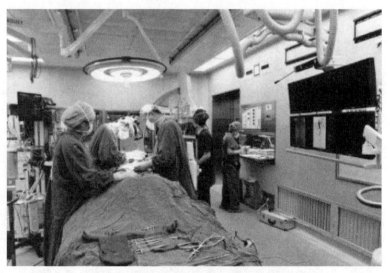

图 6-36　华西医院一体化复合手术室现场

复合手术室通常分4个房间,每个房间都有一个"领军者",分别是手术机器人、DSA(数字减影血管造影)、磁共振设备和影像学设备。核心角色是手术机器人"达·芬奇",它可以灵活地"游走"于各室之间,配合其他"领军者"一同手术。

复合手术室面积大,配套设备多,人员流动量大,空气净化要求高,布局设计尤重要,图6-37南京军区南京总医院复合手术室布局图,可供参考。

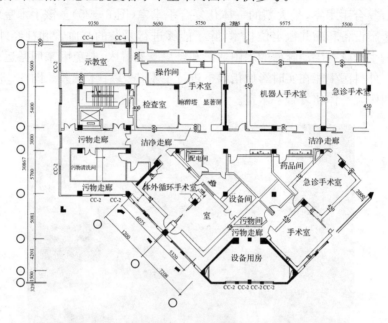

图6-37 南京军区南京总医院复合手术室布局

将手术室和MRI、DSA、CT、DR等大型医疗设备整合在一起,组成超强功能的复合手术室,受到医学界、工程界的关注。MAQUET公司提出的大型医疗设备相整合的复合型手术室方案,如图6-38所示。

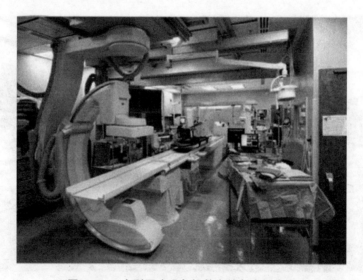

图6-38 大型医疗设备相整合的复合手术室

（三）MRI 导航手术室

磁共振介入手术室,简称 MRI 手术室,是复合手术室的重要组成部分,根据施工技术特点分类,也称为电磁屏蔽手术室。

图像引导的出现,可以提高手术治疗的安全性,并能节省医疗费用。这种新型的介入外科治疗过程,在原有的传统手术室是不可能完成的,需要对器具和设备进行必要的改造,建立数字化的手术环境。

在手术室安装开放磁共振成像设备,采用磁共振介入的原理,向手术医生提供手术过程中动态的、变化的实时信息。实践证明动态的 MRI 成功引导,是颅脑神经外科手术有发展前景的科学方法。

MRI 手术的基本概念是通过进行术中 MRI 成像来协助指导进行的外科手术,MRI 手术室则是指安置有术中导航功能的 MRI 扫描设备,并可进行全部或部分外科手术的手术室(或指符合外科手术要求并能进行外科手术的 MR 机房)。MRI 手术的目的是通过术中 MRI 扫描和导航来提高外科手术对病灶的完整切除率和治愈率。目前,磁共振介入手术室正处在探索、完善、推广的阶段。

1. MRI 手术室的建设　MRI 手术室的布局既要考虑到能进行 MRI 成像又要考虑到便于外科手术的操作和人员的移动。手术室的面积应大于普通 MR 机房的面积,应大于 40 m² 以上。此类手术室可设置在手术部内区域内,也可将影科的常规 MRI 室改建成能符合手术要求的 MRI 手术室(平时仍可作 MRI 扫描诊断使用)。

MRI 手术室是 MRI 设备及手术室组合而成的复合体,属多学科相互交融的边缘学科,一台术中核磁共振手术是由手术者、放射科医生、工程师、物理师、麻醉及护士共同配合完成,放射科医生要参与所有手术病历的术前计划和术中影像学的处理,为外科医生提供最佳的手术入路及术中影像的动态变化,成员之间的交流显得尤为重要。手术室设计必须满足这些工作要求进行设计和施工。

2. MR 成像设备的选择　适用于术中 MRI 在低频的设备应是扫描功能先进、漏磁区域小、机架开放程度高的机型,常见的为 0.5T 以下的开放式永磁型机型. 低场永磁型 MR 机特别适合于手术操作,其主要特点是漏磁区域即 5 高斯线区非常小。

在磁共振介入中,磁体必须是开放型的,以便于介入过程中的操作。介入操作区共有三个,即两侧和后方。垂直开放型 MR 系统超导磁体由两只分开的线圈组成,且同制冷装置相连通,成像区域是直径 30 cm 的球体空场,磁体中央有一 56 cm 宽的豁口,可以在垂直方向靠近病人。磁体中采用六线圈结构,提供足够的自由空间。各种线圈设计、线圈的距离和均匀的成像区,采用计算进行了可能的综合分析和设计,使线圈储存的能量最优化,使成像区域的均匀度达到最高。

为了适应手术室环境安装使用,诞生了天轨式 MRI,可直接安装在手术室吊顶上,如图 6-39 所示。

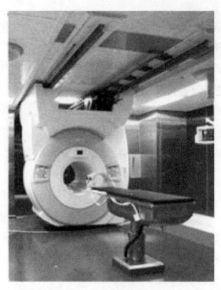

图 6 - 39　复合手术室中天轨式 MRI

3. 手术室配套设备　要完成标准程序的手术过程,手术室内必需配有麻醉机、吸引器、心电监控仪和供氧设备等,由于这些设备摆放的位置可在 5 高斯线外,且术中移动机会少,所以在 MRI 手术室内允许使用普通的手术器械设备。而手术中将在 5 高斯线内使用的手术刀、血管钳等外科手术器械则要求采用无磁性材料制造。

4. MRI 手术室电磁屏蔽处理　MR 手术室的六面,包括 MR 手术室的自动移动门,同样需按 MR 特殊要求进行电磁屏蔽处理,为此 MRI 手术室的移动门已采用了最新的磁悬浮技术。

MR 手术室电磁屏蔽系统由屏蔽壳体、滤波和隔离装置、通风波导、接地装置组成。以消除从外部进入 MR 手术室的各种电缆(包括 MR 主机和外周设备电缆)的电磁噪声。

由于采用低场永磁型 MR 扫描设备(漏磁区域小),加之磁场屏蔽处理,MRI 手术室周围区域的其他外科手术室照常可进行各种外科手术(包括心脏起搏器安装手术等),对手术类型和器材并无任何特殊限制和要求。

屏蔽壳体所采用的屏蔽板(包括壁板、顶板、底板)必须由具有良好导电导磁性能金属网或金属复合材料构成。

所有进入 MR 手术室的电源线、控制线、信号线和医用气体管道必须装设滤波和隔离装置。空调净化送风口、回风口必须装通风波导。

MR 手术室屏蔽壳体应采用单点接地,其接地电阻≤4 Ω,必须小于避雷接地的接地电阻。屏蔽壳体未与地连接时,其与地线间的绝缘电阻/10 kΩ

MR 手术室必须符合室内 MRI 设备的技术文件规定,电磁屏蔽性能应符合相对应的国家标准。

(四)机器人手术室

手术机器人是复合手术室众多设备中的领军者,机器人手术室是复合手术室的核心组成部分,目前国内达·芬奇手术机器人应用较为普遍。1998 年 12 月第一台达·芬奇(da Vinci)手术机器人系统问世,在多学科得到了应用。目前全世界已有 33 个国家、800

多家医院成功开展了60多万例机器人手术,手术种类涵盖泌尿外科、妇产科、心脏外科、胸外科、肝胆外科、胃肠外科、耳鼻喉科等学科。

1. 达·芬奇(da Vinci)手术机器人系统 其高度1.8 m,分为三部分:

(1) 手术医师操作主控台(图6-40):主控台装有三维视觉系统和动作定标系统,医生的手臂、手腕、手指的运动通过传感器在计算机中记录下来,并同步翻译给机器手臂。手术医师操作平台,通过两个操纵杆和一些脚踏板来控制,手术医师通过主控台观察并发出指令,它是手术过程指挥中心。实施手术时,外科医生不与病人直接接触,通过主控台操作控制系统,医生的动作通过计算机传递给手术台边的机械手,手臂前端的各种微创手术器械,模拟外科医生的手术动作,操控各种不同的手术工具见(图6-43)。

(2) 移动平台(机械械臂、摄像臂、手术器械组成,图6-41):移动平台在病人身边,它伸出4个操作臂与病人身体接触,虽然它的4条机械手臂很庞大,却可将患者体内绿豆大小的胆结石精确地取出。

达·芬奇手术机器人系统中四个机械操作手臂,承担工作各不相同,有明确的分工。左臂、右臂是手术臂,进行手术操作,等同于手术医生的双手;第三手臂是辅助臂,起牵引、稳定作用;第四手臂是内窥镜操作臂,臂中的超小型摄像机,可以形成三维立体图像,医生通过它看到病人手术部位的详细情况,手术视野图像被放大镜10~15倍,提供16:9比例的全景三维图像。

手臂的腕部有可自由活动的手术器械,每种器械都有各自的具体任务,如夹紧、转动和组织的操作。有七个自由度,模仿外科医生手和手腕的动作。系统中还具有振动消除功能和动作定标功能。可保证手术术臂在狭小手术视野内进行精确操作。

(3) 三维成像视频平台(图6-42):由于达·芬奇手术机器人,能提供高分辨率三维术中图像;手术器械关节腕具有七个自由度,拓展了手术医生的操作功能,提高手术精度。使外科手术的精确和技术超越了人类双手的能力。术者可采取坐姿操作,更适合长时间操作的高难度手术,机器人手术拓宽了微创手术(MIS),是内窥镜微创手术的一次重大发展和完善,代表了先进的研究趋势和方向,是医学同工程学相结合的又一成功范(图6-44)。

2. 机器人手术室设计基本原则 患者手术过程中,需开4个1 cm小洞,插入四个机械操作手臂,手术时间比常规开放性手术时间短,属于微创手术。环境洁净度要求同微创手术室。

手术室布局设计中应充分考虑手术机器人设备昂贵,系统复杂,故障率高,维修保养任务的繁重。为预防手术中突然死机,应配置替代设备和急救通道。医生与设备的配合需要长时间训练,要为教学提供方便。

机器人手术进入临床时短,其手术室设计中专业需求,缺乏成熟的先例可循,更无参照规范。机器人手术是外科手术发展方向,医用工程的从业人员,应积极学习手术机器人的相关知识,了解手术过程中的需求,调查总结已投入临床使用的机器人手术室,完成承办的机器人手术室的设计和施工,并推动国家建立手术机器人相关标准。

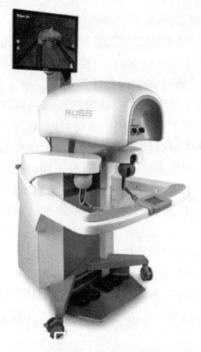

图 6-40 达·芬奇手术医师操作主控台

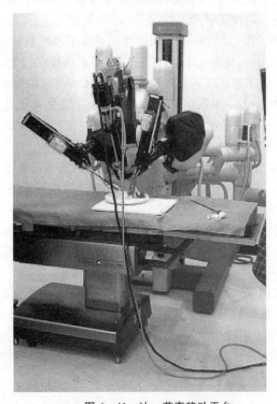

图 6-41 达·芬奇移动平台

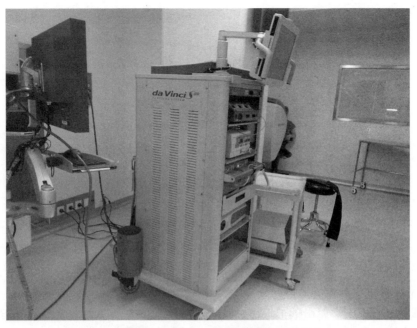

图 6-42 达·芬奇三维成像视频平台

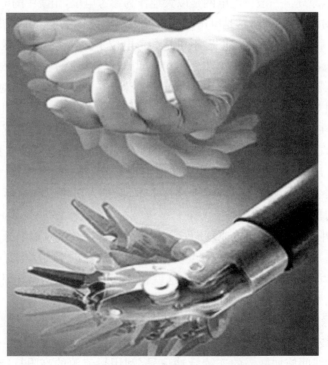

图 6-43 达·芬奇机器人手术器械

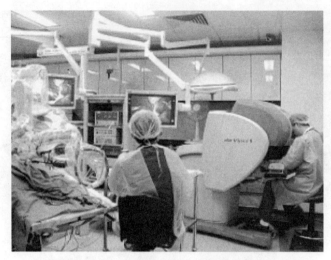

图6-44　南京军区南京总医院机器人手术室

（五）一体化手术室隔离供电

一体化复合手术多属微创手术，内窥镜手术，手术过程中防止微电击十分重要，医疗设备都应采用隔离供电，手术室、设备间都应等电位接地。

1. 隔离供电原理　一般供电电网是以大地作为参考电位，相线中的电流可以通过任何未绝缘的通道，对地构成回路，这是电击的根本原因。隔离供电是采用隔离变压器供电，电源经隔离变压器后，原电网中的"地"已不再是参考电位了。隔离变压器任何一根输出线都不能与地构成回路，只能在两根输出线之间构成回路，这就提高了供电的安全性。

同隔离变压器配套使用的隔离电源漏电报警器，它测量电源线的对地电阻，两根电源线中任何一根对地存在着未绝缘通道，就出现了一个故障点，存在漏电的可能，立即予以报警，这是潜在危险报警。只有在一根线接地，一根触及人体，或者两根同时触及人体的情况下，即出现两个故障点时，才有遭电击的可能，这比普通电网供电要安全。

当供电线路出现了一个故障点，线路与地出现了低阻抗，触发报警。报警发生后，医护人员可以根据手术情况决定是否继续进行手术，医护人员可以利用第二故障点尚未发生时采取必要的预防措施。

图6-45为隔离变压器供电原理图，L_1、L_2为两根电源线，对地绝缘。若L_2接地（绝缘下降低阻通路），即出现了第一故障点，就发生报警。这时对地并没有构成回路，对地无电流。若L_1发生故障，对地绝缘下降，这就构成回路。产生对地电流，发生电击。L_1的故障是尚未发生的潜在故障，所以报警是预防性的报警。

2. 在线绝缘监视仪原理　在隔离供电IT系统中，在线绝缘监视仪是核心关键设备，由于在线测试，技术要求高（图6-46）。该设备采用先进的自调整脉冲测量技术，在隔离变压器输出的两线间施加微弱的连续脉冲信号，利用恒流源的高阻抗特性，对系统的隔离不会造成影响。通过施加一已知的脉冲电流信号后测量试验阻抗两端的电压降，如果试验阻抗中已有电流流过，则施加的脉冲信号必须译成某种形式的编码，这样就可以测定对应的电压降。用此方法测量得到一条线路对地的阻抗值是与隔离系统与地之间所有阻抗并联值相等的，因此在发生故障时，只要考虑一条线路与地之间的电压，就可以计

医用建筑规划

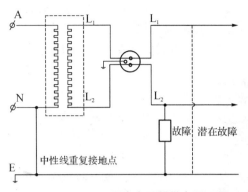

图 6‑45　隔离变压器供电原理图

算出流过的故障电流。

因为系统中对应的阻抗包括纯阻性和感抗及分布电容产生的容抗,阻抗在 50 Hz 频率及其他频率范围的阻抗值是不断变化的,利用此技术可有效消除电网中的分布电容等其他外界因素的干扰,既不影响 IT 系统的完整性也不受外界因素的影响,能真实准确测量 IT 系统中实际的漏电流数据。

采用高速 DSP 运算处理器进行动态在线数据处理,实时显示测量数据在 5mA 时报警,并能提供远程外接报警显示功能。直接将在线绝缘监视仪和隔离变压器安装在一起,利用网络通信技术将主机的测量报警信息通过网络也可传递到若干终端显示观察,避免了有时需将在线绝缘监视仪与隔离变压器的安装有较长的连线的问题,解决了连线上分布电容对仪器测量的准确性和对 IT 系统的影响。

在线绝缘监视器还能监视 IT 系统的负载电流和隔离变压器的温度,防止线路过负荷等情况。

参照国际 IEC 标准,在线绝缘监视仪内阻不小于 100 kΩ,测量电压不大于 25 kΩ,测试电流不大于 1 mA,IT 系统对地绝缘电阻小于 50 kΩ 时,有相应显示。如果在线绝缘监视仪与电源系统或大地的连接中断,应有相应的显示报警。还会推出在线绝缘故障定位检测系统,能有效快速找出 IT 系统中的故障点,为方便排除故障提供有效的手段。

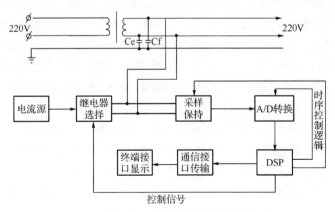

图 6‑46　在线绝缘监视仪框图

图 6-47　隔离变压器

3. 隔离供电系统(IT 系统)主要组成　隔离供电系统由隔离变压器、监测器(绝缘、负荷、温度)、报警器、互感器、测试信号发生器、专用电源等部件组成。德国 ESA 格力马公司所生产的隔离供电系统,主要部件外形及尺寸如下。

(1) 隔离变压:通常安装在手术室配电箱内,容量 10 kV 隔离变压器安装要求如下:

重量:95 kg;

尺寸(长×宽×高):280 mm×255 mm×365 mm。

外形:见图 6-47。

(2) 绝缘、负荷、温度监测器:安装在手术室配电箱内,用以检测隔离供电系统对地绝缘阻抗、隔离变压器负荷电流、工作温度,是保证系统安全运行的关键设备(图 6-48)。

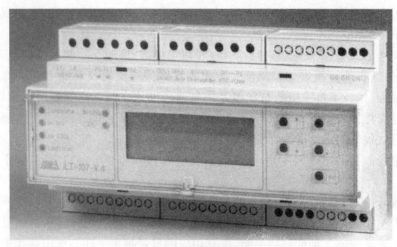

图 6-48　监测器外形图

(3) 报警器:安装在手术室内,用以显示隔离供电系统故障和工作状态(图 6-49)。

4. 一体化手术室智能控制网络结构　一体化手术室是特殊医疗场所,它将控制技术同医学技术高度相融合,是当代医学发展前沿阵地。一体化手术室智能控制网不同于门诊楼、医技楼、病房楼三大主体建筑的智能控制网络系统,为了满足各自不同的需求,避免相互干扰,每间手术室应独立设置智能控制网。各自独立监控,但可集中监视。这是一体化手术室建筑智能化系统的特点(图 6-50)。

手术室智能控制网由自控触摸屏、手术室配电箱、净化机组配电柜、护士站监控中心等四部分组成。自控触摸屏是网络的核心,手术室配电箱、净化机组配电柜、护士站监控中心是网络的结点。自控触摸屏同结点通信,控制和显著示各结点工作状态,为手术现场医护人员管理手术室提供方面。各结点具有双工特性,也可以脱离触摸屏直接控制所管理的下属设备。

图 6‑49　报警外形图

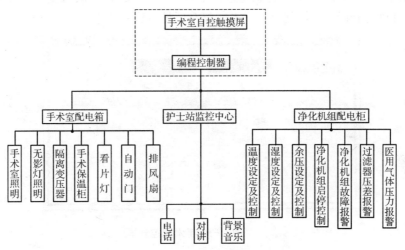

图 6‑50　一体化手术室智能控制网框图

5. 手术室智能控制屏　自动控制触摸屏每间手术室配置一套,安装在手术室内醒目和操作方便位置。手术室所使用的设备,其被调节和控制的参数,应集中在控制屏上进行集中显示和操作,这有利于医生和护士对手术室的管理。控制屏已成为现代手术室必备的设备之一,在现代手术室中,控制屏趋向面积大,显示醒目,功能完善。

洁净手术室在设计和安装的过程中,必须对控制屏和外围设备的连接网络进行周密的设计。

控制屏是手术室智能控制网的核心部件,设计没有统一的规范,图 6‑51 是现行使用产品之一。如前所述,目前手术室智能控制屏尚不能同一体化手术室的集中控制系统(德国 STORZ 公司称为 SCB 系统)通信,导致 SCB 系统无法实现对通风、空调、净化、手术保温柜等大量机电设备实施控制和管理,有待今后各方合作予以解决。

手术室控制屏分两大类：触摸屏和按键屏。触摸屏属于智能型的控制屏，系统内具有编程控制功能，可取代 DDC（数字现场控制器），直接和现场设备相连接，便于实现手术部集中监视，现在手术室普遍使用。按键屏采用智能仪表组合，取舍方便，控制直观，适合常规手术室使用，特别适合乡镇卫生院使用。

手术触摸控制屏（图 6-51）有如下五项功能：

（1）显示功能：显示当前时间、手术时间、麻醉时间；显示手术室内的温度、湿度等空调参数；显示风速、室内静压等空气净化参数。

（2）预置功能：预置手术室内的温度、湿度，预置净化空调机组的送风量，手术和麻醉时间预置，发出时间提醒信号。

（3）控制功能：控制净化空调机组启/停和风机转速，控制手术室排风机、无影灯、看片灯、照明灯以及摄像机、对讲机、背景音乐等，将手术室内的所有设备都集中在屏上进行管理。

（4）报警功能：对手术室内各类监视参数都具有超差报警功能，如医用气体压力，过滤器压差，空调净化机组故障，供电故障等。

（5）查询功能：对手术室内的温度、湿度、洁净度，医用气体压力、过滤器压差、室内余压、机组故障、电源故障等运行状态进行记录，以供历史查询，既可爱指导维修，特别有益于手术事故的分析。一体化复合手术室都希望具有这一技术。

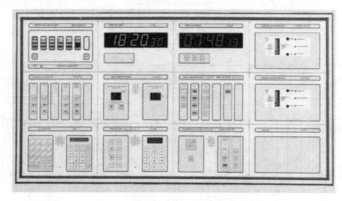

图 6-51 手术室控制屏

第十一节　人类辅助生殖技术实验中心规划与建设

人类辅助生殖（assisted reproductive technology，ART），是指运用医学技术和方法对人的卵子、精子、受精卵或胚胎进行人工操作，以达到受孕的目的。它包括人工授精（artificial insemination，AI）和体外受精-胚胎移植技术（in vitro fertilization and embryo transfer，IVF-ET），以及各种衍生技术。2003 年，原卫生部颁布了《关于修订人类辅助生殖技术与人类精子库相关技术规范、基本标准和伦理原则的通知》，在《人类辅助生殖技术规范》中，围绕患者安全、隐私保护，对开展生殖技术场所的空间面积标准、空气洁净度要求、交通流线的组织方法提出了严格的要求。并在工程实践中，将《洁净手术部建设标准》、《医院建筑设计规范》等引入工程设计，作为人类辅助生殖技术实验室建设的基本依据,使人类辅助生殖技术实验中心的规划与建设水平得到了有效的完善与提高。

一、中心区域规划要素的组成

开展辅助生殖技术的医疗机构,应将人类辅助生殖中心应作为一个独立的区域进行整体规划。在建筑空间上必须具备常规检查、住院治疗、开腹手术的基本条件。基本空间要素一般包括:候诊区、诊疗区、检查区、取精室、精液处理室、数据文件室、清洗室、缓冲区(包括更衣室)、超声室、胚胎培养室、取卵室、体外受精实验室、胚胎移植室及其他辅助场所。同时,还应从医疗流程上进行整体规划,妥善安排各区域的构成要求,实验区的使用面积不得小于 260 m²。规划分区,一般包括:人工授精实验区、体外授精实验区、工作人员办公区三个部分。

1. 人工授精实验区 候诊室、诊室、检查室、B 超室、人工授精实验室、授精室。

2. 体外授精实验区/胚胎移植实验室 候诊室、诊室、检查室、超声室、取卵室、取精室、精液处理、体外受精实验室、胚胎移植室等。同时开展人工授精和体外受精/胚胎移植时,以上区域中的候诊室、诊室、检查室、B 超室可不必单设,但人工授精室和人工授精实验室必须专用。

3. 医护人员办公区 医生办公室、护士办公室、男女更衣室、资料室、会议室、冷冻室、液氮储藏室、污物处理室等。在大型综合性医院中开展生殖技术,如果实验室规模较大时,可在中心设置腔镜中心、苏醒室等。

二、中心各要素面积与空气质量标准

医院辅助生殖系统工程设计,各空间的面积有基本的规定,但当作为一个独立的医疗区域进行规划与设计时,要从管理方式、业务规模、服务形式进行统筹考虑。核心区域的内容不可减少,但辅助空间应根据具体要求进行规划。规划设计中应以对体外授精/胚胎移植和人工授精两种业务在平面功能设计中有所区分,应围绕体外授精实验室进行建筑平面和洁净空调系统的设计。净化空调系统设计参考洁净手术部建筑技术规范的房间分级进行设计。

1. 超声室 供 B 超介导下经阴道取卵用,使用面积不小于 25 m²,环境空气质量应符合原卫生部医疗场所 II 类标准。

2. 取精室 与精液处理室邻近,使用面积不小于 5 m²,并有洗手设备。

3. 精液处理室 以 15 m² 空间为宜,但不得小于 10 m²。

4. 取卵室 供 B 超介导下经阴道取卵用,每间 28 m² 左右为宜,使用面积不小于 25 m²,环境空气质量应符合原卫生部医疗场所 II 类标准。

5. 体外受精实验室 使用面积不小于 30 m²,并具备缓冲区。环境空气质量应符合 I 类标准,应设置空气净化层流室。胚胎操作区必须达到净化百级标准。

6. 胚胎移植室 使用面积以 20 m² 为宜,便不得小于 15 m²;环境空气质量应符合医疗场所 I 类标准。

7. 胚胎冷冻室 每间以 28 m² 为宜;胚胎培养室可适当放大,可根据区域空间面积进行安排,一般在 50 m² 为好;净化要求为百级层流;PGD 室:12 m²;无菌物品库:视情安排,但不能小于 8~10 m²;IUI 实验室:应根据实验室的规模确定满足基本功能需求。

8. 手术室 IUI 手术室每间不小于 35 m²;宫腔镜手术室每间不小于 20 m²,并可作 IUI 手术室用。

同时要根据生殖技术实验室的规模与手术室间数,预留一定的新风机房面积。

三、中心的空间流线组织

在大型综合性医院中,生殖技术实验中心与手术部建设要求不同,手术部为独立设置,而生殖实验室往往是与门诊、手术室相连接,功能分区的流程规划与布局应既要考虑不同区域洁污分流,又要考虑到实验室中手术区、实验区、工作区三者之间空间流线安排与空气洁净度与感控要求。区域整体规划通常包括三个主要方面:

(1)常规门诊检查诊断:包括男科诊室、女科诊室、B超检查室、检查室、医生休息室、档案资料室、护士站、男女更衣室等。

(2)普通手术区、洁净手术区、腔镜中心、苏醒室等。

(3)实验中心的各空间要素其流程大致如图6-52:

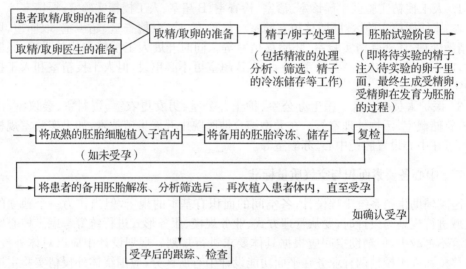

图6-52 辅助生殖中心采取分区设计展开的方式

以上流程穿插了各种洁净器械、敷料、药品的供应,以及受污染的物品的消毒处理等工作。流程安排的基本要求:洁净区与非洁净区分开;医患流线分开;人员与物流路线分开。一个完整的生殖医学中心其布局必须设置:男患者通道、女患者通道、医护人员通道、洁净物品通道、污物通道。确保医护人员与患者安全,避免感染事件的发生。其中:

1. 医生流线 换鞋→更衣、淋浴、卫生→缓冲间→洁净走廊→刷手→手术室或各个实验室→洁净走廊→刷手→缓冲→更衣、淋浴、卫生→换鞋→办公室。

2. 女患者流线 更衣、卫生→普通走廊→缓冲→洁净走廊→手术室/取卵室/移植室→麻醉复苏→洁净走廊→缓冲→普通走廊→病房/离开医院。

3. 男患者流线 更衣、卫生→普通走廊→登记→缓冲→取精室→缓冲→登记→普通走廊→病房/离开医院。

4. 洁净物品流线 供应部门→专用电梯→普通走廊→缓冲→洁净走廊→手术室/取卵室/移植室/洁净物品辅房。

5. 污物流线 简单打包→污物出口→污廊→污物分类清洗→消毒→传递窗→手术室或其他辅房。

四、中心的装修设计要求

1. 实验区的装修要严格执行相关规范 建筑材料必须环保无毒、无放射性、无有害气体挥发,保证对卵子、胚胎无侵害性。装饰建筑材料要保证耐擦洗、不积灰、不起尘、易清洁,应有降噪作用,使实验室区域环境保持在医疗场所消毒标准要求下运行。其中体外授精实验室对场所的环境要求是最高的,因此在空气净化系统中,体外授精实验室的空气净化的重点区域,应围绕中心实验室对整个区域进行净化空调系统设计。

2. 实验区的灯光照度应可控　受精卵在强光下易被杀死,所以在胚胎实验室墙面设有亮度可调式壁灯,实现亮度可控,保证实验的成功率。如果采用外凸式壁灯,壁灯的最低点高度要控制在 1.8 m 以上,如果采用嵌入式的壁灯,高度可不受限制。

3. 室内窗帘设计也应重视色彩的运用　如果实验室设计在靠外窗的部位,太阳光中的紫外线将会把受精卵杀死,在设计的时候应该采取合理的遮阳措施,尽量不采用布艺窗帘,一方面,是因为布帘上的布料纤维脱落后,会飘浮在空气中,对房间的空气产生污染,从而影响房间的洁净度;另一方面,是因为净化房间要经常进行消毒,布艺材料不易消毒,所以,不建议采用布艺窗帘。在设计的时候可以考虑采用铝合金双层玻璃中间带金属百叶窗,遮光百叶片夹在两层玻璃之间,手动或者电动控制百叶遮光片的启闭,方便清洁、消毒工作,利于房间净化。

4. 普通区域装修设计要充分体现人性化　通过各种造型、曲线、色彩,利用不同的装饰材料得到理想的装饰性效果,体现家庭化氛围。

5. 洁净空调系统应独立的控制运行,体外授精室按净化一级标准装修,相关辅助空间按《医院洁净手术部建筑技术规范》辅助区域Ⅲ类标准设计。弱电系统按需布点,除满足信息系统的要求外,对楼宇控制计量、消防控制、传呼系统等也应按要求进行设计,纳入医院整体规划之中。

6. 辅助生殖系统应设置专用的医用气体系统　医用气体未端接口配置按规范设计管理。各检查室均须设置氧气接口;人工授精室、体外授精室,设置氧气、压缩空气、负压吸引接口与麻醉气体接口,以满足设备动力与医疗安全要求。并要为培养箱提供专用的高纯度二氧化碳,根据设备要求提供正常的压力。取卵、胚胎移植室、人工授精室应至少设氧气、压缩空气、负压吸引 3 种气体。

7. 空间设置要充分尊重患者隐私,在诊区设置中,做到一人一诊室,要做好空间遮挡,消除患者的心理障碍。

8. 工作场所须符合医院建筑安全要求和消防要求,保障水电供应。各工作间应具备空气消毒设施。

五、中心各功能空间的设施配置

国家卫生部在《人类辅助生殖技术规范》中规定,开展辅助生殖技术的实验室配置的设备必须具备如下的基本要求:

①B超:2 台(配置阴道探头和穿刺引导装置);②负压吸引器;③妇科床;④超净工作台:3 台;⑤解剖显微镜(立体显微镜);⑥生物显微镜;⑦倒置显微镜(含恒温平台);⑧精液分析设备;⑨二氧化碳培养箱(至少 3 台);⑩二氧化碳浓度测定仪;⑪恒温平台和恒温试管架;⑫冰箱;⑬离心机;⑭实验室常规仪器:pH 计、渗透压计、天平、电热干燥箱等;⑮配子和胚胎冷冻设备包括:冷冻仪、液氮储存罐和液氮运输罐等。申报开展卵胞浆内单精子显微注射技术的机构,必备具备显微操作仪 1 台。

开展体外受精与胚胎移植及其衍生技术的机构,还必须具备以下条件:

①临床常规检验(包括常规生化、血尿常规、影像学检查、生殖免疫学检查);②生殖内分泌实验室及其相关设备;③细胞和分子遗传学诊断实验室及其相关设备;若开展植

入前胚胎遗传学诊断的机构,必须同时具备产前诊断技术的认可资格;④开腹手术条件;⑤住院治疗条件;⑥用品消毒和污物处理条件。

大型辅助生殖中心实验区域的设备配置,通常情况下,根据规模与业务量确定。各空间配置一般要求如下:

1. 取精室　设 2 间,其中 1 间应设有病床以用于辅助取精,房间设门禁管理,内设有电视,单人间设置,保证私密性,突出人性化的设计;取精室与护士站设有语音对讲系统,便于医患之间的沟通。取精室与精液处理室之间用互锁式传递窗连接,患者取精后,可以直接通过传递窗送至精液处置室,房间等级参照 GB50333—2002《医院洁净手术部建筑技术规范》中洁净辅房用房Ⅲ级标准设计。

2. 精液处理室　应紧邻取精室和胚胎实验室,设超净工作台,及相应的二氧化碳培养箱,及嵌入式储物柜。每个二氧化碳培养箱设两种气体,分别是二氧化碳(99.999 999 9% 高纯度,与医院医用气体供应站分开设置)和氮气;每个二氧化碳培养箱单独配一套万用插座。培养箱高度不超 1.2 m 的情况下,可在下面加 1 个 0.6 m 高的储物柜,既方便工作人员的操作,又提供了储存物品的空间。房间等级参照"规范"中洁净辅房用房Ⅱ级标准。

3. 取卵室　最好设两间,其中 1 间为负压,用于感染患者。设备配置有药品柜、麻醉柜、器械柜、保温柜、保冷柜、墙腰式医用气源配置箱(设有 2 个氧气、1 个压缩空气、1 个二氧化碳、1 个真空吸引)、观片灯、输液导轨、计时器(分别标有:手术时间和北京时间)、免提对讲机、产床、移动式无影灯、插座箱 4 套(每面墙设 1 套)。取卵室与胚胎实验室之间设有互锁式传递窗,便于操作。房间等级参照"规范"中洁净辅房用房Ⅱ级标准。

4. 植入室　设 1 间,植入室的房间配置同取卵室。与胚胎实验室之间用门连通,医生可以方便将受精卵送入植入室,缩短工作路线,既避免因运送途中外部环境对受精卵产生的不利影响,又提高了工作效率。房间等级参照"规范"中洁净辅房用房Ⅱ级标准。

5. 腔镜手术室　设 1 间,配置设备有药品柜、麻醉柜、器械柜、保温柜、保冷柜、医用气源设 2 套(每套配设有 2 个氧气、1 个压缩空气、1 个二氧化碳、1 个真空吸引、1 个氧化亚氮、1 个氮气、1 个麻醉废气排放)、观片灯、输液导轨、计时器、免提对讲机、产床、手术室专用无影灯、麻醉塔 1 套、腔镜塔 1 套、插座箱 4 套。房间等级参照"规范"中洁净手术室Ⅲ级标准。当设置腔镜中心及手术区时,在其周边应设置洁净附房、污洗和腔镜清洗消毒室、谈话室、麻醉复苏室及家属等候区等。

6. 胚胎实验室　设与规模相应双人超净工作台、二氧化碳培养箱、自净式空调机、储物柜等。二氧化碳培养箱的气源接口设在箱体位置的吊顶上,每个二氧化碳培养箱的配置同精液处置室。房间等级参照"规范"中洁净辅房用房Ⅱ级标准。

7. 配液室　大型生殖中心应设专用的配液室,规模可根据输液用量进行设置。一般要配置双人超净工作台,二氧化碳培养箱,1 套储物柜。房间等级参照"规范"中洁净辅房用房Ⅲ级标准。

8. 荧光显微镜/PCR室　设 1 套超净工作台,两套二氧化碳培养箱,1 套荧光定量PCR 仪,配套防震动工作台。房间等级参照"规范"中洁净辅房用房Ⅲ级标准。

9. 细胞室　可设 1～2 间,室内应设超净工作台,二氧化碳培养箱,储物柜。房间等级参照"规范"中洁净辅房用房Ⅲ级标准。

10. 耗材库、试剂库建筑面积为 25 m²,房间等级参照"规范"中洁净辅房用房Ⅲ级标准。

11. 液氮储存　空间的空气质量等级参照"规范"中洁净辅房用房Ⅳ级标准。

12. 冷冻室 设有 1 套干燥箱、液氮储存罐、转运罐、若干成品操作台等。

六、中心的空调通风设计

辅助生殖中心实验室是相对独立的医疗管理单元,其洁净空调、普通空调,应由实验室单独控制,可将信号输送到中央控制室,中央控制室"只监不控",确保中心空调系统运行的及时性、有效性与安全性。

中心内,由于各区域空间功能差异,对空调与净化的要求产生一定的需求差别,设计中,要严格执行规范要求,分区设计,确保舒适性与安全性的统一。

(1)体外授精实验要通过完成体外授精实验、卵胞浆内单精子注射等一系列显微操作流程。因此,这一空间是辅助生殖中心的核心工作区,净化设计应按照医疗场所Ⅰ类标准进行通风设计,可参照《医院洁净手术部建筑技术规范》,按空气洁净度 1 000 级标准设计,采用独立的净化空调系统,并在实验室内或缓冲区设置控制台。

(2)胚胎移植室、精液处理室、取卵室、人工授精实验室、人工授精室应符合卫生部医疗场所Ⅱ类标准,空调净化系统参照《医院洁净手术部建筑技术规范》,按空气洁净度 1 000 级标准设计,其他实验室区域如胚胎移植室、取卵室等一般可按空气洁净度 100 000 级标准设计,送风口可分散布置,也可参考《医院洁净手术部建筑技术规范》中规定的Ⅲ级洁净手术室设计。其他区域可采用一套净化空调系统。

(3)取精室应设计为保持负压状态,加大排风量,可不做空气净化系统。

(4)实验工作区内配百级超净工作台。在实例设计中,各房间均采用了上送下回的气流组织方式。净化空调机组应设置制冷、加热、加湿、送风等运行保护。

(5)空调系统采用集散式控制。除总控外,在各区护士工作站或进入实验室区域的走廊位置设控制屏或开关,以对空调机组的启停、温湿度的设定、高效过滤器阻塞报警、机组状态显示及报警等及时管理。

七、中心布局的案例分析

案例一：图 6-53 所示辅助生殖中心独立设置,包括诊室、实验室等。其体外授精实验室和人工授精实验室分区设置。体外受精/胚胎移植部分的取卵室、胚胎移植室、精液处理室围绕中心实验室(体外授精实验室)布置,用传递窗与中心实验室联系,布局合理。取卵室为患者和医生分别设置了缓冲、更衣入口,体外授精实验入口布置了缓冲更衣室,并设置了风淋室,符合医院消毒卫生标准流程。

实验室用材采用轻钢龙骨石膏板隔墙及吊顶,表面粘贴铝塑板工艺做法,地面采用同质透心卷材 PVC 铺贴,在满医院环境标准的要求下,取得良好的装饰效果。

净化空调设计按照《医院洁净手术部建筑技术规范》相关标准,净辅助用房的取卵室、精液处理室、胚胎移植室和人工授精室按Ⅲ级标准,体外授精实验室按Ⅰ级净化标准设计。

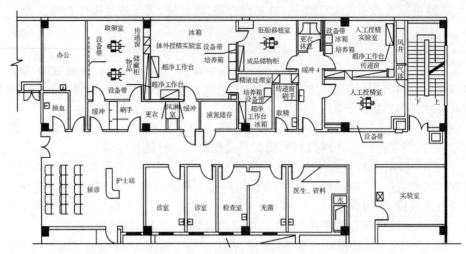

图 6‑53　辅助生殖中心围绕体外授精实验室展开的设计方式

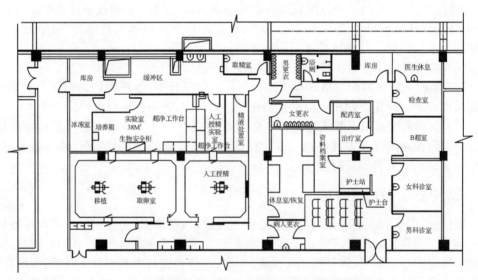

图 6‑54　辅助生殖中心采取分区设计展开的方式

案例二：图 6‑54 所示辅助生殖中心对诊疗区、实验区、操作区进行区域划分，各种人流组织较为通畅，不互相交叉，便于管理，也保障了实验室的洁净。并进行独立设计，诊疗区相对隐秘。考虑到消除患者的心理障碍的因素，分设男、女科诊室及数据室等功能用房。中心实验室设缓冲区，进行二次更衣。患者在通过更衣室、专用的通道进入取卵、移植、人工授精室等区域。

辅助用房通道设置与外侧(存储液氮等)，工作人员可通过外围的专用通道进入。

取精室靠近外窗，保证了室内的通风，及时消除异味。

平面中设置了患者休息室，患者术后可得到较好的休息，方便医护人员术后观察。

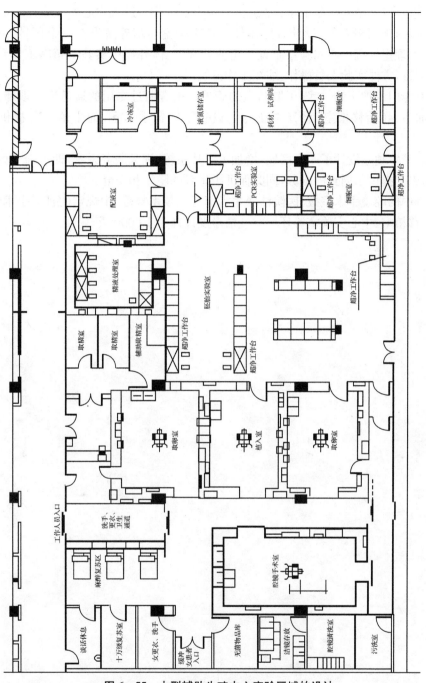

图 6-55 大型辅助生殖中心实验区域的设计

案例三：图 6-55 所示辅助生殖中心为大型中心，设有专科门诊，包括男科、女科等功能用房。图中显示仅为中心的体外授精实验室的区域，未包含诊室和相关的常规检查室等。

医护人员更衣后，由通道右侧进入实验区，实验区设细胞学分析、定量分实验室及试剂库等,可完成一系列的分子学、细胞学实验检查工作。进入中心实验室区域时需通过缓冲走廊,由于面积有限,设计时把体外授精实验室与培养室设在一个区域。取卵、移植、精液处理室环绕中心实验室布置。精液处理室、体外授精实验室超净工作台布置在传递窗附近,方便实验人员操作,缩短工作流线。

设有专门的护士站,加强了取精室的管理。患者通过专用的通道进入取卵、移植区域和取卵室、胚胎移植室;设计中还专门设置了腔镜手术室,为生殖中心提供了手术条件。

在取精室独立设计了一个区域,增加了门禁系统、视频服务系统,即加强了区域的管理,又为患者提供了周到的服务,同时保证了患者的隐私和安全。

本例中的腔镜手术室按《医院洁净手术部建筑技术规范》中规定的Ⅲ级手术室设计,取卵室、移植室、中心实验室等环境空气洁净度设计为 10 000 级。

第七章
医学影像科建筑规划

医学影像科是医院医技保障的核心科室之一。其建筑规划既要视医院的规模与设备的种类而定，也要根据环境评估要求进行设计与施工。在医院规模较大时，影像科应规划为一栋专用建筑；如果医院规模较小时，则应在邻近住院部与门诊区域之间的位置进行规划。基本要求是，医学影像科在医用建筑全局中必须是一个相对独立的环境，流线上要处理好与各相邻部门的联系，如：与住院部的联系，要考虑患者以不同的运动方式到达影像科的行动需求；与门（急）诊的联系，要考虑患者的行动路径、缴费、候诊、取报告等过程的便捷性，做到交通便捷、距离适当、方便患者。内部管理要规划好各类操作空间的相互关联性，同时要加强施工过程的监督管理，确保工程质量。本章所述各类大型设备的安装要求与尺寸标定均为工程实例，为施工组织者或工程管理者提供一种方法。

第一节　医学影像科区域功能的规划与布局

医学影像科平面布局的基本要素有：候诊区、分诊登记处与报告领取处、机房、设备间、操作间、准备室、治疗室、读片室、会诊室、教室、值班室及卫生间等。如开展介入放射诊疗的，还要在相对独立的区域设置介入门诊室、导管室、无菌间、洗手间、污洗间、观察室等；有条件的医院，要将医学影像科的外部做成开放式的。候诊处要根据每种不同设备所需诊疗时间区分为普放候诊区、CT候诊区、MRI候诊区及介入候诊区。每个工作区域内要尊重患者的隐私保护，设置必要的更衣间。工作间的工作流程：检查、图像处理、阅片并出具报告。同时应设有主任办公室、医师办公室和技师办公室，以及相应的辅助用房等。如果环境允许，医学影像科应与超声诊断科相邻，以便于科室之间的协调管理。

医学影像科空间要素与流程设计，应根据设备清单提供的设备种类进行排布，并根据各类设备不同的要求进行流程安排，要留有一定余地。同时注意环境色彩与灯光的设计，以方便医技人员观察与缓解病人的紧张心理（图7-1）。

通常情况下的医学影像科平面布局分为四个部分：候诊区、工作区、操作区、办公区。如果医院规模较大、设备较多时，必须设置独立的影像楼，接待分诊等必须分层设置。

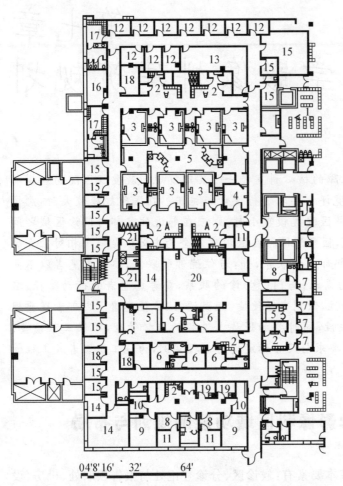

1. 候诊/接待　2. 更衣　3. 放射影像/荧光造影室　4. 胸透室
5. 质控/工作区　6. 超声室　7. 乳腺 X 线摄影室　8. 读片室
9. CT 扫描室　10. 控制室　11. 计算机/设备　12. 放射科医
生办公室　13. 读片咨询室　14. 工作区　15. 管理/办公区
16. 职工门厅　17. 职工更衣/卫生间　18. 储藏/设备室
19. 准备　20. 胶片/档案/工作区　21. 休息室

图 7 - 1　国外某医院影像科平面图

一、分诊候诊区

该区域主要为患者预约登记候诊区。一般情况下可集中于一个区域,如果影像科的规模较大时,应将普放区与其他区分开设置,并在区域中分别设置分诊台,并有明确的标识系统。候诊区应相对较大。在候诊区的墙上有显示屏与叫号功能。分诊台的设置:如普放与 CT、MRI 分区等候时,可设 2 个分诊台,每个分诊台都应有电话、网络、打印机接口,并有相应的电源、网线等插座。

二、操作区

目前在医用建筑设计中有两种设计方式:一种是独立式操作区,每台设备,每个空间分为机房、设备间、操作间。一种是通道式操作区,在机房相对独立的前提下,在靠近窗户的一侧设置通道式操作区。这种设计既可以节省空间,也可以节省能源。各个操作间工作上可以相互支持。可以充分利用自然光线。每个操作间设一操作台,紧贴观察窗放置。操作间(图 7 - 2)设备有单独供电,室内有网络、电话接口,所有的机房都要严格执行辐射防护标准。机房门可采用具有连锁保护装置的电动门,操作间可采用平拉门。在操作间内可放 1~2 台干式激光打印机,可联网使用。有条件的应视需要在操作区附近设置准备间和卫生间等,相应区域放置更衣柜、洗手池及其他设施等,以方便患者。

医用诊断 X 线机机房设施防护的技术要求:医用诊断 X 线机机房的设置必须充分考虑邻室及周围场所的防护与安全,一般可设在建筑物底层的一端。机房应有足够的使用面积。新建 X 线机房,200 mA 单球管 X 线机机房面积应不小于 24 m²,双球管 X 线机机房面积应不小于 36 m²。大于 200 mA 以上的 X 线机机房面积相应要大些。此外,牙

医用建筑规划

科、乳腺等 X 线机应有单独机房。摄影机房中有用线束朝向的墙壁应有 2.5～3 mm 铅当量的防护厚度，其他侧墙壁应有 2 mm 铅当量的防护厚度。设于多层建筑中的机房，其天棚、地板应视为相应侧墙壁，充分注意上下邻室的防护与安全。机房的门、窗必须合理设置，并与其所在墙壁有相同的防护厚度。机房内布局要合理，不得堆放与诊断工作无关的杂物。机房要保持良好的通风。机房门外要有电离辐射标志，并安设醒目的工作指示灯。受检者的候诊位置要选择恰当，并有相应的防护措施。X 光机摄影操作台应安置在具有 2 mm 铅当量防护厚度的防护设施内。

三、设备间

影像科所有的设备都必须在一个相对独立的空间内。机房的面积要考虑配套设施的安放和使用方便。某些大型设备除机房外还要有专门的设备间，如磁共振和 DSA 等。为方便病人，区域内最好有更衣室与洗手间。

DR 机房、CR 机房内应设更衣区，条件允许时应在该区域内设置卫生间，以方便病人。特别是乳腺机房的设置，要从女性的需求考虑，在机房的一侧留出更衣室的空间。乳腺机房的操作间相对要大一些，可兼做诊断室之用。

图 7-2　某医院 MRI 操作间实景图

四、办公区

一般应设置主任办公室、医师办公室、技师办公室、教室、读片室、会诊中心与夜间值班室，会诊中心可与教室设置成一体化，其面积大小要考虑影像诊断和教学需要。每个区域中都应有电话、网络接口和观片灯。读片室内根据工作量大小设置多台接入 RIS 和 PACS 的图文报告工作站和观片灯，以供书写诊断报告和审核报告。有条件者可在会诊中心设置 RIS 和 PACS 服务器，设置多幅面的大型电子显示屏，供科内和院内会诊讨论或教学使用。办公区各室内可沿墙设置每隔 1.5 m 一组强电插座、1 个网络接口。

五、治疗区

医学影像科经常需要进行特殊造影检查、CT 和 MRI 增强扫描检查以及开展一些特殊诊疗项目，要在相应区域选择合适的位置设置治疗室，治疗室内配置药品柜、器械柜和治疗用推车，并安装污物清洗池和洗手池；根据需要可配置小冰箱。治疗室要便于护理人员工作，并能进行污物处理。介入放射科的治疗区相对要大些，应分为无菌室、治疗室和污物处置室以及洗手间等，无菌室配置药品柜、器械柜等。此外，根据开展介入诊疗项目的情况，有条件者可开设 CCU 病床或观察床、设置护士工作站等。

六、设备空间的装修要求

医学影像科的装修施工是一项具有特殊技术要求的工作,设备进场安装必须进行环境评估,施工材料具有特殊要求,不同厂家的设备有不同的技术参数,有时会因上述条件的限制,致使土建、辐射防护与磁屏蔽施工出现困难。从多年的实践来看,大型设备安装涉及的配电、供水、土建基础工作可以在设备安装前根据其共有特性及相关规范,按通用标准预先做好准备。

七、影像科供水方案

1. MRI室 设备间水冷室外机组供水(循环);治疗室:污物清洗池(三联)、洗手池、洗拖把池;准备室:污物清洗池(三联)、洗手池;主任办公室:洗手池;医师办公室:洗手池;男更衣室:淋浴、洗手池;女更衣室:淋浴、洗手池;男值班室:洗手池;女值班室:洗手池;病人更衣室:洗手池;洗手间:男厕、女厕、洗手池(二联)、拖把池。并在公共区域卫生间内设置残疾人卫生间。

2. 介入放射科 男更衣室:淋浴、洗手池;女更衣室:淋浴、洗手池;治疗室:污物清洗池(三联)、洗手池;洗手消毒间:洗手池(三联);污洗间:污物清洗池(三联)、洗手池、洗拖把池;洗手间:男厕、女厕、洗手池(二联)、洗拖把池。

八、空调系统

影像科除磁共振的机房和设备间用精密恒温恒湿空调外,其他设备的机房、操作间和设备间要根据厂家提供的设备运行要求配置相应功率的空调和除湿机,部分地区因过于干燥还需要配置加湿机,确保温度和湿度在设备运行的正常范围内。

第二节　螺旋 CT 机房规划与布局

目前螺旋 CT 已经在医学影像诊断中得到广泛的应用。螺旋 CT 设备对于工作环境有一定的要求:一是要做好辐射防护处理;二是为防止手术感染,对空气要进行过滤消毒处理。因此,在影像科的建设中,必须分专业对设备环境进行评估,并在此基础上进行设计与施工。

一、CT 机房平面布局的要求

CT 机房在平面布局上分为三个部分,一是机房,二是操作间,三是设备间。新型螺旋 CT 已经取消了专用的设备间。此外,考虑到患者的隐私与特殊情况,应在邻近机房处设置一个患者更衣间。同时在机房内部,要设置相关器械和用品摆放区,以确保环境的整洁与使用的方便。在进行平面规划时,首先要确定设备的型号及重量,以便在设计时对 CT 机房的基础的做法及承重提出明确的要求。对于水电线路的走向、压缩空气的安装位置,都要明确。特别是电路管线的埋设,要预留管道,并做好必要的辐射防护,确保安全。在机房的一侧墙壁安装设备带,提供多路电源插座以及氧气、负压吸引接口等,还要考虑紫外线杀菌灯的安装。需要在分诊台与各个操作间统一设置传呼叫号系统,要做好 RIS、PACS 与各台设备的网络连接,以便于工作人员与患者沟通,提高工作效益,方便工作的开展(图7-3、图7-4)。

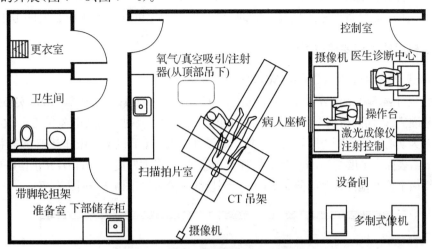

图7-3 螺旋CT机机房平面布局示意图

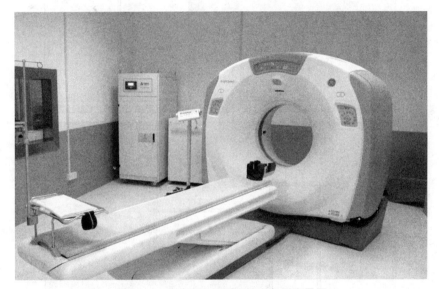

图7-4 南京同仁医院CT设备间实景图

二、CT工作区的配电要求

电源电压：交流380 V ±5%(三相＋零线＋保护接地)；

功率：100～120 kW±(根据厂家提供要求确定)；

电源频率：50 Hz±1 Hz   电源输入阻抗：≤0.2 Ω；

接地阻抗：独立接地≤1 Ω；共用接地≤0.2 Ω。

三、环境要求

温度：18～22℃；相对湿度：40%～60%(无冷凝结露现象)。CT机房的空调系统，需要满足CT机对环境温湿度的要求，确保设备的运行安全。

在 CT 操作间施工中,要注意环境的整洁与流程的合理,所有线路凡可暗埋的应入墙、入地。注意辐射防护施工质量。同时,要对病人治疗更衣的场所作必要的考虑。

四、机房的布局要求(示例)

墙中线至墙中线:5 100 mm(W)×8 000 mm(L)。

内径尺寸:4 860 mm(W)×7 760 mm(L)(净高≥3 200 mm);墙体厚 240 mm,实心砖墙,混凝土砂浆灌满缝,墙面粉刷 1 mm 铅当量的防护涂料,预留门、观察窗及电缆穿墙孔(图 7-5);上下楼板为实心浇注混凝土厚≥12 cm,按厂家设计要求于 CT 机架与床体基础处浇注混凝土厚≥12 cm,表面水平度≤2 mm(自流平-环氧树脂地坪,最大厚度≤8 mm),并预留好电缆沟;再在上楼板上面及地面其余部分做 1 mm 铅当量的防护涂料(图 7-5~图 7-7)。

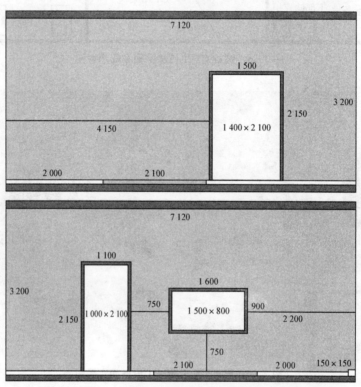

图 7-5 CT 机房前后主墙内侧图(上:走廊侧,下:操作间侧)

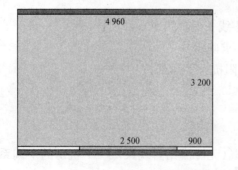 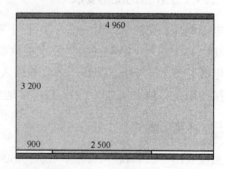

图 7-6 CT 机房左右侧墙内侧图(左:预留机房侧,右:治疗室侧)

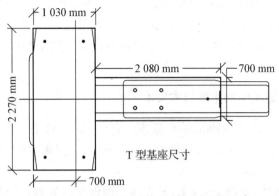

图 7-7　CT 机架与床体混凝土基础平面图

第三节　MRI 磁共振机设备机房规划与布局

目前在大型综合性医院中广泛应用的超导型磁共振成像仪对机房的设置与装修有特殊的要求。机房必须进行屏蔽,设备必须在恒温、恒湿环境中运行,因此,影像科在设计中对于磁共振机房的布局与安排必须经过评估后方可进行。屏蔽施工的主要目的是确保磁共振成像仪(MRI)正常工作,防止外界的磁场干扰以及设备本身的磁场外泄。做好机房的屏蔽处理以确保设备与人员的安全。

一、MRI 机房的平面布局

磁共振机房应设置于一个独立的空间内,其中磁体间要进行磁屏蔽施工,安装在地面时,需挖地 30 cm 深;安装在楼层中时,在楼板浇注时要预先下沉 30 cm,以便磁屏蔽施工。

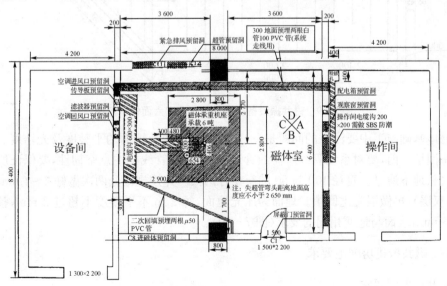

图 7-8　1.5T 超导磁共振机房平面布局示意图

除本身所需的设备间、磁体间及操作间外,还需有独立的空间作为患者的候诊区和更衣室。同时在这一区域外侧要设置醒目的标识,提醒特殊人群进入该区时应注意的事项。在地面标高确认阶段要预留设备进场通路,跟踪监督标高和室内平整度,避免返工,浪费精力与财力(图7-8)。

二、磁共振机房施工中的主要技术要求

屏蔽效能:执行 GB/T12190-2006 标准。10 ~100 MHz,平面波衰减大于80~100 dB。绝缘阻抗:大于 1 000 Ω;接地电阻:小于 1 Ω;照度:操作间 30~150 lx(可调式);磁体间:150 lx、350 lx(二路)。

结构组成:六面板体、支撑龙骨(木)及壳体与地面绝缘处理,六面体采用厚度为:地面0.4 mm的紫铜板,顶面、墙面为 0.2 mm 紫铜板,焊接工艺为氩弧焊。接缝与孔洞的长边平行于磁场分布的方向,尽可能不阻断磁通的通过。屏蔽门、屏蔽观察窗、通风波导窗、电源滤波器应按照设备相关要求制作。室内的电器要采用抗磁吸顶白炽灯、信号传输板、波导接口、通风系统的接口和系统电缆槽及支架的配置与选择应符合屏蔽要求(图7-9)。

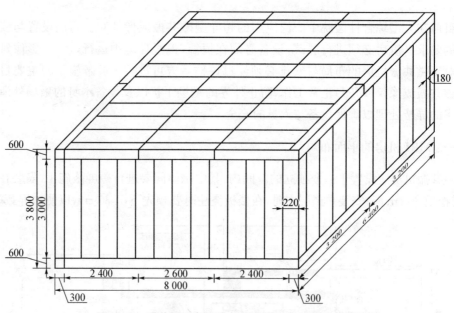

图7-9 磁共振设备机房射频屏蔽室六面体示意图

磁体基础施工中要注意的问题是:一定要做到墙面及地面的平整度及光洁度。在磁体基座回填土前,要对系统管线所需的管道进行预埋,管线要注意坚韧性,要保证所有系统管线从地下通过。直径 100 与 50 的至少各两根。并按规范分两次做好 2~4 mm 的防潮层(双层),再做混凝土回填。地面为压光地面,每 2 m 不平整度不超过 2 mm,整体不超过 5 mm,墙面与地面相同的要求(图7-10)。

三、磁共振机房配电要求

磁共振电源要求:

电源电压:交流 380 V ±5%(三相+零线+保护接地);

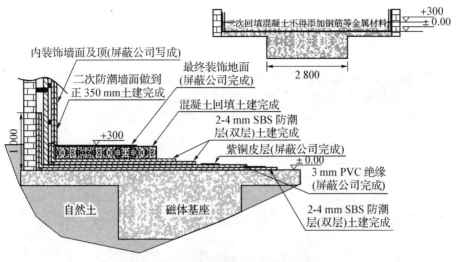

图 7-10 磁共振磁体基座施工示意图

功率:主机:120 kW,空调机:50 kW,水冷机:20 kW;

电源频率:50 Hz ±1 Hz;

电源输入阻抗:≤0.2 Ω;

接地阻抗:独立接地≤1 Ω;共用接地≤0.2 Ω。

因设备生产商的不同,具体要求也各有不同。施工中应按设备说明书进行设计。上述参数供参考(图 7-11、图 7-12)。

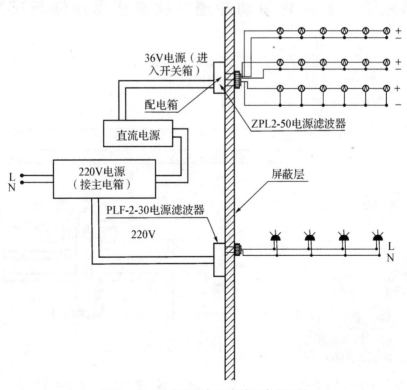

图 7-11 磁共振设备机房的配电原理图

环境要求：

温度：15~21℃（安装精密空调）；

相对湿度：30％~60％（无冷凝结露现象）。

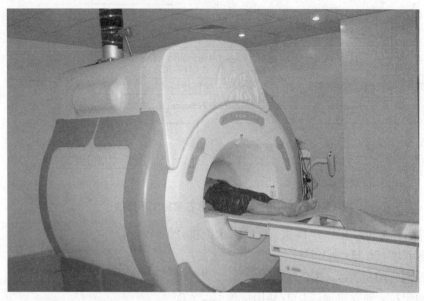

图7-12　磁共振扫描间（磁体间）设备实景图

第四节　数字化多功能透视摄影机房规划与布局

数字化多功能透视摄影机可以进行各种造影和特殊摄影检查，还可进行各种常规介入诊疗，其机房与设备间的布局同普通X线设备基本相似。应按辐射防护要求进行施工（请参阅第二节相关内容，见图7-13~图7-16）。

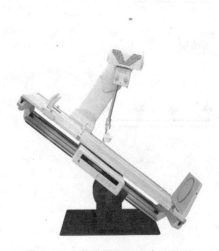

图7-13　数字胃肠机设备实样图

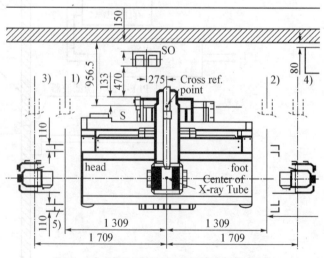

图7-14　床体混凝土基础平面图（走廊侧）

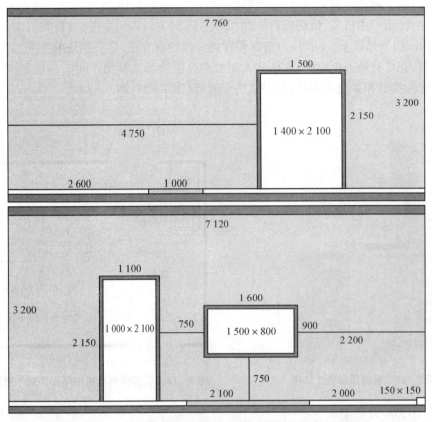

图7-15　机房前后主墙内侧图(上:走廊侧,下:操作间侧)

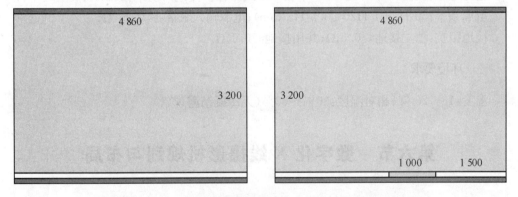

图7-16　机房左右侧墙内侧图(左:X线机房侧,右:准备室侧)

第五节　乳腺摄影机机房规划与布局

一、平面布局及装修要求

乳腺摄影机用于软组织的 X 线摄影,其管电压一般在25～40 kV,在辐射防护方面有其特殊性,除了对乳腺摄影机自身的特殊要求外,安装的机房必须符合下列要求:操作区相对独立,使用专用机房,机房的有效面积要达到 24 m²,四周墙壁、楼板和门窗的防护要达到 1 mm 铅当量以上。同时,为造影和穿刺活检检查方便,要有相应的空间放置检查配件和器械,还要有病人更衣间,方便病人更衣与存放物品。其操作间应与诊断室合用,放置诊察床和摆放相关检查用品,并安装洗手池等(图 7-17、图 7-18)。

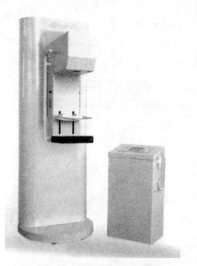

图 7-17 乳腺摄影机立体图

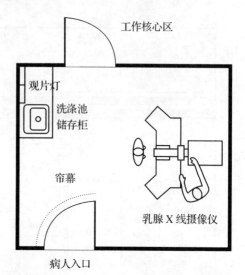

图 7-18 乳腺摄影机机房平面布局示意图

二、电源配置要求

电源电压:交流 220 V ±10%(单相+零线+保护接地);功率:20 kW;
电源频率:50 Hz±1 Hz(≤0.5 Hz/min);电源输入阻抗:≤0.11 Ω;
接地阻抗:独立接地≤0.5 Ω;共用接地≤0.1 Ω。

三、环境要求

温度:18~26 ℃;相对湿度:30%~60%(无冷凝结露现象)。

第六节　数字化 X 线摄影机规划与布局

一、平面布局的空间设置

数字化 X 线摄影机(DR)的基本要求是操作间、设备间、机房。在影像科的布局中,应统一将操作间设置于机房外,通过防护观察窗进行操作。在许多大型综合性医院的影像科,机房根据需要独立设计,操作间是设置成一个大通道,便于操作人员相互交流。在各机房入口处有条件的都应预留更衣室,以方便检查并保护患者的隐私(图 7-19、图 7-20)。

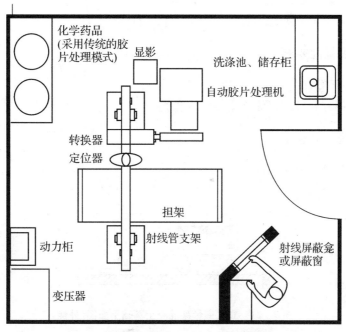

图 7-19　数字化 X 线摄影机机房平面布局示意图(无更衣间)

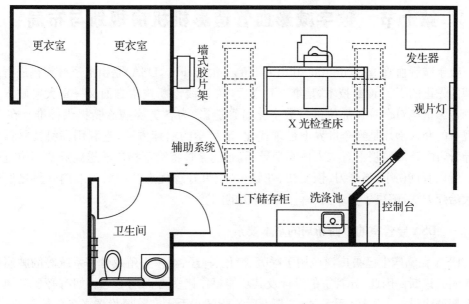

图 7-20　X 线摄影机房平面布局图示例(有更衣间)

二、电源配置要求

电源电压:交流 380 V±5%(三相+零线+保护接地);

功率:100~120 kW±(根据厂家提供要求确定);

电源频率:50 Hz±1 Hz;

电源输入阻抗：≤0.2 Ω；

接地阻抗：独立接地≤1 Ω；共用接地≤0.2 Ω。

三、环境温湿度要求

温度：20～25℃；

相对湿度：30％～70％（无冷凝结露现象）。

四、土建施工要求

请参阅本章第二节相关内容（图7-21）。

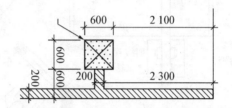

图7-21　立式摄影架混凝土基础平面图（外侧）

第七节　数字减影血管造影机机房规划与布局

数字减影血管造影（digital subtraction angiography，DSA）是由电子计算机进行影像处理的先进的X线诊断技术，是继CT之后，在X线诊断技术方面又一重大突破。大型血管造影机能对全身各部位进行数字化血管造影，为各类疾病诊断提供标准。在DSA监视下的介入治疗是当今世界上最现代化、最科学的治疗方法，它利用高科技材料制成的导管，在DSA监视下置入人体病变局部，通过导管将治疗物质输送到病变部位进行治疗。所以有创伤小、不开刀、恢复快、花钱少、效果好等优点。已成为继内外科之后的第三大治疗方法，解决了很多内外科无法解决的问题。

一、DSA导管室的平面布局的基本要素

DSA在临床上已被广泛应用于呼吸、消化、神经、泌尿生殖及骨骼系统等的肿瘤和其他疾病的诊断。因此，导管室的设计及其功能要作诸多方面的考虑。如有必要必须分成两个部分建设，一是导管手术区；二是术后苏醒区。手术室除要设置必备的导管室、控制室及计算机室外，还必须有必要的辅助用房，如设备间、一次性用品存放间、办公诊室等。术后苏醒区，一般情况下，如果介入室独立的用于某一个科室，如为心导管室时，可以将CCU直接设置于心内科。此外，还必须考虑术后病人的苏醒与监护（图7-22～图7-24）。

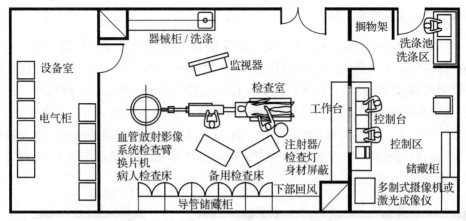

图 7-22 数字化心血管造影机机房平面布局图

二、DSA 的电源配置要求

电源电压:交流 380 V+5%(三相+零线+保护接地);

功率:100 kW;

电源频率:50 Hz±1 Hz;

电源输入阻抗:≤0.1 Ω(每相);

接地阻抗 独立接地≤0.2 Ω;共用接地≤0.1 Ω;

照明电两路供电(照明-应急/动力)。

三、DSA 的环境要求

温度:20~28℃, 设备间 15~22℃;

相对湿度:35%~70%(无冷凝结露现象)。

注:① 动力电源、空调电源、照明电源、插座电源分开配置;

② 详细电源要求及配电箱配置请参阅厂家提供的场地设计安装要求;

③ 电源电缆:0~15 m[(4×35) mm²];15~30 m[(4×70) mm²];30~45 m[(4×120) mm²];45~60 m[(4×150) mm²]。

四、干式激光相机电源配置要求

电源电压:交流 220 V±10%(单相+零线+保护接地);

功率:15 kW±(厂家提供);

电源频率:50 Hz±1%;

电源输入阻抗:≤0.1 Ω;

接地阻抗 独立接地≤0.2 Ω;共用接地≤0.1 Ω。

特别需要注意的是,在上述各设备的电配置上,必须严格实行双电源供电,要按照接地要求做好接地保护。同时要注意,设备用电与其他用电的线路要分离,独立设置供电线路,避免电源启动时对设备的干扰,损害设备,造成不必要的损失。

五、DSA 介入室施工要求

DSA 介入治疗区,其手术间内的空气净化按 30 万级净化要求进行设计施工。如房屋的层高不具备做净化条件时,可以用紫外线消毒装置对空气进行消杀处理。操作间的门应设置防辐射的电动门。设备间内要保持一定的温湿度。如果医院使用统一的新风空调系统,必须满足要求,在空调不用的季节,必须设置专用空调,以保障设备正常运行。配电要满足要求。在更衣洗手处可设更衣柜、双位洗手池。器械准备间内设电源插座三组。电动门和观察窗等防护部分,应由专业厂家设计施工,在完成防护施工后,再进行装饰施工。

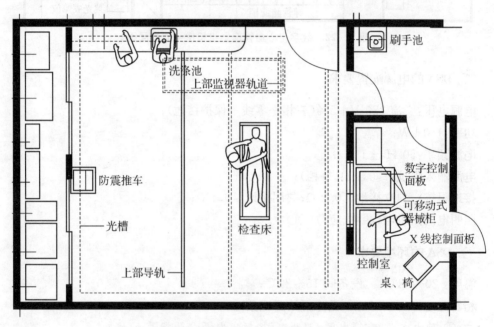

图 7-23　DSA:数字化心血管造影机机房平面布局图

DSA 手术室内面对观察窗墙的一侧设置氧气、负压吸引各两套。并有四组电源插座。DSA 使用 200cm×90cm 铅玻璃做观察窗(观察窗的大小应视墙体的高度与宽度确定,一般情况下按前述标准制作)。

如果医院有两台以上介入设备,则应设置专门的苏醒室,以保证病人的安全。

(一)DSA 的防护要求

在工程施工中,对于 DSA 平面流程要素中,主要应考虑设备机房安装与操作间的防护要求,一般要求如下:

1. DSA 设备电源供电　要考虑从变压器单独放线,并考虑电线直径,即电源内阻;可靠接地及单独接地。

2. 辐射防护　主射线方向的墙壁和门窗的防护应达到 2 mm 铅当量以上。

3. 实心墙体厚度 23 cm 或 37 cm,混凝土墙体厚度≥20 cm。

4. 机房与操作室之间的隔离物应具有相当于 2 mm 铅当量的防护要求。

5. 控制室与机房之间应安装不小于 200 cm×90 cm 的相当于 2 mm 铅当量的铅玻璃制观察窗。

6. 机房与操作室之间应有沟槽连接,以便电缆线能顺利连接。

7. 机房地面载荷要求每平方米承重符合机器自重要求,机器安装的基座处要保证地面水平度。

（二）装修材质要求

1. DSA 治疗室内的装修　其四壁必须按国家相关规范进行防辐射隔离处理。四壁墙体经防辐射处理后,其表面可用铝塑板进行封面,便于进行清洁处理。地面可用易清洗的橡胶地板。

2. 吊顶材料　DSA 的吊顶桁架必须由专业公司设置。所有装修部位的吊顶材料要求采用轻钢龙骨（能满足上人需要）,并进行隔音保温处理,面层材质同墙面,规格满足设计规范要求。

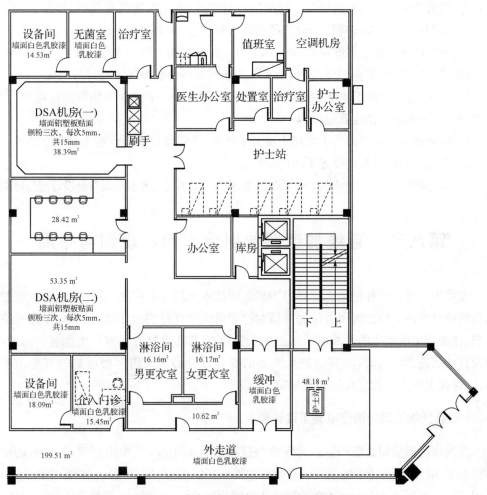

图 7 - 24　南京同仁医院 DSA 区域平面布局图

3. 地面材料　DSA 手术室外地面采用可擦洗型、防火、耐磨的优质 PVC 卷材,厚度不小于 3.0 mm,污物走道为耐磨 PVC 卷材,卷材与地面之间用自流平材料,以保证地面的平整度。其他所有项目的地面及办公用房、卫生间、污洗间采用防滑地砖铺贴。以便于清洁处理。

（三）供电照明要求

1. 每个装修项目的用电必须具有可靠性,应采用末端切换双路电源,应设置备用电源,并能在 1 分钟内自动切换。

2. DSA 手术室内用电应与辅助用电分开,每个手术室内干线必须分别敷设。每间普通手术室配电负荷不应小于 8 kW。

3. 墙面设两组电源插座面板、每组电源插座面板含 4 个单相插座(220 V、10 A/16 A)两个接地端子,其中要在手术床头部附近地面设(220 V、10 A/16 A)五孔防水地板插座一组。辅房区均设二、三孔插座 2 组。

4. 照明应采用嵌入式洁净气密封照明灯带组成,禁用普通灯带代替,灯带必须布置在送风口之外。洁净走廊应设置应急照明灯,照明应采用多点控制。

5. 手术室设计平均照度应在 350 lx 以上,准备室为 200 lx 以上,前室为 150 lx 以上,均设荧光灯具,配置电子镇流器,手术部洁净区照明由洁净气密型灯带组成。

6. 总配电柜,应设于非洁净区。每个手术间应设有一个独立专用双路配电箱,配电箱应设在该手术间清洁走廊侧墙内。

7. 控制装备显示面板与手术间内墙齐平严密,其检修口必须设在手术间之外。

8. 洁净手术室内禁止设置无线通讯设备。

9. 总电源线为双路切换电源,电缆线、线槽、套管等材料造型及敷设要符合设计规范标准。

第八节　直线加速器放射治疗用房规划与布局

直线加速器是一种把高能物理应用到医疗技术上用于治疗肿瘤的手段,是治疗肿瘤的新的放射疗法。虽然医用直线加速器对肿瘤病人有良好的治疗效果,但如果防护使用不当,在使用中所产生的高能电子辐射也会给医务人员或周边环境产生危害。因此,在建设直线加速器用房时,对其防护及装备的安装设计必须采用严密可靠的安全防护措施,以保证工作人员和公众的健康与安全。

一、直线加速器的治疗室施工设计要求

直线加速器空间总面积包括治疗室与控制室为 470 m²,其中治疗室、控制室的面积不得少于 70 m²。设计中按主照墙有效线速投照阴影部分(按 30° 射角,投影宽度为 5 m)采用混凝土厚度为 225 cm,其余部分墙体厚度为 160 cm。直线加速器可作 360° 旋转,射线机可从机房顶棚泄漏直接照射楼层上部。因此,顶棚混凝土防护也要达到 225 cm 厚度,混凝土均采用硫酸钡重晶石及硫酸钡砂。为防止高能 X 射线及少量中子产生从门泄

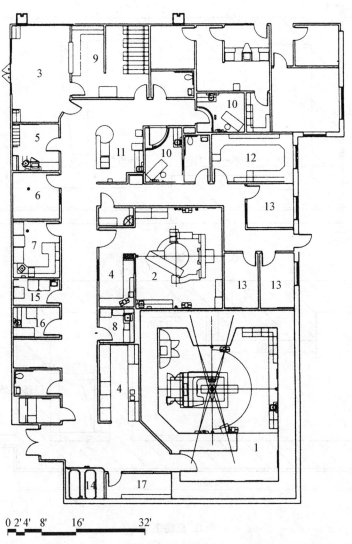

1. 直线加速器室 2. 模拟/CT室 3. 等候 4. 控制室 5. 工作室 6. 咨询/会议室 7. 阻塞室 8. 暗室 9. 接待/医案室 10. 检查室 11. 护士站 12. 计量室 13. 办公室 14. 担架存放 15. 污洗室 16. 洗涤室 17. 储藏

图 7-25 直线加速器建筑平面布局图

漏,门采用防X射线及中子防护自动控制门。为了防止射线泄漏,凡进出治疗室的各种管道均应预留,不可钻孔,决不能泄漏。否则后果极为严重。

关于直线加速器的墙体厚度相关资料所显示的不太相同。如:某市中医院直线加速器机房面积15.85 m×13.75 m,为防止直线加速器工作时射线漏,保护医护人员及周围人员的健康,直线加速器机房的侧板、顶板、底板厚度设计进行了加厚;其中底板厚度为1.2 m;顶板厚度为1.2 m(类梁截面为2.4 m),侧壁厚度为1.4 m(类柱截面为2.6 m)。底板、顶板均采用C40P混凝土浇筑;并在混凝土中加渗SBT-JM-Ⅲ外加剂和聚丙烯纤维。但设计中并未明确设备的规格与型号。

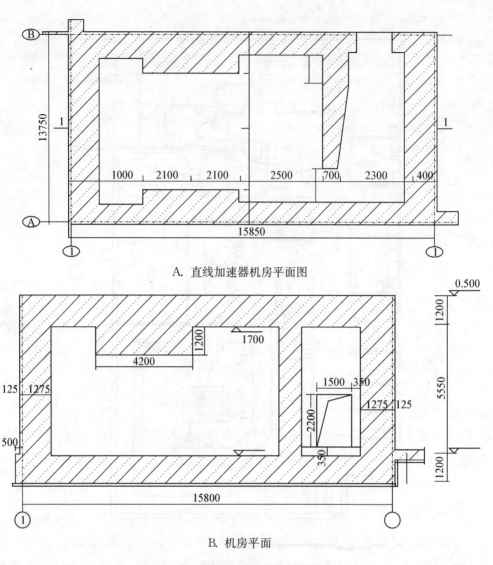

A. 直线加速器机房平面图

B. 机房平面

图 7 - 26 直线加速器防护墙体厚度示意

因此,医院在组织直线加速器的土建工程时要与设备供应商进行充分沟通,了解相关规范,防止造成工作的失误与浪费。特别要强调的,所谓的墙体厚度,并不是所有直线加速器的墙体厚度是一成不变的,而是要根据医院所采购的设备规格相关联。表 7 - 1 所显示是直线加速器的防护要求及机房面积参考数据:

表 7 - 1 直线加速器防护要求与机房面积参考

设备规格	主防护墙厚度	次防护墙厚度
10 MV	2 300 mm	1 200 mm
15 MV	2 500 mm	1 300 mm
18 MV	2 700 mm	1 400 mm

以上防护墙厚度的推荐是以 2.35 t/m³ 混凝土为例进行计算的结果。不是统一标

准。各地区对防护要求有差异。使用的混凝土标准不同,墙体厚度有可能发生差异。因此,图纸要由设计院设计后报环保部门审定后为准,防止重复工作。

直线加速器建筑总面积为 270 m²,这是一个总体规划的基本数据,在具体建设中,应将设备间、操作间、办公区的面积分配。机房尺寸的推荐(表 7-2):

表 7-2 直线加速器机房尺寸示例

分类	推荐尺寸	最小尺寸(双隔断门)	最小尺寸(单隔断门)
机房面积	7 m×8 m,高 4 m	6 m×6 m,高 3.2 m	5.5 m×6.2 m,高 3.2 m
控制室面积	4 m×5 m	3 m×3.2 m	
水冷机房	4 m×3 m	2.2 m×2 m	

二、直线加速器环境温度设计要求

直线加速器对环境温湿度要求极高,如条件可能,必须采用恒温恒湿空调。制冷量除按常规计算外,需加上直线加速器设备的发热量 8 000 kcal/h,这样才能保证制冷效果。其他一些辅助设备的发热量 1 000 kcal/h,这样才能保证制冷量的计算合理。此外,由于加速器长时间使用时会产生臭氧,因此,除了空调系统中需要补充一定量的新风外,还需在其空间内安装换气扇,风量在 300 m/h 左右。每小时换气 2~3 次。废气从屋顶排出。

直线加速器最大部件的尺寸(见表 7-3):

表 7-3 直线加速器最大部件的尺寸

最长	3.86 m(长)×1.05 m(宽)×1.05 m(高)	1 980 kg
最高	2.21 m(长)×1.40 m(宽)×2.24 m(高)	2 420 kg

空调要求:机房应用柜式空调或挂壁式空调,用户隔断板前后都有空调口,并尽量做成上进下出,前后侧都要安装空调。后侧为 5P 空调,前侧为 3P 空调。控制室可按普通空调设计。机房空调应 24 小时不间断,温度要求为 22~24℃,水冷机工作温度 5~40℃。空调的风管要贴着顶板并沿墙布置,以防止影响吊顶高度与工字梁的使用。机房通风以10 次以上为宜,(国家标准 3~5 次),确保室内环境有较高的舒适度。

直线加速器的运输通道及吊装的具体要求:

机房位于地下室时:①预备设备的吊装口为 3 m×4 m;②运输通道高度不低于 2.5 m;③地下室顶棚预留起吊吊钩,预备起重吊车,承重不小于 2 500 kg,通道高度不小于 2.5 m。

机房位于地上一层时:①拆木箱后入口尺寸 1.6 m×2.2 m,预备起重吊车;②不拆木箱入口尺寸 2 m×2.5 m,顶棚预留起吊吊钩,承重不小于 2 500 kg。

加速器部件尺寸(见表 7-4):

表 7-4 加速器部件尺寸

最长(m)	最宽(L)	最高(H)	重量(kg)
3,65	1,05	1,05	1980
2,21	1,40	2.24	2430

加速器通风空调的要求：

1. 中央空调。机房内用户隔断板前后都有空调口。

2. 柜式空调或持壁空调。用户隔断板前后都要安装空调，后侧 5P，前方 3P。

3. 控制室可按普通空调办公室设计。

4. 机房温度 22～24℃（24 小时），水冷机工作温度 5～40℃。

加速器通风的要求：

1. 用户隔断板前后都有进风口与出风口，建议上进下出。

2. 风口应紧贴顶板并沿墙布置，以防止影响吊顶高度与工字梁的使用。

3. 通风每小时 10～12 次，风管布置由专业设计院设计完成（国家标准 3～5 次）。

加速器电器的要求：

1. 直线加速器设备总用电量 42 kW：其中，加速度 30 kW（三相五线 60 A）；真空泵 2 kW（单相电，10 A）；水冷机 10 kW（三相五线，20 A）。

2. 设备接地：直线加速器设备要求独立接地，接地电阻不小于 1 Ω。

3. 其他辅助用电（照明、插座、空调、风机等等）均需另外提供。

4. SYNERGY XV1 电源要求：32 kW（三相四线，64 A）。

直线加速器温度与水的具体要求：

1. 湿度要求：机房内湿度保持在 30％～70％，建议在机房内配置除湿机（特别是机房建在地下室的）；水冷机房湿度保持在 20％～80％；

2. 水冷机房内预留水源与地漏，出水口直径 20 mm。

三、直线加速器供电设计要求

直线加速器的供电采用双电路供电，同时要加上一台 32 kW 的稳压器。计算机控制部分采用 UPS。在配置时，采用 32 kW 配电与 1 kW 的 UPS 不仅能够满足直线加速器主机的工作用电要求，而且其辅助设施的供电也能得到保证（水冷机组的供电量为 6 kW，其他一些辅助设施的用电量为 2 kW，恒温恒湿的用电量不计算在内）。直线加速器的加速管是真空管，它由一台真空泵 24 小时为其服务，因此两路供电能保证真空泵的正常运转。此外，直线加速器的照明、定位工作灯、计量检测设备、影视监视器、对讲系统、出束指示灯及维修插座等，设备供应商提供的图纸往往都是示意图，但这些设备都有其专用功能，而且它们的位置、控制要求很高，因此，安装时需要根据设备的原理与要求及现场情况另出施工图，明确各类线路走向、标高及安装方法。同时还要注意强弱电隔离，防止控制信号受到干扰，影响治疗效果。

四、直线加速器的水系统设计

直线加速器的加速管对温度十分敏感，温差变化超过一定范围会影响直线加速器的出束剂量，也影响对疾病的治疗效果。虽然加速器内部有一恒温系统控制加速管-冷却水的温度，但用自来水作为冷却水达不到要求。直线加速器的冷却水必须经过过滤处理。为了保证整个系统的正常运行，采用由水冷机组冷却与水过滤处理相结合的方法对水进行处理后再对加速器供水，以保证加速器的正常运行。但是无论是用自来水还是循环冷却水，都必须设置一个自然排水口，用来排出冷却水或循环水的更换。为了保证如直线加速器循环冷却水的质量,冷却水每半年必须更换一次。

五、直线加速器安全防护方面的设计

如直线加速器的最大放射量为 16 MeV。如防护不当不仅影响治疗效果,也会给人带来伤害。为防止直线加速器使用中给人带来伤害除了在发装过程中考虑安全措施外,还需在设计中从确保安全入手,强化安全指示系统的设计与落实。主要应从以下三个方面加以重视:

1. 对防护门的要求　严格安装质量,确保防护门未关到位时,加速器不能打开(出束)。防护门采用连锁。工作是红灯显示,门打不开;待机状态下绿灯显示;同时设置安全装置与紧急停止、点动按钮,防止在防护门开关时造成挤伤。

2. 各类管道周围的混凝土必须密实　水、电等管道穿越防护墙时,在预埋时需同水平面成 30°～60°,或呈阶梯状。风管在穿墙时必须制成阶梯状,并且风口的尺寸不大于 $(300×300)\ mm^2$。各类管道周围混凝土必须密实,以减少电子束的泄漏量。确保治疗室外的放射量在 2.5 μGy/h 以下。

3. 在治疗室内要设置报警装置,设置危险区等相应的警示牌,以免有人被误关于室内造成危险。

六、直线加速器的工作环境的具体要求

1. 温湿度控制要求　① 当设备运行时的室温要求:25℃±5℃;当设备不运行时室温要控制在 0～40℃范围内;温度变化范围应<3℃/h。② 湿度要求:40%～60%(相对湿度);湿度变化范围<5%/h。

2. 配电电源的要求　① 电压/频率:三相五线制 AC380 V/50 Hz;② 电压/频率允许变化范围 5%/Hz;③ 功率 30 kW,其中主机用电量 22 kW,辅助设备用电量 8 kW;④ 接地电阻<4 Ω。

3. 水质要求　冷却水流量,每小时 15 L 以上;水压:0.1～0.5 MPa;水温 6～12℃;水质必须是过滤水,电导率(25℃)≤5 μs/cm,pH 为 6～8。并有自然排水。

4. 防护与安全要求　泄漏到治疗室外的射线剂量小于 2.5 μGy/h。

第九节　医学影像科管理与维护通用要求

医学影像科作为医院大型设备最多最新技术最集中的科室,规划与设计不仅要符合现代化、信息化医疗需求;而且在医院发展过程中,大型设备始终处于更新与发展的动态过程中,因此,规划建设需要加强管理,不仅要考虑维护需要,还要考虑更新需要,要确保在不影响正常医疗的情况下迅速搬迁科室的各种大型医疗设备,是医学影像科在建筑与发展中的一个重要课题。通常情况下,医学影像科建设中,要注意以下三个方面的问题:

一、科学进行选址规划

影像科的地点既与门诊病人关联,也与住院病人关系密切,也与环境要求相联系。

在门、急诊量较大三级医院可分为门诊影像科和住院部医学影像中心两部分。其基本要求是：

1. 选址应遵循"两近两远"的原则。既离相关检查和治疗科室近,方便病人就诊;离配电房或变压器近,降低电源压降;离居民区远,防止意外辐射;离电梯或汽车远,避免磁共振磁场的均匀性或系统的正常运行受到干扰。

2. 空间规划要参照医院的规模与设备的发展。近年来,不少医院在发展中,因设备的增多,将影像设备分散在不同的场所,不仅给管理带来不便,也给设备的安全运行带来影响。因此,在影像科的整体规划中应预留空间。对影像科周边的科室安排要从全局策划,将易于搬迁、设备不多、空间相对较大的科室安排其周边。在设备科规模扩大时,可在原址进行空间延伸,保证影像科建设的整体性。

3. 平面布局要做好系统分区。在床位规模相对不多的三级医院,影像科应相对独立设置的。在医疗建筑的全局规划中应考虑门诊病人、急诊病人、住院病人三者之间的关联性。并要关注随着医疗床位规模的扩大,影像科设备的增加所需的空间安排。整体划分为:核磁区、CT区、普放区,将一次候诊与二次候诊区别开来,将放射检查与读片、取片区分开设置。既要方便患者,也要方便临床科室。

4. 根据管理模式做好流程设计。当医院床位规模较多时,应果断将门诊影像科与住院部影像科区分设置。门诊影像科设在门、急诊大楼内,由登记室、透视室、DR拍片室、CT室和诊断报告室组成(由于激光干式打印机逐渐普及,门诊暗室将不再需要),24小时负责门、急诊病人的拍片、CT检查。住院部医学影像中心可设在住院部大楼内或单独的影像中心楼中,由放射科、CT室、MR室、介入室四个部门组成,整个影像中心布局要兼顾各部门的联系和统一,更系统、更方便。各部门可根据病人流量的大小,设立相应的病人候诊区。登记室要设在候诊区和检查室之间,方便病人预约、登记。由于影像科拍片、存储逐步实现数字化、信息化,存片库和暗室将不再列入设计规划范围。

二、规范安排机房建设

影像科大型精密设备对场地和环境要求严格。在建筑设计时就必须考虑到设备对环境和土建的特殊要求,避免设备运输、安装与土建发生矛盾。建设中工程与技术人员要注意以下几个方面:

1. 要加强与科室、设备供应商与设计单位的沟通　影像科是设备的直接使用者,在规模较大的医院中,新进设备时,影像科负责人要仔细阅读施工图纸,将本单位大型设备(如CT、MR、DSA)的外部尺寸、重量、空间走向提供给施工设计单位,对不符合设备要求的地方及时提出疑问和建议,提醒设计人员修改设计方案。在新建医院中,工程使工组织者,不仅要与供应商沟通,也要请教其他医院的影像科领导,从他们成功与挫折中吸取经验,把自己的事做得更好。

2. 要按规范确定机房面积　机房面积的大小,除容纳机器及辅助设备外,必须有足够的空间方便病人(包括手推车与担架床)进出和工作人员操作。CT、MR的检查室面积不小于 20～25 m²,操作室、设备间面积各在 8～10 m²。检查室与操作室的观察窗离地高度为 800 mm,面积不小于 800 mm×1200 mm,坐在控制台前应能无障碍地观察到检查室内病人和机器的大部情况。用于放置设备电源线、地线和信号线的电缆沟截面积为

200 mm×200 mm，各机房和办公室之间预埋网线和光纤。

3. 要充分考虑机房高度与设备运输的关联性　机房高度一般不低于 2 800 mm，带有天轨立柱的 DSA 机房高度应适当高一些。为便于 CT、MR 等大型设备的安装运输，机房大门装修前的高度不低于 2 200 mm，装修好的高度在 2 000 mm 以上，宽度也应在 1 500～2 000 mm。在设备进场时，门的宽度与高度，要做好预留，防止设备进场时对已装修完成的墙体进行拆除，造成不必要的浪费。

4. 要弄清设备的长、宽、高与重量　特别是 CT、MR 机架的重量都在数吨以上，CT 或 MR 扫描室的地面必须有足够的承重能力才能保证机器的安全使用。在机房建造或改建时，可在预放机架的地方用混凝土浇筑基座。如机器放在楼上，则更要预先计算楼板的承重，作适当加固处理。新建的影像科，对上述设备的重量与安装要求要弄清，预留基座，以免建设中地面抬得过高，影响设备的使用与操作。

5. 要严格进行防护规范要求　根据不同设备要求，采取不同的防护与屏蔽措施，确保在验收合格的投入使用。影像科的 X 线机和 CT 机均为射线装置，机房建筑必须符合国家《医用 X 射线诊断放射卫生防护标准》。要求机房面积应足够大，控制台与检查（治疗）室分开，墙壁 2 mm，天花板 1 mm 铅当量防护层。如机器放在楼上，则楼板的厚度应相当于 2 mm 铅当量。观察窗与墙体连接处和门缝应用 2 mm 铅皮作重叠遮盖处理。工作室布局合理，应有良好通风换气（3～4 次/小时）。为防止外界电磁波对 MR 系统的影响，MR 扫描室需用 0.5 mm 的铜板进行屏蔽，屏蔽体与墙壁和地面绝缘。

6. 空调系统影像科的设备如 CT、MR、DR、CR 都对环境温度和湿度有较高的要求，因此机房和控制室应建立独立的空调系统，具有恒温、恒湿功能，温度一般控制在 22℃左右，湿度在 30%～70%。

7. 电源条件影像科的大型设备如 CT、MR、DSA 和 DR 对电源条件要求十分严格，为保证设备发挥应有的效率和工作安全稳定，需提供足够的电源容量，电源电阻不大于 0.09 Ω（380 V），满负荷时电源压降波动范围不超过电源电压的 10%。由于 CT、MR、DSA 等设备功率较大，一般都单独从医院主变电站连接电源（380 V），电源线长度不超过 100 m，导线（铜）截面为 25 mm。

8. 科室一般医疗建筑用电采用低压系统（220 V），如照明、插座及一般医疗用电。磁共振扫描室为避免电磁干扰，照明应用直流白炽灯。一些小型设备如计算机、观片灯、激光打印机可直接接在房间墙壁电源插座上。

9. 接地要求　影像科的大型设备多为精密电子仪器，需要有良好的地线。通常要求接地电阻小于 2 Ω，并且各机器单独设立地线，不与其他设备或医院建筑共用地线。

三、稳固组织搬迁安装

影像科设备的搬迁与安装分为两种情况，一是老医院的整体搬迁，二是新医院设备进场的搬造。属于前者的要科学计划、周密组织、合理安排、确保安全。既要熟悉掌握设备的构造和特点，正确分解拆卸机器；又要对原场地、新建场地和迁移途径进行实地考察；同时要了解拆卸、搬运、安装人员的技术状况，并做好有针对性的培训了解搬运和吊装设备的性能和状况及搬迁中应注意的问题。在此基础上，分批分次搬迁，不影响正常医疗工作的开展；对于 MR、CT 等大型精密设备如自己不具备拆卸、安装能力，则需请供应商派专业人员前来拆卸和搬迁。属于新建医院的设备搬迁，由设备供应商派技术人员来现场指导，直至安装完毕。具体要求如下：

1. 做好充分人员设施准备　①人员培训。包括机器拆卸、搬运、安装、调试的工程技术人员和劳务人员，负责指挥的人员应具有机器拆卸、搬运、安装的丰富经验。②工具准备。机器的拆卸、搬运、安装过程中需要各种专用工具，应事先准备好工具，避免在搬迁过程中因缺少某种工具而耽误搬迁工作或损坏机器设备。③搬运车辆到位。租赁的铲车或吊车、运输卡车，根据实际需要选择相应吨位和数量。

2. 做好充分的场地准备　①原场地和新建场地，要保证机器拆卸时有足够的空间，安装场地符合设备要求，大型设备预留搬运通道和孔洞。②辅助设施如：水、电、空调等辅助设施能否及时安装到位，直接影响大型医疗设备的安装使用速度。③应急准备。由于设备搬迁会给影像科的正常医疗检查和治疗带来影响，应事先做好提示等对应措施，将影响降至最低。在搬运大部件时，应对其喷漆或电镀的表面用海绵或塑料泡沫加以保护，易损部件装箱搬运。吊运大型设备时应事先制作保护性底座和框架。

3. 严格设备安装程序　设备运抵新场地后，先根据现场条件确定机器的位置，检查设备在搬运过程中是否有损坏，拆除搬运时防震用的固定装置，检查水、电、空调等辅助设施是否安装到位并接通。确定准备工作就绪后开始安装连线。①做好机器固定。告别是 CT、MR 的机架、检查床应根据随机图纸仔细定位，反复校正，确定无误后打眼固定。其间要仔细调整机架、检查床的水平度和垂直度。DSA 天地轨道安装前要检查轨道是否平整，如有扭曲，调直后再安装。②做好机器连线。机器固定后，根据拆卸时的接线标记和随机电路图进行连线。检查无误后，分段通电测试。做好技术校正测试。设备安装完毕后必须进行校正测试，确保设备各项参数恢复到搬迁前的水平。尤其是 CT、MR，需通过系统的校正，使其符合质量性能检测指标。

第八章
消毒供应中心的规划与建设

消毒供应中心是医院内承担各科室所有重复使用诊疗器械、器具和物品清洗消毒、灭菌以及无菌物品供应的部门。中心供应室的规划与设计要按照《综合医院建筑设计规范》与《医院消毒供应室验收标准》进行,同时要吸取国内外有关医院消毒供应中心建设的经验,从符合先进性、高可靠性、实用性的要求出发,按规范搞好规划选址与技术设计,确保消毒供应中心的建设质量,使之成为医院重要的感染质量控制关口,确保医疗护理安全与质量,确保医护人员的安全。

第一节　消毒供应中心的选址规划

卫生部在《医院消毒供应中心管理规范》的"建筑要求"中明确提出:"CSSD 宜接近手术室、产房和临床科室,或与手术室有物品直接传递的专用通道,不宜建在地下室或半地下室"。我们认为,中心供应室的选址与中心供应室承担的任务密切相关,任务不同,选址的要求也有所区别。

一、消毒供应中心的选址,通常受四种情况的影响

1. 手术部设置独立的消毒中心,一切敷料、器械均自行回收、清洗、消毒、存放,形成一个独立的区域。这时的消毒供应中心选址应重点关注于临床科室,门(急)诊、ICU、CCU 等及各医技部门消毒物品的供应及一次性用品的供应。此种情况下的消毒供应中心选址,可不考虑手术部的路径,其位置可选择在住院部和门诊部的适当位置,周围环境应清洁、无污染源,应形成一个相对独立的区域,便于组织回收物品与发放物品的工作流水线,避免外界干扰,减少运送回收与下送中发生交叉感染的几率。

2. 当消毒供应中心承担全院的消毒供应任务时,中心供应室的选址应以手术部为中心,兼顾急诊手术室、ICU、CCU 及各临床科室及医技科室。其地点可设置于靠近手术室的层面或平面一层。如果地面一层不具备条件且地下一层通风良好,温度、湿度能达到规范要求时,也可以设置在地下适宜区域。中心供应室与手术部的洁净物品的运送可通过小型货梯与手术部沟通。兼顾病理科及检验科,在设计时可以将各层通过前室控制,使消毒物品直供主要科室。一般科室的污物回收可通过污物梯直达中心的污物回收间。

3. 当消毒供应中心与手术部消毒结合时,即手术部只完成对敷料及消毒器械预处理、包装等程序,而将消毒灭菌的作业委托中心供应室进行处理。这种情况下的中心供

应室的选址仍然要以手术部为中心,预处理后的物品到达中心供应室与消毒后的物品回到手术部,要有专门的通道。

4. 超大型综合医院中心供应室建设的选址。医院床位规模在 1 500 张以上,临床科室相对分散,内科、外科、老年科、医技科室等应各有一个独立的区域,内科楼与外科楼可分设,手术部任务量大的情况下,这时中心供应室的选址既要考虑到任务量,也要考虑到污物处理与洁物的发放如何防止交叉感染,要尽可能减少运输中的洁物与污物路线的重叠,中心供应室的选址就要考虑兼顾各个科室供应的路径,在条件具备时可将手术部、外科与其他科室的供应室分设。总之,"中心供应室的位置一般要设在住院部与门诊部的中间地带,接近临床科室,到各病房与门急诊的运输通道要平整干净,周围环境要清洁,地面要砖化、绿化,无污染源;便于医疗供应中心的供应与回收,有利于组织内部工作流水线,并可避免外界干扰,形成一个相对独立的区域"。医院改造时一定注意不能为了迁就旧有的环境,削足适履,否则会留下遗憾(图 8 - 1)。

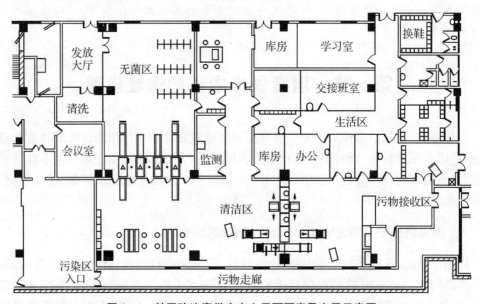

图 8 - 1　某医院消毒供应中心平面要素及布局示意图

二、消毒供应中心建设中,必须注意噪音处理与排污处理

1. 噪音问题　消毒供应室中心如果与住院部为一体,又设置于地下时,既要重视噪音处理,更要重视通风条件与除湿问题的解决。因中心供应室白天工作,夜间要对室内空气进行处理,房屋顶部的轴流风机的噪音有可能会对相邻的科室产生影响,在夜间尤其明显。工程规划中,如果是新建消毒供应中心,要尽量避开住院部。如果消毒供应中心必须设在住院部内,又必须承担手术部的消毒供应任务时,供应室排风系统一定要做好噪声的控制与处理,医院在安排住院部用房时,尽量将顶层作为办公用房安排,避免风机运行时对病人的夜间休息产生影响。供应室清洁区与污染区正常情况下的排风口设置,也要考虑风向及对周边环境的影响。

2. 排污处理　中心供应室建设中的另一个问题是除湿与排污。湿度事关消毒物品的质量。湿度过高,将会为细菌滋生创造条件,处理不好,有可能会对已消毒物品产生新的污染,特别是位于地下的消毒供应室,这一问题尤其要加以重视。一般的方法是,在各区域内设置除湿机,定时除湿,同时要定时排风,使相对湿度保持在规定的范围内。对地下的排污管道要采取自动化控制措施,防止污水倒流。例如:北京同仁医疗产业集团所属的南京同仁医院与昆明同仁医院在规划选址中将消毒供应中心置于地下一层,位于手术部下方,同时又与门急诊的主要科室相邻,在地下室的处理上又是以下沉式广场的方式处理中心供应室与外界的联系,使噪音与防潮都得到了较好的解决。

第二节 中心供应室的规模

在医学技术日益进步的今天,随着感染控制手段的发展与完善,各级卫生部门对中心供应室的建设也越来越重视。对供应中心的规模规划是必要的,从实际情况看,中心供应室的建设规模主要受三种因素的制约与影响:

1. 受医院床位规模的影响 在建设部与卫生部 2004 年公布的《综合医院建设标准》中,对消毒供应中心的建筑面积规定为:200 床位的医院为 283 m^2;300 床位的396 m^2;400 床位的 503 m^2;500 床位的 589 m^2;600 床位的 750 m^2;700 床位的 875 m^2;800 床位的 968 m^2;900 床位的 1 089 m^2;1 000 床位的 1 210 m^2。平均每床位数占用的面积约为 1.1～1.4 m^2,这是一个理论的规模面积,实际上一般医院是达不到的。过去在相关的理论探讨中,有些专家根据各级不同医院建设中的中心供应室的规划设计面积,提出:"供应室宜选在地面 4 m 以上,采光良好,空气流通,避免有害气体、粉尘飞扬。建筑规模应与临床科室相适应,一般可按每床 0.8～1.0 m^2 计算"。这个标准已成为不少医院中心供应室建设中的一种依据。中心供应室规模的大小与临床科室之间到底存在什么样的关系,与材料科学的发展之间有什么样的关系,在确定建设规模时,必须加以考虑。

2. 受一次性用品的使用量的影响 随着材料科学的发展,人们消费水平的提高及对自身健康的要求,医院在临床医疗护理中一次性物品使用的范围与数量也在不断增多,在医疗过程中一次性物品的使用数量也在增长。据有关资料统计,目前国外每床每日的消毒物品的消耗量为 10 L 左右,我国由于一次性物品的使用量低于国外,住院病人平均每人每天的消毒物品的消耗数量在 14～15 L,综合考虑可设计为 15 L。在这种情况下,供应室的工作量相对就大些,完全用国外的标准来类比也没有根据,供应室的规模就要适当增大。随着一次性物品使用的增多,供应室的消毒任务减少,供应室总体规模虽不受影响,但是一次性物品的仓库却可能因此增大。总之,目前国家相关部门的规定在中心供应室的规划上有指导作用。

3. 中心供应室承担的任务多少对其规模产生影响 在综合性医院中,不少单位在与手术室相邻的部位,设置灭菌部门,使手术室的消毒物品可以直接流通,减少循环器材的数量,省去传送过程。此时的中心供应室的规模就要小些。当实行集中式供应时,其规模相应也就要大些。因此,在床位规模相同的医院,中心供应室的规模却可能不同。

表 8-1 相关医院消毒供应中心面积与工作量统计表

单 位	床位数(张)	供应室面积(m²)	工作量(锅/天)
解放军某医院	1 500	850	8
北京某医院	1 000	970	17
石油管道局某医院	500	350	4
某铁路医院	800	400	6～8
某煤炭医院	500	350	4
南京某医院	1 000	800	
南京部队某医院	1 200	940	不承担手术消毒任务

表 8-1 中数据有其局限性,但已有的资料证明,当手术部独立自主完成敷料、器械消毒任务时,手术部的消毒量相应较少,消毒供应中心的规模相应也较少;当所有消毒供应任务全部由消毒供应中心承担时,这时中心的规模就要大些。今后随着一次性用品使用量的增多,消毒任务量相对要减少,一次性用品供应任务会增多,因此在总的规模上改变,只会在区域划分上与辅助用房的面积上有所调整,这是在确定中心供应室的规模时应加以重视的。

同时,应该换一种角度考虑消毒供应中心的建设与管理问题。在医院各自独立建设消毒供应中心固然是一种方法,能否在一个地区建成几个大型消毒供应中心,负责一定范围内的消毒供应任务,进行区域化管理,将有限资源作用发挥到最大,既保护环境,又产生效益,这是区域卫生部门的领导应重视的问题。

第三节　中心供应室功能布局

中心供应室平面布局与流程基本要求是:分区明确,紧凑合理,方便管理和使用,人流、物流走向合理,减轻劳动强度,预防交叉感染。各区域由不同要素组合,各要素又有不同的功能,并设置不同的设备。消毒供应中心区域概念上可划分为工作区与辅助区,《消毒供应管理规范》明确为:去污区、检查包装及灭菌区、无菌物品存放区。这三个区域为消毒供应中心工作区的主体区域。从更严格的感控角度,可分为六大区域,即:污染区、清洁区、洁净区、发放区、办公区和休息区(图 8-2)。

一、去污区

又称污染区,《消毒供应管理规范》中对该区域定义为:"是 CSSD 内对重复使用的诊疗器械、器具和物品,进行回收、分类、清洗、消毒(包括运送器具的清洗消毒)的区域",通常也称为污物回收区。主要功能对回收物品进行分类、预处理和清洗。该区(图 8-3)占整个中心供应室的面积在理论上约为 20%,其中外区约为 7%,内区为 13%～14%。

1. 外区　外区必须具有污物接受间、污车清洗间、污车存放间,纯水制备间也可设置于外区,以便管理。

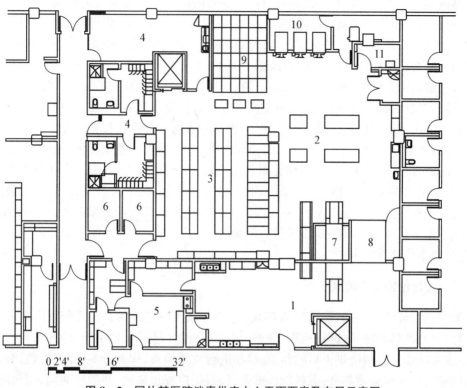

图 8-2 国外某医院消毒供应中心平面要素及布局示意图

图 8-3 某医院消毒供应中心污物清洗区实景图

2. 内区 内区必须具有：污物回收分类处、器械清洗处、一次性物品毁形间（如全院的一次性物品由各科室完成毁形则不设）。

器械清洗:是对回收物品的洗涤过程,在空间的设置上要考虑两类机械的摆放:①粗洗设备,主要是用洗涤剂通过手工或机械除污,用常水冲净。因此自来水要保持一定的压力。②精洗设备,主要设备为双门清洗消毒机或自动超声波清洗机。粗洗设备可设置于房间一侧与精洗设备分两个方向摆放,精洗设备摆放于与清洁区相邻的区间,与洁净区形成一道屏障。使不同区域的工作人员在规定区域内完成自身的任务,将交叉感染的可能性降到最低程度。精洗与粗洗的不同点在于其所用水质不同,通过纯水机处理的水用于自动清洗。在完成精洗烘干的工序后,所有的器械与敷料进入清洁区。

因此,在进行去污区的设计时,只要空间可能,应将纯水设备间设置于靠近自动清洗消毒机附近,以保证纯水质量,减少管路长度,节省开支。总之,去污区必须具备有常水(自来水)、热水供应和净化(过滤)系统;有各种冲洗工具:包括去污剂、除热源、洗涤剂、洗涤池和储存洗涤物品设备等;污染区内发生污染量大的场所应设置独立局部排风,总排风量不低于负压所要求的差值风量。污染区内的回风应设置不低于中效的空气过滤器,送风口不作特殊要求。

二、检查包装及灭菌区

通常称为清洁区。《消毒供应管理规范》中对该区域定义为:"是 CSSD 内对去污后的诊疗器械、器具和物品,进行检查、装配、包装及灭菌(包括敷料制作)的区域为清洁区域"。主要功能是对清洗烘干后的器械、物品进行质量检查、配备分类、妥善打包、装车消毒前的准备。区间必须具有:敷料检查折叠间、器械检查包装间、热源检测间、微机间、敷料制备、器械制备、灭菌、质检、一次性用品库、卫生材料库、器械库等。清洁区在平面布局与装修中必须注意的是敷料折叠间与器械间之间要保持一定的距离,以免敷料的纤维对器械形成污染。最好在敷料检查折叠间与器械检查包装间之间用玻璃分隔。敷料折叠间的面积要大,可兼作敷料储存间。清洁区应配备双扉脉动真空蒸汽灭菌器,摆放于清洁区与无菌区之间,使之与无菌区形成隔离屏障。高压蒸汽供应要充足、方便,通风、采光要良好。墙壁及天花板应无裂隙、不落尘,便于清洗和消毒地面光滑,有排

图 8-4　南京同仁医院消毒供应中心清洁区实景图

水道。在与无菌物品储存间紧邻的地方要设置一个 EO(环气乙烷消毒器)消毒间,主要适用于较低温度、压力和湿度情况下的灭菌需要(要保持较好的密封与排风措施,以确保安全)。清洁区可用普通空调,温度为 18~21℃,相对湿度 30%~60%。上述区间,我们说各类"间"并不是一定要进行分隔,而是在区域上的划分,以便于各项工作的有效展开(图 8-4)。

医用建筑规划

三、无菌物品存放区

通常称之为无菌区,消毒供应管理规范中对该区域定义为:"CSSD 内存放、保管、发放无菌物品的区域,为清洁区域"。该区域为一个单独的隔离区(图 8-5),净化级别为Ⅲ级,温度为 18～22 ℃,相对湿度 50%,照明度大于 25 W/m²。该区空气正压,压差为

图 8-5 某医院消毒供应中心一次性物品存放间

10 Pa。该区的主要功能为无菌物品存放与发放。经高压灭菌后的物品,直接进入净化区的无菌存放柜或无菌物品篮筐架上,一次性物品发放要经过热源检测后进入无菌存放间统一发放。无菌物品的摆放要求必须按要求设置,置物架离地面高 20～25 cm,离天花板 50 cm,离墙 5～10 cm。无菌物品的存放区必须保持干燥,防止潮气渗入包装袋内,孳生微生物。物品的篮筐与开放式篮筐架要保持空气流通,在储存过程中,不仅要保

持相应的净化洁净要求,还要定期进行紫外线照杀灭菌。无菌物品的发放应用全封闭式的推车下送,要专人、专线、专车。无菌发放窗口应为双门双层互为连锁带紫外线消毒灯窗口。有条件时,可在发放窗口设置领料隔离柜,内部必须有紫外线消毒装置,阻止外界空气对无菌区的污染。手术部的消毒物品与器械供应任务如由中心供应室供应,则在中心供应通路上考虑无菌物品的路径与存放方式,以及污物回收时的路径与方式。

四、发放区

也称为辅助区,该区的主要功能是消毒物品的发放与下送,及下送车的清洗与存放。目前,在设计中,一般单位归类为洁净区的一部分,这样区分有时会忽略其功能性。组成

图 8-6 南京同仁医院消毒供应中心洁净物品发窗实景图

这个区域的要素并不复杂,但是必须在设计中组织好。一是洁车存放间,下送车回来后要有清洗的位置,清洗后要有存放间。在发放区,与其紧邻的一次性物品发放与无菌物品发放要有机组合。在这个空间内,要注意空气的洁净度的处理,防止对洁净物品器械产生污染,同时也要注意该区域外部的环境保护,防止外界污染空气在发放过程中对无菌存放间的侵入(图 8-6)。

五、办公区和休息区

也称为辅助区。该区的主要功能是工作人员办公学习与休息的场所。主要包括:办公室、休息室、会议室、值班室、护士长办公室、淋浴室、更衣室等。必要时要设置器械维修室、布类维修室。工作人员进入办公区必须更衣、换鞋;从办公区进入各功能区间,均要通过缓冲间。设计时要特别注意:在设置交通流线时,不仅要考虑人员与一般物品的进出,还要考虑中心供应室大型设备的进出,并为今后维修管理留有路径。因此,在设置垂直交通与平面交通路线时,在其路线上,所有的通路与门的宽度要适当放大,以方便各类设备进出。

实际规划中,不同医院的消毒供应中心各区域面积比例各有不同,平面布局的合理性与规范性也有不尽如人意的地方。在各类学术文章及规范中,对中心供应室一般只强调污染区、洁净区及无菌区,对于工作区与发放区有所忽视。对无菌物品发放区域的管理并不是十分严格。我们认为,在供应室的建设规划中,要从管理学、工程学、感染控制学诸多方面对中心供应室进行设计。充分考虑一次性物品通过中心供应室管理与发放,对供应室及无菌区面积所产生的影响。施工中,在基本面积划分的基础上,重点应放在如何避免交叉感染的控制上。张照彤教授在其《浅谈我国的消毒供应中心》一文中介绍了北京铁路总医院供应室设计时,日本、瑞典、美国三家公司所做规划,各区域面积划分的差别较大(表8-2)。

表8-2 消毒供应室三家公司规划方案

	污染区(%)	工作区(%)	清洁区(%)	无菌区(%)
SAKU-RA	16	14	36	34
Getinge	12	32	36	20
AMSCO	15	20	40	25

上述方案,最终由采用双走道式模式、布局流程能有效避免交叉感染的Getinge公司中标。

目前许多医院中心供应室的设计中都充分考虑了防止交叉感染、一次性物品用量增多的实际。在平面布局上,采用双通道分区侧向缓冲的设计方式。即:工作人员进入各工作区,均通过与工作区相邻的侧向缓冲通道进入,人员在各工作区间不流动。污物进入与洁物发出从不同的方向进出。区域间通过设备进行分隔。在面积的划分上,加大了一次性物品的储存与发放的空间,使之与发放区形成一个整体。如南京同仁医院中心供应室的总建筑面积约为835 m²,各区间面积划分大致如下(图8-7):污染区175 m²,约占21%;清洁区172 m²,约占20%;无菌区160.4 m²,约占19.0%;发放区72 m²,约占8%;辅助区165 m²,约占19.5%。而且充分考虑了一次性物品的储存量问题,在清洁区附近设置了一次性物品仓库89.6 m²,约占总面积的10.7%,并按包装大小分开储存;同时预留了79 m²的敷料仓库,占总面积的0.94%。

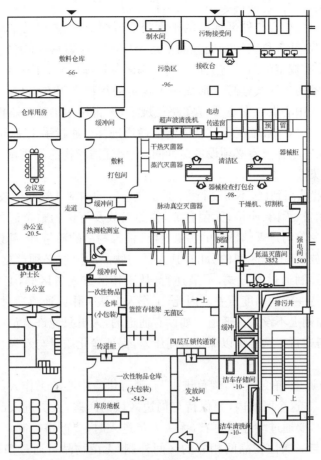

图 8-7 南京同仁医院消毒供应中心平面布局示意图

第四节 中心供应室的交通流线

所谓流线即为流程与线路。中心供应室的流线设计,基本分为三条流线:①内部流线;②外部流线;③工作人员的流线。流程设计的基本原则:工作区要无障碍,便于物品车的通行;无菌物品与污染物品进出口要分设,避免与减少交叉感染的机会;物品清洗与消毒实行流程化,从上一个工位流向下一个工位,避免逆向交叉流动;各区间通过消毒器、灭菌柜和传递窗进行有机联系,使无菌区与污染区之间通过设备隔离,符合洁净度递增的原则。各区间建设采用强制通过,尽量采用玻璃窗分隔,从而保证:外部流线洁污分开,不交叉;内部流线从高到低,不逆行;工作人员流线,单独设计,规范进出;区域之间宽敞、透明、方便交流。

1. 外部流线"洁污分流,不可交叉" 是指垂直与平面两个方面。污物的回收与处理、洁品的发放与下送必须是两条平行的直线要求,不可交叉重叠,防止物品对环境的二次污染或环境对物品的污染。因此在设计中对于污物与洁净物品的流线要有明确的区分。在污物流线上垂直方向上必须通过污物梯进行传递,使之直达供应中心的污物接收间,进行回收分类处理。任何污物不得从洁梯通过,污物的回收不得与洁净物品的传送于同一通道。在供应中心与外部连接的平面交通流线上,也要坚持洁污两条线,对各相关科室的污物回收,从各科室污物处置间下送至中心供应室后,必须从外部的流线上送达污物回收间,要有规定的路径与工具。同时病区各护理单元及门诊各相关科室的污物流线也要与供应室污物流线连接。形成一个规定的污物流程方向与路线。洁净物品与一次性物品的进入中心供应室也要遵守路径规定,不得用污染梯。不能通过传递到达,而用洁车下送的单元,一般情况下从楼内清洁通道进行。通过手术部与供应室洁梯传送的洁净物品,各层在电梯前室必须设置缓冲间,以保证洁净物品的质量,防止环境对洁净物品与器械的污染。

2. 内部流线"从高到低,不可逆行" 是指供应室的内部从物品回收分类、清洗消毒、敷料制备、器械制备、灭菌、质检;无菌存放,物品发放及下送的整个流程中,要严格按洁净要求运行。为免除消毒灭菌器材的污染,保证消毒物品的质量,内部设置的污染区、清洁区、无菌区、发放区、工作区间的分隔,其人员与物品的流线必须严格按规范操作。人员的进出要采取强制通过的方式,不准逆行,从工作区进入各区间,必须通过缓冲间进行。各区间要保持一定的梯度压差。因此,工作人员从工作区通道通过缓冲间分别进入各区间,各区间原则上不设人员通道。如设有通道的,人员只允许从洁净区向清洁区、污染区流动,而不得逆行。这样可以保持区间压差,保证净化质量与新风水平,避免造成不可预知的污染。

3. 工作人员通道"单独设计,规范进出" 消毒供应中心的工作人员工作区,要严格按规范进行设计,在这个区域内,要保持与周边区域的压差,人员进入前要进行更衣、换鞋,进出工作区时,要通过缓冲间更衣,无关人员进入时,要严格控制。发放区应设置于无菌物品存放间与一次性物品间相邻的区间外侧,无菌物品可通过消毒灭菌箱进行发放,也可通过双层发放窗发放。一次性物品可以在热源检测后通过发无菌区发放,也可从一次性物品发放间直接发放。在此区域内还应设置无菌发放车的存放间,并及时对洁净车清洗。

总之,消毒供应中心的流线设计上,必须做到"五个分开":工作区与生活区要分开;回收物品与处理后的清洁物品要分开;初洗与精洗要分开;未灭菌的物品与灭菌物品要分开;污物回收通道与洁净下送、发放通道要分开。

第五节　中心供应室器械配置及设备的选型

中心供应室在建设过程中,需要配备的设备品种比较多。一般设备如:必备的污物接受台;污物浸泡槽;污物清洗槽;污物回收车;一次性毁形机;器械检验打包台;干燥物品工作台;存放器架;包布检验打包台;风淋室;灭菌器存放网架;双门互锁传递窗;双门互锁传递柜;无菌物品柜、存放架;密封下送车;库房垫板;棉球机、切纱布机、干燥柜(箱)、家用洗衣机、磨针设备等敷料制作加工器具和各种珐琅盘、铝制盒、玻璃器械柜等储放设备和下收下送设备;电脑系统。防护用品如:个人防护眼镜、防酸衣、胶鞋、胶手套等。大型设备如:压力蒸汽灭菌器、气体灭菌器、自动清洗消毒机等消毒灭菌设备及相应的通风降温设备等。因此,消毒供应中心在平面规划设计中要根据设备造型,调整摆放位置,满足其功能要求。

上述各类设备与器械中,一般设备与器械的配置可以根据需要进行购置。但大型设备要进行有目的选型。相关资料表明,医院供应室设备选型不仅与医院床位数有关,而且与运作模式有关。以一个 500 床位的医院为例,按一般运作方式,要承担全院的所有消毒供应任务。每天每床消毒物品的消耗量为 15 L 左右,每天总工作量为 7500 L。在这样的一个前提下,主要设备的选型必须满足实际工作量的需要,同时要考虑到特殊情况下消毒灭菌任务的需要。因此,主要设备选型要从下述基本要求出发:

1. 污染区必须配置的超声清洗消毒机　是摆放于中心供应室污染区与清洁区之间的由超声波清洗槽、高温消毒槽、热风烘干槽组成。是从污染区通向清洁区的一道屏障。主要用于医院小型器械、手术器械、麻醉管道、内窥镜等其他导管、烧瓶、试管进行清洗、消毒和干燥清洗的设备。这类设备目前在市面上有两种加热的方式:一种是电加热方式。超声频率:40 kHz;超声功率:500 W。清洗槽加热功率:500 W;热风烘干功率:2 kW;热风电机 26W/循环泵:137 W。设备总功率:约 3.5 kW。选用设备有:利用软化水、加酸碱清洗剂,对在内室清洗车上的被清洗物品进行喷射清洗,并在 90 ℃ 高温下进行消毒处理,然后利用其自身所带有的烘干系统,对室内被清洗物品进行烘干,适用于快速清洗、灭菌。另一种是用蒸汽加热。实际工作中应从工作量出发,保证消毒质量为核心,进行选型。如果手术部的消毒供应任务自己解决,设备选型时就要适当,防止浪费。

2. 脉动真空灭菌器设备　是安装于清洁区与洁净区之间的灭菌设备,也是由清洁区通向洁净区的重要屏障。主要用于对耐高温高湿物品如布类、器械、玻璃器皿等的灭菌干燥。是现代化供应室(CSSD)、手术室(TSSU)的首选产品。主要用于医疗单位、制药科研单位对耐高温、高湿物品(如布类、器械、玻璃器皿)的灭菌干燥。配套资源:控制电源:AC 220 V/50 Hz/3 A;水源压力:0.15~0.3 MPa。电机电源:3~380 V/50 Hz/20 A(≤2.4)或40 A(≥2.4)。公用参数:最高工作压力:0.23 MPa;最高工作温度:136℃。500 床位的医院以每天7 500 L 的工作量算,消毒器的空间以 80% 的有效容积计,1 m³ 的锅 8 锅,以每小时一锅的运行时间计算,则消毒器的选择不能少于 2 台。高压灭菌器的主要动力为蒸汽加热。在安装前不仅要计算其负荷,还要对其管道进行认真设计。

3. 环氧乙烷灭菌器　是利用单瓶 100% 的乙烷气体为介质,在一定的温度、压力、湿度条件下,对密封在容器内的物品进行消毒灭菌的专用设备。与高压蒸汽灭菌器相比,穿透力强、对物品无损伤无腐蚀,具有洗涤功能,适合于较低温度、压力和湿度情况下的灭菌需要。其适用范围为医疗用品、医疗器械、卫生用品、电子仪表、生化制品、医药类物品。一般设置于清洁区与洁净区的交界处。

4. 水处理装置　其作用为将原水制成供应室所需用水(电阻率≥15 MΩ·cm)。

第六节　中心供应室的净化与空调设计

医院中心供应室的净化系统,卫生部在 1996 年 1 月 23 日发布的 GB—15982《医院消毒卫生标准》中已明确规定:供应室无菌区为二类区,空气中菌落数≤200 cfu/m³,相当于药品生产质量规范一万级净化。供应室清洁区为三类区,空气中菌落数≤500 cfu/m³,相当于药品生产质量管理规范的十万级净化。在 2004 年发布的《综合医院建设规范》征求意见稿中,对于中心供应室的净化与空调的技术要求是:"无菌区相对正压不低于10 Pa,清洁区相对正压不低于 5 Pa,生活或卫生通过区为零压,污染区对外维持不低于－5 Pa 的负压。"中心供应室的无菌区应按Ⅲ级洁净用房设计,应采用独立的净化空调系统。净化系统主要包括:空调机组,排风通道,热回收,过滤排风口,空气调节器,消音器,防火盖板,气密盖板,初、中、亚高效过滤器组成。

关于洁净区(无菌区)的净化。净化级别按现行标准为万级,细菌数的降低主要是通过空气稀释与过滤达到目的。净化的关键因素是空气供应量和空气质量。正常情况下,空调对空气过滤采用的是用隔栅与扩散方法,不能建立理想的气流模型,中心供应室的无菌区必须采用单向流的气流方式,即从天花板向洁净区喷射一种低扰动的向下移动的单向气流,从而造成空气稀释和将污染空气从局部范围排出,达成净化的目的。其主要的技术指标为:送风方式:垂直或水平;出风速度:0.4 m/s;送风量:0.4 m/s×送风面积;新风量:10%～100%可选;空气洁净度:100 000～100 级;室内温度:18～28℃;相对湿度:40%～60%;噪声:60 dB;压力差:相邻区 －15 Pa,室内外 20 Pa。在整个中心供应室的净化与空调的设计中必须注意三个问题:

1. 必须选择性能良好的净化空调机组及新风机组。无菌区要有独立的净化机组机房,同时在设计上要充分预留无菌物品的存放空间与发放窗口。空间的大小要与储物架同步考虑。机组必须为医用卫生型空调机组不得采用通用机组代替。机组的选择必须符合净化要求,新风经初效过滤后,在回风段混合后,再经过空调机加热、加湿处理,再经中效过滤后,最后通过亚高效过滤器的送风口,送入无菌区。在回风管路上设置风量调节阀,调节回风量,使回风在新风中占的比例符合要求。同时要在排风管上设置初效过滤器,以防止外界空气倒灌而污染无菌区。用余压阀维持室内外正压差,使室内空气排出室外,阻止外界空气的侵入。利用空气的压力不同,防止附近区域的空气进入无菌区。此外,还要考虑各区域风的温度与湿度与通风量,抑制细菌的繁殖,为工作人员创造舒适的环境。机组的框架必须保证足够的强度,表面应为耐腐材料。净化机组运行性能稳定,便于清洁。机组内外任何部位不应存在二次污染源。空气处理机组的加湿采用不孳生细菌、无污染的电加湿方式,并能保证无菌区所需要的最大加湿量,空气处理机的凝结水管引至附近地漏处。风机为低噪声。风机段底部应有减震装置,防震及隔震措施。洁净风管必须采用防腐蚀性能良好的材料,每隔一段距离设检查口;净化送风口要有性能良好的过滤器;在无菌区的出口侧,不能设置排风口,以免形成局部负压,破坏无菌区的净化。

2. 必须处理好无菌区与清洁区的及其与周边区域的环境的关系。无菌区的建立,是一个系统,周边区域的气流方向、净化方式与无菌区有直接的影响。无菌区的相对正压为 10 Pa,必须高于清洁区,以保证其空气流向清洁区。清洁区为三类区,按现行的标准为 10 万级净化,在一般的中心供应室设计中,对其净化要求并未提出特别的要求。但因其与洁净区相邻,在净化的处理上,除保持规定的压差外,可考虑将洁净区的机组设计为一拖二的方式,使新风在保证洁净区的同时,保证清洁区有足够的新风量,使之达到 10万级的要求。高压灭菌器应设置局部通风,低温无菌室(如环氧乙烷气体消毒器)要有独

医用建筑规划

立排风系统,并设相应净化(或解毒)器。温度为 18~20℃,相对湿度 30%~50%。所有区域要有良好的空调系统与足够的新风量。为工作人员创造良好的工作环境。

3. 污染区内发生污染量大的场所应设置独立局部排风,总排风量不低于负压所要求的差值风量。污染区内的回风应设置不低于中效的空气过滤器,送风口不作特殊要求。EO 设备的消毒间,要有独立的排风系统,确保人员的安全。

在中心供应室的建设中,空调系统是不可或缺的。如果医院对中心供应室是改建的,则可利用原先的空调系统,设计时只需提出所需冷热负荷要求,由院方提供所需冷热水到中心供应室旁设备用房。如果是新建设的,则可与中心供应室同步设计完成。

第七节　中心供应室的强电与弱电

1. 强电系统　中心供应室电源采用双路互投供电,照明线路和动力线路必须分别铺设。中心供应室应设置总配电箱,总配电箱应位于污染区的适当位置,以便于工作人员进行维修与检查。污染区、清洁区、洁净区的设备应分别设置配电箱,以便于紧急情况的处理与维护。在污染区与清洁区之间安装的清洗消毒机,电源总的配置要求是,单台机器为 3L+N+PE、380 V、50 Hz、250 AMP。连接功率 16 kW,总配电容量要为日后发展留有余地,总容量应在 80 kW 以上。动力配电采用 JDG 镀锌钢管在吊顶内、墙内和地面内敷设,管内穿 5 芯 BV 线,穿管为 SC20,清洗机电源出线口端子盒距地面 1.9 m。在清洁区与洁净区之间安装的高压灭菌器,其配电总要求是:3L+N+PE、380 V、50 Hz。管道间与灭菌器上方要设置吊顶灯,以便于维修与照明。中心供应洁净区的照明采用符合洁净要求的气密封型照明灯盘。并要在中心供应室应考虑疏散指示及安全出口指示灯设置。在洁净区内,除进行空调净化外,还要定期进行空气的消毒处理,在存放间每隔 1 m² ,要设置紫外线臭氧消灯,为用紫外线消毒可选用产生较高浓度臭氧的紫外线灯,一般按每 1 m³ 空间装紫外线灯瓦数≥1.5 W 计算装灯数,以保证洁净区的空气净化要求。

2. 弱电系统　①电话系统:要确保中心供应室和外界的联系,在相应的办公用房均设置网络电话接口。②网络系统:办公室可与各临床科室相连,了解物品需求,实时进行物品供应与回收。各辅助用房及办公室均预留电脑网络通信接口和电缆可与中心计算机室和楼宇控制中心相连。有条件时,应在洁净区与清洁区设置空气质量监测仪,为管理提供更大的依据。③背景音乐及公共广播系统:整个系统包括多路广播,可播放背景音乐、群呼等设备,要求性能稳定,抗干扰性好,音质清晰、灵敏度高。④可视对讲门禁系统:方便夜间的管理与物品的发放,以及紧急情况下与临床科室的联系。

第八节　中心供应室的蒸汽、给排水及消防设计

为了确保消毒供应中心灭菌质量,对中心供应室来说,稳定的高品质的蒸汽供应是极为重要的,也是中心工作的重要的一个方面。因此,在蒸汽的管路与减压系统的设计中,要注意下述问题:

1. 要做好蒸汽管线设计　饱和蒸汽的含水率不得超过 3%，防止湿度过大，使消毒物品在相同压力下达不到灭菌效果，从而使灭菌物品本身的湿度也会提高，影响无菌物品的储存。因此，要合理安装疏水器，有效地将线路内产生的凝结水排回到凝水箱，如果中心供应室远离蒸汽站时，更要对此加以重视，否则蒸汽质量难以保证，消毒物品的质量也会不稳定，对医护人员与住院病人的健康带来不安全因素。

2. 要注意做好减压系统的设计　稳定的蒸汽压力是消毒柜正常工作的必备条件，一般医院都有锅炉房，负责全院蒸汽供应。由于使用部门众多，很难保证蒸汽的压力恒定。各部门所需的蒸汽压力也有所不同。因此必须进行压力控制。蒸汽灭菌锅因其容量的不同，其蒸汽压力的需求也有所区别，根据有关资料，一般来说，如果是国产合资的消毒灭菌器，灭菌锅对蒸汽的周期耗量在 15 kg 以上，则其压力约 0.3～0.6 MPa。如果是进口的灭菌器，所要求的蒸汽压力必须在 0.25～0.30 MPa，稳定在 ±0.10 MPa 范围内。蒸汽压力是否稳定，直接影响到消毒灭菌的质量，如压力不稳定，将使灭菌柜在工作时相互扰动，不能正常工作，因此在设计中要高度重视减压系统的设计，其中特别要重视减压阀与汽水分离器与过滤器的选择。减压阀要求寿命长，精度高，汽水分离器能有效将管线凝结水分离，确保工作的蒸汽含水率不超过 3%，并防止凝结水流动对减压阀造成冲击，以延长其使用寿命。过滤器的设计可以过滤掉蒸汽中的杂质，同时在每台灭菌器前设柱塞阀，过滤器，止逆阀，分支管线也要设疏水器，以保证蒸汽质量，确保灭菌锅各元件的正常工作。在设计中对于减压系统必须设计在易于维修与调整的地点，并经常检查，以保证系统的正常工作。

这里特别要注意：当消毒供应中心有多台灭菌柜安装在一起时，为保证灭菌柜之间的工作不出现相互扰动，设计中要保证主干线有合理的直径。并做到管线的向前坡度不小于 1：100，管线未端应设有疏水器，同时要做好管道保温，以减少凝结水的产生。

3. 要做好冷水管线设计　灭菌柜温度须有不高于 20℃ 的冷水供应，水的硬度大小非常重要，其硬度不应大于 7dH(CaO 70 mg/L)，防止因水质硬度大造成冷凝器结垢堵死，无法继续工作。因此在设计时要防结垢，在水质无法达到要求的地区，在几台灭菌器的总进水管上加装电子除垢仪是投资少、见效快的好方法，同时，应在管线上加装压力表，以便观察水压，保证真空泵的正常工作。

此外，要解决好中心供应室的给排水问题。当处于地下室时的中心供应室的污水排放要实行自动定时控制，防止溢出。在污染区与清洁区的地面要设置排污口，以便于清洁整理。排污口要防回流，防止对环境造成污染。

消防系统在清洁区与污染区、生活区均按相关规范进行设置。但在净化区（无菌区）不得设置喷淋装置。

第九节　中心供应室的装饰要求

中心供应室的内环境总体要求是：光线充足，易于观察；地面坚固耐磨，易于冲洗；并要用色彩进行各区分隔；墙面平整光洁，便于清洗擦拭；顶部与墙面材料要一样，不易积灰，易于清洁。在一些基地面积受到一定限制的单位，放在地下是无可非议的，在基地面积允许时,以放在地面为宜。既节省运行费用,也可节省装修成本。

装饰选材:可以有多种做法,既要视经济能力,也要视需求而定。可以用较好的材料,如可用墙砖。如经济能力许可,新建设的中心供应室墙体可以轻钢龙骨为支撑,外衬硅酸水泥板,外贴铝塑板,也可用喷涂钢板。吊顶材料要求同墙体。所有地面材料均为防滑地砖或自流平材料。如果是改建的,则应从节省投资的角度考虑,在原墙体上进行改造,总之要便于消毒、清洗,使工作人员能在良好的、安全的环境下工作。各区间的用材,在总要求的控制下,进行分色管理。具体要求是:

1. 辅助区　地面选用防滑地砖。淋浴室内有卫生间,墙面、地面均为墙(地)砖。该区地面的色彩以白色为基调比较好。

2. 污染区　推车清洗与存放间的墙面应用白色的墙砖,地面用淡黄色防滑地砖。地面有封闭式地漏,在需要时可打开。并设有清洗龙头。清洁区保持良好的通风,使室内空气保持清洁。

3. 清洁区　地面选用淡蓝色防滑的地砖,灭菌柜机房内应设有排风口,排风口设在设备上方,以机械方式排出机房内热气,机房内气压低于无菌存储间。其他两个工作区有所区别。

4. 无菌区　地面材料为深蓝色的防滑地砖。无菌存放间应设计有初、中、高效过滤系统,净化级别为十万级。室内保持微正压,空气流向清洁区。无菌区出口侧不得设排风口,以免形成局部负压,破坏室风净化。

5. 各区之间的分隔　原则上应用玻璃进行分隔,既利于相互观察,又便于工作交流。特别要注意区间工作交流通道的设计。在开窗的地方,要用双层净化控制窗,防止相邻区域之间的空气压差不同对另一区域造成污染。如果是新建设的中心供应室,位于地下室时,其出入口的宽度与深度,要考虑设备进入地下的运输需要,也要考虑从地面进入地下的污物通道,如果用电梯,则要考虑用非标电梯,保证污物车直接能从平面进入污物回收间。

第九章
弱电系统的规划与建设

在建筑智能化的兴起的过程中,综合医院因医疗信息自身具有独特的要求和医疗行为过程需要特殊的专用系统,从而使医用建筑成为智能化建设发展的主流。在现代综合医院的建设中,最重要的组成部分就是弱电系统的建设,如何进行弱电系统的规划和建设也是在新形势下进行综合医院建设的重要研究内容。关于医院信息化、建筑智能化的相关文献已经浩如烟海,因此在本章节中对于相关的原理和原则仅做简单介绍,重点放在如何按照医院环境对弱电系统进行规划与建设。

第一节　医用建筑弱电系统基本内容

医用建筑的弱电系统包括两个方面:一是国家规范明确的安全电压等级及控制电压等低电压电能,有交流与直流之分,如 24 V 直流控制电源,或应急照明灯备用电源。另一类是载有语音、图像、数据等信息的信息源,如电话、电视、计算机的信息。弱电技术的应用程度决定了医用建筑的智能化程度。

医用建筑弱电系统主要包括以下技术:现代计算机技术、现代通信技术、现代自动控制技术和现代图像显示技术、综合布线技术、系统集成技术等现代信息技术以及其他现代高新技术。应用于医用建筑的弱电技术就是该建筑的弱电系统。

一、弱电系统与医用建筑的关系

1. 医用建筑中弱电技术的主要内涵　医用建筑中的弱电系统是以综合布线为基本传输媒质,以计算机网络(主要是局域网,包括硬件和软件)为主要通信和控制手段(桥梁);以此对通信网络系统、办公自动化系统、建筑设备系统(广义的 BAS)等所有功能系统,通过系统集成进行综合配置,形成一个设备和网络、硬件和软件、控制与管理有机结合的综合建筑环境。

医用建筑既包含了设备物理建筑环境,又包含了管理和服务等方面的软环境,它是一个综合建筑环境。弱电技术是智能建筑的内涵与基础。

2. 医用智能建筑弱电技术是狭义的智能建筑技术　主要是通过现代信息技术和现代弱电技术应用于建筑环境而实现。主要技术模式(方式)就是综合和系统集成。所以说智能建筑弱电技术就是狭义的智能建筑技术。从这种意义上说智能建筑技术主要是智能建筑弱电技术。

二、医用建筑中弱电系统的一般内容

1. **信息技术 IT** 通常信息技术包括：信息获取技术、信息传输技术、信息处理技术、信息检索技术、信息存储技术、信息显示技术和信息安全技术等。信息技术可能是机械的、激光的、电子的，也可能是生物的。

信息技术是指语音、数据、图像等各种信息的产生、发射、接收、收集、检索、检测、分配、处理、传输及其应用的技术。信息技术是信息科学的组成部分。信息科学和信息技术是信息时代的产物。

信息技术在建筑及建筑群中的应用就构成了智能建筑，即智能建筑中的信息技术就是智能建筑弱电技术，它是 IB 的关键技术。

强调的是，信息技术包括了人们常说的 4C 技术，即现代通信技术、现代计算机技术、现代控制技术、现代图形图像显示技术；但是 4C 技术并不代表全部信息技术，如信息获取技术（传感技术、遥测技术等）。信息技术是智能建筑的技术基础。4C 技术是在智能建筑中应用的主要信息技术，4C 技术主要就是智能建筑弱电技术。

2. **现代计算机技术** 计算机技术是信息处理技术中的一项主要技术。它是信息技术的一个重要组成部分，计算机处理信息的能力正迅速加强。计算机多媒体技术把语音、文字、数据、图像等信息通过计算机综合处理，使人们得到更完善直观的综合信息。

随着 Internet/Intranet 和信息高速公路、数据化技术的发展，计算机技术与通信技术、多媒体技术紧密地融合在一起，大大拓宽了信息技术的应用范围。

现代计算机技术的巨大作用，还表现在计算机网络系统，例如 Intranet 和 Internet 等计算机局域网和广域网。

计算机网络技术正沿着并行处理分布式方向发展。并行的分布式计算机网络技术是计算机多机系统联网的一种新形式。分布式计算机系统强调的是分布式计算和并行处理，不仅整个网络系统硬件和软件资源共享，同时也要任务和负载的共享。主要特点是，该系统采用统一的分布式操作系统，把多个数据处理系统的通用部件有机地组成一个具有整体功能的系统，各软硬件资源管理没有明显的主从管理关系。该系统对于多机合作系统重构、冗余的容错能力都有很大的改善和提高，因此系统具有更大的输入/输出能力、更高的可靠性、更快的响应，并且系统造价比较经济。

计算机技术广泛应用到智能建筑中，成为智能建筑弱电技术的一项重要技术。以信息、通信管理、控制等方式在智能建筑 CNS、OAS、BAS 中起重要作用。例如，在智能建筑通信网络系统中，计算机网络系统的主干网和局域网成为主要通信网络之一。构成高速主干网络技术主要有快速以太网、FDDI、ATM 以及各种类型快速网络互联设备等。一般局域网采用以太网和环型令牌网等为主。用以满足建筑物内多种业务需要的信息传输和交换。智能建筑对外界的通信主要网络之一也是运用局域网和 Internet 等广域网共同承担的计算机网。

计算机技术是建筑设备自动化的核心技术。以计算机网络为基础（例如 LONworks、BACnet 等）连接计算机和建筑物内空调、电梯等各种设备完成设备自动监控管理和系统集成；完成对消防和安全防范系统的自动控制和管理。

在办公自动化方面计算机技术更是起到不可缺少的主导作用,使人们利用计算机足不出户就可完成各种层次的办公事务,例如,业主对建筑物内各类设备的物业管理、运营等,工作人员进行的各种办公和服务管理,以及各种信息服务性事务。计算机技术和通信技术、多媒体技术的结合正在创造家庭办公的条件。

3. 现代通信技术　通信技术是现代信息技术的一个重要组成部分,通信技术的任务是延长人的记忆器官存储信息的功能。通信的本质是快速、准确地转移信息。通信技术正在沿着数字化、宽带化、高速化和智能化、综合化、网络化的方向迅速发展。例如通信网络与多媒体联机数据库和计算机组成一体化高速网络的信息高速公路,向人们提供语音、数据、图形图像等快速通信,实现信息资源高速度共享。

通信业务种类不断增加,已由传统的电话、传真等基础通信业务发展到数据、图形图像、可视电话、会议电视、多媒体等通信业务。

现代通信技术包括了综合业务数字网 ISDN(integrated services digital network)技术,即 N‑ISDN/B‑ISDN 技术、宽带多媒体网技术、异步传输 ATM 技术、同步数据系列 SDH 技术、接入网技术、互联网 Internet/Intranet、IP(internet protocol)通信技术、卫星通信技术、移动通信和个人通信技术、数字微波通信技术、数据通信技术等等。

通信技术应用于智能建筑形成了智能建筑通信网络系统 CNS,通信网络和通信技术是智能建筑弱电技术的重要组成部分,也是其他弱电技术的基础。通信技术和通信网络系统用以实现建筑物或建筑群内、外信息获取、信息传输、信息交换和信息发布。

通信技术和通信网络系统是实现智能建筑通信功能和建筑设备自动化、办公自动化的基础,通过多种通信网络子系统和相应的各种通信技术对来自智能建筑内、外的语音、数据、图像等各种信息进行接收、存储、处理、交换、传输等,为人们提供满意的通信和控制管理的需求。

4. 现代自动控制技术　现代自动控制技术是智能建筑起主导作用的一门智能建筑弱电技术。利用网络集成控制技术可以形成整个智能建筑管理系统 IBMS。目前应用最广泛的是建筑设备管理自动化系统 BMS。

计算机控制建筑设备自动化系统,已由分布式控制系统发展到开放式控制系统。控制网络结构已由二层网络结构发展到三层网络结构(管理层、现代化层、现场层)。现场层为现场总线,最为常用的现场总线系统,目前以 LONWORKS 和 BACNET 两种开放式现场总线系统应用较广。

5. 现代图形图像显示技术　图像显示技术是信息技术的一项重要技术。应用于智能建筑的现代图像显示技术主要包括两个方面。一方面是先进的图像信息技术,即信息显示图形图像化。另一方面是图像信息及相关管理信息的计算机处理、活动图像压缩编码以及网络控制技术,即计算机处理及网络控制。现在已广泛应用的 WINDOWS 技术、WEB 技术和多媒体技术,为采集和监视、浏览图像信息提供了极大方便。

6. 综合布线技术　是一种信息传输技术,是将所有电话、数据、图文、图像及多媒体设备的布线综合(或组合)在一套标准的布线系统上,即这种布线综合所有电话、数据、图文、图像及多媒体设备于一个综合布线系统中。实现了多种信息系统的兼容、共用和互换互调性能。

综合布线技术是信息传输技术的一种特殊传输技术。即它是在建筑和建筑群环境下的一种信息有线传输技术;它在建筑物内或建筑群间传输语音、数据、图像等信息满足人们在建筑物内的各种信息要求。因此,它也是智能建筑弱电技术主要技术之一。

7. 系统集成　系统集成 SI(systems integration),目前尚无确切定义。随着计算机在信息系统领域中的应用,以计算机网络为纽带的,对不同资源子系统进行组合,实现综合管理,统一控制的系统。人们一般称计算机系统集成,它往往应用于现代大中型信息系统,应用到建筑智能化领域就是智能建筑系统集成。根据信息科学的内涵(包括信息论、控制论、系统论、计算机技术等)和信息技术的概念,系统集成属于信息科学范畴,是信息技术的具体运用技术。

智能建筑系统集成 IBSI(systems integration of intelligent building)是将智能建筑内不同功能的智能化子系统在物理上、逻辑上和功能上连接在一起,以实现信息综合、资源共享的一种技术方法。

智能建筑系统集成的对象是不同功能的智能化子系统(例如建筑设备自动化子系统),系统集成的途径是通过信息网络(包括计算机网络)汇集建筑物内外各处信息。系统集成的手段(或过程)是将资源子网以物理、逻辑、功能等方式组合起来连接在一起,传递各类需要的信息,并实现对各类信息的管理和控制。系统集成的目的是对建筑物内的各智能化子系统进行综合管理,对建筑物内外的信息实现资源共享。系统集成管理系统具有开放性、可靠性、容错性和可维护性等特点。

三、医用建筑弱电系统的基本构成

（一）医用建筑弱电系统的基本构成（图9-1）

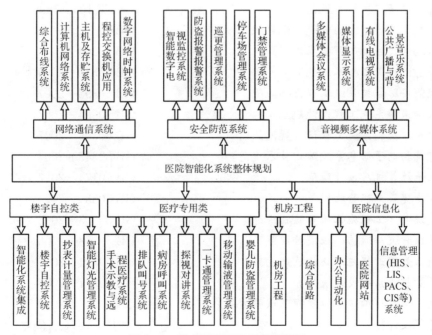

图 9-1　综合医院弱电系统框架图

（二）医用建筑弱电系统的功能分类

在弱电系统的分类上，有多种方式。近年来的分类更趋细化。有资料按智能化系统的技术类别，分为七大类子系统：

1. 网络通信系统　包括综合布线系统、计算机网络系统、主机及存储系统、程控交换机应用、数字网络时钟系统。

2. 安合防范系统　包括智能数字电视监控系统、防盗报警系统、巡更管理系统、停车场管理系统、门禁管理系统。

3. 音视频多媒体系统　包括多媒体会议系统、媒体显示系统、有线电视系统、公共广播与背景音乐系统。

4. 楼宇自控系统　包括智能化系统集成、楼宇自控系统、抄表计量管理系统、智能灯光管理系统。

5. 医疗专用系统　包括手术示教与远程医疗系统、排队叫号系统、病房呼叫系统、探视对讲系统、一卡通管理系统、移动输液管理系统、婴儿防盗管理系统。

6. 机房工程。

7. 医院信息化系统　包括办公自动化、医院网站及信息管理系统。

由于弱电工程技术复杂、投资巨大，各医院应从自身的能力出发，突出医疗管理的重点，进行弱电系统的建设的选项建设。避免不适的追求先进性与现代化，造成不必要的投资浪费。

（三）医用建筑弱电系统设计与实施主要依据

医用建筑弱电系统的设计应执行但不限于下列标准与规范：

《智能建筑设计标准》	GB/T 50314—2006
《综合布线系统工程设计规范》	GB 50311—2007
《综合布线系统工程验收规范》	GB 50312—2007
《有线电视广播技术规范》	GY/T 106—1999
《电视和声音信号的电缆分配系统》	GB/T 6510—1996
《有线电视系统工程技术规范》	GB 50200—94
《安全防范工程技术规范》	GB 50348—2004
《视频安防监控系统工程设计规范》	GB 50395—2007
《入侵报警系统工程设计规范》	GB 50394—2007
《出入口控制系统工程设计规范》	GB 50396—2007
《建筑物电子信息系统防雷技术规范》	GB 50343—2004
《电子计算机房设计规范》	GB 50174—2007
《智能建筑工程验收规范》	GB 50339—2003
《建筑电气工程施工质量验收规范》	GB 50303—2002
《通信管道与通信工程设计规范》	GB 50373—2006
《通信管道工程施工及验收规范》	GB 50374—2006
《厅堂扩声系统设计规范》	GB 50371—2006
《电气工程施工质量验收规范试验方法》	GB 50303—2002
《建筑设计防火规范》	GBJ16—87(95 修订)

《火灾自动报警系统设计规范》	GB 50116—98
《高层民用建筑设计防火规范》	GB 50045—95
《建筑物防雷设计规范》	GB 50057—1994(2000
《LED显示屏通用规范》	SJ/T 11141—1997
《锅炉房设计规定》	GB 50041—96
《商用建筑线缆标准》	EIA/TIA—568A
《中国采暖通风与空气调节设计规范》	GB 50019—2003
《电气装置安装工程接地施工及验收规范》	GB 50169—2006
《低压配电设计规范》	GB 50054—95
《汽车库、修车库、停车场设计防火规范》	GB 50067—97
《信息技术设备包括电气设备的安全》	GB 4943—2001
《30MHz～1GHz声音和电视信号电缆分配系统》	GB 6510—84
《厅堂扩声系统设计规范》	GB 50371—2006
《视频显示系统工程技术规范》	GB 50464—2008
《有线电视广播系统技术规范》	GY/T 106—92
《综合医院建筑设计规范》(2004版)	
《安合防范工程技术规范》	GB 50348—2004
《中华人民共和国公共安全行业标准》	GAT75—94
《防盗报警控制器通用技术条件》	GB 12663—2001
《建筑与建筑群综合布线系统工程设计规范》	GB/50311—2007

弱电系统构成的各分系统的具体内容,将结合实际案例,在本章以下各级有选择的分别论述。

第二节　医院信息系统

医院信息系统(hospital information system,HIS)是指应用电子计算机和网络通信设备,为医院及其所属部门提供医疗信息,行政管理信息和决策支持等三重职能。其目的是从根本上改变医院的原始管理方式,提高医院管理效益,提高医院医护质量,使医院经济效益和社会效益得到提升。

我国HIS系统的开发应用经历了单用户应用、多部门局域网应用、网络一体化的全医院应用三个阶段。目前多数医院HIS系统是以收费为中心的行政管理系统HMIS,这称作第一期工程或初级版本。在一期实施的基础上,实施临床信息系统CIS,故后者又称作二期工程,或高级版本。在推广HIS系统过程中,通常将管理信息系统HMIS先期实施,以收费为中心,提高管理工作效率,我国90%以上的大型医院科室都已采用HMIS系统。今后的发展趋势是:建立具有智能化的临床信息系统CIS,图像存档和通信系统PACS,最终实现电子病历CPR系统。

完善HIS系统应具有下列子系统:

一、医院管理信息系统（MIS）

医院管理系统（hospital management information system，MIS），它是 HIS 的重要子系统，是由工矿企业管理系统 MIS 演变而成的。它以提高工作效率，辅助财务核算为目的。MIS 通常包括财务管理系统、行政办公系统、人事管理系统等非临床功能子系统。

医院管理系统 MIS 只有和临床信息系统 CIS 一起才能构成完善的医院信息系统 HIS。

二、临床信息系统（CIS）

临床信息系统（clinical information system，CIS）。它是 HIS 系统的核心组成部分，临床信息系统包括的内容很多，可以包括专科、课题信息处理系统，也可以包括全社会医疗的信息处理，CIS 常见的子系统如下：

1. 医生工作站　服务于医生临床活动，开医嘱、书写病历、开化验单、查看文字和图像的检查结果等。

2. 护士工作站　以护士日常工作为目标，包括病人入、出、转院和医嘱处理，是住院收费的重要前端。

3. 检验信息系统（lab information system，LIS）　以医院检验科业务数字化为目的，通过连接检仪器，收集数据，实现申请、检验、报告的自动化工作流程。

4. 生理信息系统　对心电、脑电、肌电、血压、体温、呼吸等各类生理信息收集、存储，实现申请、检验、报告的自动化工作流程。

5. 病理信息系统　采集病理显微镜的显微图像，进行计算机病理统计和分析，进行数据归档，传输和报告的自动化工作流程。

6. 放射信息系统（radiology information system，RIS）　X 线成像设备的影像管理系统。

三、图像存档及通信系统（PACS）

图像存档及通信系统（picture archiving and communication system，PACS）属于临床信息系统中子系统，它是当前医院智能建设中的热点。放射信息系统（RIS）和 PACS 同属于临床信息系统 CIS 中的子系统。RIS 是基于文字信息系统，其主要功能包括病人登记、预约检查时间、报告、病人跟踪、胶片跟踪、诊断编码、教学和管理信息。

PACS 是基本图像系统，能有效管理和及时提供医学图像，它已成为无胶片的同义词，专门为图像管理而设计的，包括图像存档、检索、传送、显示处理和拷贝或打印的硬件和软件系统。其目标是提供一个更为便捷的图像检查、存档和检索工具。

PACS 突破了 RIS 的局限，面向所有成像设备，包括放射设备和非放射设备，如 CR、DR、CT、MRI、内窥镜、超声等。

四、电子病历（CPR）

电子病历（computer – based patient record ，CPR），电子病历采用信息技术将文本、

图像、声音结合起来，含有医史记录，当前药物治疗、化验检查、影像检查等多种媒体形式的健康信息，能实现多媒体情报的处理和网络通信。电子病历尚处于起步阶段，它的实施尚需全社会关注，解决诸如电子病历标准化、电子病历的安全性、电子病历的归属权等相关的技术问题和法规问题。

1. 电子病历标准化　电子病历应遵循相应的国际国内标准，如国际健康分类 ICH，国际疾病分类 ICD9，国际医学数字图像输出标准 DICOM3 等，电子病历也应制订规范的医学用语标准，如主诉、病史、检查、诊断记录等。

2. 电子病历的安全性　病历对患者是诊疗过程的全面记录和总结，是病人的隐私，病历内容具有法律效力，必须建立安全技术保障。

3. 电子病历的归属权，尚需社会立法确认。

4. 电子病历首页中英文化，为了更好地与国际接轨以及技术交流。

五、门诊远程挂号系统

医院门诊现场排队挂号方式，给医院管理工作造成了极大的负担，也给社会造成了人力、物力资源的浪费，用现代信息技术实现医院的远程挂号是形势所趋。

目前国内不少医院开始试行远程挂号，但普遍存在收费难、确认难两大问题，为解决这两大问题，产生了多种挂号方式（如押金预交、建立预约账号），现对电信医疗服务台远程挂号系统作如下介绍。

1. 三种挂号方式

（1）电话挂号：建立电信医疗信息服务台，电话用户（包括固定电话、移动电话、IC 卡电话），通过电信医疗信息服务台同医院的门诊挂号系统相连，医院向用户提供挂号就诊语音资料，挂号成功向用户提供就诊 ID 号，用户就诊前，根据 ID 号，自行打印挂号凭证，或根据屏幕显示的诊室就医。电信医疗信息服务台向用户收取通信计时费和挂号费，并根据协议同医院定期结算。

（2）手机远程挂号：移动通信和中国联通分别建立短信医疗信息服务台，手机用户通过短信医疗信息服务台同医院门诊挂号系统相连，医院向用户提供挂号就诊短信资料，挂号成功，向用户提供就诊 ID 号，短信医疗信息服务台向用户收取通信计时费和挂号费，并根据协议定期向医院结算。确认方式同前，即根据 ID 号打印凭证确认，或屏幕显示确认。

（3）网络终端挂号：建立医疗信息服务网站，网络终端（电脑、电话、移动手机）通过医疗服务网站了解医院挂号就诊资料，并进行预约挂号，完成后打印门诊挂号单，凭该挂号单在预约时间内到医院就诊，通过网卡收费。由于电话、手机都可以上网，因此均可通过网络挂号。

2. 七种收费方式　远程挂号有多种收费方式。①电信医疗服务台付费；②短信医疗服务台付费；③网站付费；④银行付费；⑤医保卡付费；⑥医院储值卡收费；⑦现金收费。

3. 电信医疗信息台远程门诊挂号系统布局　为实现远程挂号，医院必须组建门诊挂号系统，包括硬件配置和软件开发。该系统既同外部通信系统，金融银行系统相连，又要同医院内部信息管理系统（HIS）相连。它应根据医院的特色进行设计，具备较完善的硬件配套设施(图9-2)。

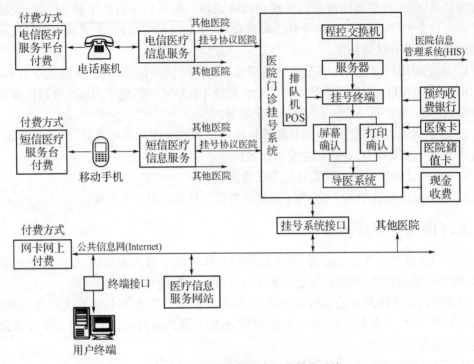

图9-2 医疗信息服务台远程挂号系统

第三节　楼宇自动化控制系统

　　楼宇自动化控制系统,又称楼宇自控或建筑物自动化系统(building automation system,BAS),是将建筑物(或建筑群)内的电力、照明、空调、运输、防灾、保安、广播等设备以集中监视、控制和管理为目的而构成的一个综合系统。它的目的是使建筑物成为安全、健康、舒适、温馨的生活环境和高效的工作环境,并能保证系统运行的经济性和管理的智能化。在建筑物内存在大量的空调设备、给排水设备、供配电设备、照明配电柜等电气设备。这些设备的特点为多而散:多,指量多,需要控制、监视和测量的对象多,多达几百甚至上万点;散,即这些设备分散在各个楼层和角落,如果采用分散管理,就地控制、监视和测量,工作量难以想象。为了合理利用设备、节约能源和确保设备的安全运行,就必须采用楼宇自动化控制系统来加强现场设备的监控和管理。

　　广义地说,楼宇自动化(BA)应包括:①楼宇普通机电设备自动化;②消防报警与灭火系统自动化(FA);③安全防范系统自动化(SA),但由于我国目前的管理体制要求等因素,消防系统和安防系统要求独立设置,既独立自行进行设置监视与控制管理系统,同时又希望与楼宇自动化系统(BA)集成在一起,以便更好、更全面地进行监视,但一般不独立控制。楼宇自控系统(普通机电设备系统)主要以空调、给排水、供配电、照明为主,消防通常只监不控。

一、系统设计要求

BAS 系统设计需要根据业主的投资额和使用要求,确定楼宇自控系统的控制范围、控制点数及整个系统的构成。一般把设计院完成的设计内容称为一次设计。主要内容包括:方案设计、初步设计、施工图设计。在一次设计完成的设计图纸是设备招标的基础资料,设备招标完成后,需要中标的专业单位配合设计院进行二次设计(图 9-3)。

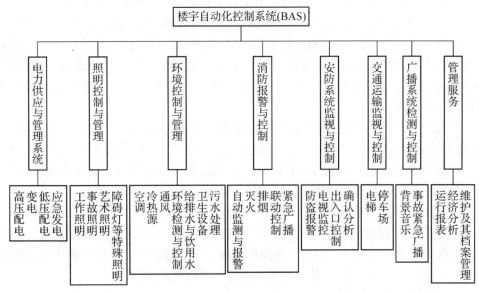

图 9-3 BAS 二次设计内容

做系统设计及选型是首先应当考虑遵循相关的建筑规范要求,并结合本单位的实际情况进行取舍。与 BAS 系统相关的建筑规范如下,供参考:

《智能建筑设计标准》	GB/T 50314—2006
《安全防范工程技术规范》	GB 50348—2004
《高层民用建筑防火设计规范》	GB 50045—2005
《建筑给排水设计规范》	GB 50015—2009
《采暖通风与空调调节设计规范》	GB 50019—2003

其中,《智能建筑设计标准》是其中比较重要的设计参考标准。

自动控制、监视和测量是监控和管理建筑物设备的 3 个基本方面。采用建筑物自动化系统,可及时掌握设备的运行状态、能量的变动情况,节省大量的人力、物力和财力。实施 BAS 系统,应当考虑达到以下目标:

1. 保证楼内环境满足各种功能分区的管理要求 能对楼内空调系统进行最佳控制,温、湿度的自动调节,新风量的控制。使其达到对用户最舒适、对设备最经济最合理的控制目的。医院空调除具有一般舒适空调的特性外,更应具有疾病的预防及治疗等功能,因此也要注意必须做到以下数点:

(1) 可控制进入室内的空气流动方向及各部门间的空气流动方向,以避免疾病的相互感染。

（2）可冲淡及消除空气中的臭味、微生物、病毒、有害化学及辐射性物质等，故特别要求其换气量及空气过滤器。

（3）对不同的区域调整能满足其各自需求的不同温度及湿度，以达到治疗或协助治疗的目的。

（4）能对冷冻机组（包括热交换器组）、冷冻水泵、冷却水泵、冷却塔等设备的监视，并可提供控制功能，有效实现顺序启停、工作状态检测、温度流量检测、故障报警、运行累计时间、均衡设备运行等全部控制，使其达到对设备最经济最合理的控制目的。

（5）能实现供水、排水系统的自动控制，对高位生活水箱、高位消防水箱、地下生活水集水池、地下生活废水集水坑、地下污水集水坑（粪池）的液位控制，另外包括对生活给水泵（机组）、污水排水泵组的运行监视。每个箱（池）包括溢流水位、给泵水位、停泵水位三个液位点的控制。每个泵组均实现运行状态、启停、故障报警的监控，使其达到对设备最合理和最经济的控制目的。

（6）能实现照明的自动控制，通过业主对各路照明控制的要求，将照明分为几个不同的区域进行配电总控，如：①室外立面泛光照明；②室外广告牌；③屋顶广告牌照明。

（7）能实现供配电自动监视，对高压供电电流、电压、功率因数、变压器温度、高压开关状态监视、低压电流、电压等内容的监视，并实现故障报警。

（8）能对电梯运行状态进行自动监视和启停控制。

2. 实现物业管理现代化　楼宇自控系统的主要任务之一是管理建筑设备使其管理现代化，包括管理功能、显示功能、设备操作功能、实时控制功能、统计分析功能及故障诊断功能，并使这些功能自动化，从而实现物业管理现代化，降低人工成本。

3. 保障设备的正常运行

（1）能通过楼宇自控系统对设备运行状态进行有效监视，在设备出现问题时如空调制冷状况不好、空气不流通、停水停电等系统可以及时报警，提示维护管理人员及时维修，保证设备的正常运行，也保证大厦良好的工作环境。

（2）能够制定系统的管理、调度、操作和控制的策略；存取有关数据与控制的参数；管理、调度、监视与控制系统的运行；显示系统运行的数据图像和曲线；打印各类报表；分析系统运行的历史记录及趋势；统计设备的运行时间、设备维护周期和保养管理情况等。

二、注意事项

1. BAS 的集成度　从理论上来说，系统的集成度越高，自动化程度也越高，能够发挥的节能减排的效率也越高。但在实际工程中，随着设备和子系统愈来愈多，愈来愈复杂，不同厂商提供的不同产品和系统，其通讯协议不同，互联存在较多困难。同时，集成度和自动化程度越高的系统对于系统的使用人员和维护人员的技能要求也越高，如果缺乏相应的人员配置，则系统开通后也可能运行效率低下，无法达到原有设想。因此，在系统选型时，除了考虑建筑的管理要求以及严格设备要求以外，业主还应当充分考虑运营后当地的人员环境，避免花费高额的费用建设的系统成为摆设。

2. BAS 系统与建筑设备之间的接口　BAS 系统与建筑设备之间的接口关系到DDC 的指令能否直接、有效地作用于各建筑设备，直接影响系统能否顺利开通。在设计之初就应提出明确的接口要求，如电气控制箱应提供手/自动转换、开/关指令、开/关状态、故障状态等接点及对这些接点的要求,或要求采购遵循或支持指定协议的建筑设备;设备到货时,就必须按照设计要求进行验货,避免等安装到位后才发现 DDC 的指令不能直接、有效地作用于各建筑设备,影响系统的顺利开通。

3. 传感器、执行器的信号类型与控制模块的信号类型一致　传感器、执行器的输入、输出信号类型与控制模块的输入、输出信号类型一致与否,直接关系到 BA 系统能否顺利开通,应该予以重视。一般应注意两点:

(1) 两者类型是否一致:随着传感器、执行器技术的发展,其输入、输出信号类型也在发生变化。如温度传感器的信号类型一般为模拟输入(AI),而采用占空比控制技术的温度传感器的信号类型则为数字输入(DI);电动调节阀的信号类型一般为模拟输出(AO),而采用浮点控制技术的电动调节阀的信号类型则为数字输出(DO),所以只凭经验判断是不行的,必须仔细对相关设备进行核实。

(2) 两者类型一致时,还应注意是否匹配:两者类型一致时,也同样存在是否匹配的问题。如 AI 信号有 2～10 V 和 4～20 mA 的区别,DI 信号则有频率大小区别。4～20 mA的 AI 信号要经过处理才能接到 2～10 V 的 AI 模块版上,而脉冲间隔为"毫秒"级的 DI 信号接到"秒"级的 DI 模块版上后,可能就产生误报等问题。

4. 传感器的安装位置与方法　传感器的工作状况如何,直接影响 BA 系统对被控对象的控制效果。有关文献介绍,传感器故障占系统故障的 60% 以上,可见传感器在系统中的地位。一般传感器对安装位置和方法都有一定的要求,设计时如果不予以重视,则会产生如下影响:

(1) 传感器无法正常工作,系统无法调通:一些传感器,如空气流量传感器、水流量传感器、水流开关等对风速和水流速有一定要求,如果将它们安装在死角或死区,它们可能无法正常工作;又如水流开关要求不能遭水击,如果将它安装在阀的下游,则可能会由于水锤现象的发生而损坏,它也无法正常工作;同样,传感器的安装方法不正确也会有类似的结果。

(2) 传感器正常工作,但没有正确反映被控区域的参数:目前的工程中,在对空气处理机组进行控制时,许多控制厂商都是通过对回风的参数监测来控制被控区域的温度。检测回风参数的温湿度传感器常安装在机房的回风管道上。很多工程中都是吊顶回风,只是在机房内设置一段回风管。由于热空气上升,冷空气下降的原因吊顶中空气的温度比被控区域的温度高出几度,已不能代表被控区域的温度,此时,无论如何完善控制程序,都起不到良好的节能效果。

5. 冷源系统的群控及空气处理机组的优化控制　冷源系统包括冷水机组、冷却塔、冷冻水泵及冷却水泵等,彼此相互影响,相互作用,构成空调系统的水系统,是空调耗能的关键。其中,某些设备也配有自己的微电脑控制系统,但这只能保证该设备最佳运行,不能保证其他设备最佳运行,更不能保证整个冷源系统最优化运行。利用 BAS 系统各 DDC 之间良好的通讯功能和中央电脑强大的计算功能,在监控各设备的同时,综合考虑整个系统,给出冷源系统的数学模型,依据模型优化运行设备,尽可能利用自然供冷,减少机械制冷的时间,实现空气处理机组的多工况分区运行,是提高 BAS 系统节能性能、挖掘其潜力的有效手段。

三、医院案例

1. 系统控制模式　BAS总控制中心应完全能够监视整个系统的日常运行,能够显示所有的监视设备的运行状态、故障状态、监测参数值,实时记录每一时刻、每一事件的发生,并能够协调处理一般性的突发事件。

系统的工作程序编制、修改,既可以通过现场DDC控制器进行,也可以通过总控制中心进行。

所有的动力机械设备在自动控制方式上,除了应当满足各自的特定、特殊的启动和停止、作息条件外,还必须兼顾到与系统内其他设备、设施的相互关系及内在联系。如:互锁、互保等措施,保证系统的高可靠性和安全性。

所有的受控设备,在BAS总控制中心上位机停止工作时,均可在现场DDC控制单元的作用下,实现就地控制运行。

对于现场要求带有手自动转换的设备,当设备处于手动状态时,DDC控制器将不再加以控制,同时BAS总控制中心上位机能显示出这些设备的离线状态,同时当设备由自动状态转为手动状态时,系统能够进行无扰切换。当设备处于自动状态时,在现场有操作终端,调试人员可以就地操作控制。

当工作设备故障时,备用设备能够快速自动投入,同时锁定故障设备。在未检修完好之前不再投入使用。

每台设备均有累计运行时间的记录,并且轮换使用工作设备与备用设备,使每台设备工作时间相对均匀。

每台DDC控制器的四种输入输出,均有15%左右的预留点,以便今后扩充少量控制点时使用。

2. 通信网络结构　使用总线型的网络拓扑结构组成局域网。实现中央站、数据处理设备和专用控制、接口设备之间的数据通信、资源共享和管理。实现与建筑物中其他相关系统和独立设置的智能化系统之间的数据通信、系统集成以及其他厂商设备和系统的连接。通过网络能够把所有监控信息及时地反馈到中央站,而中央站系统也可通过网络传送程序、指令等到有关BAS中设备。

3. 监控层总线　作为分布式控制系统各个控制分站之间的通信网络实现各个分站之间、分站与中央站之间以及他们与专用控制、接口设备的数据通信。中央站可以通过总线把信息传送到任何指定的分站。系统采用国际通用的通讯协议,例如LONWORK或者BACNET。不得使用产品专用的通讯协议,系统的控制网络结构为一层,不得出现协议转化器和二级网络结构,数据传送速率不得低于78kbps,且具有总线保护能力。除完成以上功能和控制外,楼宇控制系统还应针对医院不同科室有针对性控制策略。

4. 变配电系统

(1) 医院供电布局特点:医院供电系统必须实行双路供电,具有自动切换的功能。核心工作区还需备有发电机组,以防双路供电系统发生意外。手术设备、急救设备配置EPS电源,信息设备配置UPS不间断电源。以保证供电线路冗余和容错能力。

医院配电系有自身的要求,不同功能区域采用的制式供电不同:

①医疗工作区应采用三相五线制供电(TN-S系统)。

②后勤管理区可采用三相四线制供电(TN-C系统)。

③特殊医疗区须采用不接地配电方式(IT系统);为防止微电击,手术区、血液透析病房、重症监护病房等医疗区采用不接地配电方式,手术室内采用等位接地以达到安全供电和节约投资的目的。

不同区域供电线路要分开敷设以免相互影响,医院供电布局如图9-4所示。

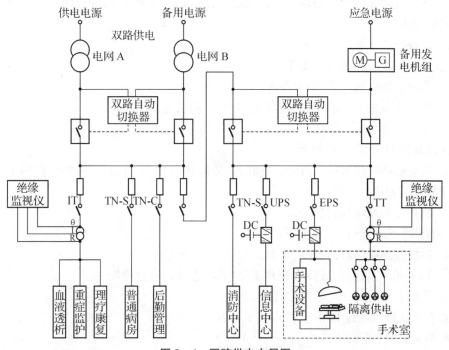

图9-4　医院供电布局图

(2) 高压配电监视系统

①监测:利用智能测控模块监测被测回路上的所有电气参数,包括真空开关状态、故障、手车位置、接地开关位置、电压(V)、电流(A)、频率(Hz)、功率因数、有功功率(kW)、无功功率(kW)、有功电能、无功电能和视在电能(kW·h)等。利用智能测控仪表监测变压器的其他重要参数,包括变压器温度、温度报警、变压器风机状态、风机故障报警等。

②报警:断路器故障报警、低压配电监视系统。

(3) 低压开关柜监视

①监测:利用智能测控仪表监测被测回路上的电气参数。包括:开关状态、故障、抽屉位置、电压(V)、电流(A)、频率(Hz)、功率因数、有功功率(kW)、无功功率(kW)、有功电能、无功电能和视在电能(kW·h)等。

②报警:断路器故障报警。

(4) 变压器的监视系统:监视变压器的温度、变压器风机的运行状态、故障报警。

(5) 暖通系统(图9-5)

①冷水机组BAS监视点如下:

a. 系统监测冷水机组的运行状态、故障状态和手/自动状态,并可由相关信息判断引起故障的原因。

b. 监视冷水机组的启/停。

c. 监视每台冷水机组进出水管上的电动蝶阀的开启,并监测阀门开度。

d. 配置集成接口设备,与制冷机组随机提供的控制装置连接,监视设备主要技术参数及报警、故障日志。

②冷冻水泵 BAS 监视点如下:

a. 系统监测冷冻水泵的运行状态、故障状态和手/自动状态,并可由相关信息判断引起故障的原因。

b. 监视冷冻水泵的启/停。

③冷却水泵 BAS 监视点如下:

a. 系统监测冷却水供/回水温度。

b. 冷却水泵的运行状态、故障状态和手/自动状态。

c. 监视冷却水泵的启/停。

④冷却塔 BAS 监控点如下:

a. 系统监测冷却水塔风机的运行状态、故障状态和手/自动状态,并可由相关信息判断引起故障的原因。

b. 监视冷却水塔风机启/停。

⑤蓄热系统 BAS 监视点如下:

a. 系统监测换热器的温度、压力。

b. 热水循环泵运行、故障报警和手/自动状态,以及启/停控制。

c. 蓄热水箱的高、中、低液位监测。

⑥空调送排风系统 BAS 监控点如下:

● 新风机组(图 9-6):

a. 检测新风机组送风温湿度。

b. 系统依据设定值与送风的温度偏差,调节电动调节阀开启度;监测阀门开启度。

c. 系统依据送风湿度控制加湿器的启动、停止。

d. 系统监测过滤器压差;堵塞报警;通知清洗或更换。

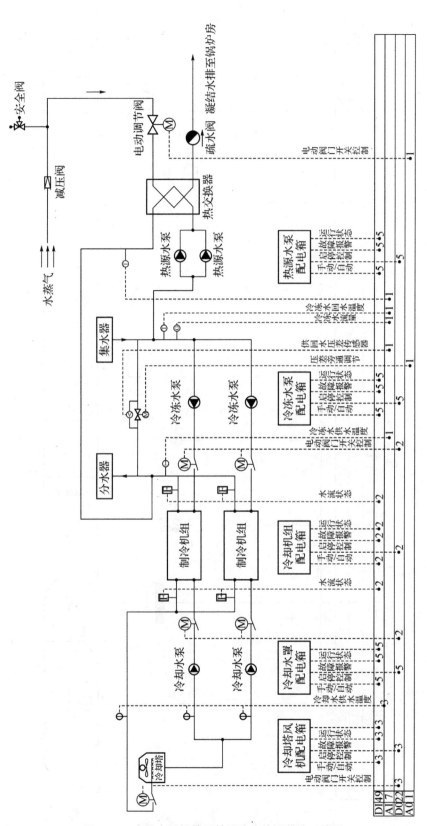

图 9-5 中国人民解放军某医院冷热源监控系统图

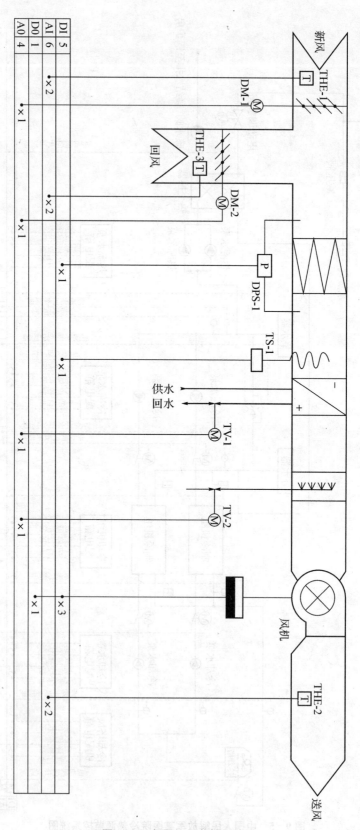

图 9-6 新风机组监控系统图

e. 新风机组运行状态、故障状态、手/自动状态、监控及控制启动、停止。

f. 利用防冻开关进行盘管防冻保护。

g. 采用开、关风阀,与风机连锁;停风机后,关闭风阀门。

● 空调处理机(图9-7):

a. 检测空调机组回风温湿度。

b. 系统依据回风的温度值调节电动调节阀开启度。

c. 系统依据回风湿度控制加湿器的启动、停止。

d. 系统监测过滤器压差;堵塞报警;通知清洗或更换。

e. 空调处理机运行状态、故障状态、手/自动状态监控及控制启动、停止。

f. 利用防冻开关进行盘管防冻保护。

g. 新、回风阀门的控制。

● 送、排(平时排风,紧急时排烟)风机(图9-8):

a. 系统根据排定的工作日及节假日时间,能按程序启动、停止送/排/双速风机。

b. 系统监测风机的运行状态、故障报警和手/自动状态。

⑦给水系统:以中高区的恒压变频供水系统为核心,组建一个独立的控制子系统,用PLC控制方式(图9-9)。

⑧排水系统:BAS监控点如下(图9-10):

a. 潜水泵运行状态、故障状态、手动/自动状态(启停靠液位连锁)。

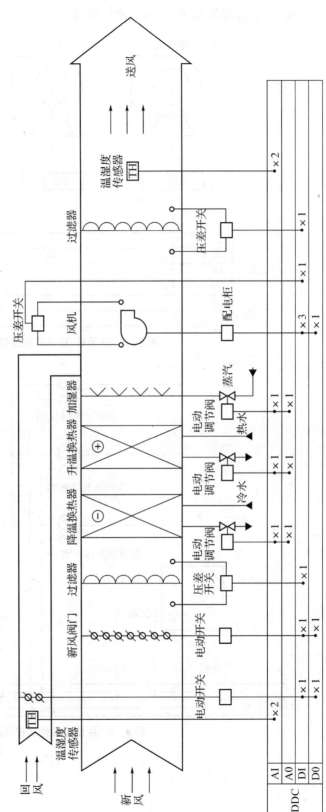

图9-7 空调处理机组监控系统图

b. 污水池的高、低水位、溢流水位检测。

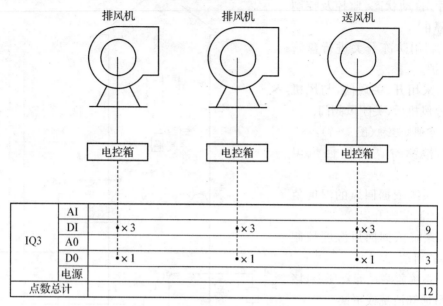

IQ3	AI				
	DI	•×3	•×3	•×3	9
	A0				
	D0	•×1	•×1	•×1	3
	电源				
点数总计					12

图 9-8　送风机、排风机监控布点图

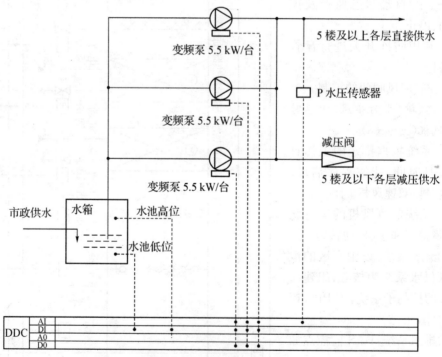

图 9-9　医院变频供水布局图

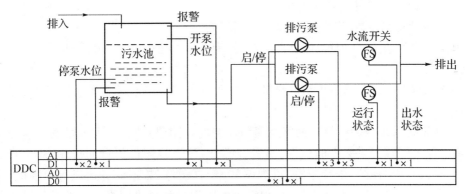

图 9‑10　排污监控布点图

第四节　综合布线系统

一、概述

综合布线系统是指按标准的、统一的和简单的结构化方式编制和布置各种建筑物（或建筑群）内各种系统的通信线路，是一种模块化、灵活性极高的建筑物内或建筑群之间的信息传输通道。它既能使语音、数据、图像设备和交换设备与其他信息管理系统彼此相连，也能使这些设备与外部相连接，包括网络系统、电话系统、监控系统、电源系统和照明系统等。由不同系统和规格的部件组成，其中包括：传输介质、相关连接硬件（如配线架、连接器、插座、适配器）以及电气保护设备等。

对于一座建筑物或建筑群，它是否能够在现在或将来始终具备最先进的现代化管理和通讯水平，最终取决于建筑物内是否有一套完整、高质和符合国际标准的布线系统。在传统布线系统中，由于多个子系统独立布线，并采用不同的传输媒介，这就给建筑物从设计到今后的管理带来一系列的隐患。

传统布线存在的问题：

（1）在线路路由上，各专业设计之间过多的牵制，使得最终设施的管道错综复杂，要多次进行图纸汇总才能定出一个妥协的方案。

（2）在布线时，重复施工，造成材料和人员的浪费。

（3）各弱电系统彼此相互独立、互不兼容，给使用者带来极大的不便。

（4）设备的改变、移动都会使最终用户无法改变原有的布线，无法适应各自的需求。这就要求用户对布线系统进行重新设计施工，造成不必要的浪费和损坏，难于维护和管理，同时在扩展时给原建筑物的美观造成很大的影响。

因此说，传统的布线方式不具备开放性、兼容性和灵活性，而采用按国际标准的结构化布线系统有以下优点：

（1）各个系统统一布线，提高系统的性能价格比。

（2）具有开放性和充分的灵活性，不论各个子系统设备如何改变，位置如何移动，布线系统只需跳线不需任何其他改变。

（3）设计思路简洁,施工简单,施工费用降低。

（4）充分适应通讯和计算机网络的发展,为今后办公全面自动化打下了坚实的线路基础。

（5）大大减少维护管理人员的数量及费用。可根据用户的不同需求进行随时的改变和调整。

综合布线系统应为计算机网络及通信设施的应用建立高速、大容量的信息传送平台,它不仅为医院提供必需的数据、语音、动态与静态等图像信息的传输,还包括语音信箱、办公自动化系统、语音应答、可视图文、传真图像、数据业务通讯等。因此,综合布线系统必须具有较高的通讯带宽,须满足医院内对计算机网络及各类通信设施的组网的要求。为保证系统适应技术的发展、保持与技术同步,在任何情况下,综合布线的相关产品必须按最新标准配置,系统必须支持百兆、千兆、未来万兆以太网、622 M ATM 等先进的网络技术,包括所有的数据系统链路、信道必须达到此技术性能的要求。

医院信息系统是一个流程复杂、信息流敏感、24 小时服务于医院业务的系统,负责信息收集、存储、处理、提取及数据交换的流程。综合布线是信息化的基础。医院的综合布线系统是一个用于传输语音、数据、影像和其他信息的标准结构化布线系统,是建筑物或建筑群内的传输网络,它使语音和数据通信设备、交换设备和其他信息管理系统彼此相连接。综合布线的物理结构一般采用模块化设计和分层星形网络拓扑结构,扩容方便且易于管理。

一般将综合布线系统划分为五个子系统:设备间（Equipment）子系统;垂直干线（Backbone/Riser）子系统;管理（Administration）子系统;水平（Horizontal）子系统;工作区（Work Area）子系统(图 9 - 11)。

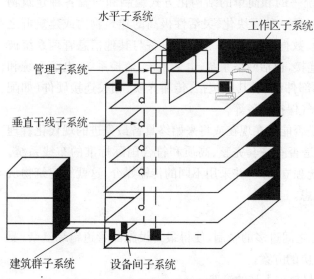

图 9 - 11　综合布线系统划分示意图

二、综合布线设计规范及原则

一所现代化医院需要建立一套完整的、高效可靠的、技术先进的、符合标准的结构化布线系统,基本技术设计要求可参考如下标准和规范:

《建筑与建筑群综合布线系统工程设计规范》　　GB/50311—2007
《建筑与建筑群综合布线系统工程验收规范》　　GB/50312—2007
《大楼通信综合布线系统行业标准》　　　　　　YD/T926.1—2011
《开放式办公布线系统标准》　　　　　　　　　EIA/TIATSB75

医用建筑规划

综合布线同传统布线相比,有着许多优越性,是传统布线所无法相比的。其主要表现为兼容性、开放性、灵活性、可靠性、先进性和经济性等。而且在设计、施工和维护方面也给人们带来了许多方便。在综合布线中要遵循以下原则:

1. 模块化　在综合布线系统中,除去固定在建筑物内的线缆外,其余所有的接插件将采用积木式的标准件,方便将来的使用、扩容及管理。

2. 扩充性　综合布线系统在设计上,考虑到将来医院的业务发展所面临的扩展要求。方案应采用树状星型结构,以支持目前和将来各种网络发展的应用。同时,通过跳线和不同网络设备的跳接,实现各种不同逻辑、拓扑结构的网络架构。

根据医院实际情况,在满足现有应用的基础上,在初期铺设线槽时,预留足够的空间,保证弱电线缆截面不得超过线槽截面的 40%,同时要考虑以后通信运营商的信号覆盖占用线槽空间,以及信息系统扩展如各类医保光纤、排队叫号屏集中控制线等,都要占用相应的线槽空间。

3. 可靠性　在设计中,充分考虑到系统的可靠性。综合布线的线槽和相关连接件均通过 ISO 认证,每条通道都要采用专用仪器测试链路阻抗及衰减率,以保证其电气性能。应用系统布线全部采用点到点端接,任何一条链路故障均不影响其他链路的运行,这就为链路的运行维护及故障检修提供了方便,从而保障了应用系统的可靠运行。各应用系统往往采用相同的传输媒体,因而可互为备用,提高了备用冗余。

同时,弱电与强电总是相邻而生,每个弱电间至少要放四路相互独立的强电插座,禁止由一路强电引出多路强电地插,防止相互干扰导致强电故障致使信息系统不畅,为防止瞬间断电造成信息系统瘫痪,在弱电间应最少配备一个小型 UPS。

设计可靠性应从链路产品质量、弱电链路冗余及相应强电稳定的设计来足够满足医院全天候业务应用及长期使用的要求。

4. 经济性　综合布线要满足医院相当长时间需求,维修和改造所耽误的时间造成的损失是难以估量的,因而在产品选型的时候,应在满足应用长期、稳定要求的基础上,选择性价比最好的综合布线系统。

5. 兼容性　布线方案采用的是一套全开放式的综合布线系统,符合多种国际上现行的标准。不仅可以兼容不同厂商和不同的设备需求,同时,能够传输话音、数据、图像、视频信号、控制信号等数据源;并支持目前及今后的数据、话音及控制设备厂商的应用系统。能够支持千兆速率的数据传输,可支持以太网、高速以太网、令牌环网、ATM、FDDI、ISDN 等网络及应用。

三、注意事项

1. 网络技术标准的选择　几年前选择百兆网络还是千兆网络是综合布线系统的一个重要选择,而现在随着技术的发展,应用的增多,成本的下降,千兆网络已经成为主流选择,而目前相应的万兆以太网标准也已经制定完成,所需支持的产品也已经商业化,相信在不远的将来,随着万兆以太网相关设备的成本下降,万兆网络也会逐步在应用方面逐步成熟。因此如果目前确定以千兆网络为基础,也要考虑未来万兆网络的规划设计。

2. 设备和线缆的网络化　以往虽然也提出综合布线的概念,但为了控制成本,在不同的应用方面仍旧还是采用不同线缆,诸如:电话系统采用大对数五类线、楼宇安防监控采用视频线等,只是采用综合的管线管槽。但随着网络带宽的增加,以及基于 IP 网络的灵活性,越来越多的设备和应用都在网络化。大到各类大型医疗仪器都已经数字化,需要网络接口进行图像处理;小到电话也都有了成熟的 IP 视频电话系统;楼宇控制设备的控制线路也都可以网络化,甚至对于低压供电的设备还可以通过网线直接进行供电。可以说,在现代的信息社会中,网络已经无处不在,也不可或缺。在这种情况下,就要注意综合布线的线缆选型:是为了降低成本采用不同线缆还是为了以后统一管理采用统一的网络线缆是需要仔细考量的。当然,如果采用统一网络线缆,那么在相关设备的选型上就必须全部遵循网络化的要求,以免出现线缆统一成了网络线缆,而选择的摄像头、楼宇控制设备等却无相应的接口或者需要额外增加转化设备的现象。

3. 内网和外网的隔离　医院综合布线系统业务一般要考虑内网和外网的划分问题。内网与外网之间到底是物理隔离还是逻辑隔离,需要根据医院的实际情况进行考量,其中的关键是医院的投入预算和如何进行网络管理。

如果内网和外网采用物理隔离,需要医院有较多的网络硬件和终端投入。例如设置不同的物理链路,则需要双网布线、双楼层交换机(图 9-12、图 9-13)。

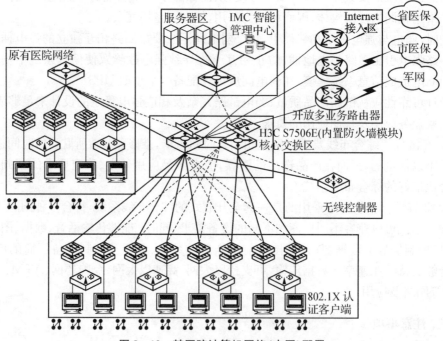

图 9-12　某医院计算机网络(内网)配置

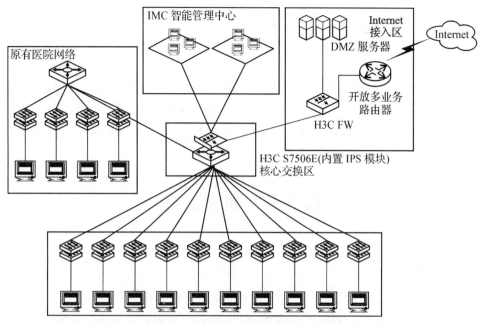

图 9 - 13　某医院计算机网络(外网)配置

　　如果内网和外网采用物理连通,逻辑隔离的方法,则应对网络安全加强投入,这些投入不仅包括物理的,如安全管理软件类:杀病毒软件、防火墙、终端接入管理等,还包括设立专职的安全人员、健全的安全管理措施、严格的网络监控等内容。

　　当然无论是物理隔离还是逻辑隔离,都应当注意对网络的监控管理,因为最严重的网络问题往往来自于内部,而不是外部。

　　计算机网络系统作为信息化系统基础,应能充分满足数字化医院网络通信的需求。

　　例如:某医院网络系统分为内网、外网和军网,内网、外网和军网之间用物理隔离。依规模采用三层(或二层)结构,即核心层、(汇聚层)、接入层。

　　内网系统设计:主要用于门诊、挂号、收费、药房、医保、财务、人事等部门的数据存储和管理。

　　外网系统设计:外网可通过扩容原有医院机房外网核心交换机直接接入。

　　军网系统设计:军队医院的军网主要用于院长、主任、各保密部门的数据接入。

　　无线网络:无线局域网使医院办公人员能够在医院内随时随地访问最新的病历和临床决策支持信息。

　　4. 工作区布线系统的设计　工作区的合理设计是综合布线系统能够被最大利用的关键点。工作区应当合理选用信息插座,条件具备的建议采用双口插座,布双线,但不建议采用四口,以防线缆过于集中。每个信息接口应当按照 1:2 或者 1:3 的标准配置强电插座,同时建议采用多用途的三相插座,尽量少用或者不用两相插座。对于用途明确的房间,信息接口应当依据房间的用途进行布置;对于用途可能调整的房间,信息插座应当较为均匀分别在房间周边;对一些经常移动办公的人员可以安装在桌面平齐的位置。需要特别注意的是,对于门急诊大厅、门诊走廊、住院走廊、候诊区、挂号处、商业区等区域所需公共服务的网络点进行设计和考量。

此外,如果无线网络不是同步进行规划设计,而是准备后期进行无线覆盖,则应先期邀请有关单位进行无线覆盖的设计,以减少后期施工量。

5. 工程施工的规划　在大型综合性医院建设中,综合布线系统有一次到位的,也有分期实施的。在进行综合布线的系统设计时要根据医院的需求,既要保证一期工程的顺利实施,也要为二期工程进行预留。原则上需要网络供电或者需要物理连接的点,尽可能一次安装到位,特别是相关设备控制和接入的点,即便进行一些冗余设计也是可以接受的。对于信息系统的应用扩展,后期可以通过接入无线网络的方式进行弥补。

第五节　机房工程

一、概述

机房通常是指在一个物理空间内实现对数据信息的集中处理、存储、传输、交换、管理,而计算机设备、服务器设备、网络设备、通讯设备、存储设备等通常认为是数据中心的关键设备。同时,数据信息作为一种资产的表征,从而具有交互性、动态性、完整性、脆弱性、安全性等的特征。《智能建筑设计标准》(GB/T50314—2006)将机房工程称之为EEEP(engineering of electronic equipment plant),对机房工程有了一个比较规范的定义,是指为提供智能化系统的设备和装置等安装条件,以确保各系统安全、稳定和可靠地运行与维护的建筑环境而实施的综合工程。

机房工程也是建筑智能化系统的一个重要部分。机房的种类繁多,根据功能的不同大致分为:计算机机房或称信息网络机房(网络交换机、服务器群、程控交换机等),其特点是面积较大,电源和空调不允许中断,是综合布线和信息化网络设备的核心;监控机房(电视监视墙、矩阵主机、画面分割器、硬盘录像机、防盗报警主机、编/解码器、楼宇自控、门禁、车库管理主机房)是有人值守的重要机房;消防机房(火灾报警主机、灭火联动控制台、紧急广播机柜等)也是有人值守的重要机房。此外,还有屏蔽机房、卫星电视机房等(图 9 - 14)。

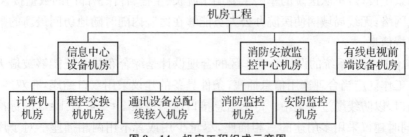

图 9 - 14　机房工程组成示意图

从图 9 - 14 可知,医院机房工程是由多个系统、每一系统都由多个功能空间组成。医院在规划建设中,必须将消防监控中心机房、有线电视前端设备机房要安排于合适的位置外,重点应考虑信息中心机房的建设。大型医院中心机房也有多种分类方法,既可按计算机房、程控交换机房、通信设备总配线接入机房设置外；也可按照"数据中心、网络中心和管理（运行）中心"三类机房设。中心机房主要用于数据存储、网络运行和运维管理，设备间主要用于存放网络设备；其他机房要按照各自功能分别进行设计规划，但UPS、空调、防雷、空气净化、接地等是必需的配套设施。

中心机房的空间要素可划分为第一主机房、第二主机房、电池室、基本工作区、维修室、资料室、备件库等。另外，根据需求可设置会议室、值班室、生活间、洗手间等，形成完整的信息中心配置。为确保信息的安全，医院应有信息数据的防灾备分机房。与信息部不在同一区域。

二、设计规范标准与要求

机房工程是为确保计算机机房（也称数据中心）的关键设备和装置能安全、稳定和可靠运行而设计配置的基础工程，计算机机房基础设施的建设不仅要为机房中的系统设备运营管理和数据信息安全提供保障环境，还要为工作人员创造健康适宜的工作环境。

1. 机房设计建设应遵循下列规范与标准

《电子计算机场地通用规范》	GB 2887—2000
《电子计算机机房设计规范》	GB 50174—93
《电子计算机机房施工及验收规范》	SJ/T 30003—93
《计算站场地安全要求》	GB 9361—88
《计算机机房活动地板技术条件》	GB 6650—86
《智能建筑建筑设计标准》	GB/T 50314—2000
《供配电设计规范》	GB 50052—95
《建筑物防雷设计规范》	GB 50057—94
《建筑物电子信息系统防雷技术规范》	GB 50343—2004
《火灾自动报警系统设计规范》	GB 50116—98

2. 基本原则　在机房设计中应当坚持绿色环保理念，降低空调能耗；建筑空间形态要方正，易于机柜放置；易于布线。不要偏居一隅，一般应处于整体建筑的中心位置，以保持信息传输的效率。同时，应当遵循如下原则，即：

（1）标准化原则：根据医院的系统状况及发展规划，按照国家相关规范和标准，设计满足医院使用需求且符合标准的机房方案。同时要留有余地。设备尽量选择机柜式设备。塔式设备参照机柜计算。

（2）前瞻性原则：要结合系统运行特点和现有系统及预期发展的因素，采用先进的技术措施，编制出技术先进、经济合理的设计方案。机房的空间面积与服务器和其他设备数量不仅包括当前设备的数量，而且应考虑未来10年所需。

（3）可扩展性原则：能满足医院的长远发展，最好具有10年的生命周期。

（4）适应性原则：机房设计与网络规划、布线规划应相互关联，整体一致。机房内的场地空间可根据系统运行需要进行必要的灵活性调整。要充分考虑机房的可管理性、易维护性。

信息中心的建设应从医院规模及信息安合需要出发确定中心的面积，机房的空间形式与使用面积应根据计算机设备的外形尺寸布置确定,使用面积应符合相关要求,以确保设备的正确安装摆放与运行安全。

3. 设计要求　机房工程范围涵盖了建筑装修、供电、照明、防雷、接地、UPS 不间断电源、精密空调、环境监测、火灾报警及灭火、门禁、防盗、闭路监视、综合布线和系统集成等技术。

(1) 建筑设计:通信接入交接设备机房应设在建筑物内底层或在地下一层(当建筑物有地下多层时)。

公共安全系统、建筑设备管理系统、广播系统可集中配置在智能化系统设备总控室内,各系统设备应占有独立的工作区,且相互间不会产生干扰。火灾自动报警系统的主机及与消防联动控制系统设备均应设在相对独立的空间内。

通信系统总配线设备机房宜设于建筑(单体或群体建筑)的中心位置,并应与信息中心设备机房及数字程控用户交换机设备机房规划时综合考虑。弱电间(电信间)应独立设置,并在符合布线传输距离要求情况下,宜设置于建筑平面中心的位置,楼层弱电间(电信间)上下位置宜垂直对齐。

对电磁骚扰敏感的信息中心设备机房、数字程控用户交换机设备机房、通信系统总配线设备机房和智能化系统设备总控室等重要机房不应与变配电室及电梯机房相邻布置。

各设备机房不应设在水泵房、厕所和浴室等潮湿场所的正下方或相邻布置。当受土建条件限制无法满足要求时,应采取有效措施。

重要设备机房不宜紧邻建筑物外墙(消防控制室除外)。

与智能化系统无关的管线不得从机房穿越。

机房面积应根据各系统设备机柜(机架)的数量及布局要求确定,并宜预留发展空间。

机房宜采用防静电架空地板,架空地板的内净高度及承重能力应符合有关规范的规定和所安装设备的荷载要求。

机房的背景电磁场强度应符合现行国家标准《环境电磁波卫生标准》(GB 9175)有关的规定。

2. 电气工程

(1) 配电:主机房供电系统主要包括主机房设备 UPS 用电、UPS 本身用电、照明用电、消防用电、安防门禁用电及其他辅助区域用电。

依据主机房用电量(即 UPS 视在功率)和相关辅助设备用电量,确定信息中心实际用电负荷;再考虑未来 5 年机房用电扩展负荷量,计算出总的用电负荷(一般:20 kW、40 kW、60 kW、80 kW、120 kW、160 kW)。供电标准应选用 A 级标准。敷设独立的供电回路(医院配电室—信息中心配电箱),确保双路供电保障。总进线电缆采用三相五线制或单相三线制。主机房必须设置专门的配电箱(柜),提供多路 380V 电源供电。

配电箱通常有总进线箱(柜)、普通电源配电箱、UPS 电源配电箱。总进线箱(柜)的绝缘性能应符合国家标准 GBJ232—82。普通电源配电箱、UPS 电源配电箱配置应有适合每个配电回路的空开(特别是向各设备柜供电的空开,通常选用 20A、32A 或以上的空开),应有防浪涌保护器,应按国家规定的颜色标志编号。

主机房内各设备使用的插座容量要符合设备对用电量的要求,并有一定的冗余量。

主机房内插座安装的位置一般在抗静电地板下或直接接进机柜里;也可以安装在使用方便但较为安全的地方。每个电源插座的容量应不少于 300W 负荷。禁止用临时的照明开关控制上述电源插座,减少偶尔断电事故发生的频率。机柜内不宜使用插线板;必须使用时,应避免使用有开关的接线板。

①应按机房设备用电负荷的要求配电,并应留有余量。

②电源质量应符合有关规范或所配置设备的技术要求。

③机房内设备应设不间断或应急电源装置。

④消防控制室的照明灯具宜采用无眩光荧光灯具或节能灯具,应由应急电源供电。

⑤机房照明应符合现行国家标准《建筑照明设计标准》(GB50034)有关的规定。

(2) 防雷:机房防雷重点在保护:机房总进线箱;UPS 电源配电箱;机房内 UPS 电源插座;进入机房内的各种通讯线缆应采用信号防浪涌保护器。在设计、安装防雷产品时必须遵循下列规范:

《建筑物防雷设计规范》	GB 50057—2000
《电子计算机机房设计规范》	GB 50174—93
《浪涌保护器的要求》	IEC 61312—3
《建筑物电子信息系统防雷技术规范》	GB 50343—2004

同时要做好机房静电防护。设计应符合《电子计算机机房设计规范》(GB 50174—93)的相关规定。要注意防护冬季干燥,在机房内触摸板卡前释放静电。最好在机柜上安装防静电手镯。

①电源输入端应设置电涌保护装置。

②信息系统输入端应设置电涌保护装置。

(3) 接地:计算机机房中存在各种电磁干扰源,比如电源线缆、风扇、无线通讯设备、静电等。这些干扰造成供电系统的高频噪声。要有效消除这些噪声的干扰,必须有良好的接地系统。机房接地应符合《电子计算机机房设计规范》GB 50174—93 的相关规定。防雷保护接地必须严格执行《建筑物电子信息系统防雷技术规范》GB 50343—2004 的相关规定。机房接地主要包括以下部分:

①当采用建筑物共用接地时,其接地电阻应不大于 1 Ω。

②当采用独立接地极时,其电阻值应符合有关规范或所配置设备的要求。

③接地引下线应采用截面 25 mm^2 或以上的铜导体。

④应设局部等电位连结。"机柜的接地可以并排摆放。用户需自行准备铜编织带或电缆线,将各个机柜串接起来,然后再与机房的接地系统相连。串接的接地线的安装点可以是机柜下面的铜柱或任何没有喷涂的金属表面,如果机柜数量少于 4 个机柜,建议将每个机柜都与机房接地系统相连,如果大于 4 个机柜,建议至少有机柜数目一半的接地点。

⑤不间断或应急电源系统输出端的中性线(N 极),应采用重复接地。

3. 机房空调

（1）机房应设专用精密空调系统,机房的环境温、湿度应符合所配置设备规定的使用环境条件及相应的技术标准。

（2）机房应设置新风系统:医院机房空气环境设计参数,根据《电子计算机机房设计规范》(GB 50174—93)和《计算站场地技术要求》(GB 2887—89)中规定机房的温湿度要求,空调制冷量的选择依据《电子计算机机房设计规范》(GB 50174—93),设备的制冷能力应留有15%～20%的余量;当计算机系统需长期连续运行时,空调系统应有备用装置。医院信息中心机房内设备集中,密度大,热负荷也较其他行业大(电信、金融行业除外)。依据实践经验,建议采用350 kcal/(m² · h)计算较为合适。尽量配置两台,增加机房空调的可靠性。同时要注意:冷风道、热风道的设置。并按相关规范,保持足够的新风,确保人员的舒适与设备运行的安全

4. 机房监控 机房中央监控系统主要设备的场所一般安装在机房控制中心,是计算机系统监控人员的工作室,控制中心的装修设计应满足监控设备的安装条件,并为监控人员提供良好的工作环境。中央监控系统是计算机机房工程中一个相对独立的配套设施,中央监控系统应提供环境监控功能、网络监控功能、应用系统运行状况的监控功能。中央监控系统应与信息处理中心大楼楼宇建筑设备管理自动化系统信息共享。

中央监控系统是采用多媒体及网络技术对计算中心各应用系统及机房环境进行监控的专用系统,通过计算机网络连接各应用系统的系统控制台,通过切换控制在大屏幕上显示所需要重点监控的系统信息。中央监控系统要求可以根据需要对相关系统及设备提供24小时全天候集中监控(图9-15)。

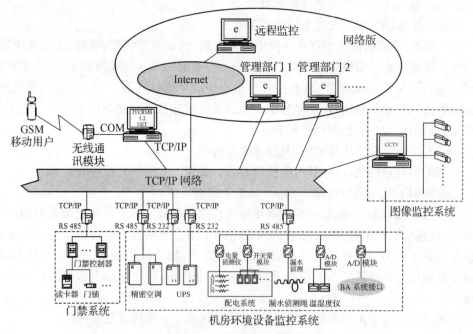

图9-15 机房监控示意图

在机房工程中可包含以下监控需求:

（1）机房环境综合监控系统,监控机房的温湿度情况,必要时可通过手机短信等方式发送给管理人员。

（2）图像视频监控,24小时记录机房出入及现场设备操作情况,可安放监控,也可在机房控制中心进行监控和回放。

（3）出入口控制系统,可纳入安防系统中的门禁系统内。

（4）防盗报警系统,可纳入安防系统中的防盗系统内。

（5）主机房应设二氧化碳或卤代烷灭火系统,并应按现行有关规范的要求执行",根据主机房面积、设备价值和工作性质,可采用移动式、半固定式或固定式二氧化碳或卤代烷灭火系统。

5. 自动控制系统 信息中心需设置消防联动系统,应具备全自动监测、报警、联动、控制、复位等功能。

电子计算机机房应设火灾自动报警系统,并应符合现行国家标准《火灾自动报警系统设计规范》的规定。

主机房宜采用感烟探测器。当设有固定灭火系统时,应采用感烟、感温两种探测器的组合。

当主机房内设置空调设备时,应受主机房内电源切断开关的控制。机房内的电源切断开关应靠近工作人员的操作位置或主要出入口。

监控信号一方面传送到医院安全监控中心,另一方面送到信息中心值班室进行监控。在配置监控系统的摄像机时,应考虑夜间监控问题。

6. 主机房缆线敷设 主机房内线缆主要有电源线缆和数据线缆。线缆可以敷设在活动板下桥架内或敷设在天花板吊架上。建议吊架上敷设数据线,活动板下敷设电源线。

任何架空线缆不允许直接进入主机房。

机房内的电源线应尽可能远离计算机信号线,并避免并排敷设。当不能避免时,应采取相应的屏蔽措施。

敷设的光纤、双绞线上应该标注标识,表明线缆的来源和目的。

三、注意事项

1. 机房选址的考虑 在国内,机房一般都设计在建筑群的中部或者顶部。其优点是离建筑群内的位置相对对等,便于综合布线的汇聚,另外便于通风干燥。但缺点是会占用建筑群内较好的位置,而本来这些位置可以更好地服务于临床,另外由于位于顶部,虽然通风干燥,但在炎热的天气和地区,空调反而会产生更大的能耗,更何况机房本来就不需要很好的光照条件。因此现在有将机房全部埋入地下的设计,将机房置于负一楼或负二楼等位置,可以避免上述矛盾,但一定要注意解决机房的防水和凝积水的问题。

2. 机房工程的完成时间 机房施工必须严格按照预先设计的施工流程进行,在施工完成后,必须严格根据设计来验收,并移交相关资料及竣工图,如果验收有缺陷应当尽快整改。在验收完成,并完成必要的开荒保洁以及强电测试,才能允许相关网络、服务器等机房设备进场,防止因机房处于不稳定状态,造成设备损坏。通常新建医院在接近完工的时候都会赶工,往往导致机房工程完工延迟,甚至开荒保洁都没有完成就将设备进场,因此一定要保证机房的完工。

3. 机房的地面处理　机房一定要做好防尘、防鼠。精密空调一般从下面排风,若防尘设计不好很可能导致灰尘堵塞管道而造成空调或其他设备故障。

4. 机房的强电和不间断电源处理　强电是机房的基石,UPS 前端强电必须是双路电源自动切换,防止因强电切换线路导致 UPS 因放电超过负载而导致机房设备宕机。UPS 选型时,必须选择中高档产品。UPS 在市电切断之后,一般建议能够保证供电 2 小时,并在机房增加设备后应当重新估算供电时间。此外,对电源插座也要注意 10 A 和 16 A 要分别预留。

5. 机房内线缆的管理　设备安装要做到整齐、牢固、正确、标识明确、外观良好,内部清洁。各种线缆要做到用不同的标记来明确标识。

四、医院案例

1. 机房工程范围　对于信息中心的终端室、信息机房、网络机房、UPS 间、监控中心机房都应纳入机房建设的范围,以便于工程实施。

2. 施工要求

(1)机房的气体灭火系统由消防系统实现,和消防系统配合施工。

(2)1 层的监控中心的 UPS 供给监控、门禁及监控中心设备的用电(包括消防)。提供 60 分钟备份时间。

(3)5 层信息中心的 UPS 供给信息中心机房设备、终端室设备、各弱电间交换机的用电。双在线式 UPS 系统冗余,提供 60 分钟备份时间。

(4)防雷接地系统要符合国家标准。

(5)机房使用独立的精密空调,办公区使用大楼的中央空调。

(6)整体装修应保证整个机房区域的维护结构达到不小于 30 分钟的耐火极限,相应的防火门应采用甲级防火门,位于防火结构的玻璃窗应达到不小于 72 分钟的耐火极限,装修所选用的辅材应达到 A 级防火等级。

(7)在值班室设置机房监测系统,监控机房温湿度,并设置独立的机房视频监控。

第六节　安全防范及智能卡系统

一、概述

医院是关系到人们身心健康的重要机构,现代化的医院建设不仅代表医院管理水平的先进性和高层次,更为医护人员和病人提供了良好安全有序的医疗环境,促进整体医务水平的提高。医院的特点是医疗设备贵重、流动人员多、科室分工细、协同性工作多,设备、人员、药品和资料信息的管理繁琐重杂,一旦管理不善出现疏漏,会造成不可估量的损失和后果。集成化的保安监控系统,为保障医院的安全提供了有效途径,同时也可大大提高医务管理水平。

安全防范管理系统,是一个确保医院内部安全、开放式管理、重点监控的智能化系统,采用先进的微处理器技术,使得系统各设备应具有独立运作的能力。同时,各子系统又能够相互协调,联网运行,形成一个有机的统一整体,而且具备纳入大楼智能化集成系统中的必要条件。安全防范管理系统是医院建设的重要组成部分,也是医院安全、智能化管理的体现,对于监督医疗水准,提高医务人员办公效率,保护医务人员的人身安全及医院财产,具有重要意义。一般包括:火灾报警系统、防盗报警系统、门禁管理系统、停车场管理系统、闭路电视监控系统、电子巡更系统、智能卡管理系统等。受篇幅限制,这里我们主要介绍最常见的 5 个子系统:

闭路电视监控系统

防盗报警系统

停车场管理系统

门禁系统

智能卡系统

以上各子系统单独设置,分别管理,并且各个系统可以以闭路电视监控系统为核心,其中报警系统采用安保中心集中控制,各子系统单独布防的解决方案。报警中心设置用户权限管理功能。

二、系统设计要求及原则

安防系统设计需要遵循的设计规范和标准如下:

《智能建筑设计标准》	GB/50314—2006
《安全防范工程设计规范》	GB 50348—2004
《安全防范系统通用图形符号》	GA/T74—94
《视频安防监控系统技术要求》	GA/T367—2001
《民用建筑闭路监视电视系统工程技术规范》	GB50198—94
《入侵探测器通用技术条件》	GB10408.1—89
《报警图像信号有线传输装置》	GB/T16677—1996
《防盗报警中心控制台》	GB/T16572—1996

《民用建筑电气设计规范》	JGJ/T16—92
《中国电气装置安装工程施工及验收规范》	GBJ232—82
《系统接地的形式及安全技术要求》	GB14050—93

以上规范和标准,可依据医院实际需要进行选用。需要注意,安防系统不是一个简单的工程项目,而是涉及工程施工、信息系统、医院管理等方方面面的综合性项目。安防系统的工程实施最终目的是要达到医院的管理要求,因此如何将安全防范系统实现模块化集成,并与其他系统实现协调统一,资源共享,从而实现最有效率的管理,使得安防系统获得最大化利用,这必须结合医院各方面的管理要求来实施。

在强调技防措施分层次周密考虑的前提下,积极认真地结合保卫部门制定的各项人防、物防措施和规章制度,建议和提醒增强重要场所的物防手段,使技防、人防、物防三者有机结合,确保建立一个完整的防范体系。

安防系统的设计需要遵循以下原则:

①决策性:通过对医院内的各重点部位动态情况实施监控,使医院有关部门能够及时了解各方面的工作秩序及人员流动情况,为领导决策提供实时现场情况。

②合法性:方案设计和图纸符合国家、行业的有关规定和公安部门有关安全技术防范要求。

③实用性:方案设计满足招标文件要求,充分考虑医院大楼的使用要求,使系统的功能尽可能完善并充分加以利用。

④可靠性:系统设计、设备选型、调试、安装等环节都将严格贯彻质量条例,完全符合标书和国家、行业的有关标准及公安部门有关安全技术防范要求。

⑤先进性:在系统设计中,充分考虑安防领域技术的发展,参考目前安防设备的发展水平,在设备选用上首选国际市场上主流设备,确保系统在国内处于领先地位。

⑥扩充性:本着长远的观点,使系统功能可扩展、容量可扩充,结合工程的具体要求,以及今后的变更,留有较大的扩充余地。

三、设计内容

1. 闭路电视监控系统　电视监控系统是安全技术防范体系中的一个重要组成部分,是一种先进的、防范能力极强的综合系统。它将人们不能或不宜直接观察的众多场所,以实时形象的动态画面或其他形式表现出来,使管理者及时获取大量丰富的信息,极大地提高了管理效率和自动化水平。电视监控系统与防盗报警系统、出入口管理系统及其他系统联动运行,使得防范能力更加强大。闭路电视监控系统主要由以下基本设备组成:

①摄像部分:包括摄像机、镜头、防护罩、支架,以及云台等。

②传输部分:包括各线缆、调制、解调器、线路驱动设备等。

③控制部分:包括摄像机调用、云台及照明控制、各系统间联动等。

④显示部分:包括图像的显示、多媒体图形显示、联动控制显示等。

⑤记录部分:包括图像的录制、报警后触发录制、其他系统联动等。

系统功能应达到如下要求:

①监视器符合 UL 认证标准和 FCC 的 A 等级限制规定。

②摄像机符合 UL1409 安全标准和 FCC 的 A 等级辐射标准。

③控制箱符合 UL 1076 安全标准和 FCC 的 AA 级认证。

④监视图像质量按"五级损伤标准"评定不低于 4 级。

⑤监控设备造型美观,明装与暗装相结合,抗破坏能力强。

⑥控制系统先进,操作简单灵活,性能可靠。

⑦完整齐备的 24 小时录放像系统。

⑧实时性能最佳的多画面显示功能。

⑨可进行报警联动画面切换功能。

2. **防盗报警系统** 防盗报警系统作为安全防范系统的一部分,与闭路电视监控系统共同构成一个统一的安防网络。系统应能与其他监控系统或集成管理系统联网,集成管理系统应能对防盗报警系统进行集中管理和监控。系统应具备如下功能和要求:

(1)系统采用总线制传输结构的报警设备,系统设备的配置应利于工程施工。

(2)系统应自成网络,且有输出接口,可用手动、自动方式,通过有线或无线系统进行本地报警、异地报警。

(3)系统应能对运行状态和信号传输线路进行检测,能及时发出故障报警和指示故障位置。

(4)前端报警器能够快速、准确地检测到现场的异常状态,经地址编码后,及时通过总线报给系统控制主机。紧急按钮、双鉴探测器和红外幕帘探测器的具体设置位置。

(5)系统控制主机依据设定的系统自动响应程序,并应内置拨号器;报警确认后,系统可以做到自动或手动报警联网。

(6)系统将对报警信号采取自动和手动响应措施,对报警信号一一记录在案(包括响应的方法、时间、日期),生成日志文件,以备日后查询。

(7)本系统主机应留有冗余,容量在 30%以上,方便今后的扩展;系统采用计算机进行集中管理。

(8)提供软硬件接口,能与电视监控主机和门禁主机进行联网,组成一套完整的安全防范系统。

(9)系统可以按照时间,区域或部位任意的布防和撤防;能对设备的运行状态和信号传输线路进行自动检测,并显示相应的状态。

3. **停车场管理系统** 停车场管理系统一般由两部分组成:入口模块、出口模块。入口部分控制车辆的入场及车位的使用情况;出口部分负责车辆的收费、车辆的出场、车位的释放。

由监控电脑自动处理合法卡片和进出资料,并通过图像对比识别持卡人的身份,确定对车辆放行还是拦截、收费(图 9 - 16)。

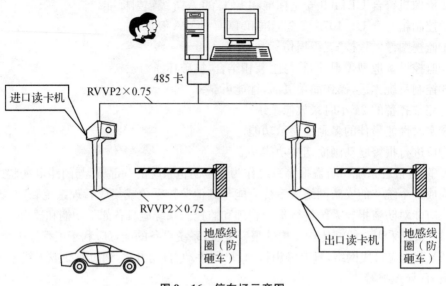

485卡

进口读卡机 RVVP2×0.75

RVVP2×0.75

地感线圈（防砸车）

出口读卡机

地感线圈（防砸车）

图9-16　停车场示意图

系统应具有如下功能：

（1）联网控制、一卡通用、实时监控：用网络的方式对停车场各出入口进出的车辆实行集中管理与控制，车辆凭感应卡在停车场；任一授权出入口自由通行而无需重新登记（对于多进多出停车场联网控制系统）。

（2）不停车出入：无源卡远距离感应达100～200 cm，固定用户无需停车和下车，甚至无需摇下车窗，在车内就可完成读卡。

（3）智能化

①为保障系统使用寿命，停车场控制部分平时处于睡眠状态，车辆通过时才予以激发。

②停车收费由计算机统计和确认，防止非法的修改和越权查阅资料，具有财务核算报表功能，可打印当班日表，月报表等，杜绝人为操作引起的失误和作弊。

③对于临时卡的发放，采用自动出卡机自动发行，具有无车不吐卡、防连续吐卡、卡量自动显示，无卡告警。

④一车一卡，防重复进出。

⑤车辆图像自动抓拍，人工比对。

⑥自动统计停车场车辆进出数据，在入口大显示屏上自动显示车位状况（如是多层停车场可选择车位导向系统），引导车辆就近泊车。

⑦智能挡车器根据车辆的通行情况自动升起和降落，具有防砸车功能并具有手动、手控、机控多种控制方式，有效防止塞车。

（4）安全性

①采用IC卡技术：操作时由中心专门管理人员集中授权、处理，采用双向验证机制和多重加密技术，唯一识别，无法伪造仿制，而且只有该系统发行认可的通行卡才能识别认可。

②采用高速摄像监控，实时记录车型和车牌，对进出的车辆进行图像对比，有效地防

医用建筑规划

止车辆在停车场的失窃。

③数据库具有硬、软双重加密,多级管理操作权限。

④出口岗亭设置紧急手动按钮,抬起道闸栏杆,停电自动抬杆。

⑤道闸臂可加装压力防砸装置,和地感线圈一起双重保护车辆。

(5)多种卡处理方式

①可设定内部卡、月租/季租/年租卡、临时卡、贵宾卡、优惠卡等多种形式。

②对于临时车具有计时、计次多种收费方式,标准由相应权限管理人员任意设定。

③具有挂失、解挂、回收、删除、授权、消权等卡处理手段。

4. 门禁系统 门禁系统是对重要区域或通道的出入口进行管理与控制的系统。进出入控制系统设计功能是对设防区域加强管理,划分进出区域权限。出入口控制子系统与电视监控子系统、周界报警子系统、火灾报警系统和电梯控制系统通过串行通信或以太网(支持 TCP/IP 协议)的方式联网,实现联动功能。

门禁系统应具备如下功能:

(1)根据不同权限,对医务人员专用的通道进行保护。

(2)系统结构科学、稳定,某一点门禁出现故障,不至于引起系统瘫痪。体现"集中管理,分散控制"的思想。

(3)能对门的状态实时监控,非法开门告警,并且向综合安保系统发出信号,使其发生联动动作。系统在遭到破坏时可向控制中心发出相应的报警提示,直至故障排除或解除报警状态为止,并可于报表上反映出来。

(4)当火警发生时,通过智能集成管理系统把相应的信号送往网络门禁系统管理计算机,该管理计算机立即向门禁控制器发出指令打开相应区域的通道和门,以便人员紧急疏散。

(5)实时记录检测门事件(非法开门、读卡开门、中央控制开门等)。

(6)控制器平时使用 220V 交流电,在断电时,由统一的 UPS 电源供电支持半小时连续工作。

此外,门禁系统和防盗报警系统等应与监控系统建立联动,应保证软件和硬件的双重联动方式。

(7)当有人进入防范区域时,电视监控系统和防盗系统产生报警,把摄像机切换到相应的报警位置,自动启动报警录像机进行录像,并自动存储、打印报警信息,同时发出声光报警信号,在管理计算机上弹出相应的电子地图指示报警区域,并通过门禁系统控制相应的门锁。

(8)安全防范系统(SAS)与火灾自动报警系统的联动:火灾发生时,摄像机自动切换到相应的位置,并录像,以便分析火情,门禁系统自动打开相应的通道门。

5. 智能卡系统 智能卡系统的选择以安全、扩展性、经济性为原则,从目前发展来说,宜选择非接触智能 IC 卡。智能卡系统可提供消费的接口给 HIS 系统,由 HIS 系统集成智能卡的医疗消费、身份验证功能。

智能卡系统功能结构如图 9-17 所示:

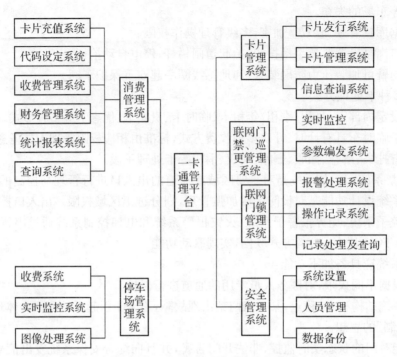

图 9-17　智能卡系统功能结构图

智能卡系统也就是一卡通系统,需要满足"一卡在手,全通行"的目的。

四、医院案例

1. 闭路电视监视系统　采用计算机管理的闭路电视监控系统结构,控制中心的管理计算机同时也作为闭路电视监控系统的管理工作站。采用视频集中管理控制,数字记录与模拟控制相结合的解决方案。

(1) 摄像机的设置范围

①在停车场全部设置枪机来达到威慑和保安的目的。

②在医院的各出入口,财务、收费处各柜台,产科病房、药库、血库、档案室的门口,输液区、楼层主要出入口进出通道设置比较隐蔽的半球摄像机,兼顾安全和人们的心理。

③在电梯轿厢设置摄像机。

④在医院门诊大厅、住院部大厅等大空间,使用带云台的快球彩色摄像机。

(2) 一体化球形摄像机的主要技术指标

①18 倍以上光学变焦,日/夜型快球机应达到 23 倍光学变焦。

②最低照度 0.7 lx,日/夜型快球机应达到白天彩色最低照度 0.1 lx,夜晚黑白最低照度 0.02 lx。

③不小于 4 个报警输入单元,2 组继电器输出单元。

④内置多协议解码器支持流行的通用协议(Manchester,RS485)。

⑤置位速度 280°/秒;摄像机水平分辨率 470 电视线(PAL)。

⑥电子快门 EIA 160~1 100 000 秒,信噪比>48 dB。

⑦自动增益控制,自动白平衡,背光补偿。

⑧具有浪涌保护和防雷击保护。

（3）固定半球摄像机的主要技术指标：

①最低照度 0.4 lx，摄像机水平分辨率 480 电视线。

②电子快门 EIA 160～1 100 000 秒，信噪比＞48 dB。

③自动增益控制，自动白平衡，背光补偿。

④不少于 4 个报警输入单元，2 组继电器输出单元。

⑤具有浪涌保护和防雷击保护。

（4）监视器：全部采用监控行业专业监视器，主要技术指标如下：

①高质量画面，PAL/NTSC 系统自动切换。

②最大解析度：NTSC 450 线，PAL 520 线。

③不少于：一路音/视频输入，一路音/视频输出。

④两种以上菜单语言选择（中文、英文），OSD 菜单标准。

（5）监控控制系统

①电视监视系统提供网络接口，通过网络可以观看硬盘录像机内的节目源（需要给予权限）。

②在病房区的护士站，设置监视画面，可以监视本区域出入口的情况。

③所有视频输入信号均能够视频矩阵切换器进行：手动/自动切换控制，并且有编程和报警切换功能。系统具有能够管理固定式、智能半球型、一体化球型等摄像机的功能。当矩阵主机发生故障时，控制键盘可以对现场球型机能直接进行控制，不受主机影响。

④系统可以 24 小时连续自动运行，无论室内、室外或任何天气情况系统都能运行自如；

⑤视频矩阵选用模块化、开放性、微高速嵌入式处理器，切换可使监视器显示的图像随时任意分组，不需改动设备，图像可定点及循环显示；每路图像都应有汉字位置提示。

⑥通过矩阵切换器对云台、镜头随意控制，控制监视画面在监视屏幕上进行循环显示，每一路的驻留时间可调。

⑦本系统有完整的日志功能，并能长时间记录。

⑧闭路电视监控系统根据设定，其监视器按程序顺序或定时地切换图像，录像机按设定进行录像，以循环监视各重要场所并保存图像资料，同时，能在视频图像上叠加摄像机号、地址、时间。

⑨各种操作程序均具有存储功能，当市电中断或关机时，所有编程设置均可保存。

⑩矩阵主机和控制键盘具有网络接口，为今后系统扩容建网提供可能性。

（6）硬盘录像机系统

①录像选用工控机硬盘录像，实时录制，录制时间要求保留 15 天内的录像资料。

②操作系统：Windows 2000/XP 操作系统。

③压缩方式：H.264 或 MPEG-4 图像压缩方式。

④动态捕捉：具有 Move Detect 功能，每幅画面可设置多于 9 个探测区域。

⑤屏幕分割：1,4,9,16 路等实时监视模式，图像连续，不能有跳帧现象。

⑥单路视频帧数：PAL 制 25 帧/秒。

⑦录制与回放：1～16路图像实时录制(均25帧/秒)，同步实时回放，回放时不影响录制功能。

⑧密码设置：用户独立密码设置。

⑨录制质量：视频码率多级连续可调，音频码率多级可调。

⑩影音文件：录制的影音文件之间采用无缝跨接技术，彻底杜绝图像丢帧。

⑪回放特性：1/25～2倍变速回放。

⑫文件检索：按报警录像、定时录像、移动侦测录像、手工录像、撤防录像五种录像方式分类、分摄像机、分日期、分时间段检索回放。

⑬影音文件安全性：录制文件防删除标记功能(保护重要影音资料)。

⑭存储载体：硬盘、活动硬盘、光介质存储器。

⑮转录功能：直接向 CD-R 光碟、CD-RW 光碟、磁带机、网络存储器等媒介转存数字信号，通过输出媒体还原为模拟信号。

⑯视频丢失报警：视频与音频同步丢失报警，快速定位系统故障。

2. 停车场管理系统　停车场管理系统一般采用1进1出的管理方式，预留2进2出的位置。

(1) 功能

①临时卡收费管理应用要求(发卡、验卡、收费、写卡、打印收据等)。

②可按不同类型的票卡识别用户类型。

③可检测空闲车位数量。

④设置工作人员的操作等级。

⑤制作打印收费报告、工作班报表和收费审核报表等。

⑥查询停车场资料：如车辆出入数量、收费情况、各类报表等。

⑦出现异常，立即报警，并启动电视监控系统搜寻或作其他相应处理。

⑧为了与门禁系统等集成，采用一卡通管理，不使用远距离的卡。

⑨ 对于内部车辆的进出，要求通过授权，自动允许持卡车辆进出停车场。

(2) 工作方式：在出入口及场内通道的设置行车指示，在停车场出口处设置发卡、验卡机，可以发放、收回临时卡。当停车场满位时，在停车场入口位置显示"满位"信号。

(3) 系统主要技术参数

①控制准确：采用计算机控制和数据处理技术，自动化程度更高。

②安全防伪：采用了目前世界上先进的非接触式智能卡技术，防伪性能良好。停车的车辆拥有一个具有唯一序号的智能卡，该序列号不能更改。同时操作采用双向验证机制和多重加密技术，唯一识别，无法伪造仿制。而且只有该系统发行认可的智能卡才能识别认可。

③自由读卡：非接触式智能卡使用时无机械接触动作，感应通讯，无方向性。卡片可以任意掠过读写器的表面，在0.1秒内就可以完成读卡操作，方便用户的使用。

④防止砸车：道闸栏杆根据车辆的通行情况自动升起和降落，有地感和压力装置双重防砸车功能。

⑤电脑计费：停车收费由计算机统计和确认，杜绝人为操作引起的作弊，保障投资者的利益。

⑥权限设置：采用计算机网络和收费软件组合的方法，防止非法的修改和越权查阅资料。

⑦网络扩展性强：管理计算机和各个收费计算机可以实现实时通读，管理计算机具有外线接口。

⑧配置灵活：采用标准的工业控制系统结构，可根据用户不同要求组织不同系统的配置，方便灵活。

⑨在局域网内的任何一台财务电脑上安装此系统管理软件都能方便快捷地查询、打印收费发行等报表。

⑩工作环境温度：−25～60℃，相对湿度：≤95％。

⑪通讯接口：RS485，通讯最长距离：1 200 m。

⑫脱机存储容量：≥10 000 条，记录黑名单容量：≥10 000 条。

⑬数据传输速度：4 800 bps，读卡距离：≥10 cm。

（4）自动道闸的主要技术参数

①行程保护：采用直流伺服控制技术，通过对"面"检测，能对道闸栏杆进行精确定位。

②落杆延时：根据现场需要，车开走后，闸机延时关闭，时间为0～1000 秒可调。

③无级调速：采用先进的变频和PLC控制技术，道闸栏杆能平稳升降，可在1～3 秒调整，能实现无级调速。

④过流保护：道闸栏杆在运行过程中，一旦遇阻或被卡，电流超过安全电流值时电机自动停止转动，起到对电机保护作用。

⑤开闸优先功能：在闸机运行过程中，无论何种状态，只要闸机收到开闸信号，闸机就会立即执行开闸动作。

⑥应急功能：在消防或意外紧急情况：无论系统在开启或关闭过程中，都能推开闸杆，确保通道畅通。

⑦手动开闸记忆功能：在系统自动运行中，非正常人为开闸数据将被系统自动记录下来，以备查询，有效防止人为作弊。

⑧故障检测：具有故障检测与报警显示功能，可随时将系统状态与系统故障显示出来。

⑨坚固防水，可适用于各种户内外环境使用。

3. 门禁系统　在各区核心筒、每楼层的出入口、VIP房间设置门禁系统，防止无关人员进入。在功能上实现：

（1）员工考勤

①考勤机联网运行时，计算机可以监控设置考勤机的各个考勤点的人员进出情况，如进出时间、进出人数等。

②计算机可在监控的同时进行IC卡用户管理（如：发卡、卡挂失等）和考勤管理（如：考勤统计、查询等），实现多任务的工作方式。

③考勤管理实现方式灵活多样：用户可以根据本单位实际情况制定相应的多种考勤规则，并能按工作人员身份、班次不同灵活分配修改。

④提供工作人员考勤信息（如：事假、病假等）的人工录入功能，使人工录入与数据自

动采集有机结合,管理更灵活,更规范。

⑤系统对节假日、休息日、加班、请假、出差、临时外出自动考核,有效提高管理效率和档次。

⑥查询、统计手段丰富,报表齐全。系统根据用户制定的考勤规则,对采集的考勤数据过滤处理,分类统计出数据翔实齐全的报表。可以随时查询员工考勤的汇总和详细记录,并随时通过"所见即所得"的打印处理方式方便地打印出各类考勤报表。

(2) 内部消费

①在超市、花店、快餐、员工食堂、商务中心、大厅休息区设置 POS 机,支持持卡消费。在门诊护士站,预埋 POS 机的通讯线,可以在日后需要的时候实现门诊病人的持卡消费。

②员工食堂收费 PC 可挂接至少 8 台独立 POS 机(可调整)。收费系统双面 LCD 汉字显示,工作人员及消费者均可察看卡中本金、本次消费金额及余额。

③实现电子金额自动结算,结算以单一体系,即服务器数据完成的,降低交易风险。

④只有经系统认证和授权的卡片才能在本系统使用,确保电子货币管理的高度安全性和可靠性。

⑤系统安全可靠,各级结构均可独立工作和记录。网络畅通时,实时交易数据和存储的交易数据自动上传至财务中心。

⑥联网使用,批量授权,杜绝非法卡的侵入;用户消费时,感应读卡器自动识别智能卡,对挂失卡、黑名单卡等非法卡将显示报警。

⑦具有限额消费功能:避免个人丢卡造成较大损失,系统设有消费最大限额功能。

⑧主机软件功能丰富,可随时生成、查询、打印各类开户、销户、财务、消费、统计等报表。

4. 智能卡系统 本系统对门禁、停车、员工考勤、内部消费功能。提供管理软件二次开发的源代码或实质性保证软件的开放性。系统功能要求:

(1) 智能卡

①采用非接触型 IC 感应卡,设计应美观大方,使用寿命长。

②感应卡应具有多个存储分区,并具有先进的加密功能,避免仿制。

③感应卡的感应距离不小于 10 cm。感应卡一次读卡时间小于 0.5 秒。

(2) 智能卡管理中心

①智能卡管理中心包括智能卡管理系统服务器、智能卡管理系统管理主机、发卡器、打印机、软件等。

②集中管理对 IC 卡的认证授权,以及所有信息(包括登记注册、权限、注销等信息)的记录管理。

③提供可靠的系统数据安全机制,保证系统的正常运行。

④管理平台具有可靠的安全机制。

⑤系统具有良好的开放性,能够将所需的数据实时上传财务,如考勤数据、消费结算等。与物业管理系统实现数据共享。

第七节 会议系统

一、概述

随着多媒体通讯技术的迅速发展,代表现代化高科技的远程电视会议、大屏幕投影显示及摄像、音响扩声、数字会议发言、同声传译及智能电子集控系统已经在现代化会议中得到了广泛的应用。在医院的环境下,可以结合综合布线系统将多媒体会议系统、网络会议、手术示教系统、远程会诊等多个系统集成到一起使用共用的系统线路、矩阵设备、摄像机,并利用网络将医院内的不同物理位置连接起来,从而实现视频会议、远程会诊、手术指导、手术视教等功能。

二、系统设计

会议系统设计可分为:

①会议发言系统:一般可早用网络时分复用技术,设计语言数字化的发言系统,实现在同一根电缆上多路同时发言,同时传声传译、签到、投票、表决等功能;

②会议扩声系统:通过集中扩声,将音频信号清晰传输还原,保证会场有足够的声压场强、均匀的声场分布、足够的语言清晰度与音频的播放;

③会议投影显示系统:主要包括高分分辨率投影机、投影屏或平板显示屏和实物投影仪等多媒体投影设备,运用正投或背投的方式,将各类文字、视频信号、实物等多媒体信息集中表现,为会议展开提供条件;

④集中控制系统:可通过触摸式有线/无线液晶显示控制民间,对所有电气设备进行控制。学术会议室还可配置自动跟踪系统、远程视频会议、手术示教。远程会议系统需要配置相应的信息软件,实现会诊管理、临床信息传输等。

⑤舞台灯光及拍摄系统:满足小型演出及自行娱乐灯光要求。

通常会议室的配置形式分为2种:

①圆桌会议形式:代表围着一张桌子或一组桌子就座,全体代表都能参加会议。

②讲台演讲形式:演讲者在会议室前端的一个桌子或讲台上进行演讲,代表或听众面向讲台就座,发言者与在座的主席、委员及代表能连续地参加讨论,听众在一定限度内提问和讨论。

不同的形式会有不同的设计要求,在进行会议系统设计时主要需要考虑如下问题:

1. 会议形式 医院的综合会议系统主要用于国内外专家交流讲学研讨、举行会议、中小型学术报告等活动。通常一个医院内如果只有1~2个会议室很难满足实际应用需要。所以,需要为不同的会议形式准备多间会议室。一般建议三级甲等医院至少应有三种类型的会议室:①用于大型会议的大会议厅。②用于教学及培训用途的小型会议室。③用于圆桌会议的小型会议室。

2. 会议显示的选择 为了不同的会议目的需要考虑是选择大屏幕显示系统还是桌面型可升降液晶显示系统。一般来说大型会议室和讲演型会议室,首选大屏幕投影显示,圆桌会议形式在选择大屏幕投影的同时也可考虑辅助桌面升降式液晶显示系统。

大屏幕显示系统与普通观看显示器不同,由于大屏幕的功能不仅是显示信息,而且是共享信息和综合信息,特别是大屏幕显示不可能给予观看者相同的地位和观看效果,所以区分和确定主要观看者、次要观看者的人数、观看位置和观看方式就相当重要。视频信号无外乎计算机模拟图文、计算机数字图文、数字视频信号、模拟视频信号。计算机信号又有分辨率之分。视频信号又有普通、标清、高清之分。视频信号还要考虑到来源和传输方式,信号的数量以及同时显示的要求和方式。显示系统主要的作用是将信号真实再现,因此了解显示信号对选择什么样的屏幕显示技术有着直接的关系。信号的数量及同时有多少个窗口显示的要求,结合观看者的位置和距离决定大屏幕的尺寸和显示的亮度。信号的传输方式和信号质量涉及显示设备的选择或是否需要信号处理设备。

对于大屏幕投影选择要考虑是正投还是背投,是否需要悬挂或者进行投影拼接,是无线接入还是有线接入,特别不能忽视的是为了演讲者与投影之间的互动方式,需要为演讲者和投影之间留出一定的距离空间。

3. 在会议系统的设计中,除应遵守相关的共同规范外,应按照《公共广播系统工程技术规范》GB50526—2019;《厅堂扩音系统的声学特征指标要求》JGGYJ125—8B 的标准进行规范设计,确保会议系统的质量。

4. 其他方面的问题

(1)多功能厅的建设:由于场地和空间的限制,很多医院都倾向于采用多功能厅的方式建设大型会议室。使用目的不外乎场地的使用功能的多样化,充分满足用户使用的不同需求。但是任何需求都有侧重点,越专业的会议室其针对性的效果越好,因此需要在不同应用间寻找平衡点。首先要确认是单纯的会议系统还是包含其他需求,例如演出等其他形式的音响要求。这两方面的音响要求具有较大的差异,如果仅作为会议系统只需要采用会议音响就足够使用,但如果还要考虑进行演出等,则还需要增加相关的灯光控制、舞台控制、调音控制等,所用的音响设备功放也要进行适当调整。

(2)对于圆桌会议形式应当要考虑除了会议的音响要求以外,还要考虑是否需要建立签到表决系统,以及具有复印、打印功能的电子白板。

(3)会议室的网络系统部署:笔记本电脑加投影是现代会议中最常用的会议形式,因此电源、投影接口、网络接口都应当注意与会议室的布局相适应。以往一般都是安装在四周墙壁,这样的连接方式会导致很多线缆在地面,容易导致人员走动时绊倒或者踢断线缆连接。对于圆桌型会议,可以考虑在会议桌的中心增加相关接口,直接从地面接到会议桌面。另外可以配合使用视频输入设备作为接入控制,从而达到多个会议演讲者直接接入投影,在演讲时利用视频矩阵进行切换,从而避免在会议过程中需要连接笔记本的麻烦,节约会议时间。当然无线网络覆盖也是一种选择,特别现在一些高端投影仪也支持无线接入。

三、医院案例

某新建医院为了满足该院会议需要,总共设计有六间会议室,分别是:

1. 用于远程会诊和手术示教的教学会议室　该会议室安装有会议扩音系统、正向投影系统,手术示教系统。平时教学采用 100 英寸投影系统教学,在进行手术示教和远程会诊时采用三台 52 英寸液晶电视作为手术及会诊显示,并安装两部摄像头,一部为半球形全景摄像头,一部高速半球形跟踪摄像头,与会议麦克联动,当会议麦克被打开时自动跟踪目标进行拍摄。

在手术室内安装有视频服务器,将 4 路摄像来源转化为数字信号,通过网络传到教学会议室。4 路摄像来源主要是:一路采用高清晰度彩色固定摄像机反映手术室内全景,主要监看整个手术室的场景情况,图像资料可以保存;一路采用无影灯安装的快球摄像机反映手术部位的手术过程,一路通过视频分支器与各类手术腔镜(如腹腔镜、宫腔镜、喉镜等)相接,显示腔镜内操作;一路跟踪摄像头,用于在进行手术示教时跟踪教学位置,同时作为备用线路。

同时设置有管理控制室,可对手术室视频和音频信号以及病人信息等进行处理、保存,可对各个手术室和各个示教室进行信息分流,可通过网络进行信息共享。通过网络的方式,只要给予相应的权限,医院内的任何一个门诊讨论室、任何的会议室都可以作为手术示教室观看手术录像。

2. 用于多媒体和计算机培训的会议室 该会议室可以容纳 24 人同时接受培训,配有投影显示、会议音响系统,每座位一台培训电脑。

3. 用于高层和小型会议的圆桌会议室 该会议室设计可以容纳 20 人进行小型会议,并设计采用无线的会议系统。在高规格的多人会议时,可以按照每位置一个会议麦克风布置;在普通会议室及不使用时,可以将会议麦克收回管理室。

4. 用于小型报告和研讨的演讲型会议室 该会议室可以容纳 30 人进行小型培训和研讨。配有投影会议系统,以及跟踪摄像头。

5. 用于大型会议和活动的会议中心 该会议室布置两套扩音系统、正向投影系统、音响系统,多媒体会议控制;同时布置有会议录音录像系统,安装有 2 部摄像机(1 台全景,1 台跟踪摄像)。

6. 用于日常办公会议的圆桌会议室。

上述会议室的所有摄像头除了在会议室内可控制外,还配有集中的会议控制室,可以监控和管理所有摄像头,并进行录音录像。

第八节 网络电视系统

一、概述

电视系统是医院机关、住院患者、医护人员,了解国家大事,收看经济信息、开展文化娱乐活动、进行信息传播的一个重要载体与渠道。目前电视数字化和网络化已成为有线电视的主流发展方向。NGB 与电信的 ITPV 技术,将成为电视技术的两种主流技术。在新医院的建设中,医院将根据投资金的许可,模拟的有线电视系统将被新主流技术取代,或数字与模拟两套网络系统同时并存。

医院有线电视系统的主要功能是:接受本地有线或者数字电视台闭路电视信号;通

过卫星地面接收设施接收境内外加密或不加密的电视信号；自办节目宣传医院新闻、播放娱乐场所节目；支持 VOD 视频点播服务和互动电视。向住院病人、就诊病人、医护工作者及相关人员提供有线电视节目、卫星电视节目及自制的电视节目。卫星节目作为电视内容的补充，使医院的信息传播与国院化接轨。设计卫星电视节目，需经当地无委会批准，方可接入。

二、系统的构成

1. 传播模拟的有线电视　有线电视信号由市有线电视网引入光缆弱电进线室。在会议室、办公区、医疗公共区、病房、候诊区、会计室等处设有线电视出线口。传输系统采用分配分支系统。分支器柜设在每层弱电竖井内，同竖井再引至各用户终端(图 9-18)。

卫星及有线电视系统由前端、干线传输系统与分配支系统三部分组成。

(1) 前端系统：主要任务是进行电视信号的接收与处理。包括电视信号放大、信号隔离、信号混合、信号频谱的交换，信号电平的调整等。

(2) 干线传输系统：由线缆、转换设备及干线放大器组成。干线传输系统应尽量减少信号失真，补偿线路传输耗损，补偿温度对传输的影响，改善频率特性，保证分配分支后用户电平符合标准。

(3) 分配分支系统：保证分支数量和用户电平最佳值。

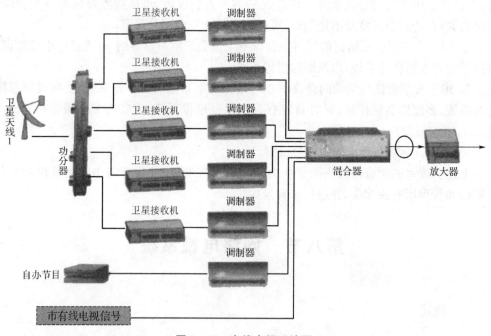

图 9-18　有线电视系统图

2. NGB 电视和 IPTV 电视

(1) NGB 电视：NGB 是下一代广播遇视网的核心。传输宽带将超过 1 000kMB 比特、保证每户接入带宽超过每 40，可提供高清晰度电视、数字视音频节目、高速接入和话音等"三网融合"的"一站式"服务，使电视机成为最基本、最快捷的信息终端。具有可信的服务保障和可控、可管的网络运行属性，其综合性能指标达到或超过国际先进水平。

满综合技术将达到或超过国际先进水平。

（2）IPTV电视：又称为交互式网络电视，是利用宽带网的基础设施，以电视、个人电脑、手机等终端设备作为主要终端设备，集互联网、多媒体、通信等多种技术于一体的，通过互联网络协议（IP）向用户提供数字电视在内的交互式数字媒体服务的技术（图9-19）。

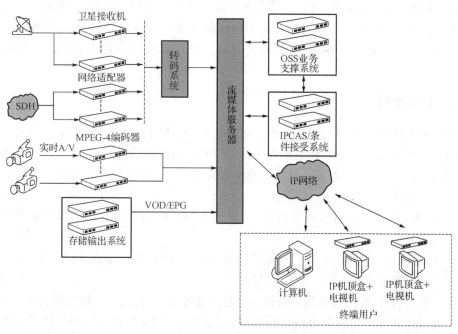

图9-19　IPTV电视系统示意图

各医院在该系统的设计中，应充分考虑未来服务的发展做好接口的预留，以便日后进行功能扩展留有充分余地。

三、应执行的规范与标准

《智能建筑设计标准》	GB/T50314—2006
《智能建筑工程质量验收规范》	GB/50339—2003
《工业企业通信设计规范》	GBJ42—81
《民用建筑电器设计标准》	JBJ16—08
《30MHZ～1GHZ 声音和电视信号的电缆分配系统》	GB6510—86
《卫星电视信号的电缆分配的图形符号》	SJ2708—86
《彩色电视图像质量主观评价方法》	GB7041—87
《建筑电器工程质量验收规范》	GB50339—2003
《建筑物防雷设计规范》	GB 50057—1994（2000）
《有线电视广播系统技术规范》	GY/T106—92

四、注意事项

1. 电视信号及线路的选择　IPTV、高清电视和互动电视是未来几年的发展趋势，而高清和互动将占据极大的宽带流量。建议在部署有线电视终端接口同时应增加有线网络接口,为系统功能扩展留有充分的余地。

2. 电视机的选择 电视的选择要和信号和线路的选择保持一致。很多医院选择电视机时往往倾向于采购最便宜的电视机,这样容易导致信号源与电视机功能之间不匹配,不能充分发挥系统或者电视的功能。例如:信号源是高清信号,而电视机则是标清标准,则达不到图像输出标准。另外,随着芯片处理技术的发展,电视具备越来越强大的功能,因此也要仔细的选择与系统所需要的适应的功能,诸如:录像功能,包括预约录像和即时录像;字幕功能,可以遥控控制英文节目的字幕显示或者隐藏;直接 USB 接口播放等。

五、医院案例

南京同仁医院的网络电视系统建设采用大于 860 M 传输标准,以保证系统的传输质量和有足够的带宽。系统共有卫星节目 26 套和全频有线电视节目。本系统覆盖医院全楼,共有终端约 500 个。由于信息系统的技术发展,本案例部分配置已经落后,但仍可作为一般医院参考。具体的配置如下:

1. 系统节目源 自办电视节目 3 套(播放 DVD、VCD 盘和录像带及广播节目等);鑫诺一号卫星电视信号。

2. 终端配置 系统电视用户终端采用双口(TV/FM)终端(配置双孔面板)。

(1) 在手术示教室布置 2 个 CATV 点。

(2) 单人病房,按照每张病床布置一个有线电视点,二人或三人病房按照每个病房布置一个有线电视点。门诊部分的等候区域,布置 2 个 CATV 点。每个电梯厅布置 1 个 CATV 点。

(3) 大厅按照布置 2 个 CATV 点。

(4) 各会议室的主席台位置布置 2 个 CATV 点,

(5) 会诊讨论室根据房间的大小,布置 1~2 个 CATV 点。

(6) 对于医院大楼内的商业部分,布置 1~2 个 CATV 点。

(7) 在医院大堂、收费和挂号窗前、候诊室、点滴室、休息室、食堂、电梯等候区及咖啡厅等公共场所应设置 CATV 接口,数量按照区域的面积大小而定。

3. 技术参数

卫星天线系统技术指标:

①终端电平:68±3 dBμV 。

②标准制式:PAL - D。

③频道间电平差:任意频道间≤10 dB,相邻频道间≤2 dB,伴音对图像 -23~-14 dB。

④信号质量:载噪比≥53 dB,交扰调制比≥54 dB,互调比≥54 dB,邻频抑制≥60 dB,节外抑制≥60 dB,交流哼声≥57 dB,相互隔离度≥22 dB。

⑤特性阻抗:75 Ω。

⑥传输方式:邻频传输 860 MHz。

⑦电源:220 V,50 Hz。

⑧系统图像质量指标:系统图像质量主观评价不低于 4 级。

⑨系统设备技术性能指标。

4. 混合器

(1) 带内平坦度:±2 dB。

(2) 驻波比:<2.5。

(3) 插入损耗:<2 dB。

(4) 相互隔离度≥20 dB。

(5) 反射损耗:≥10 dB。

5. 线路放大器

(1) 系统采用双向放大电路,具有温度补偿,斜率控制,增益可调。系统放大器串接级数最多为三级。

(2) 线路放大器频率范围:5～45 MHz(上行)。

(3) 47～860 MHz(下行)。

(4) 放大器增益:>25 dB。

(5) 带内平坦度:±1 dB。

(6) 噪声系数:VHF≤6 dB,UHF≥9 dB。

(7) 最大输出电平:>115 dB。

6. 双向内置反向的宽带放大器

(1) 频带宽度:5～860 MHz。

(2) 最小增益(满负荷)>15 dB。

(3) 平坦度:0.75 dB。

(4) 噪声系数:<7 dB。

(5) 载波/交调比:>66 dB。

(6) 输出电平:100 dB。

(7) 发射损耗:≥16 dB。

(8) 载波二次互调比:≥85 dB。

(9) 载波三次互调比:≥88 dB。

(10) 群时延 0.5 ns。

7. 分配器

(1) 频率范围:5～1 000 MHz。

(2) 二分配器损耗<3.5 dB。

(3) 四分配器损耗<7.4 dB。

(4) 相互隔离度:5～45 MHz≥22 dB。

(5) 47～1 000 MHz≥22 dB。

8. 分支器 分支器具有定向传输特性,根据系统要求,选用适当插入损耗,使用户口端口的电平满足系统设计规定电平值。

(1) 频率范围:5～1000 MHz。

(2) 相互隔离度:5～45 MHz≥22 dB。

(3) 47～1 000 MHz≥22 dB。

(4) 反向隔离度>30 dB。

（5）对分支器、分配器均采用金属盒屏蔽及 F 头端子引出线，避免高频直射波侵入系统产生重影。

9. 录放像机

（1）规格：VHS 1/2 英寸专业录放像机。

（2）制式：CCIR 标准，多制式彩色信号。

（3）图像清晰度：400 线以上（彩色）。

（4）带速：23～39 mm/s（1/2 英寸录放像机）。

10. 监视器

（1）显示屏为 21 英寸。

（2）清晰度 350 线以上。

11. 解调器

（1）接受频率范围：970～1470 MHz。

（2）伴音信噪比：≥48 dB。

（3）谐波失真：≤2%（1 kHz，+6 dBm）。

（4）伴音指标：输出电平：0 dB±6 dB（600 Ω）。

①系统接地技术要求：系统前端设备、楼层接线箱均需有接地线、接地电阻小于 1 Ω。

②系统设备选型：

放大器带宽应为 862 MHz，本地供电并具有双向传输功能。

分支、分配器带宽为 1 000 MHz，高隔离度（>30 dB）并具有双向功能。

信号传输电缆选用第四代特性阻抗 75 Ω 同轴射频电缆。

所有设备统一安装于 19 英寸标准机架内。

各楼层用户终端的配线接口预留在分线箱的分支器内，供以后使用。

第九节　排队叫号系统

一、概述

医院的排队叫号系统是为了改善医院在候诊区的服务质量和秩序，减少噪音，静化医院的环境，减轻医护人员人工分诊压力，并使得候诊安排合理有序，提高工作效率，同时减少病人之间的直接接触，降低交叉感染率，提高医院的整体服务形象。在医院排队系统不仅用于病人就诊时的排队，也逐步广泛应用于药房取药、影像科、功能科、检验科抽血处等病患人员集中处。

二、系统设计

排队系统主要包括：等候区的显示大屏、功放音箱等；护士站的排队管理软件及语音单元；终端位置呼叫器几个部分。

1. 等候区域　在等候区域主要是显示大屏和音响控制。音响功放可以放在分诊护士站，便于进行控制。

显示屏通常考虑是采用 LED 点阵屏幕,其优点是可以拼接,不受尺寸限制,显示稳定;缺点是造价比较高,安装维护比较麻烦,不够美观;现在越来越多的医院倾向于选择用液晶电视或 LED 电视接入 S 端子或者直接接入 VGA 作为显示屏幕。

2. 排队护士站　在分诊护士站主要是依据现场实际情况对排队序列进行调整。对于预约、优先服务、无人应答等特殊情况进行处理。

3. 终端位置　终端位置包括医生诊间、检验抽血处、门诊药房窗口等。终端位置的呼叫存在两种不同的模式:一种是不与 HIS 进行接口,直接使用物理呼叫器进行呼叫;另一种是在配有 PC 终端的地方可以使用虚拟呼叫器或是使用 HIS 系统集成的呼叫命令。

三、注意事项

排队叫号系统的实施时必须结合医院的建筑结构进行设计。以前由于不重视就诊的排队,很多诊间被设计为集中在一个候诊区域,在实施排队系统时就会发现存在一些问题,诸如:

(1)诸如过于集中的诊间在叫号时存在声源干扰。

(2)过多信息集中在显示屏幕上时,容易造成视觉干扰。

(3)由于诊间集中容易导致候诊区与诊间之间距离较长,导致病人往返距离加大。

因此,在医院建设时就要对排队系统的设计进行考虑,对于诊间的布置、就诊区域的声响效场有所考虑。我们的建议是:

(1)一个候诊区最好只对应 4～6 个诊间。

(2)每个独立的候诊区面积不需要太大,只需要容纳 30 人左右就可,但对于儿童候诊区域要适当放大 1.5～2 倍的面积。

(3)每个独立候诊区应当设计为半开放式区域,能够使得声场被集中,而不过于扩散影响其他区域。

(4)在每个候诊区设计时要考虑显示位置的接口及电源的配置。

第十节　病房呼叫系统

病房呼叫系统是为方便病人能及时把需求传递给医护人员,提高医院护理的响应速度和护理服务水平,降低护士的劳动强度,同时可以用来辅助医院管理。

一、系统功能及设计

系统一般由对讲主机、床头分机、显示屏、指示灯、复位按钮等组成。随着技术的发展,病房呼叫系统也由简单的呼叫功能发展为可承载多种功能和服务的综合系统,我们可将病房呼叫的功能分为基本功能和可扩展的功能。

基本功能要求:

(1)主机铃声应当可供选择或者更换,并可进行个性化铃声选择,音量可调整。

(2)主机可设置分机紧急呼叫功能,并可按照护理级别进行铃声设定。

(3)主机和对讲分机应能双向传呼、双向对讲和复位,并有声光的提示;护士可在任意分机进行应答。

(4) 卫生间设置的分机需具有防水功能。

(5) 走廊显示屏平时显示时间,有呼叫时显示呼叫号码,紧急呼叫时可进行闪烁显示,多病人同时呼叫应可进行循环(图 9 - 20)。

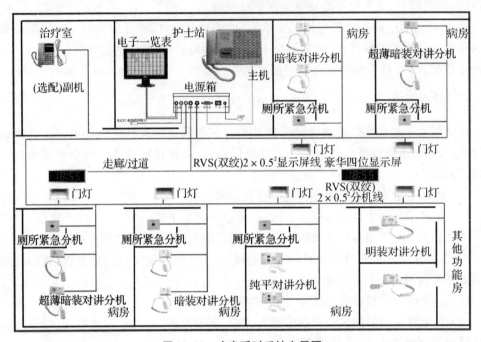

图 9 - 20　病房呼叫系统布局图

二、扩展功能要求

(1) 系统可提供护士随身携带的移动式呼叫器,护士可随身携带,便于夜间值班等护理人员较少的时候及时响应患者呼叫应答。

(2) 增加可扩展的输液报警功能,可实现在输液完成或者堵塞时,在护士站进行声光报警,可在陪护人员和患者未及时注意到输液状况的情形下尽早提示护理人员。

(3) 可增加 RFID 识别,使得护理人员的操作确认可以直接在床旁进行确认。

(4) 可以具有联网功能,能进行记录、监督、管理、分析等工作,并根据医院管理的需要,该系统也可以用在医生查房、夜间巡视的管理。

三、输液状态传输

在临床护理中,使用报警器将静脉输液状态传输给护士站,纠正输液过程的速度偏差,在输液快结束时,提示护理人员。这样,可以提高护士工作效率,并减少医患纠纷。输液状态的检查,可以使用重力传感器、红外传感器。传感器的信号数字化后,通过有线总线传输给护士站,使用 FSK 编码,提高传输成功率。

以上功能仅是抛砖引玉,随着技术的发展,可附加功能也将与时俱进。

医用建筑规划

四、注意事项

1. 系统布线的选择　随着网络的日益流行,医院的病房呼叫系统也在网络化。因此在布线时是选择采用网络线缆进行布线还是传统的总线方式布线是需要仔细考虑的,而这也会影响在系统设备的选型上的相关要求。采用网络线缆进行布线除了会增加布线部分的成本外,由于对设备要求也相对提高,因此在设备上的投入也会随之增加。但如果在预算不是非常紧张的情况下,建议采用基于网络结构的呼叫系统,便于日后医院的发展变革。

2. 一个病区多护士站的配置　对于新建医院来说,会存在一个逐步发展的过程。如果在一个病区内设置有两个或多个护士站,即存在多个主机,那么可能会存在床位呼叫如何确定到哪个护士站的问题。如果基于网络布线,采用对讲分机在线编码的系统,相对较容易解决;而如果采用基于总线方式的系统,则建议在初期就布设多总线,并通过双向开关控制呼叫器接入哪个总线环路。

五、医院案例

某医院的呼叫系统应用案例如下:

1. 系统结构

(1) 在每个护士站设主机一台,床头分机设置在病房、抢救室、监护室、透析室等病床处,每床一个。

(2) 每病房区在走廊设置显示屏 1 台。

(3) 在每间病房门口设置呼叫指示灯及复位键。

(4) 在每个病房卫生间内设置紧急呼叫钮一个。

2. 呼叫器

(1) 病房呼叫对讲系统应具有双向呼叫、双向免提对讲功能。

(2) 在呼叫器上,至少 2 种呼叫方式:比如呼叫护士、呼叫护工。

(3) 病人呼叫时走廊大屏幕显示屏显示病床号;无呼叫时显示屏显示时间。

(4) 病人呼叫后,护士可在病房门口按复位按钮,或者在任何一台病床的呼叫器上按复位按钮,即可停止病员的呼叫警示。

(5) 重病人优先呼叫功能。

(6) 定时护理功能。

(7) 广播及通播功能。

(8) 应具有使用方便,功能完备,稳定可靠,通话清晰,抗干扰性强等优点。

3. 呼叫主机

(1) 主机对故障分机检测功能。

(2) 主机可同时显示多路病床的呼叫,并记忆保持。

(3) 病床可解除呼叫(分机处可解除:门灯闪亮、走廊显示屏、主机指示灯、音乐声)。

(4) 护士站可同时呼叫多路病床及对讲(即组呼、群呼功能)。

第十章
医用气体系统建设规划

医用气体系统又称生命支持系统,是辅助医疗救治活动、确保患者安全、提高护理质量的基础设施。近年来,随着技术科学与材料科学的发展,医用气体系统设备的技术水平不断提高,手段不断更新,配套设施的质量与形式也在不断完善。医用气体在系统的构成上主要包括:中心供氧系统、中心吸引系统、压缩空气系统及系统空间规划、设备购置及施工、安装、调试、验收等;在工程范围上涉及:住院部、门(急)诊、手术部、ICU、产科产房、计划生育室等各部位的管线路由、设备选型、管道输送能力的设计;工程管线的选择与铺设;医用设备带及各床位段的气体接口、电源插座、床头灯、室内照明开关、弱电插座、传呼基座开孔、电话插座等配置件的购置及安装调试。因此,进行医用气体系统建设时,必须科学规划,有详细的设计思想与质量要求,确保材料的配置、设备的质量、管网的连接施工,达到设计合理,工艺先进,外形美观,"三站"管网的设置布局合理,用材与施工符合规范的目标,以确保工程的安全与质量。

第一节 医用气体的种类与用途

一、医用气体种类

医用气体主要用于麻醉、治疗、诊断或疾病预防,作用于病人或医疗器械的单一或混合成分气体。医用气体的种类包括:氧气、一氧化二氮、氮气、混合气体、压缩空气、负压吸引等气体种类。各种不同的气体在医疗救治活动中发挥各自的作用。

1. 氧气(medical oxygen) 主要成分是氧并限定了污染物的浓度,用于缺氧的预防和治疗。其品质应符合国家药典的规定要求用于患者缺氧时的补充。其安全无害的限度为19%,如浓度过高会造成患者的肺气肿及脑障碍。因此,医用气体系统的设计必须经专业公司计算使用。

2. 一氧化二氮(N_2O)+氧气(O_2) 主要用于外科麻醉,在血液中运行时具有物理性扩散特性,扩散速度快,吸收与排泄也快。易使人麻醉,也易苏醒。副作用小。适用于无痛分娩、口腔科麻醉、手术后止痛及心脏病发作时的辅助呼吸。

3. 医用氮气(medical nitrogen) 用于脑外科、整形外科与口腔科。中驱动气钻。低温手术时用于对伤口的处理,只要浓度适当,对人体无害。

4. 混合气体 ①包括碳酸气(CO_2)+氧气(O_2)。用于刺激呼吸中枢神经,使用其换气量增大;②氦(He)+氧气(O_2)。此类混合气体极具扩张性质,适用于治疗支气管喘息、支气管收缩等症。

5. 医用一氧化二氮(笑气)(medical nitrous oxide) 主要成分是一氧化二氮(N_2O)。为吸入麻醉镇痛药物。其品质应符合国家药典的规定要求。是一种无色、无味、无刺激性的气体,也是一种无毒气体,而且安全易溶解于水,含有芳香气味,只有在高温下氧气游离出来而助燃。临界温度为 25℃,临界压力为 7.14 MPa。主要用于手术麻醉,在血液中运行时具有物理性扩散特性,扩散速度快,吸收与排泄也快。易使人麻醉,也易苏醒。副作用小。在手术过程中如果需对患者进行麻醉,需通过麻醉机根据具体需要量调节好氧气与笑气的比例供给患者吸入体内。笑气站应设在临近手术部的位置,以便于气体输送与钢瓶更换。气源一般设两组,既要防止断气,也要避免浪费。

6. 压缩空气 可作为医疗空气(medical air)也可作为器械(用)空气(instrument air)。经压缩、净化的空气,由医用空气管道系统提供,为外科工具提供动力。主要为成分一定比例的氧和氮,并限定了污染物的浓度。压缩空气是从大气中吸入压缩而成,是多种气体的混合体,无色无味,在临床上主要用于呼吸机的动力源,在手术中用于钻、气锯等设备的动力源。同时,可用于治疗呼吸系统疾病喷雾疗法的介质,可作为早产儿保温箱人工呼吸器等氧气浓度调整的介质;或作为循环机器或口腔科设备的机组动力,使用必须十分清洁。

7. 真空吸引(medical vacuum) 主要成分是一定比例的氧和氮,并限定了污染物的浓度。洁净度要求较高。可用于重症病人的急救吸痰、吸脓及吸引液态废弃物,还可用于人工流产。在手术过程中用于清除切口周围血液及其多余物,清除患者体内危及生命的多余物,以保证手术顺利进行。

8. 医用二氧化碳(medical carbon dioxide) 主要成分是二氧化碳,用于手术检查充气和呼吸兴奋等。其品质应符合国家药典的规定要求。

9. 医用氦气(medical helium) 主要成分是氦并限定了污染物的浓度,与氧气混合用于呼吸扩张等。

二、医用气体终端组件的参数要求

医用气体终端组件的参数见表 10-1。

表 10-1 医用气体终端组件参数

医用气体种类	使用场所	额定压力(kPa)	典型使用流量(L/min)	设计流量(L/min)	测试流量(L/min)
医疗空气	手术室	400	20	40	80
	重症病房、新生儿、高护病房	400	60	80	80
	其他病房床位	400	10	20	80
器械空气、氮气	骨科、神经外科手术室	700	350	350	350
医用真空	大手术	40(300 mmHg 真空压力)	15~80	80	80
	小手术、所有病房床位	40(300 mmHg 真空压力)	15~40	40	40

医用气体种类	使用场所	额定压力（kPa）	典型使用流量（L/min）	设计流量（L/min）	测试流量（L/min）
氧气	手术室和用 N_2O 进行麻醉的用点	400	5～10	100	100
	所有其他病房用点	400	5	10	40
一氧化二氮	手术、产科、所有病房用点	400	5～10	15	40
一氧化二氮/氧气混合气	LDRP（待产、分娩、恢复、产后）室用点	310～400		275	275
	牙科、所有其他病房床位	400	5～10	20	40
氮气/氧气混合气	重症病房	400	40	100	100
二氧化碳	手术室、造影室、腹腔检查用点	400	5	20	80
麻醉或呼吸废气排放	手术室、麻醉室、ICU用点	15(113 mmHg 真空压力)	50～80	50～80	50～80

注：400 kPa 气体压力允许偏差为＋100 kPa，700 kPa 气体压力允许偏差为＋300 kPa。

三、牙科气体在牙椅处的参数要求

牙科气体在牙椅处的参数应符合表 10-2 要求。

表 10-2　牙科气体参数要求

医用气体种类	位置	额定压力（kPa）	使用压力（kPa）	典型使用流量(L/min)	设计流量（L/min）	测试流量（L/min）
牙科空气	牙科椅	550	300	50	50	50
牙科真空	牙科椅		15(113mmHg 真空压力)	300	300	300

注：1. 气体流量的需求视牙椅具体型号的不同有差别。
　　2. 一氧化二氮/氧气混合气作为牙科气体选择性设置。

第二节　医用气体机房布局及设备配置

氧气机房与液氧站建设：氧气是一种无色、无味、无刺激性的助燃气体。医用氧气来源一般有三种形式：气态氧、液态氧和制氧机。

一、气态氧氧气站建设

气态氧氧气站是由多个 40 L、15 MT² 的钢瓶组合集中在一起，分成两组，组成汇流排，并安装减压装置、安全卸压装置、报警装置组成。一般不少于三日量。在液氧供应出现短缺时可由汇流排供应（图 10-1、图 10-2）。

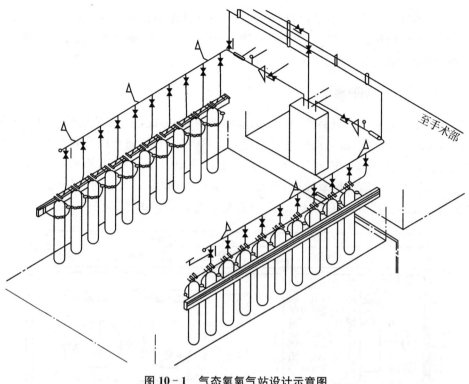

图 10-1　气态氧氧气站设计示意图

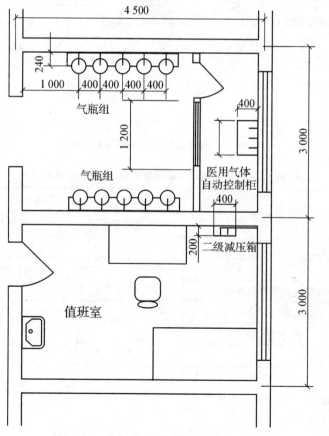

图 10-2　氧气站(汇流排)平面布局示意图

气态氧的气氧站建设的位置可以多选。可以在液态氧站近旁设置，也可在地下室设置。必须有专人值班，以便紧急情况的处置。一般情况下应靠近液氧站设置，并与零散的氧气瓶供应区结合在一起。

二、液态氧氧气站的建设

液态氧站主要由液态氧储槽、汽化器、监测调节表、分配器及输送管道组成。容积大小根据医院的规模而定，液氧储槽的质量选型是第一位的，要防止以次充好的旧品翻新，每只储槽容积一般以 $3.5\sim5~\text{m}^3$ 为宜。压力为0.8 MPa。汽化器以 $50~\text{m}^3/\text{h}$ 规格的或更大些的。如果医院设有高压氧舱时，则要选择 $100~\text{m}^3/\text{h}$ 或更大些的。分配器要用不锈钢材料制作成的水容器，一般以 $0.3~\text{m}^3/\text{h}$ 或更大为宜（图10-3、表10-3）。

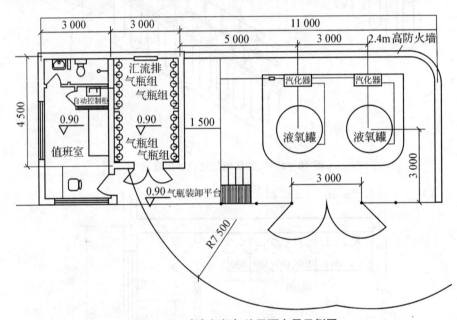

图 10-3 液态氧氧气站平面布局示例图

表 10-3 用液氧储罐与各类建筑物、构筑物的最小间距

建筑物、构筑物名称	最小间距（m）	
	液氧总储量≤20 t	液氧总储量>20 t
医院实围墙	1.5	3.0
公共人行道	3.0	5.0
无门窗的建筑物墙壁或突出部分外边		
有门窗的建筑物墙壁或突出部分外边		
变电站、停车场、办公室、食堂、棚屋等	5.0	8.0
排水沟、坑、暗渠		
通风口、地下系统开口、压缩机吸气口		
架空可燃气体管道、燃气吹扫管、少量可燃物		
不多于4 t LPG贮罐	7.5	7.5

建筑物、构筑物名称	最小间距(m)	
	液氧总储量≤20 t	液氧总储量＞20 t
公共集会场所	10.0	15.0
铁路		
生命支持区域(包括楼内距离)	15.0	15.0
木结构建筑		
4 t以上LPG贮罐、DN50以上燃气管道法兰		
一般架空电力线	≥1.5倍电杆高度	

三、制氧机制氧站

制氧站由空气压缩单元、空气储存单元、氧氮分离单元、氧气过滤除菌及储备单元、监测设备、罐装备用单元、电控单元等8个单元组成。其设备必须经过法律批准的权威机构鉴定认可方可使用。其规格、型号的选择应与医院的用氧量相符并留有一定的发展空间。同时要有备用系统,以确保运行安全及供氧保证(图10-4、图10-5)。

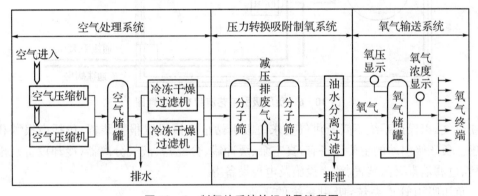

图10-4 制氧站系统的组成及流程图

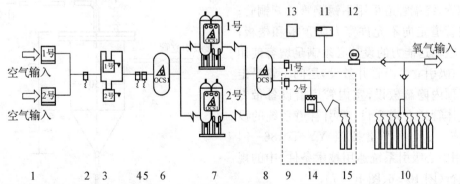

1.螺杆式高效空气压缩机1号与2号 2.初级精密过滤器 3.双极冷冻干燥机1号与2号 4.中级精密过滤器 5.后级精密过滤器 6.空气储罐 7.制氧机1号与2号 8.氧气储罐 9.除菌过滤器1号与2号 10.汇流排 11.氧纯度监测仪 12.总量流量计 13.配电箱及管道系统系 14.氧气压缩机 15.充瓶装置

图10-5 制氧系统流程示意图

四、负压吸引机房的建设

在设计负压吸引系统时,应设计两套机组设备,系统正常使用时独立工作,一套系统为正常使用,一台在出现故障或检修时备用,并通过控制阀门实现一套机组为全楼负压

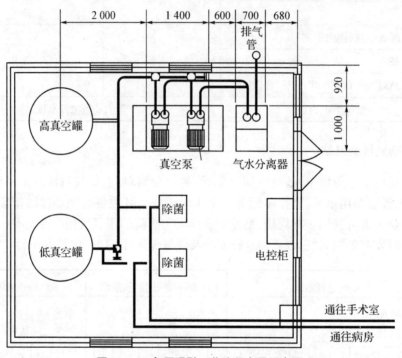

图 10-6　负压吸引工艺流程布局示意图

系统供气,以保证系统不间断供气要求。吸引站也应该设置报警装置,包括声报警和光报警。负压吸引站的主要设备有:真空泵、缓冲罐、分配器、液气分离器(冷却设备)、排污装置、过滤消毒灭菌装置、消声设施及电控设备等。

负压吸引管道系统:吸引系统的干管要采用符合国家有关技术标准和规范的镀锌钢管,终端管道采用不锈钢管或紫铜管;吸引管道走向不允许穿人防顶板和楼板;其管道输送能力的设计必须满足增容使用要求;吸引立管沿管井敷设,层间干管沿走廊吊顶内隐蔽敷设,室内管道沿设备带专用气体管道仓内敷设;吸引管道系统的设计、施工、验收严格按照 YY/T0186—94《医用中心吸引系统通用技术条件》中的规定执行(图 10-6、图 10-7)。

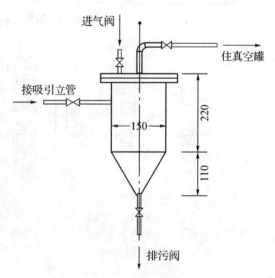

图 10-7　负压吸取集污罐的做法示意图

五、压缩空气站的布局与流程设计

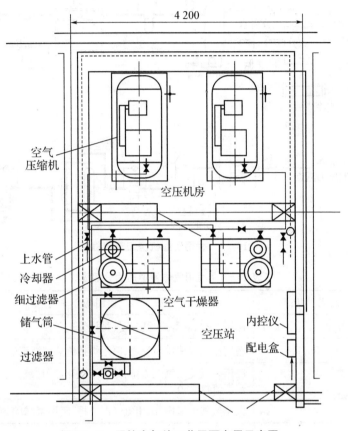

图 10-8　压缩空气站工艺平面布局示意图

压缩空气气源由中心站集中供应,应远离手术部,以阻隔设备运行所产生的震动与噪声。压缩空气站的主要组成为:无油压缩机、干燥机、过滤器、消毒灭菌装置、贮气罐、电控单元及冷却设备。压缩机是其核心设备(图 10-8、图 10-9)。

压缩空气管道系统。压缩空气管道全部选用经脱脂处理的紫铜管;管道输送能力的设计必须满足增容使用要求。压缩空气立管沿管井敷设,层间干管沿走廊吊顶内隐蔽敷设,室内管道沿设备带专用气体管道、压缩空气管道系统的设计、施工、验收参照YY/T0187—94《医用中心供氧系统通用技术条件》中的规定执行。并分层(区)设置控制、检修阀门和压力监测装置。除气体管道外,在建设规划中应对工程建设中所涉及设备用电要求、电缆敷设要求、弱电系统设计提出明确的要求。并要与相关单位做好协调工作。中心供氧、中心吸引、压缩空气三个设备间均要留强电接口,并有配电箱,具体设备安装调整布局由专业公司进行设计。

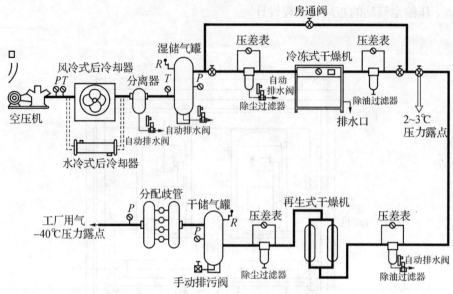

图 10-9 医用压缩机房工艺流程图

表 10-4 医用气体管道压力分级表

级别名称	压力(MPa)	使用场合举例
真空管道	0＜P＜0.1(真空压力)	医用真空、麻醉或呼吸废气排放管道
低压管道	0≤P≤1.6	医用压缩气体供应管道、医用焊接绝热气瓶汇流排管道
中压管道	1.6＜P＜10	医用一氧化二氮汇流排、医用一氧化二氮/氧汇流排、医用二氧化碳汇流排管道
高压管道	P≥10	医用氧气汇流排、医用氮气汇流排、医用氦/氧汇流排管道

注:医用气体管道的设计寿命不应少于 20 年。

医用气体工程设计与施工中所用的材料、设备,执行的标准,提供的相关技术资料必须符合表 10-4、表 10-5 中规范要求。氧气管道管材的选用必须按敷设的方式确定;各气体终端数按规范或按医院相关专业的要求明确。

负压吸引机房、压缩空气系统的机房设备、容量的选择要满足医院近期使用要求,同时要预留长远发展的基础。氧气按照护理单元分区设置计量装置,并按相关标准与规范设置区域阀门与报警装置。当压力过高或过低时能发出声频报警,将压力不正常的区域阀门关闭则不影响其他区域的用气。机房应远离主体建筑,既要保障其符合消防安全要求,其机械运动所引起的噪音不致对周边环境产生影响。在进行医用气体规划时,要分区域计算各系统的氧气、压缩空气及负压吸引用量,以此为依据对管道口径进行精确计算和设计,要以医疗护理高峰期使用负压吸引与压缩空气的量,规划无油压缩机、贮气罐、负压罐的容量。以保证每床之需,保证储气罐、负压罐容量有一定的冗余。同时,对该站所配置的各类产品要有明确的型号与规格、产地。对于手术部的气体机房可设置于手术部的技术层,除将氧气、压缩空气及负压吸引的管道引至手术部技术层外,还要对笑气、二氧化碳的供应进行统一考虑,建立起汇流排,供手术部之用。在规划各站的具体要求时,应分层(区)设置控制、检修阀门和压力监控。

表 10-5　医用气体品质要求

气体种类	主要成分纯度	油 (mg/m³)	水(mg/m)标志露点	CO(mg/m³ 或 10^{-6}v/v)	CO_2 (mg/m³)	NO和NO_2 10^{-6}(v/v)	SO_2 10^{-6}(v/v)	O_2 10^{-6}(v/v)	CH_4 10^{-6}(v/v)	H_2 10^{-6}(v/v)	颗粒物	气味	备注
医疗空气		≤0.1	≤575(-23℃)	≤5	≤90(≤500 10^{-6}v/v)	≤2	≤1				≤5 μm	无	
器械空气		≤0.1	≤50(-46℃)	—	—	—	—				≤5 μm	无	
牙科空气		≤0.1	≤780(-2℃)	≤5	≤900(≤500 10^{-6}v/v)	≤2	≤1				≤5 μm	无	
合成空气	—	—	≤50(-46℃)	≤5		—	—				≤5 μm	无	氧21%,氮79%
富氧空气	≥93.0%O_2	≤0.1	≤575(-2℃)	≤5	≤300(10^{-6}v/v)	≤2	≤1				≤5 μm	无	
医用氧气/氧氮气	≥99.5%O_2 / ≥99.99%N_2	≤50~46℃ / ≤50~46℃	≤5	≤10		—	—	≤5	≤5	≤15	≤5 μm	无 无		未列出参数见国家药典
二氧化碳	≥99.0%CO_2						≤5						未列出参数见国家药典
一氧化二氮	≥99.0%N_2O	—	≤50(-46℃)									—	未列出参数见国家药典
一氧化二氮/氧气混合气	—		≤50(-46℃)									—	氧化亚氮50%,氧气50%
氦气	≥99.99%He		≤50(-46℃)	≤1	≤1		—	≤5	≤1	≤7	≤5 μm	无	
氦气/氧气混合气	—		≤50(-46℃)	—							≤5 μm	无	氧<30%

第三节　气体终端设备的配置

一般说来,气体终端设备主要指病房设备带及设备带辅助设备接口,气体终端设备又分为普通设备带、桥架式吊塔、气体吊塔。因场所不同,其使用的设备终端有所区别。

普通设备带一般用于病房与急诊留观等场所。内部的结构设计应该充分考虑系统中气、电分离原则,气体管道、强电电缆、弱电电缆的安装应该有利于消除事故隐患(见表10-6~表10-8,图10-10、图10-11)。

表 10-6　配有气体插头的终端组件的流量和压力降规定

终端额定压力 (kPa)	试验压力 (kPa)	试验流量 (L/min)	通过终端的 最大压降(kPa)
400~500	320	60	15
400~500	320	200	70
700~1000	560	350	70
真空	(真空压力)	40	15

1. 设备带基座配置的一般要求　所有病房及相关治疗单元,均应配置氧气插座、吸引插座、压缩空气插座。负压装置的气体接口原则上应按照总床位数的20％配置或每个外科的病床均配置负压装置。医院如有特殊要求的也可每床配置。设备带的配置方法,一般情况下要求双人间或三人间为通布。单人间设备带的长度为2.2 m。ICU病房如不采用吊塔时,可用设备带,用通布或按床位进行间断布置的方法。急诊室抢救室、门诊手术室、留观室应按需设置。手术室的气体配置按规范要求进行配置。在手术部与外界的接合部,要为三气安装气压阀门,留有接口,便于日常的维修管理。

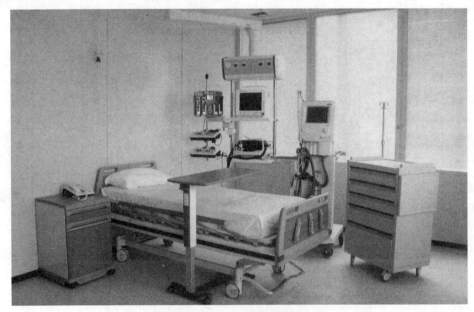

图 10-10　吊塔式医用设备带装置

2. 每床单元最低配置要求　氧气插座1个;吸引插座1个;五孔电源插座2个;灯开关1个;床头灯1个;对讲分机面板1个;网络插孔1个。每间病房设计电话插孔1个。压缩空气插座设计原则:紧邻每一个护士站对面的3间病房每床设计1个压缩空气插座。医院如有老干部病房时,应每床设置压缩空气接口。

3. VIP病房　每床单元最低配置:氧气插座1个;吸引插座1个;吸引瓶挂板1个;五孔电源插座2个;接地柱1组;灯开关1个;设备带内嵌入式床头灯1个;对讲分机面板1个;网络插孔1个;电话插孔1个。

4. ICU、NICU、抢救室(区)、产房　每床单元最低配置:氧气插座2个;吸引插座2个;压缩空气插座1个,5孔电源插座3个;灯开关1组;嵌入式照明灯具各1组。在重症监护室,必须配置相应的设备吊塔,除满足气体要求外,相关的设备可以进行吊装。

表10-7　插有气体插头的废气排放终端的流量和压降的规定

适用类型	试验压力	试验流量(L/min)	通过终端的最大压降(kPa)
粗真空	大气压	90	15
射流式	大气压	50	5

图10-11　吊塔式医用设备带装置(二)

5. CCU的配置　每床单元最低配置:氧气插座2个;吸引插座2个;压缩空气插座2个,5孔电源插座3个;灯开关1组;嵌入式照明灯具各1组。在NICU的抢救区,如不能每床都达到上述标准时,则应在一个适中的床位上达到上述标准。

6. 手术部气体　除氧气、压缩空气、负压吸引等气体外,还必须有笑气系统及相关特殊气体。手术部的气体系统必须独立设计,通过技术层的汇流排对各手术室实施供应。同时要在手术部设计废气回收排放系统,以确保安全。

7. 门、急诊手术室的气体配置　急诊手术室、产房都需要设置设备带,每条设备带至少包括氧气插座2个、吸引插座2个、压缩空气插座1个。

8. 关于气体接口的设计　在住院部每个病房内的设备带上其接口标准从节省经费考虑以国标为好。在各抢救区,如手术室、ICU、NICU、术后恢复室等场所,其接口以德标或欧标为好,一旦确定后,其采购设备必须满足接口插座的要求,避免给临床护理与抢救带来不便。

表 10-8　医用气体终端组件的设置要求

部门	单元	氧气	真空	医疗空气	一氧化二氮/氧气混合气	一氧化二氮	麻醉或呼吸废气	氮气/器械空气	二氧化碳	氦/氧混合气
手术部	内窥镜/膀胱镜	1	3	1	—	1	1	1	1a	—
	主手术室	2	3	2	—	2	1	1	1a	—
	副手术室	2	2	1	—	1	1	—	1a	—
	骨科/神经科手术室	2	4	1	—	1	1	2	1a	—
	手术室									
	麻醉室	1	1	1	—	1	1	—	—	—
	恢复室	2	2	1	—	—	—	—	—	—
	门诊手术室	2	2	1	—	—	—	—	—	—
妇产科	待产室	1	1	1	1	—	—	—	—	—
	分娩室	2		2	1	1	—	—	—	—
	产后恢复	1	2	1	1	—	—	—	—	—
	婴儿室	1	1	1	—	—	—	—	—	—
儿科	新生儿重症监护	2		2	—	—	—	—	—	—
	儿科重症监护	2	2	2	—	—	—	—	—	—
	育婴室	1	1	1	—	—	—	—	—	—
	儿科病房	1	1	—	—	—	—	—	—	—
诊断学	脑电图、心电图、肌电图	1	1	—	—	—	—	—	—	—
	数字减影血管造影室(DSA)	2	2	2	—	1a	1a	—	—	—
	MRI	1	1	1	—	—	—	—	—	—
	CAT 室	1	1	1	—	—	—	—	—	—
	眼耳鼻喉科 EENT	—	1	1	—	—	—	—	—	—
	超声波	1	1	—	—	—	—	—	—	—
	内窥镜检查	1	1	—	—	—	—	—	—	—
	尿路造影	1	1	—	—	—	—	—	—	—
	直线加速器	1	1	1	—	—	—	—	—	—

部门	单元	氧气	真空	医疗空气	氧化亚氮/氧气混合气	氧化亚氮	麻醉或呼吸废气	氮气/器械空气	二氧化碳	氮/氧混合气
病房及其他	病房	1	1a	1a	—	—	—	—	—	—
	精神病房	—	—	—	—	—	—	—	—	—
	烧伤病房	2	2	2	1a	1a	1a	—	—	—
	ICU	2	2	2	—	—	1a	—	—	1a
	CCU	2	2	2	—	—	1a	—	—	—
	抢救室	2	2	2	—	—	—	—	—	—
	透析	1	1	1	—	—	—	—	—	—
	外伤治疗室	1	2	1	—	—	—	—	—	—
	检查/治疗/处置	1	1	—	—	—	—	—	—	—
	石膏室	1	1	1a	—	—	—	1a	—	—
	动物研究	1	2	1	—	1a	1a	1a	—	—
	尸体解剖	1	1	—	—	—	—	1a	—	—
	心导管检查	2	2	2	—	—	—	—	—	—
	消毒室	1	1	×	—	—	—	—	—	—
	牙科、口腔外科	1	1	1	—	1a	—	1	—	—
	普通门诊	1	1							

注:1. 本表为常规的最少设置方案,对于各类专科医院及特殊用途的设置应根据医院具体要求确定。

2. "a"表示可能需要的设置方案,"×"为禁止使用。

3. 一氧化二氮/氧气混合气体也可由一氧化二氮与氧气在使用处按各50%的体积比混合后取得。

4. 牙科空气、牙科真空通常与整个医用系统分开,自成系统。

第四节　医用气体工程设计、施工技术规范

医用气体工程是涉及医疗安全,与病人生命相关的工程。因此,进行医用气体工程的建设既要考虑设备的可靠性,也要考虑气体供给的安全性。工程开始前要进行充分的调研,听取相关科室的建议,除按标准的配置外,有特殊要求的科室,如 ICU、CCU、手术部、分娩室、特殊治疗室等各区域的配置,按照终端配置总数及其压力要求,进行气体设置的配置。

一、进行气体终端总量配置的设计计算时,主要遵循原则

1. 不论医用气体的机械设备、储气罐容积与管道系统设置,都应按终端气体出口总

耗气量计算设备配置容量,合理选用设备,并留有一定的余地。

2. 在氧气总量的配置上,必须保持输出口的供气压力 0.35～0.4 MPa,同时要考虑系统损耗 0.03 MPa,合理确定气体输送的管径,不论在任何情况下,都必须保证每个输出口正常供应氧气。

3. 真空吸引设备的配置必须采用自动控制。真空泵不得少于两台,其容量应设置为总用气量的 75%～100%,并远离主体建筑,做好隔音处理。

4. 压缩空气泵的配置应根据医院末端用气总量进行计算。为保证医院运行安全及手术动力系统的正常运转,压缩空气泵房的设置配置不得少于两台,系统输出口的压力一般为 0.1 MPa,每个压缩空气出口的排气量一般为每小时 2.0 m³,管道零件的耗损为管道损耗的 50%,系统总压降以不超过 0.3 MPa 为宜。

二、医用气体设计及施工应遵循的技术规范

医用气体工程涉及诸多的技术标准和规范(含设计标准和规范、产品标准和规范、工程施工标准和规范、验收标准和规范等),设计必须符合中华人民共和国现行有关规定,并参照《综合医院建筑设计规范(征求意见稿 2004-6-18)》实施,至少应包含:

《医用中心吸引系统通用技术条件》 YY/T0186—94

《医用中心供氧系统通用技术条件》 YY/T0187—94

《拉制铜管》 GB1527

《钢管、配件及焊接材料标准》 GB11618—89

《现场设备、工业管道焊接工程施工及验收规范》 GBJ236

《无缝铜水管和铜气管》 GB/T18033—2000

三、医用气体颜色和标识符号(表 10-9)

表 10-9 医用气体颜色和标识符号

医用气体名称	代 号		颜色规定	颜色编号 (GSB 05—1426)	额定压力 (kPa)
	中文	英文			
医疗空气	医疗空气	Med Air	黑色—白色	/	400
器械空气	器械空气	Air 7	黑色—白色	/	700
牙科空气	牙科空气	Dent Air	黑色—白色	/	550
合成空气	合成空气	Syn Air	黑色—白色	/	400
医用真空	医用真空	Vac	黄色	Y07/	—
富氧空气	富氧空气	93%O_2	白色		400
医用氧气	医用氧气	O_2	白色		400
氮气	氮气	N_2	黑色	PB11/	700
二氧化碳	二氧化碳	CO_2	灰色	B03/	400
氧化亚氮	氧化亚氮	N_2O	蓝色	PB06/	400

医用气体名称	代　号		颜色规定	颜色编号 (GSB 05—1426)	额定压力 (kPa)
	中文	英文			
氧气/氧化亚氮混合气体(V/V 各 50%)	氧/氧化亚氮	O_2/N_2O	白色—蓝色	/PB06	400
氦气/氧气混合气体($O_2 < 30\% \ V/V$)	氦气/氧气	He/O_2	棕色—白色	YR05/	400
麻醉废气排放	麻醉废气	AGSS	朱紫色	R02/	—
呼吸废气排放	呼吸废气	AGSS	朱紫色	R02/	—

注：①表中颜色编码系采用 GSB 05—2001《漆膜颜色标准样卡》的规定。因 GSB 05—1426—2001 中无黑色、白色的规定编号，使用中按常规黑色、白色作颜色标识。

②标识和颜色规定的耐久性试验：在环境温度下，用手不太用力地反复摩擦标识和颜色标记，首先用蒸馏水浸湿的抹布擦拭 15 秒，然后用酒精浸湿后擦拭 15 秒，再用异丙醇浸湿擦拭 15 秒。标记应仍然是清晰可识别的。

③任何有颜色标识的圈套、色带或夹箍，颜色均应覆盖到其全周长。

第十一章
医院保障设施的建设规划

医院的后勤保障设施,如空调系统、配电用房、物业用房、污水处理站、洗衣房、营养食堂、太平间等是医院有效运行的保证。在规划建设中,对上述各类保障设施的功能空间既要考虑到资金投入的控制,也要确保设备质量与节能降耗;既要考虑到安装施工的方便,也要考虑日后维修方便。既要符合规范要求,也要符合医院的实际。

第一节　关于空调系统的规划与布局

医院空调系统是为医护人员、患者提供舒适环境的重要保证。良好的空气品质已成为治疗疾病、减少感染、降低死亡率的重要因素,因此,对于医院空调的特殊要求应予以充分的关注。一般场所需要保障舒适性,特殊区域还需一定的净化功能。我们在各专业空间设计要求中已对净化级别与环境控制要求进行了讨论,本节主要内容为空调的选型与空调用房的规划问题。

一、空调的选型

各医院应根据自身的经济能力与能源提供方式来选择。空调系统一般包括:冷热源设备、输配电系统、管网、空调末端及空气过滤器等组成的各子系统。

冷热源系统设备分为电空调主机与非电空调主机两大类。电空调主机以电能为动力,非电空调以热能为动力。电空调主机又分为活塞式、螺杆式与离心式三种。

非电空调以直燃、蒸气、热水、废热以及多能源型。非电空调主机一般包括七个部分:高温发生器、高温热交换器、低温发生器、低温热

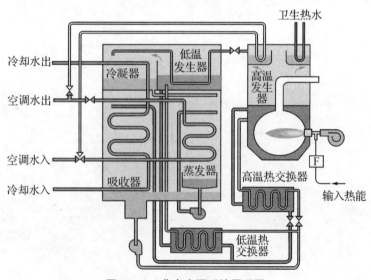

图 11-1　非电空调系统原理图

交换器、蒸发器、吸引器与冷凝器。此类设备没有大的运动部件,故障率较低,操作方便;使用溴化锂溶液无毒、对臭氧层无破坏作用,可使用低品位热能,运行费用低,安全性能好。部分负荷下节能好。能耗比电空调要低。缺点是机组长期在真空下运行,若遇空气侵入,易造成准衰减。设备自重较大,造价较高(图11-1)。

电空调有活塞式、螺杆式、离心式三种,性能各有优缺点。活塞式系统装置比较简单,润滑容易,不需要排气装置,采用多机头,高速多缸,性能可得到改善。问题是维护费用高,单机制冷量小,不能无级调节,震动与噪声较大。螺杆式机组震动小,体积小,重量轻,正压运行,无外气侵入问题。问题是价格高,噪声大,装配精度高,且耗油量也高。离心式的机组转速高,输气量大,单机容量大,运转平稳,震动小,噪声低,单机制冷量重量指标小,蒸发器与冷凝器的传热性能好。但单级机在低负荷时有喘震现象,加工精度、材料强度质量要求较高,属于负压系统,外气易侵入,有产生化学变化腐蚀管路的危险(图11-2)。

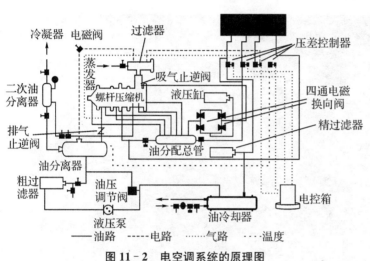

图 11-2　电空调系统的原理图

将两种空调从能效、安全性、环保性、维护性上比较,电空调的寿命可以在 10 年左右,占地面积比较大,只能制冷;而非电空调在 25 年左右,整个系统耗电少,占地面积小,且可制冷、制热、卫生热水。医院在投资时应慎重选择。

在一些净化要求与空气洁净度要求比较高的区域,必须采用专用净化机组。同时也要与全院的空调系统结合使用,如手术部、供应室、ICU 等区域(详见各章节)。

二、空调设备空间的流程与布局

空调机房的布局,依照建筑物的种类、规模、设备的型号与系统的不同而异。综合医院建筑,因建筑功能不同、内部分区严格,一般医院的空调设备用房或设于地下空间或建有专门的空调机房区域,通过管井、管沟或廊桥与各建筑物相连接。主设备室由机械室、电气室、中央监控室组成。其中的机械室是各个设备与各对应的设施相连接,以供给能源、物质并进行交换、分配、处理等的中枢。所以当设计主设备室时,有必要对设备的流程、运行安全性进行充分研究。

(一)设备流程

主要设备室既与外部有关系统相连,如冷、热水,电气等的引进引出,又与分布在建筑物内部的末端设备相连,因此要尽可能地形成全面经济的流动线,这样既能节约一次性投资,又能节省经常费用。如:制冷机房要与变电室、泵房一并考虑。而锅炉房要处于供应燃料方便的地方,并且要考虑车辆进出的路线。空调机房的设置地点要考虑缩短送风路线,而且应便于冷热水管连接,又能接入室外空气。排风机房要注意排出室外的风向和周围环境。控制室应处于维护管理方便的地方,尽可能设在各设备室的中心地带;机电设备的寿命比建筑物本身要短,所以设置机房时要考虑设备的更新问题,设备间宜直接通向道路,靠近楼梯或直接通往走廊等易于疏散的地方。以确保主要设备出入的方便,大门向外开,运输时不应妨碍其他部位的使用功能,因此应考虑设备间及通道的宽度与面积。如将来随着医院规模的扩大,应对新增设备预留安装空间,所需孔洞做好临时封闭时要有保证能打开的措施(图11-3)。

图11-3 电空调系统的配电房实景图

(二)锅炉房、制冷机房设计

锅炉房、制冷机房有高压、可燃的危险,必须遵守国家的有关规范,采取可靠的安全措施。锅炉房燃烧要大量空气,电机要通风散热,而且排风时鼓风机噪声甚大,如果用工业蒸气其管道的铺设要做好分段控制和安装质量,建设中要注意空间的隔音处理。制冷机房一般应设在地下室。机房内应有维修通道。为了保证操作人员安全,原则上应考虑有两个出入口。因主机房有噪声及震动,所以在其上方不宜设置防噪较高的房间。室外冷却塔还应考虑对周围环境的噪声影响。

一般情况下锅炉房要远离医院的主要设施。如使用燃气,则要预留空间,确保安全。

(三)空调机房与排风机房的设计

关于空调机房、配管、风道及排风机房位置的安排。在平面设计时,必须决定其位置和大小。从经济的角度考虑,空调系统不宜太大,且为了与防火、防烟分区相适应,一个空调系统应以专用为主。对分层设置的空调机房特别要注意隔声减震,还要考虑外部空气进入的途径。空调机房与其他房间的隔墙以240砖墙为宜。机房的门应采用隔声门。机房内还应粘贴吸声材料。标准层内的设备间是设备和管线集中的地方,宜设在建筑物的中央,或分散在若干地方。这些地方往往是各工种"互争"的地盘,这一问题解决得好,将给整个工程带来先天的优点,若解决不好,不但管线互碰"打架",而且会造成系统不合理的布置,能量无谓的消耗,造成无法弥补的后患。设计时应注意,最好在初步设计阶段各工种就合理地划分好空间。顶层设备间,通风机室应设在管井的上方,新风口与排风分设。从工程实践来看,一般大中型综合性医院建筑的空调机房和管井设计,随建筑平面布置与空调系统的不同在机房布置上有很大差别。

（四）空调机房设置与注意事项

空调机房的位置在一个大中型的建筑物中是个相当重要的问题。它既决定投资的多少又影响能耗的大小。

布置不好或处理不当其噪声、震动还会严重地干扰周围环境及达不到送、排风的效果。一般来说机房的位置常在下列地方:制冷机房(带水泵)通常设在地下室或单独在室外建空调机房(带水泵);排风机房设在地下室或屋顶机房或室外;冷却塔设在屋顶上部或裙房屋顶上;锅炉房单建或半地下室;热交换间设在地下室或单建,超高层时可设在顶层设备间;制冷机及水泵(冷冻泵、冷却泵)的容量大,震动、噪声也大,常设在地下室中,只有少数自带冷源的立柜式机组可以设在楼层上。空气调节机体积大,重量轻,可以靠近房间设置,但要注意消声隔震;也有设在屋顶上。选择机房位置时必须与建筑设计配合好。从专业的角度选择机房位置时应考虑:

1. 制冷机房(包括供冷水泵)　在大型医用建筑群体中是作为独立的建筑进行布局,如果医院土地较紧时,也可设置于地下层。当制冷机房建于地下层时,一定要处理好隔声防振问题,特别是水泵及支吊架的传振问题。在地下室建设制冷机房时,应与低压配电间邻近,而且最好靠近电梯。如果是大型高层建筑,有塔楼也有裙楼时,塔楼为筒体或剪力墙结构,制冷机房最好放在裙房的地下室中,而且在其上边(一层)的房间应是对消声隔震无严格要求者。制冷机房的位置应尽量靠近负荷中心(图11-4、图11-5)。

图11-4　空调系统制冷机实景图

2. 空调机房　室内声学要求高的医用建筑空间，如手术室、ICU、NICU、儿科、产科等空间内，如空调机组风量很大、噪声很高时，会影响患者的休息与儿童的听力安全，机房位置也不应紧靠贵宾室、会议室、报告厅等。有条件的建筑中，空调机房最好设在地下室中。住院部的空调机房可以分散在每层楼上，最好能在同一位置上即垂直成

图11-5　空调系统的水泵房实景图

一串布置，这样可缩短冷、热水管的长度，减少与其他管道的交叉，既减少投资又节约能耗。空调机房的位置应选择最靠近主风道之处，靠近管井使风管尽量缩短，可降低投资也可减少风机的功率。

3. 排风机房排风机房的位置　一般多设在屋顶层，有些也可设在地下室中，如地下车库的排风，地下洗衣房、配电间等的排风。

4. 热交换站　热交换站有两种，一种是由锅炉房供给的汽—水热交换或是由城市热网供给的水—水热交换。有锅炉房的热交换器可放在锅炉房附近的地方。而与城市热网的热力点相接的建筑，特别是规模较大的医用建筑中热交换站需设在地下室中，设置时应尽量靠近制冷机房。对于热交换器的选择必须注重质量，最好选用板式热交换式，以方便维修与更换。

5. 值班室　在进行机房建设时，要留出一定的空间作为机房工作人员值班室，不要等到建好后再考虑值班室的问题。值班空间要注意隔音，并通过信息系统对机组运行情况进行监控，确保运行的安全。

（五）医用建筑空调末端的设置注意事项

《综合医院建筑设计规范》中对各类医疗建筑空间的空气调节均明确了不同的要求。如：手术室、术后苏醒室、产房、ICU、CCU、NICU、烧伤病房、血液透析室，以及高精度医疗设备用房等，明确采用空气调节；对于洁净手术室专门有规范进行了明确；各类医疗空间中的空气洁净度要求及气流速度、压力均有明确的要求。但是在实践中存的诸多问题：对于手术部的空调末端，一些单位为节省投资采用一拖二或拖三的新风净化方案，实践中会发生一台机组损坏会影响几个手术室使用；初、中、高效过滤器的堵塞会影响不同级别手术室的新风净化效果，使手术存在安全隐患；有些建筑空间过分强调净化，将所有门窗全部封闭，当空调出现故障时，会影响整个空间的空气质量。

在医用建筑中，各医疗建筑的空间中因专业的不同，所需的洁净度、通风设计的参数、空调设计的参数，在《中国医院建设的指南》中有一系统表，现摘录如下（表11-1）：

（表11-1中所列为医院各类场所洁净度、通风、空调参数表。我们在摘录时，省略了手术部内容，请按照手术部建筑规范相关标准执行）

表 11-1 医疗建筑的空间洁净度、通风、空调设计参数

功能区名称	洁净等级					通风设计参数							空调设计参数		
	I级	II级	III级	IV级	常规	最小新风换气次数	最小过滤循环次数	空气正压	空气负压	空气常压	直接室外排风	完全循环风	夏季(℃)	冬季(℃)	湿度(%)
手术内窥镜室			√			5	25	√			任意	N	24~26	22~24	45~60
分娩室				√		5	25	√			任意	N	24~26	23~25	
复苏室					√	2	6			√	任意	N	24~26	23~25	
重症监护室			√			2	6			√	任意	N	24~26	23~25	
新生儿监护室				√		2	6			√	任意	N	26~27	25~27	
处置室					√	任意	6			√	任意	任意	24~26	21~22	
护理站					√	5	12	√			任意	N	24~26	20~22	
外伤治疗室(紧)					√	3	15	√			任意	N	24~26	22~24	
外伤救治室(常)					√	2	6	√			任意	N	23~26	22~24	
气体储存						任意	8		√		Y	任意	24~26	20~22	
门诊与急诊 内窥镜检查		√				2	6		√		任意	N	26~27	22~24	
支气管检查			√			2	12		√		Y	N	25~27	22~24	
等候室					√	2	12		√		Y	任意	26~27	21~22	
治疗方法优选室			√			2	12		√		Y	N	25~27	22~24	
放射性治疗室			√			2	12		√		Y	N	26~27	1~22	

续表

功能区名称	洁净等级					通风设计参数							空调设计参数		
	Ⅰ级	Ⅱ级	Ⅲ级	Ⅳ级	常规	最小新风换气次数	最小过滤循环次数	空气正压	空气负压	空气常压	直接室外排风	完全循环风	夏季(℃)	冬季(℃)	湿度(%)
放射医学X光			√			2	6			√	任意	任意	26~27	20~22	40~60
X光(急诊导管插入)			√			3	15	√			任意	N	26~27	20~22	
暗房			√			3	15		√		任意	N	26~27	24~25	
普通实验室				√		2	6		√		Y	N	26~27	20~22	
细菌学实验室		√				2	6		√		Y	N	24~27	20~22	
生化实验室		√				2	6	√			Y	N	24~26	20~22	
细胞学实验室			√			2	6		√		任意	N	24~26	20~22	
组织学实验室			√			2	6		√		Y	N	24~26	20~22	
微生物学实验室			√			任意	6		√		Y	N	24~26	20~22	
核医学实验室			√			2	6		√		Y	N	24~26	20~22	
病理学实验室			√			2	6		√		Y	N	24~26	20~22	
血清学实验室		√				2	6	√			Y	N	24~26	20~22	
消毒实验室（附属用房）			√			任意	10		√		Y	N	24~26	20~22	
媒介实验室（附属用房）			√			2	6	√			Y	N	24~26	20~22	
解剖室（附属用房）		√				2	12		√		Y	N	24~26	20~22	
无冷却尸体储藏（附属用房）					√	任意	10		√		Y	N	—	—	
药房（附属用房）					√	2	4		√		任意	任意	25~26	20~22	
接待室（附属用房）					√	2	6		√		Y	任意	26~27	20~22	

功能区名称		洁净等级					通风设计参数							空调设计参数		
		I级	II级	III级	IV级	常规	最小新风换气次数	最小过滤循环次数	空气正压	空气负压	空气常压	直接室外排风	完全循环风	夏季(℃)	冬季(℃)	湿度(%)
诊断与治疗	检查室				√		2	6			√	任意	任意	25~27	22~24	
	药物治疗室					√	2	4	√			任意	任意	26~27	22~24	
	处理间			√			2	6		√		任意	任意	26~27	20~22	
	治疗、水疗		√				2	6				任意	任意	26~27	26~28	
	污物室						2	10				Y	N	26~27	20~22	
	清洁物室			√			2	4	√			任意	任意	26~27	20~22	

医用建筑的各类工作场所,在空调末端设置时,必须注意有以下三个方面的问题:

1. 手术室的新风机组设置在条件允许时需要考虑一室一机为宜。一台机组的故障只能影响一个手术室间,不致对其他空间发生影响。手术室回风的处理应允许向洁净走廊排放,可以增加走廊的新风量,增加洁净度,目前的新风回风全部排放于室外,既浪费也增加了新风排放的机械耗损。

2. 在术后苏醒室、产房、ICU、CCU、NICU、烧伤病房、血液透析室,以及高精度医疗设备用房中,要保障新风的洁净度,但同时也要考虑自然通风的要求,以相对的封闭解决这些独立空间中新风出现故障时的通风措施。平时窗户可以封闭,当出现特殊故障时可以打开门窗进行通风,以保证室内的空气的新鲜度。对于一般场所,洁净等级按常规要求设置的地方,如果用紫外线空气消毒机受时间影响,可以采用高级净化功能的风机盘管或空气处理机,以保证空气的洁净与患者及工作人员的安全,防止院内感染的发生。

3. 对于一些特殊的医用空间,对空气的要求相对比较高的场所,如:住院部的抢救室、观察室、血液病房、专科病房等场所的新风与回风,必须按规范进行初、中、高三级过滤,特别是洁净手术室的新风与回风必须经过过滤后方可排入大气。在南方地区的医院,对于空气处理机的冷热源要考虑在过渡季节时,大系统空调制止运行后,特殊医用空间的冷热媒的来源,将上述场所的空调做成四管制,并加装热泵机组以保障需要。

三、几种空调选型的效益对比

某医院建筑总面积 57 000 m^2,夏季冷负荷 6 882 kW,冬季热负荷 5 368 kW,当地能源价格:电价为 0.8 元/kWh,水价为 1.5 元/t,天然气价格为 2.2 元/m^3,蒸气价格为 150 元/t。在进行空调经济性分析时,主要提出四种方案(表 11-2~表 11-6):

表 11-2 方案一:电空调离心式主机＋燃气锅炉效益分析

设　　备	规　　格	额定功率(kW/台)	数量(台)	单价(万元)	总计(万元)
螺杆机组	Q冷=3 157 kW	618	2	180	360
燃气锅炉	Q热=2 791 kW	9.1	2	118	236
冷冻水泵	542 m^3/h	55	6(4用2备)	3.5	21
冷却水泵	912 m^3/h	90	4	4.9	19.6
冷却塔	500/m^3	15	8	18	144
温水泵	289/m^3	37	6(4用2备)	2.1	12.6
机房面积	600 m^2				180
安装费用					150
电缆/配电房					412.9
小　　计					1 536

表 11‑3 方案二:非电直燃型制冷热机组

设　备	规　格		额定功率(kW/台)	数量(台)	单价(万元)	总计(万元)
直燃型溴化锂机组	Q冷＝3 489 kW		24.8	2	394	778
	Q热＝2 687 kW					
空调水泵	冷水 427 m³/h		30	4	83.5	334
	温水 231 m³/h					
冷却水泵	720/m³		22	4		
冷却塔	600/m³		18.5	4		
机房面积	156 m²					46.8
安装费用						32
电缆/机房						1 191

表 11‑4 方案三:非电蒸气型制冷主机＋蒸气换热气

设　备	规　格		额定功率(kW/台)	数量(台)	单价(万元)	总计(万元)
双效蒸汽机	Q冷＝3 489 kW		12.8	2	300	600
换热器	Q热＝5 400 kW		1	4.5	4.5	4.5
冷冻水泵	427 m³/h		30	4	380	320
冷却水泵	733 m³/h		22	4	4.9	
冷却塔	600/m³		18.5	4	18	
机房面积	175 m²			52.5		
安装费用						34
小　计						1 011

表 11‑5 方案四:电空调风冷热泵式主机

设　备	规　格		额定功率(kW/台)	数量(台)	单价(万元)	总计(万元)
风冷热泵式冷热水机组	Q冷＝314 kW		114	21	55	1 155
	Q热＝264 kW		91.2			
冷热水泵	55.6 m³/h		15	21	1.7	35.7
安装费用						51
电缆/配电房						395.6
小　计						1 637

表 11-6　三种方案的运行经济性分析

方案序列	初始投资（万元）	主机使用寿命	年维护管理费	年折旧费	年运行费用	年能源费	CO_2 排放量	施工工期（天）
方案一	1 536	15	17.8	59.5	849.2	771.9	1.96×10^4	170
方案二	1 191	25	13.3	44.5	708.4	650.6	8.09×10^3	109
方案三	1 011	25	11.1	37.0	526.9	470.8	1.74×10^3	109
方案四	1 637	15	24.2	80.6	1 119.8	1 015	3.77×10^4	115

从以上方案可以作出如下结论:方案三:非电蒸气型制冷主机+蒸气换热气方案,技术成熟,运行可靠,对环境影响较小;方案二次之,电空调主机 COP 较高,但一次能源转化成电过程复杂;方案一也可用;方案四具有将低热位能源转化为可用热量的特征,制冷系数在 0.5～3.5,但初始投资与运行费用较高,且机组噪声比较大,不可取。

第二节　污水处理站规划与布局

一、污水处理站设计的选址与规模

污水处理站选址一般有两种考虑,如果设备为全自动设备,且全封闭建设,则在规模相对较小的医院可以与后勤建筑设施为一体进行建设,消毒剂(液)的投入装置设置于相对密封的空间,配电设施与显示装置为另一室,达到整洁明亮的要求;规模较大的医院,应在医院建筑的周边进行独立建设污水处理站,也可在医院后勤用房的适当地点进行设置。

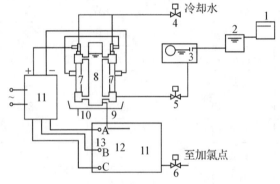

图 11-6　污水处理站连续次氯酸钠制备工艺控制系统

一般情况下,以每床位每日污水排放量作为建设的主要依据。污水处理的任务是解决污水的生物污染,必须经过消毒处理才能排放。一般综合性医院以二级排放为标准。排污量的计算,500 床位以下的医院按每张床位每天的污水排放量为 0.6 m³ 进行计算;500 床位以上的按每张床位每天 0.8 m³ 进行计算排放量。

二、污水处理方案

大型综合性医院污水处理均须进行集中处理与排放。处理的方法有多种:①液氯消毒法;②次氯酸钠法消毒;③二氧化氯消毒法。基本的原则是:首选液氯消毒,但必须配备安全设备;如果液氯消毒不能满足安全要求,则选取次氯酸钠、二氧化氯或漂粉精消毒。如果是传染病医院,其水体的处理有特殊要求,则可选用次氯酸钠、二氧化氯或臭氧消毒(图 11-6、图 11-7)。

医院污水处理排放的标准,城市大型医院一般按二级处理工艺流程设计时,主要从六个步骤进行流程设置:病区及生活区的污水通过管道进入化粪池,从化粪池进入隔栅,

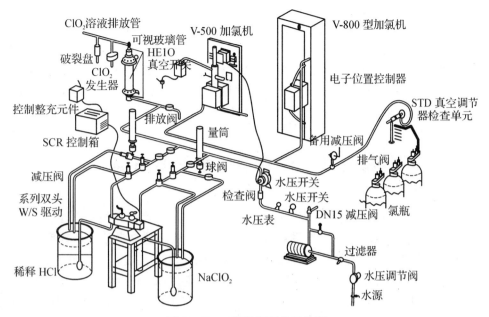

图 11‑7 二氧化氯制备工艺图

从隔栅进入调节池;提升后进行生物处理再进入沉淀池。投放消毒剂后进入消毒接触池,经过处理后排出。如果需要进行深度处理时,则要对进入沉淀池后的污水进行过滤处理再行消毒方可进行排放。其消毒工艺流程见图 11‑8。

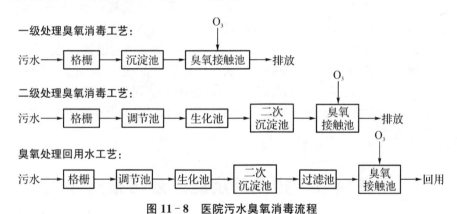

图 11‑8 医院污水臭氧消毒流程

图 11‑9 放射性废水处理流程图

医院污水处理系统除含菌污水处理外,还包括各种特殊排水的单独处理,如含有重金属废水、放射性废水、含油废水、洗印废水。重金属废水主要来自口腔科与实验室;放射性废水来自同位素治疗与诊断,这些废水可以通过衰变池处理或化学沉淀法、离子交换法处理(图 11‑9)。含油废水可能通过隔离池处理。

医院污水处理是保护环境,减少污染的重要措施,污水处理站建筑设施的平面布局,除地下建设按照消毒工艺流程进行设计,不同的工艺有不同的要求。其地面建筑,应从管理维护方便考虑其平面布局的合理性。一般应有设备间、消毒药品存放间,当两种药品为反应剂时,应分别设置存放间,配电间,工作人员值班室等。

污水处理站建设中,如建筑周边有河流与城市污水排污管道时,要切实注意排污口的高度,防止污水倒流。设置于地下室的污水处理站尤应注意做好防护工作。

第三节　洗衣房的规划与布局

医院洗衣房设置对于降低运营成本,提高工作效率及医疗行为的安全性有较大的好处。近年来,不少医院的洗涤工作采用社会化外包,但从医院自身的工作效率与安全性考虑,自办洗衣房有一定的好处。因此,在医院建设中,如条件许可,应设置洗衣房。

1. 洗衣房设计的规模　500床位规模的医院一般在300 m² 为宜。其中:消毒室约50 m²;洗衣室160 m² 左右;分类室20 m² 左右;修补室40 m² 左右;衣物室30 m² 左右;干燥室40 m² 左右。其空间要素应分三区安排:一区为污物接受区,该区进行污物回收与分类及浸泡。分设:①污染区,分设污衣接受间、分类间、处理间、清洗间、浸泡消毒污衣间;②清洗区,在洗衣房的前端应设置工作人员更衣间、烘衣间、熨衣间、缝补间、折衣间、储存间,完成整个洗涤全过程;③发放区,要设置独立的洁衣库房,分为洁衣整理储存区、洁衣发放区。并设置必要的办公用房。在洗衣区要严格流程管理,禁止污染物品进入清洁区及人员逆流往返,收物车与发放车要专用,有明显的标志并定期消毒。

2. 洗衣房的设备配置　洗衣房除浸泡池外,必须配置必要的设备:①洗衣机,按洗涤量不得少于两台;②甩干机,对清洗完后的衣物进行甩干,一般要配备1～3台;③烘干机,应配置一台;④缝纫机,视情分期配置,确保衣物的完好。同时要配置衣架及送物车等。

在进行洗衣房设置时,要充分考虑动力源及排污的处理,如设在地下室,则必须将污水排放问题作为重点。

第四节　物业用房的规划与布局

随着医院后勤管理的社会化,原先由医院人员承担的工作转移到物业公司。如配电管理、蒸汽管理、保洁管理、绿化管理、生活管理等都变成了物业管理,这一变化使得总务工作由具体管理变成了抽象管理,由领导管理变成了联系管理,机关的总务用房相应减少,物业用房相应增加,因此,在医院的总体规划时,对物业公司用房要有整体规划。如果物业公司可驻点管理,办公用房可分散配置;如果其本部设于医院,必须有总经理办公室、行政办公室、人力资源办公室、财务办公室、保洁保安办公室、辅医办公室等,同时还必须有必要的仓储用房,办公用房必须集中设置,管理用房可分散设置(图11-10)。

1. 办公用房　经理办公室、人力资源办公室、财务办公室等应集中设置。每个办公室要有弱电接口2个,满足电话与计算机办公要求。同时尽量设置一个员工集会场所,以便于管理。

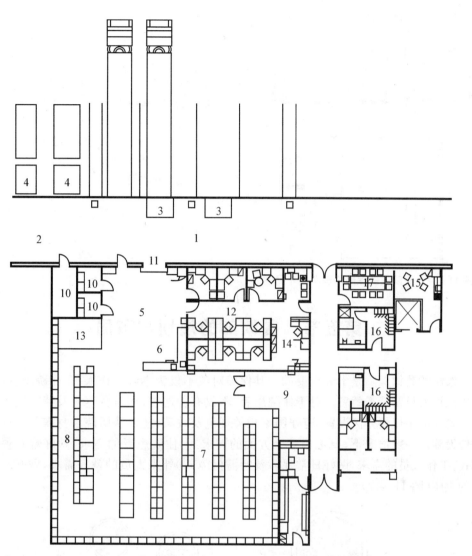

1. 卸货区(清洁) 2. 卸货区(污染) 3. 卡车存放 4. 垃圾压缩 5. 接受/检验 6. 工作站 7. 批量存放 8. 手术用品存放 9. 新设备存放 10. 医用气体瓶存放 11. 清洁入口 12. 办公/工作站 13. 磅秤/叉车 14. 等候 15. 休息 16. 更衣/卫生间/淋浴 17. 会议室

图 11-10　物业用房平面布局图

2. 辅助保障用房　应分散设置。在医院各区域,为临床服务中心调度室、保安办公室、保洁办公室,各设备运行管理区办公室、各护理单元,都应留出一定空间,作为物业人员工作时的物品摆放区及休息区。

3. 库房　医院在运行中必须具有多类别的库房。如耗材库房、设备库房、工具房、修理间等。这些要视医院用房的情况具体而定。但是从一开始就要加以重视,以便物业保障能顺利展开。其中尤其应加以重视洗涤棉织品周转库房。需要提供中央空调、强制排风。在靠近门旁处设置强电单相插座(5A,2 个),网线插座(1 个),电话内外线(各 1 部)。棉织品回收库房需设强制排风,以保证储备品的质量与安全及人员的健康。

4. 修理车间　医院保障设备比较多。必须建立修理车间,将自己能修的家具及各类物品集中起来自行修理(图 11-11)。

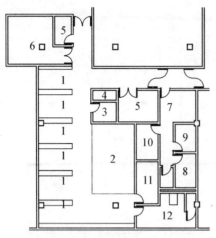

1. 维修工作区　2. 配件储藏间
3. 办公室　4. 值班室　5. 废旧物
品存放间　6. 木工房　7. 送修等
候区　8. 主管办公室　9. 办公室
10. 计算机房　11. 加工间
12. 卫生、更衣间

图 11-11　医院设备保障修理车间布局图

第五节　餐饮部的规划与布局

医院的餐饮保障是十分重要的。其保障对象不仅为本院工作人员、住院患者,还要考虑探视人员及特需就餐。对于住院患者,不仅有普通餐,还有营养餐及特需饮食的供应。餐饮部不仅要分区设置,遵守国家相关规范及政策,还要从医院自身需要安排餐饮供应设施。一般情况下,要考虑三个方面的需求:①住院患者的需求,做好营养餐的供应;②工作人员的需求,做好日常保障及特需保障;③外来人员的就餐需求,做好对外餐饮的供应(图 11-12)。

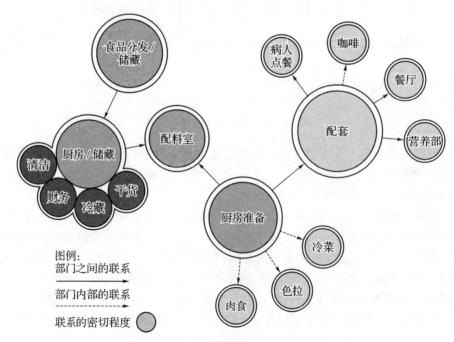

图 11-12　医院餐饮部内部流程示意图

1. 餐饮设施的位置安排　营养餐要考虑到人群的不同需求及供应特点。餐饮供应点应与住院部紧密相邻。并要考虑特殊设备及操作程序要求。原则上应由院内有资质的人员指导下经营。职工食堂的位置应以工作人员就餐为主,并照顾到家属区就餐保障。外来人员的就餐可以与工作人员共处于一区之中,但需作必要的分隔,以便管理。在安排各类设施时,要考虑到成本与社会化保障的相关问题,尽量实行社会化保障(图11-13)。

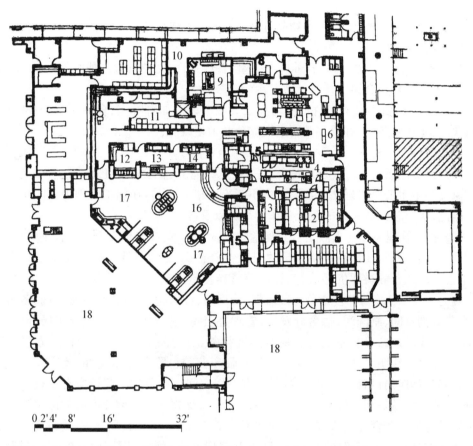

1. 储藏室　2. 冷冻储藏　3. 辅料储藏　4. 准备区　5. 烹调区　6. 洗涤区　7. 盘碟洗涤区
8. 办公　9. 烘烤　10. 餐具回收　11. 餐具储藏　12. 特色点心　13. 定制加工　14. 主餐制作
15. 主菜制作区　16. 餐后甜点供应区　17. 饮料　18. 餐厅

图 11-13　食堂分区安排布局示意图

2. 餐饮供应的流程　主要应考虑营养餐的供应。目前分为两种模式:患者住院治疗的普通餐饮供应采用点餐制,由专业配餐员送达病房或病人到餐饮区就餐;特殊餐饮如低糖饮食等,半流饮食等由专业人员制作供应分时发送。因此,加工区应有配送点,经加温后送到病区。同时,在食堂的适当位置应预留住院病人餐区,以切实方便病人。

3. 餐饮设施内部流程的空间　要考虑到供应规模,要落实餐饮管理制度。为提高工作效率,在餐饮加工的流线上,要考虑做到生熟分开,生进熟出"一条龙"。内部的分区要注意:接收区、准备区、切配区、加工区、分发区、洗涤区。在考虑餐饮部规划的同时,也要考虑这些部门职工的住宿场地的安排。克服"重生活保障,忽视职工生活"的安排。

餐饮部各区域空间的要素主要有：

（1）接收区：物品检查、验收过磅区；分解加工间；干货储藏；洗涤品储藏；冰冻储藏；杂物储藏；配餐间。

（2）加工区：蔬菜准备间；肉食准备间；宴会准备间；自助食品准备间；食物加工流线；烹饪区；存放区；冷藏区。

（3）分发区：病人配餐区，餐车存放清洗处；职工食堂配餐区；营养餐配餐区；自助餐区。

（4）洗涤区：洗涤化学、去污物品存放区；碗筷清洗消毒区；污车清洗、存放区；更衣区；就餐人员洗手区。

（5）辅助区：主任办公室；营养师办公室；餐饮主管办公室；营养师办公室；工作站；一般工作人员办公室；会议室等。

（6）公共服务区：如有条件的要增加公共服务区。如咖啡座、食品供应服务区、个人餐饮包间、零售服务等，并要在其附近设立公共卫生设施。

4. 注意事项

（1）餐饮管理工作的核心是安全，基本要求是营养：在食品加工管理过程中要严格执行国家食品卫生安全管理法。在采购中不买不合格的产品，在加工管理中要防止交叉感染。因此，医院餐饮的管理的安全工作必须加以重视。

（2）餐饮管理工作的重点是营养食堂的建设与管理：在确保安全的前提下，要把营养管理作为重要一环，要提高餐饮人员的卫生营养意识，以保证患者的康复为己任。根据《江苏省医临床营养科评价标准》三级医院营养食堂建筑面积与床位比为 $1.5 \text{ m}^2 : 1$；二级医院为 $1 \text{ m}^2 : 1$。营养食堂分为准备间、治疗间、特殊间、主食制作及蒸制间、各类食品库房，餐具消毒间、刷洗间、膳食分发厅、管理办公室、统计室。要求流程布局合理，符合卫生、防火要求。营养科室的位置应与病区相邻，有封闭的送餐专用通道，方便日常管理. 各功能区光线明亮，通风、干燥。医院的临床营养科除营养食堂外，还应设置营养门诊。营养门诊应当设置于医院门诊区域，有专用房间。有条件的门诊应有进行人体营养成分、代谢率测量等相关检测的仪器设备的场地以及放置营养治疗产品的区域。肠内营养配置室与治疗膳食配制室临近，总面积不少于 60 m^2。流程布局合理，设备齐全。有条件的医院应达到三十万级净化区等。肠外营养配置室，总面积不少于 40 m^2。未设静脉药物配置中心的医院，肠外营养配置室可单独设置于临床营养科内，流程布局合理，配置间应达到百级净化要求，设有传递窗，基本设备齐全。

（3）还应单独设置营养代谢实验室，面积不少于 50 m^2。如不可单独时，也可位于医院中心实验室内。室内墙壁为铝塑板，地面耐磨、防滑、防静电；营养代谢实验室应配备与开展检测项目相应的仪器设备；开展有毒检测项目时应具有相应通风设备。

第六节　太平间的规划与布局

太平间应选址于医院较隐蔽之处，应尽可能设在病人活动范围以外，同时也要远离病房区和职工宿舍生活区。有条件，可借助假树林或其他建筑物与病人活动区分开。为了表示对死者的尊敬和对其亲友感情上的慰藉,医院在建设太平间时,不仅要考虑病人的尸体的存放好、保管好,还要给其亲友留下良好印象。因此,在太平间建设中,除选址外还要注意环境的建设与管理。

一、太平间区域的基本要素与布局

太平间的布局结构基本要素有停尸间、尸体冷藏柜、告别室,大型综合性医院的太平间一般要设置解剖室、标本室、实习看台等。辅助房间有洗涤室、消毒室、值班室、更衣室、沐浴室、厕所等。尸体冷藏柜单柜尺寸以长3.12 m×宽0.95 m×高1.84 m为宜。在尸体柜/解剖床周边要做环形排水沟,上设排水板与地面平,沟内贴瓷砖。尸体存放间要根据需要设置若干水龙头,并在解剖区的适当位置设热水龙头。尸体存放间应根据尸体冷藏柜的多少进行配电,

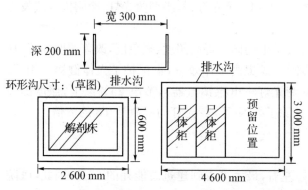

图 11-14　太平间解剖与尸体柜周边排水沟尺寸示意

并在每个尸体柜一侧留一个以上插座,并要有独立的排风系统(图 11-14)。

二、太平间的面积

太平间的停尸间应有足够的面积,以便摆放尸体冷藏柜。面积应根据医院的性质、规模、死亡率高低和尸体数量进行安排。规模较大的医院危重病人多,死亡率相对高些。因此,应按每100张床位规模设4个尸体柜位置。同时,在大型医院中有可能时应设置整容化妆及告别室,以安排死者家属悼念。

三、太平间及尸体解剖室时的管理

尸体解剖室最好邻近太平间,以便运送标本和尸体。无论太平间或解剖室在建筑上都要采取措施防止感染性事故的发生。在尸体解剖室与病理诊断室及标本取材室之间要严格划分清洁区与污染区。并制订严格的消毒隔离制度。

室内地成墙面应采用防水材料,墙角呈圆弧形便于清洗与消毒。地面要有地漏与排水设备。标本材料切取台下应有水槽或台直接置于水槽内。台上方安装自动冲水装置,以便于洗刷与消毒。室内的照明除满足医用需求外,还应在各空间内设置紫外线消毒装置,以确保安全(图 11-15)。

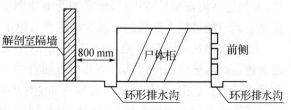

图 11-15　太平间解剖室与尸体柜隔墙距离示意

第七节　医院保障系统节能技术运用

一、照明系统节能

1. 产品和技术　发光效率高的光源，如：T5荧光灯、紧凑型荧光灯、冷阴极灯或发光二极管LED灯。

2. 效用分析　使用高效发光光源在节电的同时提高照度、显色度，改善照明环境，从而给人们提供一个舒适、稳定的照明环境，既提高工作效率，也保护了人体健康。用T5（高效荧光灯＋电子镇流器）替换T8（荧光灯＋电感镇流器），节电25％以上，照度提高15％以上，显色指数由70提高到85，消除了频闪，T5荧光灯的寿命是T8的2倍。

二、空调系统节能

空调能耗约占医院总能耗的50％左右，最大可占到建筑总能耗的65％，因此，医院节能的主要任务是降低其空调系统能耗。

医院空调的设计参数主要是指空气温度、相对湿度、气流速度、洁净度以及室内空气品质。由于医院空调不仅仅是一种环境的控制，而且也是一种确保诊断、治疗疾病、减少污染、降低死亡率的技术措施。

根据国家的相关标准与规范：《综合医院建筑设计规范》、《医院洁净手术部建筑技术规范》、《公共场所集中空调通风系统卫生标准》、《空调通风系统运行管理规范》、《医院消毒卫生标准》，严格控制中央空调的卫生条件，杜绝由中央空调末端设备引起的二次污染。

1. 产品和技术　空调系统节能的技术措施可归纳为8个方面：减少冷负荷、提高制冷机组效率、利用自然冷源、减少水系统泵机的电耗、减少风机电耗、采用自然通风、使用智能控制系统、中央空调余热回收。

（1）减少冷负荷：冷负荷是空调系统最基础的数据，制冷机、水循环泵以及给房间送冷的空调箱、风机盘管等规格型号的选择都是以冷负荷为依据的。如果能减少建筑的冷负荷，不仅可以减小制冷机、水循环泵、空调箱、风机盘管等的型号，降低空调系统的初投资，而且这些设备型号减小后，所需的配电功率也会减少，运行费用降低。所以减少冷负荷是空调节能最根本的措施。减少冷负荷有以下一些具体措施：

①改善建筑的隔热性能：房间内冷量的损失通过房间的墙体、门窗等传递出去的。改善建筑的隔热性能可以从以下几个方面着手：自保温技术；确定合适的窗墙面积比例；合理设计窗户遮阳；充分利用保温隔热性能好的玻璃窗；单层玻璃采用贴膜技术。

②选择合理的室内参数：人体感觉舒适的室内空气参数区域，空气温度13～23℃，空气相对湿度20％～80％。如果设计温度太低，会增加建筑的冷负荷。在满足舒适要求的条件下，要尽量提高室内设计温度和相对湿度。

③局部热源就地排除：在发热量比较大的局部热源附近设置局部排风机，将设备散热量直接排出室外，以减少夏季的冷负荷。

④合理使用室外新风量:新风负荷占建筑物总负荷的 20%～30%,控制和正确使用新风量是空调系统最有效的节能措施之一。除了严格控制新风量的大小之外,还要合理利用新风,新风阀门采用焓差法自动控制,根据室内外空气的焓差值自动调节新风阀门的开度。

⑤防止冷量的流失:厅门、走廊门安装风幕,可有效减少冷量的流失。

(2)提高制冷机组的效率:评价冷源制冷效率的性能指标是制冷系数(COP),是指单位功耗所能获得的冷量。根据卡诺循环理论,制冷系数 $\varepsilon_l = T_o/(T_k - T_o)$,$T_o$ 为低温热源温度,即蒸发温度;T_k 为高温热源温度,即冷凝温度。所以空调系统冷机的实际运行过程中不要使冷冻水温度太低、冷却水温度太高,否则制冷系数就会较低,产生单位冷量所需消耗的功量多,耗电量高,增加建筑的能耗。提高冷源效率可采取以下措施:

①降低冷凝温度:由于冷却水温度越低,冷凝温度越低,冷机的制冷系数越高;降低冷却水温度需要加强运行管理,停止的冷却塔的进出水管的阀门应该关闭,否则来自停开的冷却塔的温度较高的水使混合后的水温提高,制冷机的制冷系数就减低了。冷却塔、冷凝器使用一段时间后,应及时检修清洗。目前深圳市节能协会正在积极推广一种冷凝器自动在线清洗装置,能使冷却水出水和冷凝温差控制在 1℃ 左右(相当于新机的效果),使冷凝器始终保持最佳热转换效率,主机节能 10% 左右。

对于风冷主机,主机应尽量安装在通风性能良好的场所,或增加排风机将冷凝废热抽到室外,或增加喷淋装置实现部分水冷效果。

②提高蒸发温度:由于冷冻水温度越高,蒸发温度越高,冷机的制冷效率越高,所以在日常运行中不要盲目降低冷冻水温度。例如,不要设置过低的冷机冷冻水设定温度;关闭停止运行的冷机的水阀,防止部分冷冻水走旁通管路,经过运行中的冷机的水量较少,冷冻水温度被冷机降低到过低的水平。蒸发器注意清洗,保持高的热转换系数。

③制冷设备优选:要选用能效比高的制冷设备,不但要注意设计工况下制冷设备能量特性,还要注意部分负荷工况下的能量特性,选用是要统筹考虑。

(3)利用自然冷源:比较常见的自然冷源主要有两种,一种是地下水源及土壤源,另一种是春冬季的室外冷空气。例如:深圳地下水及地下土壤常年保持在 20℃ 左右的温度,所以地下水可以在夏季可作为冷却水为空调系统提供冷量,也就是地温式空调的使用。第二种较好的自然冷源是春冬季的室外冷空气,当室外空气温度较低时,可以直接将室外低温空气送至室内,为室内降温。对于全新风系统而言,排风的温度、湿度是室内的空调设计参数,通过全热交换器,将排风的冷量传递给新风,可以回收排风冷量的70%～80%,有明显的节能作用。

(4)减少水系统泵机的电耗:空调系统中的水泵耗电量也非常大。空调水泵的耗电量占建筑总耗电量的 8%～16%,占空调系统耗电量的 15%～30%,所以水泵节能非常重要,节能潜力也比较大。减少空调水泵电耗可从以下几个方面着手:

①减小阀门、过滤网阻力:阀门和过滤器是空调水管路系统中主要的阻力部件。在空调系统的运行管理过程中,要定期清洗过滤器,如果过滤器被沉淀物堵塞,空调循环水流经过滤器的阻力会增加数倍。

阀门是调节管路阻力特性的主要部件,不同支路阻力不平衡时主要靠调节阀门开度来使各支路阻力平衡,以保证各个支路的水流量满足需要。由于阀门的阻力会增加水泵的扬程和电耗,所以应尽量避免使用阀门调节阻力的方法。

②提高水泵效率:水泵效率是指由原动机传到泵轴上的功率被流体利用的程度。水泵的效率随水泵工作状态点的不同从 0～最大效率(一般为 80%)变化。在输送流体的要求相同,如果水泵的效率较低,那么就需要较大的输入功率,水泵的能耗就会较大。因此,空调系统设计时要选择型号规格合适的水泵,使其工作在高效率状态点。空调系统运行管理时,也要注意让水泵工作在高效率状态点。

③设定合适的空调系统水流量:空调系统的水流量是由空调冷负荷和空调水供回水温差决定的,空调水供回水温差越大,空调水流量越小,水泵的耗电量越小。但是空调水流量减少,流经制冷机的蒸发器时流速降低,引起换热系数降低,需要的换热面积增大,金属耗量增大。所以经过技术经济比较,空调冷冻水的供回水温差 4～6℃较经济合理,大多数空调系统都按照 5℃的冷冻冷却供回水温差工况设计。

空调循环水泵的耗电量与流量的立方成正比,实际工程中有很多空调系统的供回水温差只有 2～3℃,如果将供回水温差提高到 5℃,水流量将减少到原来的 50%,所以如果水流量减少 50%,水泵耗电量将减少 87.5%,节能效果非常明显。

水系统采用变流量模糊控制变频节能技术。

在中央空调系统中,冷冻水泵、冷却水泵和冷却塔风机的容量是按照建筑物最大设计热负荷选定的,且留有 10%～15% 的余量,在一年四季中,系统长期在固定的最大水流量下工作。由于季节、昼夜和用户负荷的变化,空调实际的热负荷在绝大部分时间内远比设计负载低。一年中负载率在 50% 以下的运行小时数占全部运行时间的 50% 以上。当空调冷负荷发生变化时,所需空调循环水量也应随负荷相应变化。所以采用变频调速技术调节水泵的流量,可大幅度降低水系统能耗。由于中央空调系统是一种多参量非常复杂的一个系统,即当气温、末端负荷发生改变时,水系统温度、温差、压力、压差、流量等均会发生长改变。单纯的 PID 调节根本满足不了要求,只有采用模糊控制技术才能实现最佳节能控制。

由于建筑全年平均冷热负荷只有最大冷热负荷的 50% 以下,通过使用变频调速水泵使水量随冷热负荷变化,那么全年平均的水量只有最大水流量的 50% 左右,水泵能耗只有定水量系统水泵能耗的 12.5%,节能效果是非常明显的。

(5) 减少风机电耗:空调系统中风机包括空调风机以及送风机、排风机,这些设备的电耗占空调系统耗电量的比例是最大的,风机节能的潜力也就最大,因此也应引起重视。减少风机能耗主要从以下几个方面入手:定期清洗过滤网、定期检修、检查皮带是否太松、工作点是否偏移、送风状态是否合适。使用变频风机将定风量控制改为变风量控制,降低送风的风速,减小噪音。末端风机改为变风量控制系统,可根据空调负荷的变化及室内要求参数的改变,自动调节空调送风量(达到最小送风量时调节送风温度),最大限度减少风机动力以节约能量。室内无过冷过热现象,由此可减少空调负荷15%～30%。

(6) 使用智能控制系统:目前部分医院的空调系统未设自控系统,空调设备的投入均由人工完成,对于面积较大的医院,可能有上百台空调箱、新风机组,运行管理人员连每天启停空调箱都没有足够的精力去实现,更不用说适时地调整空调箱的运行参数,让其节能运行。因此空调箱、新风机在空调季节只得让它们全天 24 小时运行。如果为空调系统加装楼宇自控系统,即使是最简单的启停控制,也可以极大节省空调能耗。另外也容易实现末端温度的灵活设置。

（7）保持室内空气清新：室内环境污染已经成为危害人类健康的一个不容忽视问题，为了有效地解决空气问题，杜绝室内空气的污染，可采用双向换气装置，这样，送入的新风温度基本相近于室内温度，既可用于北方冬季室内保湿，又可用于南方夏季隔潮。而且在供热和制冷时还可回收热量，节约制冷供暖用能源可达 30% 以上。

（8）空调余热回收：压缩机工作过程中会排放大量的废热，热量等于空调系统从空间吸收的总热量加压缩机电机的发热量。水冷机组通过冷却水塔，风冷机组通过冷凝器风扇将这部分热量排放到大气环境中去。热回收技术利用这部分热量来获取热水，实现废热利用的目的。热回收技术应用于水冷机组，减少原冷凝器的热负荷，使其热交换效率更高；应用风冷机组，使其部分实现水冷化，使其兼具有水冷机组高效率的特性；所以无论是水冷、风冷机组，经过热回收改造后，其工作效率都会显著提高。根据实际检测，进行热回收改造后机组效率一般都是提高 5%～15%。由于技术改造后负载减少，机组故障减少，寿命延长。目前该项技术广泛应用于活塞式、螺杆式冷水机组。

另外，采用冰蓄冷技术虽然不节能但可大幅降低医院空调能耗。冰蓄冷技术是在用电低峰时蓄存冷量，而在用电高峰时放出所蓄存的冷量，可以实现对电网的"削峰填谷"。目前我国的许多地方都实行了分时电价、冰蓄冷电价等措施，因此有着很好的发展前景。

蓄冷空调系统可以降低冷冻水的温度，降低送风温度，增加送回风温差，减少送风量，从而大大减少风管截面积，减少了其占用空间，减少风机、水泵的功耗，因此虽然其初投资可能比常规空调系统稍高一些，但运行费用的降低将使得蓄冷系统很快收回增加的初投资，改善了空调系统整体的经济性。

（9）空调及热交换器自动清洗节能环保系统：空调末端设备的热交换器、冷凝水盘、过滤网等部件在阴暗、潮湿的环境下运行，为微生物的大量繁殖提供了生长条件。特别是过滤网前端的热交换器，介于过滤器与风机之间或风机之前，因无法清洗消毒而滋生繁衍了大量有害微生物，严重污染流经的空气。

目前一般采用人工化学清洗。污垢、水垢被化学、人工机械清洗暂时除掉后，随着设备的从新启用，新的污垢、水垢又不断产生，这样既不清洁，又降低了热交换效率和制冷量，并会逐渐堵塞冷凝管降低了整套设备的运行效率，大大增加了损耗电量。惊人的多耗电产生了巨大的经济损失，又造成严重的化学水污染。对于这一点，除了采用医用中央空调的以外，还可采用空调及热交换器自动清洗节能环保系统：

①始终保持热交换器管道清洁干净，不产生任何污垢。

②长期节能，降低用电成本。

③杜绝化学清洗的污染、腐蚀，延长中央空调的使用寿命。

2. 效用分析　对于医院，如从基建时考虑到建筑主体节能，再全面采用中央空调系统综合节能技术及冰蓄冷技术，空调运行费用可减少 50% 以上。

三、电梯节能

1. 产品和技术

（1）VVVF 电梯可采用全可控有源能量回馈器进行节能：采用变频调速的电梯启动运行达到最高运行速度后具有最大的机械功能，电梯到达目标层前要逐步减速直到电梯停止运动为止,这一过程是电梯曳引机释放机械功能量的过程。此外,升降电梯还是一个位能性负载,为了均匀拖动负荷,电梯由曳引机拖动的负载由载客轿厢和对重平衡块组成,只有当轿厢载重量约为 50%(1 吨载客电梯乘客为 7 人左右)时,轿厢和对重平衡块才相互平衡,否则,轿厢和对重平衡块就会有质量差,使电梯运行时产生机械位能。

电梯运行中多余的机械能(含位能和动能)通过电动机和变频器转换成直流电能储存在变频器直流回路中的电容中,目前国内绝大多数变频调速电梯均采用电阻消耗电容中储存电能的方法来防止电容过电压,但电阻耗能不仅仅降低了系统的效率,电阻产生的大量热量还恶化了电梯控制柜周边的环境。

有源能量回馈器的作用就是能有效地将电容中储存的电能回送给交流电网供周边其他用电设备使用,节电效果十分明显,一般节电率可达 15%~50%。此外,由于无电阻发热元件,机房温度下降,可以节省机房空调的耗电量,在许多场合,节约空调耗电量往往带来更大的节电效果。

2. 效用分析 VVVF 电梯采用全可控有源能量回馈器进行节能,单台回馈器的价格为 15000 元,投资回收在 2.5 年左右,如计算节省的空调费用,投资回收在 2 年以内。

四、锅炉节能

采用水源热泵型热水机组或风冷热泵代替燃油锅炉制热水,除用于生活热水外,也可用作补充用水。

相比较传统的燃油锅炉,热泵型热水机组具有以下的优点:

1. 效率高,节能显著:设备除生产 50~55℃热水相对于原有锅炉制热水节省能耗量费用 70%,还可以用与制冷。如建筑物需制冷量大时可以将机组是热时的副产物——冷冻水接入原有中央空调冷冻系统中加以利用则相对于原有锅炉节省能耗 100%。

2. 体积小,重量轻,可直接附设在中央空调机房内或附近,占用建筑面积小。

3. 环保性能好,无污染物排放。

4. 电脑自控,无需人工管理。

5. 具有防止结垢和水质软化处理功能。

为调节热水在高峰期的使用需求,需加装一储热水箱。技改后,该热水管网并入原热水管网、冷水管网并入中央空调冷冻水管网,使两个系统既可独立运行、互为备用,又可以同时运行、互相补充。

另外,平常还可采用太阳能热水器供应热水,进一步达到节电、节能的目的。

五、医院污水处理投资和节能

医院污水处理不仅仅是技术问题,而且是衡量医院服务质量和管理水平的重要标志。

设备选型直接影响工程费用和运行费用。我们可对现有设备进行更新改造,采用国家科技部门推荐的无动力医院污水处理装置,进一步降低能耗和运行费用。

附录一
医疗机构基本标准

一、综合医院等级标准

一级综合医院：住院床位总数 20～99 张。科室设置：①临床科室：至少设有急诊室、内科、外科、妇（产）科、预防保健科。②医技科室：至少设有药房、化验室、X 光室、消毒供应室。③基本设备：心电图机、洗胃机、电动吸引器、呼吸球囊、妇科检查床、冲洗车、气管插管、万能手术床、必要的手术器械、显微镜、离心机、X 光机、电冰箱、药品柜、恒温培养箱、高压灭菌设备、紫外线灯、洗衣机，以及常水、热水、蒸馏水、净化过滤系统。

二级综合医院：住院床位总数 100～499 张。科室设置：①临床科室：至少设有急诊科、内科、外科、妇产科、儿科、眼科、耳鼻喉科、口腔科、皮肤科、麻醉科、传染科、预防保健科，其中眼科、耳鼻喉科、口腔科可合并建科，皮肤科可并入内科或外科，附近已有传染病医院的，根据当地《医疗机构设置规划》可不设传染科。②医技科室：至少设有药剂科、检验科、放射科、手术室、病理科、血库（与检验科合设）、理疗科、消毒供应室、病案室。③基本设备：给氧装置、呼吸机、电动吸引器、自动洗胃机、心电图机、心脏除颤器、心电监护仪、多功能抢救床、万能手术床、无影灯、麻醉机、胃镜、妇科检查床、冲洗车、万能产床、产程监护仪、婴儿保温箱、裂隙灯监护仪、牙科治疗椅、涡轮机式 X 光机、牙钻机、银汞搅拌机、显微镜、电冰箱心电图机、恒温箱、分析天平图机、X 光机、离心机能仪、钾钠氯分析仪、尿分析仪、B 超、冷冻切片机镜、石蜡切片机、敷料柜镜、洗衣机、器械柜、紫外线灯、手套烘干上粉机、蒸馏器、高压灭菌设备、下收下送密闭车，以及常水、热水、净化过滤系统、冲洗工具、净物存放、消毒灭菌密柜、热源监测设备（恒温箱、净化台、干燥箱）。

三级综合医院：住院床位总数 500 张以上。科室设置：①临床科室：至少设有急诊科、内科、外科、妇产科、儿科、中医科、耳鼻喉科、口腔科、眼科、皮肤科、麻醉科、康复科、预防保健科；②医技科室：至少设有药剂科、检验科、放射科、手术室、病理科、输血科、核医学科、理疗科（可与康复科合设）、消毒供应室、病案室、营养部和相应的临床功能检查室。③基本设备：给氧装置、呼吸机、电动吸引器、自动洗胃机、心电图机、心脏除颤器、心电监护仪、多功能抢救床、万能手术床、无影灯、麻醉机、高频电刀、X 光机、多普勒成像仪、脑电图机、血液透析器支气管镜、胃镜、乙状结肠镜、直肠镜、腹腔镜、膀胱镜、宫腔镜、妇科检查床、产程监护仪、万能产床、胎儿监护仪、婴儿保温箱、骨科牵引椅、涡轮机、牙钻机、银汞搅拌机、显微镜、生化分析仪、紫外线分光光度计、酶标分光光度计、自动生化分析仪、酶标分析仪、尿分析仪、分析天平、细胞自动筛选器、冲洗车、电冰箱、恒温箱离心机、敷料柜、器械柜、冷冻切片机、石蜡切片机、高压灭菌设备、蒸馏器、紫外线灯、手套烘干上粉机、洗衣机、冲洗工具、下收下送密闭车，通风降温、烘干设备，常水、热水、净化过滤系统，净物存放、消毒灭菌密闭柜，热源监测设备（恒温箱、净化台、干燥箱）。

二、中医医院等级标准

基本要求是：中医医院的门诊中医药治疗率不低于 85%，病房中医药治疗率不低于 70%。

一级中医医院：住院床位总数 20～79 张。科室设置：①临床科室：至少设有三个中医一级临床科室和药房、化验室、X光室。②基本设备：心电图机、洗胃机、呼吸球囊、吸引器、心备手术刀包、显微镜、离心机、分光光度计、中药煎药设备、各类针具、紫外线杀菌灯、妇科检查台、给氧装置、X光机、针麻仪、高压灭菌设备、冰箱、蒸馏水装置。

二级中医医院：住院床位总数80～299张。科室设置：①临床科室至少设中医内科、外科等五个以上中医一级临床科室。②医技科室：至少设有药剂科、检验科、放射科等医技科室。③基本设备：心电图机、自动洗胃机、给氧装置、呼吸机、麻醉机、电针仪、手术器械、手术床、酸度计、分析天平、钾钠分析仪、培养箱、电冰箱、干燥箱、分光光度计、X光机、纤维胃镜、结肠镜、妇科检查台、蒸馏水器、高压灭菌设备、中药煎药设备、电动吸引器、显微镜、心脏除颤器、离心机、各类针具、B超、无影灯、骨科牵引床、尿分析仪、紫外线杀菌灯、洗衣机。

三级中医医院：住院床位总数300张以上。科室设置：①临床科室：至少设有急诊科、内科、外科、妇产科、儿科、针灸科、骨伤科、肛肠科、皮肤科、眼科、推拿科、耳鼻喉科。②医技科室：至少设有药剂科、检验科、放射科、病理科、消毒供应室、营养部和相应的临床功能检查室。③基本设备：心电图机、自动洗胃机、给氧装置、电动呼吸机、多功能抢救床、心电监护仪、无影灯、麻醉机、麻醉监护仪、手术器械、荧光显微镜、尿分析仪、气血分析仪、自动生化分析仪、酶标仪、电冰箱、离心机、分光光度计、超净工作台、肺功能仪、X光机、移动式X光机、膀胱镜、纤维胃镜、电检眼镜、裂隙灯、直接喉镜、动态心电图机、妇科检查台、骨科牵引床、石蜡切片机、冷冻切片机、高压灭菌设备、各类针具、药器柜、人流吸引器、电动吸引器、B超、心脏除颤器、纤维结肠镜、万能手术床、乙状结肠镜、针麻仪、鼻咽镜、血细胞计数器、多普勒成像仪、钾钠分析仪、牙科综合治疗台、恒温箱、紫外线杀菌灯、干燥箱、电针仪、分析天平、中药煎药设备、洗衣机。

三、中西医结合医院

一级中西医结合医院：住院床位总数20～99张。科室设置：①临床科室：至少设有中西医结合内科、外科与预防保健科。②至少设有中药房、西药房、化验室、X光室、消毒供应室。③基本设备：心电图机、（自动）洗胃机 X光机、给氧装置、呼吸球囊、呼吸机、电针仪、妇科检查台、高压灭菌设备、显微镜、离心机、紫外线杀菌灯、器械柜、抢救车、蒸馏水装置、各类针具、中药煎药设备、电冰箱、人工洗片装置、药品柜、必备手术刀包、吸引器。

二级中西医结合医院：住院床位总数100～349张。科室设置：①临床科室：设有6个以上中西医结合一级临床科室。②医技科室：至少设有药剂科、检验科、放射科、病理科、消毒供应室。③设立中西医结合专科或专病研究室（组）。④基本设备：心电图机、自动洗胃机、呼吸机、心脏除颤器、万能手术床、无影灯、胃肠减压器、万能产床、手术器械、各类针具、妇科检查台、干燥箱、电针仪、涡轮机、高压灭菌设备、紫外线杀菌灯、电冰箱、离心机、显微镜、分光光度计、分析天平、尿分析仪、恒温箱、酸度计、器械柜、中药煎药设备、冷热水净化系统、培养箱、冰冻切片机、石蜡切片机、电动吸引器、钾钠分析仪、心电监护仪、超声心电图机、麻醉机、给氧装置、产程监护仪、药品柜、器械柜、骨科牵引床、蒸馏水器、鼻咽镜、B超、牙钻机、牙科治疗椅、纤维胃镜、X光机、洗衣机。

三级中西医结合医院：住院床位总数350张以上。科室设置：①临床科室：至少设有急诊科、内科、外科、妇产科、儿科、耳鼻喉科、口腔科、眼科、皮肤科、针灸科、麻醉科、预防保健科。②医技科室：至少设有药剂科、放射科、检验科、病理科、血库、消毒供应室、病案室、营养部和相应的临床功能检查室。③设立中西医结合专科或专病研究所（室）。④基本设备：心电图机、自动洗胃机、呼吸机、心脏除颤器、肺功能仪、万能手术床、麻醉机、麻醉监护仪、高频电刀、胃肠减压器、产程监护仪、手术器械骨科牵引床、妇科检查台、引产吸引器、裂隙灯、直接喉镜、电针仪、牙钻机、高压灭菌设备、X光机、电冰箱、钾钠分析仪、荧光显微镜、显微镜、分光光度计、分析天平、尿分析仪、恒温箱、酸度计、药品柜、器械柜、膀胱镜、电栓眼镜、移动式X光机、多功能抢救床、乙状结肠镜、中药煎药设备、冷热水净化系统、培养箱、多普勒成像仪、纤维结肠镜、石蜡切片机、纤维胃镜、电动吸引器、酶标分析仪、心电监护仪、超声心电图机、无影灯、给氧装置、手术显微镜、支气管镜、万能产床、动态心电图机、各类针具、牙科综合治疗台、干燥箱、自动生化分析仪、鼻咽镜、蒸馏水器、涡轮机、B超、紫外线杀菌灯、冰冻切片机、离心机。

四、各类专科医院等级标准

（一）口腔医院

二级口腔医院：牙椅和床位：牙科治疗椅 20～59 台，住院床位总数 15～49 张。科室设置：① 临床科室：至少设有口腔内科、口腔颌面外科和口腔预防保健科、口腔急诊科。②医技科室：至少设有药剂科、检验科、放射科、消毒供应室、病案室。③基本设备：给氧装置、呼吸机、心电图机、电动吸引器、抢救床、麻醉机、多功能综合治疗台、涡轮机、光敏固化灯、银汞搅拌机、高频铸造机、中熔铸造机、超声洁治器、显微镜、火焰光度计、分析天平、生化分析仪、血细胞计数仪、离心机、电冰箱、X 光机、X 光牙片机、敷料柜、器械柜、高压灭菌设备、煮沸消毒锅、紫外线灯、洗衣机。④门诊每诊椅单元设备：牙科治疗椅 1 台、手术灯 1 个、痰盂 1 个、器械盘 1 个、电动吸引器 1 只、低速牙科切割装置 1 套、高速牙科切割装置 1 套、三用枪 1 支、口腔检查器械 1 套、病历书写柜 1 张、医师坐椅 1 个。

三级口腔医院：牙椅和床位：牙科治疗椅 60 台以上，住院床位总数 50 张以上。科室设置：① 临床科室：至少设有口腔内科、口腔颌面外科、口腔修复科、口腔正畸科、口腔预防保健科、口腔急诊科。② 医技科室：至少设有药剂科、检验科、放射科、病理科、消毒供应室、病案室、营养室。③基本设备：给氧装置、呼吸机、电动吸引器、心电图机、心脏除颤器、心电监护仪、手术床、麻醉机、麻醉监护仪、高频电刀、多功能口腔综合治疗台、涡轮机、银汞搅拌机、超声洁台器、光敏固化灯、配套微型骨锯、光固化烤塑机、铸造与烤瓷设备、X 光机、X 光牙片机、口腔体腔摄片机、断层摄片机、超短波治疗器激光器、肌松弛仪、肌电图仪、颌力测试仪、显微镜、血细胞计数仪、分析天平、紫外线分光光度计、自动生化分析仪、酶标分析仪、尿分析仪、血气分析仪、恒温培养箱、电冰箱、离心机、冷冻切片机、石蜡切片机、敷料柜、器械柜、高压灭设备、煮沸消毒锅、紫外线灯、蒸馏器、洗衣机、下收下送密封车、不净化过滤装置。门诊每诊椅单元设备：与二级口腔医院相同。（注：目前我国不设一级口腔医院）

（二）肿瘤医院

二级肿瘤医院：床位：住院床位总数 100～399 张。科室设置：①临床科室：至少设有肿瘤外科、肿瘤内科、放射治疗科、中医（中西医结合）科、急诊室。②医技科室：至少设有药剂科、检验科、放射科、B超室、手术室、病理（包括细胞）科、血库、消毒供应室、病案室、营养室。③基本设备：心电图机、B超、麻醉机、电止血器、显微镜、胃镜、支气管镜、生化分析仪、肺功能测定仪、病理切片机及染色设备、200 mA 以上 X 光机、钴 60 机加速器、高压灭菌设备、洗衣机、电冰箱。

三级肿瘤医院：床位：住院床位总数 400 张以上。科室设置：①临床科室：至少设有肿瘤外科、肿瘤内科、肿瘤妇科、放射治疗科、中医（中西医结合）科、麻醉科、急诊室、预防保健科。②医技科室：至少设有药剂科、检验科、影像诊断科、内窥镜室、手术室、病理（包括细胞学诊断）科、输血科、核医学科、消毒供应室、病案室、营养部和相应的临床功能检查室。③基本设备：心电图机、B超、电手术刀、麻醉机、电止血器、显微镜、自动生化分析仪、自动血细胞计数仪、500 mA 以上 X 光机、模拟定位机、γ-照相机（同位素检查）、钴 60 治疗机、直线加速器、肺功能测定仪、病理切片机、支气管镜、胃镜、结肠镜、膀胱镜、高压灭菌设备、洗衣机、电冰箱。（注：目前我国不设一级肿瘤医院）

五、儿童医院

一级儿童医院：床位：住院床位总数 20～49 张。科室设置：①临床科室：至少设有急诊室、内科、预防保健科。②医技科室：至少设有药房、化验室、X 光室、消毒供应室。③基本设备：氧气瓶、呼吸球囊、电动吸引器、心电图机、抢救车、必备手术器械、显微镜、离心机、电冰箱、X 光机、人工洗片装置、器械柜、药器柜、紫外线灯、高压灭菌设备、洗衣机，以及常水、热水供应。

二级儿童医院：床位：住院床位总数 50～199 张。科室设置：①临床科室：至少设有急诊室、内科、外科、五官科、口腔科、预防保健科。②医技科室：至少设有药剂科、检验科、放射科、手术室、病理科、消毒供应室、病案统计室。③基本设备：给氧装置、呼吸机、电动吸引器、心电图机、心电监护仪、手术床、无影灯、麻醉机、相应的手术器械、显微镜、恒温培养箱、分析天平、自动生化分析仪、尿分析仪、离心机、电冰箱、X光机、B超、裂隙灯、直接喉镜、牙科综合治疗台、雾化吸入设备、婴儿保温箱、器械柜、敷料柜、蒸馏器、紫外线灯、高压灭菌设备、洗衣机，以及通风、降温烘干设备、常水、热水、净化过滤系统。

三级儿童医院：床位：住院床位总数200张以上。科室设置：①临床科室：至少设有急诊科、内科、外科、耳鼻喉科、眼科、皮肤科、传染科、麻醉科、中医科、预防保健科。②医技科室：至少设有药剂科、检验科、放射科、功能检查科、手术室、病理科、血库、消毒供应室、病案室、营养部。③基本设备：给氧装置、呼吸机、心电图机、心脏除颤器、电动吸引器、自动洗胃机、心电监护仪、万能手术床、无影灯、麻醉机、麻醉监护仪、牙科综合治疗台、涡轮机、显微镜、自动生化分析仪、血液气体分析仪、尿分析仪、电子血细胞计数仪、离心机、分析天平、恒温箱、X光机、移动式X光机、B超、脑电图机、裂隙灯、肺功能仪、婴儿保温箱、食道镜、支气管镜、结肠镜、膀胱镜、石蜡切片机、冷冻切片机、电冰箱、器械柜、敷料柜、洗衣机、紫外线灯、蒸馏器高压灭菌设备，以及通风、降温烘干设备、常水、热水、净化过滤系统、器械消毒设备（冲洗工具、去污、去热源）、热源监测设备（恒温箱、净化台、干燥箱）、净物存放、消毒灭菌密闭设备。

六、精神病医院

精神病医院是指主要提供综合性精神卫生服务的医疗机构。

一级精神病医院：床位：精神科住院床总数20～69张。科室设置：①临床科室：至少设有精神科门诊、精神科房（男、女病区分设）、预防保健室。②医技科室：至少设有药房、化验室、X光室、消毒供应室。③基本设备：供氧装置、呼吸机、洗胃机、电动吸引器、心电图机、气管切开包、静脉切开包、导尿包灌肠器、显微镜、火焰光度计、pH计、血细胞计数仪、离心机、自动稀释器、电冰箱、干燥箱、X光机、B超、脑电图仪、眼底镜、五官检查器、常用处置器械、药用天平、储存柜、器械柜、电休克治疗仪、体疗设备、电视机、录音机、紫外线灯、蒸馏装置、高压灭菌设备、洗衣机。

二级精神病医院：床位：精神科住院床位总数70～299张。科室设置：①临床科室：至少设有精神科（内含急诊室、心理咨询室）、精神科男病区、精神科女病区、工娱疗室、预防保健室。②医技科室：至少设有药房、化验室、X光室、心电图、脑电图室、消毒供应室、情报资料室、病案室。③基本设备：供氧装置、呼吸机、电动吸引器、洗胃机、心电图机、心电监护仪、气管切开包、显微镜、火焰光度计、血细胞计数仪、分光光度计、自动生化分析仪、血气分析仪、荧光光度计、血小板计数仪、PG计、自动稀释器、恒温箱、干燥箱、分析天平、离心机、超净操作台、电动振荡器、电冰箱、X光机、脑电图仪、脑电地形图仪、脑血流图仪、B超、眼底镜、五官检查器、常用处置器械、体疗设备、电休克治疗仪、超声治疗仪、音频电疗机、音乐治疗仪、生物反馈治疗机、电视机、录音机、扩音机、储存柜、紫外线灯、蒸馏装置、高压灭菌设备、洗衣机。

三级精神病医院：床位：精神科住院床位总数300张以上。科室设置：①临床科室：至少设有精神科门诊（含急诊、心理咨询）、4个以上精神科病区，男女病区分开、心理测定室、精神医学鉴定室、工娱疗室、康复科。②医技科室：至少设有药剂科、检验科、放射科、心电图室、脑电图室、超声波室、消毒供应室、情报资料室、病案室和3个以上的研究室。③基本设备：供氧装置、呼吸机、洗胃机、气管插管、电动吸引器、心电图机、心电监护仪、按摩机、气管切开包、显微镜、火焰光度计、血细胞计数仪、血小板计数仪、自动生化分析仪、血气分析仪、血氨测定计、尿分析仪、酶自动分析仪、分光光度计、荧光光度计、pH计、分析天平、离心机、干燥箱、恒温箱、霉菌培养箱、电动振荡器、自动稀释器、净化操作台、电冰箱、X光机、B超、脑电地形图仪、脑血流图仪、五官检查器、常用处置器械、诱发电位仪、音乐治疗仪、超声治疗仪、音频电疗仪、生物反馈治疗机、电休克治疗仪、体疗设备、储存柜、电视机、录音机、扩音机、紫外线灯、蒸馏装置、高压灭菌设备、洗衣机。

七、传染病医院

二级传染病医院：床位：住院床位总数150～349张。科室设置：①临床科室：至少设有急诊科、传染科、预防保健科。②医技科室:至少设有药房、化验室、X光室、手术室、消毒供应室、病案室。③基本设备:呼吸球囊、洗胃机、电动吸引器、心电图机、手术床、麻醉机、必备的手术器械、显微镜、离心机、恒温养箱、电冰箱、X光机、紫外线灯、高压灭菌设备、密闭灭菌柜、去热源及热源监测设备、洗衣机,以及常水、热水、蒸馏水、净化过滤系统。

三级传染病医院:床位:住院床位总数350张以上。科室设置:①临床科室:至少设有急诊科、传染科、预防保健科。②医技科室:至少设有药剂科、检验科、放射科、手术室、血库、消毒供应室、病案室。③基本设备:呼吸球囊、洗胃机、电动吸引器、心电图机手术床、麻醉机、必备的手术器械、显微镜、离心机、恒温培养箱、电冰箱、X光机、紫外线灯、高压灭菌设备、去热源及热源监测设备、洗衣机,以及常水、热水、蒸馏水、净化过滤系统。(注:目前我国不设一级传染病医院)

八、心血管病医院

三级心血管病医院:床位:住院床位总数150张以上。科室设置:①临床科室:至少设有急诊科、心内科(并设重症监护室)、心外科(并设重症监护室)、麻醉科。②医技科室:至少设有药剂科、检验科、放射科、输血科、手术室、核医学科、消毒供应室、病案室。③基本设备:呼吸机、除颤器、麻醉机、心电监护仪、临时心内起搏器、体外循环机、体内(外)除颤器、血气分析仪、并型计数器、免疫分析仪、全自动生化分析仪、1/10000分析天平、恒温箱、X光机、床旁X光机、心血管造影机、伽玛相机、彩色血流显像仪、超声图像分析仪、床旁超声心动图机、心电图运动试验仪、放射性活度测量仪、数据处理系统、电影放映机、负荷运动试验设备、消毒灭菌密闭柜、电冰箱、高压灭菌设备、洗衣机。(注:目前我国不设一、二级心血管病医院)

九、血液病医院

三级血液病医院:床位:住院床位总数200张以上,其中专科床位不少于120张。科室设置:①临床科室:至少设有急诊室、血液内科(含三级科室):血液一科(各类贫血)、血液二科(白血病及各类恶性血液病患)、血液三科(出凝血疾病)、血液四科(骨髓移植科)、预防保健科。②医技科室:至少设有药剂科、检验科(包括细胞形态室)、放射科、功能检查室、手术室、输血科、病理科、消毒供应室、病案室。③基本设备:显微镜、自动生化分析仪、血液成分离机、血液细胞计数仪、全自动凝血测定仪、全自动微生物检测仪、血气分析仪、紫外线分光光度计、血液黏度计、超低温冰柜、低速冷冻离心机、恒温培养箱、超净工作台、X光机、体外生理监护仪、动态心电监测仪、彩色超声多普勒诊断仪、胃镜、结肠镜、血液辐射治疗仪、自动呼吸机、全功能麻醉机、冷冻切片机、消毒灭菌密闭柜、电冰箱、高压灭菌设备、洗衣机。(注:目前我国不设一、二级血液病医院)

十、皮肤病医院

三级皮肤病医院:床位:住院床位总数100张以上。科室设置:①临床科室:至少设有皮肤内科、皮肤外科、真菌病科、康复理疗科、中西医结合科、性病科、预防保健科。②医技科室:至少设有药剂科(含制剂室)、检验科(含真菌检验)、放射科、手术室、病理科、治疗室、消毒供应室、病案室。③基本设备:外呼吸机、心电图机、心电监护仪、显微镜、荧光显微镜、自动生化分析仪、自动免疫分析仪、血细胞计数仪、尿液分析仪、X光机、B超、肌电图机、八导生理仪、X光治疗机、激光治疗机、冷冻治疗设备、光治疗设备、水治疗设备、电治疗设备、冷冻切片机、超薄切片机、消毒灭菌密闭柜、电冰箱、高压灭菌设备、洗衣机。(注:目前我国不设一、二级皮肤病医院)

十一、整形外科医院

三级整形外科病医院:床位:住院床位总数120张以上。科室设备:①临床科室:至少设有整形外科、麻醉科。②医技科室:至少设有药剂科、检验科、放射科、手术室、病理科、消毒供应室。③基本设备:

呼吸机、麻醉机、心电监护仪、体外除颤器、自动血压监测仪、吸入麻醉药浓度测定仪、整形外科手术相应的各种手术器械、显微镜、1/10000分析天平、血气分析仪、自动生化分析仪、尿分析仪、血细胞计数仪、免疫酶标仪、离子分析仪、酸度仪、恒温培养箱、超净工作台、X光机及暗室成套设备、脉搏氧饱和度监测仪、呼气末二氧化碳浓度测定仪、冰冻切片机、洗衣机、消毒灭菌设备、紫外线灯、高压灭菌设备、电冰箱。(注:目前我国不设一、二级整形外科医院)

十二、美容医院

床位牙椅:住院床位总数50张以上,美容床20张以上,牙科治疗椅10张以上。科室设置:①临床科室:至少设有美容外科、口腔科、皮肤科、理疗科、中医科、设计科、麻醉科。②医技科室:至少设有药剂科、检验科、放射科、手术室、病理科、技工室、影像室、消毒供应科、病案室。③基本设备:呼吸机、电动吸引器、心电监护仪、体外除颤器、自动血压监测仪、口腔综合治疗台、超声洁治器、涡轮机、光敏固化灯、银汞搅拌机、正颌外科器械、光固化烤塑机铸造与烤瓷设备、X光牙片机、口腔全景X光机、麻醉机、二氧化碳激光机、高频电治疗机、皮肤麻削机、离子喷雾器、文眉机、皮肤测量仪、1/10000分析天平、自动生化分析仪、尿分析仪、酶标仪、恒温培养箱、酸度仪、电冰箱、超净工作台、石蜡切片机、器械柜、高压灭菌设备、紫外线灯、洗衣机、X光机及暗室成套设备、血气分析仪、超声波美容治疗机、多功能健胸治疗机,以及美容外科手术相应的各种手术器械。

十三、康复医院

康复医院:主要提供综合性康复医疗服务的医疗机构。床位:住院床位总数20张以上。科室设置:(1)临床科室:至少设有功能测评室、运动治疗室、物理治疗室、作业治疗室、传统康复治疗室、言语治疗室。(2)医技科室:至少设有药房、化验室、X光室、消毒供应。(3)设备:①基本设备:颈椎牵引设备、腰椎牵引设备、供氧装置、紫外线灯、显微镜、洗衣机、灌肠器、高压灭菌设备、电冰箱。②运动治疗设备:训练用垫和床、训练用扶梯、肋木、姿势矫正镜、训练用棍和球、墙拉力器、划船器、手指肌训练器、常用规格的沙袋和哑铃、股四头肌训练器、前臂旋转训练器、滑轮吊环、常用规格的拐杖、助力平行木、常用规格的轮椅和助行器。③物理因子治疗设备:中频治疗仪、低频脉冲电疗机、音频电疗机、超短波治疗机、红外线治疗机、磁疗机。④作业治疗设备:沙磨板、插板、插件、螺栓、训练用球、日常生活训练用具。⑤传统康复治疗设备:针灸用具。⑥言语治疗设备:录音机言语治疗机、非语言文字画板、言语治疗和测评用具(实物、图片、卡片、记录本等)。⑦功能测评设备:关节功能评定装置、肌力计、血压计、心电图机、脑血流图仪、X光机、眼底镜、血细胞计数器。⑧有与开展的诊疗科目相应的其他设备。

十四、疗养院

床位:住院床位总数100张以上。科室设置:①临床科室:至少设有两个疗区,至少设有传统康复医学室、体疗室。②医技科室:至少设有药房、化验室、X光室、心电图室、超声波室、理疗室、消毒室。③基本设备:呼吸机、吸痰器、心电图机、除颤机、显微镜、血细胞计数仪、生化分析仪、分光光度计、自动稀释器、电泳仪、离心机、电冰箱、干燥箱、水浴箱、X光机、A超或B超、姿势矫正镜、墙拉力器、前臂旋转训练器、滑轮吊环、划船器、手指肌训练器、各种助行器、中频治疗仪、超声波治疗仪、红外线治疗机、磁疗机、针灸用具、按摩用具、颈椎牵引设备、腰椎牵引设备、关节功能评定装置、肌力计、高压灭菌设备、密闭灭菌柜、洗衣机,以及常水、热水、蒸馏水净化过滤系统。

十五、妇幼保健院

一级妇幼保健院:床位:住院床位总数5~19张。科室设置:①临床科室:妇女保健科、婚姻保健科、儿童保健科、计划生育科、妇产科、儿科、健康教育科、信息资料科。②医技科室:药房、化验室。③基本设备:妇科检查床、产床、妇科治疗仪、电动吸引器、节育手术器械、新生儿复苏囊、儿童体格测量用具、超声雾化器、紫外线灯、氧气瓶、显微镜、离心机、血红蛋白测定仪、高压灭菌设备、健康教育基本设备、电冰箱、洗衣机。

二级妇幼保健院:床位:住院床位总数 20～49 张。科室设置:①临床科室:妇女保健科、婚姻保健科、围产保健科、优生咨询科、乳腺保健科、儿童保健科、儿童生长发育科、妇儿营养科、儿童五官保健科、生殖健康科、计划生育科、妇产科、儿科、健康教育科、培训指导科、信息资料科。②医技科室:药剂科、检验科、影像诊断科、功能检查科、手术室、消毒供应室。③基本设备:妇科检查床、产床、妇科治疗仪、电动吸引器、手术器械、综合手术台、乳腺透照仪、B超、心电图、双目显微镜、多普勒胎心诊断仪、新生儿抢救台、儿童体格测量用具、200mA X光机、同视机、新生儿保温箱、儿童口腔保健椅、高压灭菌设备、儿童智力测查工具、洗衣机、电冰箱、血红蛋白测定仪、分光光度计、离心机、水浴箱、电视机、录放像机、救护车。

三级妇幼保健院:床位:住院床位总数 50 张以上。科室设置:①业务科室:妇女保健科、婚姻保健科、围产保健科、优生咨询科、女职工保健科、更年期保健科、妇儿心理卫生科、儿童生长发育科、儿童口腔保健科、儿童眼保健科、生殖健康科、计划生育科、妇产科、儿科、培训指导科、健康教育科、信息资料科。②医技科室:药剂科、检验科、影像诊断科、功能检查科、遗传实验室、手术室、消毒供应室、病案图书室。③基本设备:妇科检查床、产术、综合手术台、电动吸引器、腹部手术器械、高压灭菌设备、多普勒胎心诊断仪、新生儿保温箱、B超(线、扇)200mA 以上 X光机、心电图机、宫腔镜、新生儿抢救台、麻醉机、妇科治疗仪、乳腺透照仪、儿童体格测量用具、儿童智力测查工具、同视机、儿童口腔保健椅、裂隙灯、节育手术器械、超净工作台、半自动生化分析仪、分光光度计、尿液分析仪、血细胞计数仪、酶标仪双目显微镜、恒温培养箱、万能显微镜、γ-计数仪、离心机、分析天平、洗衣机、文字处理机(打字机)电视机、幻灯机、录放像机、投影仪。

十六、急救站与急救中心

急救站:科室设置:至少设有急救科、通讯调度室、车管科。急救车辆:①按每 5 万人口配辆急救车,至少配备 5 辆能正常运转的急救车;②每辆急救车应备有警灯、警报器,在车身两侧和后门要有医疗急救的标记;③每急救车单元设备:急救箱(包)、简易产包(含消毒手套)、听诊器表式血压计、体温计、氧气袋(瓶)、给氧鼻导管(塞)、简易呼吸机、心电图机、开口路、拉舌钳、环甲膜穿刺针、张力性气胸穿刺针、静脉输液器、心内注射针、20 ml 注射器、止血带、砂轮片、胶布、酒精盒、脱脂带、敷料(大、中、小)、绷带、三角巾、敷料剪、镊子、药勺、针灸针、夹板、敷料箱、手电筒、软担架、移动式担架床;④通讯:应开通急救专线电话。

急救中心:科室设置:至少设有急救科、通讯调度室、车管科。急救车辆:①按每 5 万人口配辆急救车,但至少配备 20 辆急救车;②每辆急救车应备有警灯、警报器,在车身两侧和后门要有医疗急救的标记;③至少有 1 辆急救指挥车;④每急救车单元设备:与急救站相同;⑤通讯:应开通急救"120"专线电话;急救车及急救指挥车均配备无线电车载台,其中急救指挥车必须配备移动电话;与该市担任急救医疗任务医院的急诊科之间建立急救专用电话。

十七、检验中心建设标准

市(地级)临床检验中心:科室设置:至少设有临床化学组、临床免疫组、临床微生物组、临床血液、体液组。基本设备:计算机、打印机、投影仪、恒温箱、电冰箱、离心机、振荡器、1/10000 分析天平、pH 测定仪、稀释器(或加样器)、普通显微镜、干燥器、高压灭菌锅、试剂用水制备系统、分光光度计、血液分析仪、尿分析仪、自动生化分析仪、酶标分析仪、细菌培养箱、火焰光度计或离子选择电极、电解质分析仪。

省临床检验中心:科室设置:至少设有临床化学室、临床免疫室、临床微生物室、临床血液、体液室。基本设备:低温冰箱、1/10 万分析天平、高速离心机、二氧化碳培养箱、超净台、紫外分光光度计、教学显微镜、复印机、幻灯机。

部临床检验中心:科室设置:至少设有临床化学室、临床免疫室、临床微生物室、临床血液、体液室。

基本设备:与省临床检验中心基本设备相同,并增加以下设备:原子吸收分光光度计、低温高速离心机、低温冰箱(−80℃)、冷冻干燥机、高压液相色谱仪。

此标准是卫生部根据《医疗机构管理条例》制定颁布的,即是各医疗机构所必须达到的最基本的条件,亦是卫生行政部门审批医疗机构设置及评定等级的依据。各省卫生厅也对本地等级医院的基本床位与基本装备也各自有标准。我们在进行医院建筑与设计时要参照当地卫生行政部门的要求进行。

注:上述标准是1994年颁发的,十多年来科技在进步,学科在细化,设备在更新,以上标准是一个基本参照。据我们所知,相关省市针对不同医院等级规模提出了学科配置的细化要求,在实践中可以参照。

附录二
医院经营申报的程序与要求

　　综合医院的经营管理职能为当地卫生行政管理部门。卫生部1994年2月26日颁布了《医疗机构管理条例》，对医疗机构的设置、申请设置医疗机构的条件、设置医疗机构的审批及对医疗机构的执业登记的条件与内容进行了明确的规定。十多年来，随着国家改革开放的深入，对医疗机构准入条件也先后作了一系列的调整。因此，在医院经营申报的程序上必须按照规律进行。申请执业登记必须提交以下材料：一是要提供"设置医疗机构批准书"。这个批准书是在进行医院建设前的论证报告的基础上，地方相关部门对医院进行设置的批准，是医院建设前的一项工作。二是在医院建设过程中，对相关平面规划要提供给当地相关医疗部门进行审核，经批准后进行装修建设。三是在医院建设完成后，除基础设施要符合要求，相关人员的配置要符合要求在这样的一个基础上才能填报"医疗机构申请执业登记注册书"。在证书中要明确设置单位、组建负责人签字、登记号、医疗机构代码、申请日期、批准文号等，这是一种固定的格式，是由卫生部规定的样式。各类表格、文书摘录如下：

一、医疗机构申请执业登记注册书

填 表 说 明

1. 此表为医疗机构向登记机关申请《医疗机构执业许可证》时专用。

2. 医疗机构代码　按照卫办发[2002]117号文件《卫生机构（组织）代码分类代码证》的通知的有关规定填写。

3. 附表2-1隶属关系　在后面的括号中填写应选项目的号码，只能填一个。

4. 附表2-1所有制形式　在后面的括号中填写应选项目的号码，只能填一个。

5. 附表2-1服务对象　填写要求同4。

6. 附表2-1法定代表人　医疗机构拥有法人地位者，填写其法人代表姓名；医疗机构若无法人地位，则填写具有法人地位的主管单位的法人代表姓名。

7. 附表2-2在诊疗科目代码前的□内用画"√"方式填报。

8. 附表2-2医疗机构如在某项一级科目下未划分二级学科（专业组）的，只填报一级科目。如划分并开展二级科目诊疗活动，应填报二级科目。

9. 附表2-2开展专科疾病诊疗的机构，如其他诊疗科目未能涵盖该专科疾病的，应填报专科疾病所属的科目，并在备注栏注明专科疾病名称。如填报"骨科"并于备注栏注明"颈椎病专科"。

10. 附表2-3在每项空格中填写相应项目的人数。

11. 附表2-3管理人员　指医疗机构的领导人和职能科室的各级管理人员，财会人员除外。

12. 附表2-3康复治疗人员　指从事运动治疗、作业治疗、言语治疗、物理因素治疗和传统康复治疗的人员。

13. 附表2-4普通设备　按医疗机构基本标准中的医疗设备标准逐项填写。

14. 附表2-5凡是在1994年9月1日以前开业的医疗机构要填写此项，在1994年9月1日以后申请新开业的医疗机构可不填写。

15. 附表2-5出院者平均住院日计算公式：

医用建筑规划

附录二　医院经营申报的程序与要求

$$\frac{出院者占用总床日数}{出院人数}$$

16. 附表 2-5 平均每一门诊诊疗人次医疗费(元)计算公式：

$$\frac{上一年全年门诊医疗费用总数(元)}{上一年全年门诊诊疗人次总数}$$

门诊医疗费用包括：挂号费、药费、检查治疗费等门诊收入。

17. 附表 2-5 平均每一出院者住院医疗费(元)计算公式：

$$\frac{上一年全年出院者住院医疗费用总数(元)}{上一年全年出院总人数}$$

住院医疗费用包括：住院费、药费、手术费、检查治疗费等住院收入。

18. 附表 2-5 出院者平均每天住院医疗费(元)计算公式：

$$\frac{平均每一出院者住院医疗费(元)}{出院者平均住院日}$$

附表 2-1 医疗机构简况

医疗机构名称		开业日期　　年　　月	
登记号(医疗机构代码)□□□□□□□□□□□□□□□□□□□□□			
所有制形式(1) 全民　(2) 集体　(3) 私人　(4) 中外合资合作　(5) 其他			（　　）
隶属(1) 中央属　(2) 省、自治区、直辖市属　(3) 直辖市区、省辖市、地区(盟)属关系　(4) 省辖市区、地辖市属 (5) 县(旗)属　(6) 街道办事处属　(7) 乡(镇)属　(8) 村属　(9) 其他			（　　）
主管单位名称			
服务对象(1) 社会　(2) 内部　(3) 境外人员　(4) 社会+境外人员			（　　）
医疗机构地址			
电话	传真		邮政编码□□□□□□

法定代表人	姓名		性别□男　□女	主要负责人	姓名		性别□男　□女
	出生年月	专业			出生年月	专业	
	职务	职称			职务	职称	
	最高学历				最高学历		

占地面积		建筑面积		建筑面积中业务用房面积	
资金总计	万元	固定资金	万元	流动资金	万元
服务方式	□门诊　　□急诊　　□住院		□家庭病床　　□巡诊　　□其他		
床位数		牙科诊椅数			
备注					

代码	诊疗科目	备注	代码	诊疗科目	备注
□01.	预防保健科		□06.04	妇女心理卫生专业	
			□06.05	妇女营养专业	
□02.	全科医疗科		□06.06	其他	
□03.	内科		□07	儿科	
□03.01	呼吸内科专业		□07.01	新生儿专业	
□03.02	消化内科专业		□07.02	小儿传染病专业	
□03.03	神经内科专业		□07.03	小儿消化专业	
□03.04	心血管内科专业		□07.04	小儿呼吸专业	
□03.05	血液内科专业		□07.05	小儿心脏病专业	
□03.06	肾病学专业		□07.06	小儿肾病专业	
			□07.07	小儿血液病专业	
□03.07	内分泌专业		□07.08	小儿神经病学专业	
□03.08	免疫学专业		□07.09	小儿内分泌专业	
□03.09	变态反应专业		□07.10	小儿遗传病专业	
□03.10	老年病专业		□07.11	小儿免疫专业	
□03.11	其他		□07.12	其他	
□04.	外科		□08.	小儿外科	
□04.01	普通外科专业		□08.01	小儿普通外科专业	
□04.02	神经外科专业		□08.02	小儿骨科专业	
□04.03	骨科专业		□08.03	小儿泌尿外科专业	
□04.04	泌尿外科专业		□08.04	小儿胸心外科专业	
□04.05	胸外科专业		□08.05	小儿神经外科专业	
□04.06	心脏大血管外科专业		□08.06	其他	
□04.07	烧伤科专业				
□04.08	整形外科专业		□09.	儿童保健科	
□04.09	其他		□09.01	儿童生长发育专业	
			□09.02	儿童营养专	
□05.	妇产科		□09.03	儿童心理卫生专业	
□05.01	妇科专业		□09.04	儿童五官保健专业	
□05.02	产科专业		□09.05	儿童康复专业	
□05.03	计划生育专业		□09.06	其他	
□05.04	优生学专业				
□05.05	生殖健康与不孕症专业		□10.	眼科	
□05.06	其他				
			□11.	耳鼻喉科	
□06	妇女保健科		□11.01	耳科专业	
□06.01	青春期保健专业		□11.02	鼻科专业	
□06.02	围产期保健专业		□11.03	咽喉科专业	
□06.03	更年期保健专业		□11.04	其他	
□12.	口腔科		□19.	肿瘤科	
□12.01	口腔内科专业				
□12.02	口腔颌面外科专业		□20.	急诊医学科	

代码	诊疗科目	备注	代码	诊疗科目	备注
□12.03	正畸专业		□21.	康复医学科	
□12.04	口腔修复专业		□12.06	其他	
□22.05	运动腔预防保健专业				
			□23.	职业病科	
□13.	皮肤科		□23.01	职业中毒专业	
□13.01	皮肤病专业		□23.02	尘肺专业	
□13.02	性传播疾病专业		□23.03	放射病专业	
□13.03	其他		□23.04	物理因素损伤专业	
			□23.05	职业健康监护专业	
□14.	医疗美容科		□23.06	其他	
□14.01	美容外科专业				
□14.02	美容牙科专业		□24.	临终关怀科	
□14.03	美容皮肤科专业				
□14.04	美容中医科专业		□25.	特种医学与军事医学科	
□15.	精神科		□26.	麻醉科	
□15.01	精神病专业				
□15.02	精神卫生专业		□30.	医学检验科	
□15.03	药物依赖专业		□30.01	临床体液、血液专业	
□15.04	精神康复专业		□30.02	临床微生物学专业	
□15.05	社区防治专业		□30.03	临床生化检验专业	
□15.06	临床心理专业		□30.04	临床免疫、血清学专业	
□15.07	司法精神专业		□30.05	其他	
□15.08	其他				
			□31.	病理科	
□16.	传染科				
□16.01	肠道传染病专业		□32.	医学影像科	
□16.02	呼吸道传染病专业		□32.01	X线诊断科专业	
□16.03	肝炎专业		□32.02	CT诊断专业	
□16.04	虫媒传染病专业		□32.03	磁共振成像诊断专业	
□16.05	动物源性传染病专业		□32.04	核医学专业	
□16.06	蠕虫病专业		□32.05	超声诊断专业	
□16.07	其他		□30.03	临床生化检验专业	
□32.06	心电诊断专业		□32.07	脑电及脑血流图诊断专业	
□17.	结核病科		□32.08	神经肌肉电图专业	
			□32.09	介入放射学专业	
□18.	地方病科		□32.10	放射治疗专业	
□32.11	其他		□50.14	推拿科专业	
			□50.15	康复医学专业	
□50.	中医科		□50.16	急诊科专业	
□50.01	内科专业		□50.17	预防保健科专业	
□50.02	外科专业		□50.18	其他	
□50.03	妇产科专业				
□50.04	儿科专业		□51.	民族医学科	
□50.05	皮肤科专业		□51.01	维吾尔医学	

医用建筑规划

代码	诊疗科目	备注	代码	诊疗科目	备注
□50.06	眼科专业		□51.02	藏医学	
□50.07	耳鼻喉科专业		□51.03	蒙医学	
□50.08	口腔科专业		□51.04	彝医学	
□50.09	肿瘤科专业		□51.05	傣医学	
□50.10	骨伤科专业		□51.06	其他	
□50.11	肛肠科专业				
□50.12	老年病科专业		□52.	中西医结合科	
□50.13	针灸科专业				

附表 2－3　人员情况

职工总数		其中卫生技术人员数		行政后勤人员数		
医生	主任医师	副主任医师	主治医师	住院医师	医士	
药剂人员	主任药剂师	副主任药剂	主管药剂师	药剂师	药剂士	
检验人员	主任检验师	副主任检验师	主管检验师	检验师	检验士	
护理人员	主任护师	副主任护师	主管护师	护师	护士	护理员
放射技术人员	主任技师	副主任技师	主管技师	技师	技士	
工程技术人员	高级工程师	工程师	助理工程师	技术员		
研究人员	研究员	副研究员	助理研究员	实习研究员		
教学人员	教授	副教授	讲师	助教		
财会人员	高级会计师	会计师	助理会计师	会计员		
管理人员		工　人				
营养师		营养士				
康复治疗人员		助产士				
乡村医生		村卫生员				
其他人员						

名　　称	数量	名　　称	数量
大型仪器设备 (1) 伽玛刀		(10) γ-照相机	
(2) 核磁共振成像仪(MRI)		(11) 体外循环机	
(3) 全身CT		(12) 腹腔镜(手术用)	
(4) 头部CT		(13) 碎石机	
(5) 钴-60治疗机		(14) 彩色多普勒成像仪	
(6) 加速器		(15) 自动生化分析仪(10万元以上)	
(7) 500 mA X光机		(16) 血液透析机	
(8) 800 mA X光机		(17) 环氧乙烷消毒设备	
(9) 1000 mA以上X光机			
普通设备			

注：普通设备栏如不够，请自行另附页。

服务量	门诊诊疗人次	急诊诊疗人次	入院病人次	床位周转次数	出院者平均住院日	床位使用率(%)	家庭病床(张)	出诊人次

收入来源(万元)	国家拨款		业务收入	集资	捐款	贷款	其他
	经常性拨款	专款					

业务收入分类(万元)	药品费	检查费	手术费	住院床位费	挂号费	诊查费	其他

支出(万元)	人员开支		药品购置	设备购置	消耗品购置	维修	其他
	基本工资	奖金补贴					

平均每一门诊诊疗人次医疗费(元)	
平均每一出院者住院医疗费(元)	
出院者平均每天住院医疗费(元)	

计算机应用	□门诊病人管理	□住院病人管理	□病案首页管理
	□医疗统计	□病房医嘱管理	□药品管理
	□营养膳食管理	□科研项目管理	□后勤管理
	□财务管理	□人事管理	□其他

申 请 执 业 登 记 提 交 的 文 件 证 件	1. 《设置医疗机构批准书》 2. 医疗用房使用证明(附①) 3. 医院建筑设计平面图(附②) 4. 医院验资证明、资产评估报告(附③) 5. 医院规章制度(附④) 6. 医院管理人员名录及相关资格证书、执业证书复印件(附⑤) 7. 医院科室设置、卫技人员总数及各类人员结构(附⑥) 8. 医院万元以上医疗设备清单(附⑦)

审查、主管领导意见、局长核批	年　　月　　日

附表 2-7 核准登记事项

执业许可证登记号：□□□□□□□□□□□□□□□□□□□
（医疗机构代码）

医疗机构类别：		名称：	
地址：		邮编：□□□□□□	
法定代表人(主要负责人)：		所有制形式：	
注册资金(资本)：		职工人数：	
服务对象：		服务方式：	
占地面积：	m²	建筑面积：	m²
诊疗科目：			
床位数：		牙椅数：	
其他项目			
核准药品种类：			

附表 2-8 核发《医疗机构执业许可证》及归档、公告情况

批准文号		核准日期	
领证人签字：		领证日期：	
发证人签字：		发证日期：	
登记文件、 证件、资料 归档情况	档案管理人员签字：　　年　　月　　日		
医疗机构 登记公告 刊登情况 记　　录	记录人签字：　　年　　月　　日		
备　　注			

批准文号：　　　字（　）第　　号

附①：医疗用房使用证明(略)

附②：建筑设计平面图(略)

附③：验资证明(略)

附④：规章制度：

一、行政部门规章制度

1. 院办组织架构
2. 管理制度编码规定
3. 工作会议制度
4. 院会议室管理制度
5. 手机通讯管理制度
6. 办公用品管理制度
7. 传真机、复印机、打印机的使用制度
8. 公文(发文、收文)管理制度
9. 名片印制及使用管理制度
10. 保密管理制度
11. 印鉴、介绍信管理制度
12. 员工行为规范管理制度
13. 公务车辆使用管理制度
14. 车辆、司机管理制度
15. 机要档案管理制度
16. 企业形象管理制度

二、人力资源部规章制度

1. 福利管理制度
2. 奖惩管理制度
3. 考勤与请假管理制度
4. 劳动合同管理制度
5. 培训管理制度
6. 人事管理制度
7. 社保及住房公积金管理制度
8. 职务聘任管理制度
9. 职业资格证书管理制度
10. 专家管理制度

三、医疗工作规章制度

1. 医疗防范告知与报告制度
2. 首诊负责制度
3. 查房制度
(1) 住院医师查房制度
(2) 主治医师查房制度
(3) 主任医师查房制度
(4) 危重病人查房制度
(5) 教学查房制度
4. 危重病人抢救工作制度
5. 查对制度
(1) 临床查对制度

(2) 输血查对制度
(3) 手术查对制度
(4) 发药查对制度
(5) 供应室查对制度
6. 医师值班、交接班制度
医师值班、交接班制度
7. 病例讨论制度
(1) 术前讨论制度
(2) 疑难、危重病例讨论制度
(3) 死亡病例讨论制度
8. 会诊管理制度
(1) 院内会诊制度
(2) 邀请院外会诊制度
(3) 应邀外出会诊制度
(4) 会诊管理制度
9. 病历书写与管理制度
(1) 病历书写规范
(2) 病历质量控制
(3) 病案管理制度
(4) 子病历规范
10. 新技术准入制度
11. 手术分级分类管理制度
12. 病案管理委员会制度
13. 病案科管理工作制度
14. 医疗质量管理委员会制度
15. 医疗质量管理制度
16. 急诊科工作制度
17. 超声诊断科工作制度
18. 脑(肌)电图室工作制度
19. 心电图室工作制度
20. 肺功能室工作制度
21. 输血管理委员会工作制度
22. 转科(院)制度
23. 医疗缺陷登记报告制度
24. 医患沟通制度

四、护理工作规章制度

1. 护理部工作制度
2. 护理人员管理制度
3. 护理部会议制度
4. 护理业务考核制度
5. 护士长夜查房制度
6. 临床护理科研管理制度

医用建筑规划

7. 护理质量管理制度

8. 护理人员考评制度

9. 护理部奖惩制度

10. 护理安全制度

11. 危重病人抢救制度

12. 分级护理制度

13. 查对制度

14. 医嘱执行制度

15. 值班与交接班制度

16. 护理过失与事故争议报告制度

17. 消毒隔离制度

18. 病区管理制度

19. 药品管理制度

20. 物品管理制度

21. 护理文件管理制度

22. 护理查房制度

23. 护理会诊制度

24. 规范化培训制度

25. 继续教育制度

26. 实习生、进修人员管理制度

27. 护理员管理制度

28. 健康教育制度

29. 探视陪护制度

30. 饮食管理制度

31. 护患沟通制度

32. 护理工作预警报告制度

33. 护士请唤医生制度

34. 持续质量改进制度

35. 护理质量督检制度

36. 皮肤压疮登记报告制度

37. 护理工作请示报告制度

38. 护理工作重点环节管理办法

39. 危重病人护理质量管理制度

40. 重症监护室护理工作制度

41. 产房护理工作制度

42. 母婴同室护理工作制度

43. 血液净化室护理工作制度

44. 门诊一般工作制度

45. 肠道门诊工作制度

46. 肝炎门诊工作制度

47. 发热门诊工作制度

48. 换药室工作制度

49. 治疗室工作制度

50. 门诊手术室工作制度

51. 注射、输液室工作制度

52. 急诊科护理工作制度

53. 急诊抢救制度

54. 手术室护理工作制度

55. 手术清点制度

56. 手术室参观制度

57. 内窥镜室护理工作制度

58. 医学影像科护理工作制度

59. 体检中心护理工作制度

60. 供应室工作制度

五、发展部规章制度

六、客户服务部规章制度

1. 床位管理细则

2. 服务质量奖惩制度

3. 就诊预约制度

4. 门诊出诊管理制度

5. 门诊服务质量考核制度

6. 门诊卫生管理标准

7. 门诊诊室管理制度

8. 首问负责制度

9. 投诉接待处理制度

10. 医疗证明审核盖章制度

七、门诊工作制度

1. 门诊部工作制度

2. 专家门诊管理规定

3. 发热门诊工作制度

八、医院感染管理科规章制度

1. 医院感染病例登记报告制度

2. 医院感染病例漏报检查制度

3. 信息反馈制度

4. 医院知识培训和教育制度

5. 医院感染环境卫生学监测制度

6. 医院消毒灭菌效果监测

7. 医院感染暴发等突发事件应急方案

8. 医院职工的医院感染管理制度

9. 一次性使用医疗用品管理制度

10. 医院感染管理委员会工作制度

九、预防保健科规章制度

1. 预防保健科工作制度
2. 传染病报告管理规范
3. 疫情报告制度
4. "不明原因肺炎病例"和"死亡病例"报告制度

十、体检中心规章制度

1. 安全管理制度
2. 查对制度
3. 差错事故处理和投诉处理制度
4. 工作制度
5. 试剂与仪器设备管理制度
6. 体检报告单签发制度
7. 消毒隔离制度
8. 行为道德守则
9. 值班制度

十一、信息部规章制度

1. 计算机中心工作制度
2. 计算机中心管理制度
3. 图书馆电子阅览
4. 图书馆管理制度
5. 图书馆入馆须知
6. 图书馆书刊借阅规则
7. 图书赔偿制度

十二、检验科工作制度

1. 检验科工作制度
2. 质量管理制度
3. 考勤制度
4. 值班制度
5. 临床实验室安全管理制度
6. 检验科应急预案
7. 检验科生物安全防护制度
8. 实验室废弃物的处理规定
9. 急诊检验制度
10. 危急值报告制度
11. 查对制度
12. 差错事故登记制度
13. 检验报告单签发制度
14. 血库工作制度
15. 试剂与仪器设备管理制度

十三、影像科工作制度

1. 影像科管理制度
2. 影像科会议制度
3. 影像科登记制度
4. 影像科查对制度
5. 影像科透视检查制度
6. 影像科 DR 检查制度
7. 影像科 CR 检查制度
8. 影像科床边 CR 检查制度
9. 影像科 CT 检查制度
10. 影像科 MRI 检查制度
11. 影像科急诊检查制度
12. 影像科介入诊疗制度
13. 影像科报告审签制度
14. 影像科病例讨论制度
15. 影像科病例随访制度
16. 影像科评片制度制度
17. 影像科业务学习制度
18. 影像科辐射防护制度
19. 影像科值班与交接班制度
20. 影像科设备维护制度
21. 影像科院内感染制度

十四、药剂科工作制度

1. 调剂室工作制度
2. 审查核对工作制度
3. 特殊药品管理制度
4. 药品采购管理制度
5. 药品库工作制度
6. 药品账务管理制度
7. 药品质量管理制度
8. 药事管理委员会章程
9. 药学部工作制度
10. 医院处方管理制度
11. 制剂室工作制度

十五、病理科工作制度

1. 病理科工作制度
2. 收发室工作制度
3. 取材室工作制度
4. 切片室工作制度

医用建筑规划

5. 诊断室工作制度

6. 快速(冰冻)切片诊断制度

7. 细胞室工作制度

8. 免疫实验室工作制度

9. 分子病理学实验室工作制度

10. 电教室工作制度

11. 资料室工作制度

12. 病理资料管理制度

13. 标本室工作制度

14. 病理科仪器使用制度

15. 安全保卫及消毒隔离制度

十六、科教部工作制度

1. 关于参加学术活动及差旅费使用的规定

2. 关于教学人员考核与奖励的规定

3. 继续教育管理制度

4. 科技活动奖励办法

十七、财务处工作制度

1. 备用金管理制度

2. 财务工作管理制度

3. 财务人员垂直管理制度

4. 固定资产管理制度

5. 内部往来管理制度

6. 预算管理制度

7. 重要印鉴及证照管理制度

8. 资金管理制度

十八、总务处工作制度

1. 采购业务交往行为规范

2. 防止工作人员和公众受到意外照射的安全措施

3. 防止工作人员和公众受到意外照射的制度

4. 放射工作人员健康监护档案管理规定

5. 放射人员培训计划

6. 放射事件应急处理

7. 放射事件应急处理预案

8. 放射诊疗安全制度

9. 放射诊疗工作人员

10. 放射诊疗设备安全操作规程

11. 放射诊疗质量保证方案

12. 辐射安全监测制度

13. 辐射防护安全保卫制度

14. 辐射防护管理委员会组织章程

15. 辐射防护管理制度

16. 辐射设备安全检修维护制度

17. 计量管理制度

18. 介入放射 DSA 机辐射防护制度

19. 口腔牙片机辐射防护制度

20. 设备管理中心工作制度

21. 手术室 C 臂机辐射防护制度

22. 体检中心透视机辐射防护制度

23. 压力容器安全使用制度

24. 医疗器械管理办法

25. 医疗器械管理委员会组织章程

26. 医学影像科辐射防护制度

27. 医用产品采购流程

十九、物业工作制度

1. 行政部工作制度

2. 商务中心工作制度

3. 客房部工作制度

4. 营养部工作制度

5. 员工餐厅管理制度

6. 仓库保管制度

7. 员工浴室管理制度

8. 医疗废弃物管理制度

9. 生活垃圾管理制度

10. 辅医部工作制度

11. 辅医员查对制度

12. 辅医员使用器械设备的管理制度

13. 电梯服务班工作制度

14. 污物间清洁制度

15. 工程部工作制度

16. 配电房工作制度

17. 水暖班工作制度

18. 空调班工作制度

19. 供氧站工作制度

20. 污水处理站工作制度

21. 消防监控中心管理制度

22. 安保管理制度

23. 停车场管理制度

24. 太平间管理制度、资产评估报告

附⑤:管理人员名录及相关资格证书、执业证书复印件

附⑥:科室设置、卫技人员总数及各类人员结构

附⑦:万元以上医疗设备清单(见附表 2-9)

附表 2-9　万元以上设备清单

序号	使用科室	设备名称	生产厂家	数量
1	放射科	1.5T 磁共振	美国	1
2	放射科	数字心血管造影系统	日本	1
3	放射科	CR 阅读器	美国	1
4	放射科	16 排 CT	中国	1
5	放射科	全数字化摄片机	中国	1
6	放射科	数字遥控胃肠 X 光机	意大利 GMM	1
7	放射科	数字移动 C 臂	意大利 TECHNIX	1
8	放射科	移动式 X 线摄影系统	意大利 SMAM	1
9	放射科	乳线 X 光机	芬兰 Planmed	1
10	放射科	穿刺系统	芬兰 Planmed	1
11	检验科	全自动生化分析仪	瑞士	1
12	检验科	全自动血气分析仪	瑞士	1
13	检验科	全自动血凝分析仪	日本	1
14	检验科	全自动血液分析仪	日本	1
15	检验科	全自动尿有型分析仪	日本	1
16	检验科	二氧化碳培养箱	跃进　上海	1
17	检验科	低温冷藏柜	美菱　合肥	1
18	检验科	血流变	重庆南方	1
19	检验科	生物安全柜	哈东联	2
20	检验科	酶标仪,洗板机	德朗	1
21	检验科	电解质	奥迪康	1
22	检验科	血库冰箱	美菱　合肥	2
23	功能检查室	运动心电图机	GE	2
24	功能检查室	彩超	日本	1
25	功能检查室	静息心电图机	GE	1
26	功能检查室	肺功能检查	福田	1
27	供应室	清洗消毒机(一台电加热,一台蒸汽加热)	千樱　连云港	2
28	供应室	纯水机	千樱　连云港	1
29	供应室	超声清洗机	千樱　连云港	1
30	供应室	脉动真空蒸汽灭菌器	千樱　连云港	2
31	供应室	脉动真空蒸汽灭菌器(内置蒸汽发生器)	千樱　连云港	1
32	供应室	乙烷灭菌器	千樱　连云港	1

序号	使用科室	设备名称	生产厂家	数量
33	病理科	冷切片机	英国	1
34	病理科	半封闭脱水机（排气型）	Leica	1
35	病理科	石蜡包埋机	Leica	1
36	病理科	生物显微镜	Nikon	2
37	病理科	高级研究显微镜	Nikon	1
38	病理科	取材台	中威	1
39	病理科	标本柜（外检）	中威	4
40	病理科	石蜡切片机	Thermo 美国	1
41	病理科	低温冷藏柜	美菱　合肥	1
42	手术室	高档麻醉机	德尔格	2
43	手术室	普通麻醉机	德尔格	3
44	手术室	除颤监护仪	GE	1
45	手术室	外科手术显微镜	ZEISS	1
46	手术室	呼吸机	美国泰科/爱尔兰	1
47	手术室	双臂麻醉塔	德国迈柯维	4
48	手术室	电动手术床	德国迈柯维	2
49	手术室	手术无影灯	德国迈柯维	2
50	手术室	无影灯摄像系统	德国迈柯维	1
51	手术室	骨科牵引架	德国迈柯维	1
52	手术室	单臂麻醉塔	苏州三丰	1
53	手术室	双臂外科塔	苏州三丰	1
54	手术室	单臂麻醉塔	苏州三丰	2
55	手术室	双臂外科塔	苏州三丰	2
56	手术室	单臂麻醉塔	苏州三丰	2
57	手术室	双臂外科塔	苏州三丰	2
58	手术室	单臂吊塔	苏州三丰	1
59	手术室	电动手术床	台湾三丰	6
60	手术室	手术无影灯	台湾三丰	5
61	手术室	手术无影灯	台湾三丰	1
62	手术室	高频电刀	ERBE. 德国	2
63	手术室	高频电刀	ERBE. 德国	2
64	手术室	高频电刀	ERBE. 德国	1
65	手术室	悬吊式腹腔镜配套装置	导科　日本	1
66	手术室	低温冷藏柜	美菱　合肥	1

序号	使用科室	设备名称	生产厂家	数量
67	康复科	医用慢速跑道	美国摩斯	1
68	康复科	电动减重步态训练器	康健	1
69	康复科	微波综合治疗仪(HB-W-D)	成都恒波	1
70	康复科	颈/腰椎牵引床	张家港德丰	2
71	康复科	热磁治疗仪	伊藤　上海	1
72	体检中心	静息心电图机	GE	1
73	体检中心	遥控医用诊断X射线透视装置	上海医疗器械厂	1
74	体检中心	体重秤(体检用)	双佳　深圳	1
75	体检中心	电子血压计(体检用)	铃谦　深圳	1
76	体检中心	红外乳腺机	瑞琪　徐州	1
77	体检中心	骨密度仪	Alara　美国	1
78	体检中心	脊柱电子测量仪	IDIAG　瑞士	1
79	体检中心	彩超	日本　东芝	1
80	设备管理中心	多参数监护仪	迈瑞中国	15
81	物业	尸体冷藏柜	杭州新新制冷	2
82	急诊科	除颤监护仪	GE	1
83	急诊科	静息心电图机	GE	1
84	急诊科	呼吸机	美国泰科/爱尔兰	1
85	急诊科	无创呼吸机	美国泰科/法国	1
86	急诊科	急诊室吊塔	德尔格	5
87	急诊科	心肺复苏器	萨博　美国	1
88	口腔科	牙科综合台	上海菲曼特	4
89	口腔科	口腔内X光机　直接成像系统　工作站	法国艾龙/马赛	1
90	口腔科	高压蒸汽灭菌器	德国 MELAG	1
91	眼科	眼科手术显微镜	LEICA	1
92	眼科	玻切机	B&L　美国	1
93	眼科	准分子激光机	科医人	1
94	眼科	视网膜/脉络膜同步血管照影系统(含彩照)	德国　海得堡	1
95	眼科	眼电生理	德国　罗兰	1
96	眼科	青光眼诊断系统	德国　海得堡	1
97	眼科	532激光	法国　光太	1
98	眼科	810激光	法国　光太	1
99	眼科	YAG激光	澳大利亚　EL-LEX	1
100	眼科	视野计	美国　蔡司	1
101	眼科	非接触眼压计	日本　CANON	1

医用建筑规划

序号	使用科室	设备名称	生产厂家	数量
102	眼科	裂隙灯显微镜	苏州　六六	10
103	眼科	蒸汽灭菌机	加拿大　SCICAN	2
104	眼科	蒸汽灭菌机	加拿大　SCICAN	1
105	眼科	二氧化碳冷冻治疗仪	欣明仁	1
106	眼科	玻切机气泵	丹麦	1
107	眼科	进口消毒机	以色列	2
108	眼科	全自动磨边机	日本拓普康	1
109	眼科	电脑查片机	日本拓普康	1
110	眼科	内皮细胞计	日本拓普康	1
111	眼科	电脑验光仪	日本拓普康	1
112	眼科	综合验光台	日本拓普康	2
113	眼科	非接触式眼压计	日本拓普康	2
114	眼科	同视机	INAMI　日本	1
115	眼科	眼科A超声诊断仪	索维电子　天津	1
116	眼科	超声乳化治疗机	爱尔康　美国	1
117	耳鼻喉科	CO_2激光	科医人　以色列	1
118	耳鼻喉科	高频测听仪	丹麦　MADSEN	1
119	耳鼻喉科	声阻抗仪	丹麦　MADSEN	1
120	耳鼻喉科	耳声发射仪	丹麦　MADSEN	1
121	耳鼻喉科	听觉诱发电位仪	美国　ICS	1
122	耳鼻喉科	助听器分析仪	丹麦　MADSEN	1
123	耳鼻喉科	多导睡眠诊断系统	美国泰科/加拿大	1
124	耳鼻喉科	鼻窦镜	STORZ　德国	1
125	耳鼻喉科	颅底内镜	STORZ　德国	1
126	耳鼻喉科	小儿支气管镜	STORZ　德国	1
127	耳鼻喉科	支撑喉镜	STORZ　德国	1
128	耳鼻喉科	耳显微	STORZ　德国	1
129	耳鼻喉科	耳鼻咽喉动力系统	SPIGGLE　德国	1
130	耳鼻喉科	耳鼻喉诊治综合工作台	白云蓝天	4
131	妇产科	手术无影灯	科凌　扬州	3
132	妇产科	电子数码阴道镜	宝来特	1
133	妇产科	婴儿红外线辐射抢救台	戴维	2
134	妇产科	婴儿保温箱	戴维	1
135	妇产科	胎儿中央监护系统(一拖四)	理邦	1
136	妇产科	经皮黄疸仪	南京理工大学	1
137	妇产科	妇科检查床	宁波启发	5

医用建筑规划

附录二　医院经营申报的程序与要求

序号	使用科室	设备名称	生产厂家	数量
138	妇产科	高档妇科检查床	白云蓝天	1
139	妇产科	静息心电图机	GE	1
140	ICU	中央监护工作站	GE	1
141	ICU	中央监护仪	GE	6
142	ICU	除颤监护仪	GE	1
143	ICU	呼吸机	美国泰科/美国	1
144	ICU	ICU吊塔	德尔格	8
145	ICU	ICU吊塔	德尔格	6
146	ICU	ICU吊塔	德尔格	2
147	ICU	低温冷藏柜	美菱 合肥	1
148	泌尿科	输尿管镜	"狼"牌 德国	1
149	泌尿科	膀胱镜	"狼"牌 德国	1
150	泌尿科	前列腺电刀镜	"狼"牌 德国	1
151	内科	内窥镜成套清洗设备	老肯科技	1
152	内科	内镜储存柜(双门)	老肯科技	2
153	普外科	腹腔镜	"狼"牌 德国	1

二、《医疗机构执业许可证》

附表 2-10 验收工作任务清单

项目 部门	主要任务	工作要求		节 点
医务部	1. 医生现场考核	1. 各科室常规诊疗规范的掌握; 2. 常用操作技术的现场演练,尤其是急诊急救; 3. 院感、医疗安全、传染病上报等知识的现场提问; 4. 各科室仪器操作规程		
	2. 医疗规章制度和技术人员职责	1. 包括全院核心制度、各科室制度,部分区域(如急诊、供应室等)制度要上墙; 2. 各级业务人员职责,医务部和各科室各自保留		
	3. 院内感染工作	全院院感工作的管理文件;		完成
	4. 医务部管理文件	1. 四个应急预案:突发公共卫生事件应急预案,医院内突发医疗护理事件应急预案,大批急救应急预案,处理医疗事故应急预案; 2. 五个管理委员会:医疗质量管理委员会,病案管理委员会,院感管理委员会,临床用血管理委员会,药事管理委员会; 3. 医务部及科室常规管理文件:按"医疗质量管理年"相关要求		

项目\部门	主要任务	工作要求	节 点
人力资源部	1. 各人员名录和资质证书资料	分部门、分科室整理成册（四证齐全）	
	2. 科室设置、卫技人员总数及各类人员的结构	以结构框架图表示	
	3. 缺员科室补充招聘	放射、供应室、妇产科具有资质要求的尽快到位	
护理部	1. 护士现场考核	1. 各科室常规诊疗规范的掌握； 2. 常用操作技术的现场演练，尤其是急诊急救	
	2. 护理规章制度和技术人员职责	1. 包括全院核心制度、各科室制度，部分区域（如急诊、供应室等）制度要上墙； 2. 各级业务人员职责，护理部保留	
	3. 院内感染工作	1. 各诊疗区域按照相关要求设置流程、物品配置； 2. 配合医务部做好主要医疗区域的院感验收工作	
	4. 护理部管理文件	护理部及各护理单元管理文件：按"医疗质量管理年"相关要求	
总务部	1. 建筑设计平面图	分三册（总平面图、与环保有关的科室、与院感有关的科室）	
	2. 污水处理	出具环保部门立项批复	
	3. 消防验收	消防合格证	
	4. 医疗废弃物	与专业公司签订协议书	
	5. 医疗垃圾存放	全院医疗垃圾存放站	
	6. 万元以上设备清单	按科室分类	
	7. 设备档案	具备使用说明书、操作手册	
院办	1.《医疗机构规章制度》	整理成册	
	2. 工商手续申办前期准备	做好《医疗机构执业许可证》颁发后完成工商手续的前期准备，保证相关工作的衔接	
财务部	1. 验资证明	完成增资工作	
	2. 税务发票手续申办前期准备	做好《医疗机构执业许可证》颁发后完成税务手续的前期准备，保证相关工作的衔接	

医用建筑规划

附录二 医院经营申报的程序与要求

项目 部门	主要任务	工作要求	节点	
放射科	1. 管理资料	工作制度、岗位职责及服务流程		
	2. 设备安装	厂家安装，符合使用要求		
	3. 安装后检测	环保、质监、疾控三部门检测合格		
	4. 人员资质	上岗证、健康合格证		
手术室	1. 设备安装	厂家安装，符合使用要求		
	2. 净化工程安装后检测	三次动态检测合格		
供应室	1. 设备安装	厂家安装，符合使用要求		
	2. 安装后检测	质检部门验收合格		
	3. 人员资质	四个种类上岗证		
药剂科	1. 药房硬件、流程布置	按药监局验收要求		
	2. 处方制度培训	有签到表、教材、考卷		
	3. 麻醉处方资格医师培训	有签到表、教材、考卷，由南京市医学会药事委员会组织培训、资格批准		
	4. 毒麻药管理	毒麻药、精神药品管理办法		
	5. 毒麻药专用仓库	分为库房、门诊、中心药房、急诊四个区域，后两个用保险柜		
	6. 毒麻药报警装置	与物业公司了解		
预防保健科	传染病管理资料	1. 传染病管理法律法规培训资料		
		2. 传染病管理制度		
急诊科	急诊科资料	1. 急救设备的配置及管理使用制度		
		2. 急诊工作制度及人员岗位职责		
		3. 各种危重症抢救流程		
		4. 急救绿色通道管理办法		
		5. 院前急救及院内急诊诊疗流程		
输血科	临床输血管理资料	1. 储血设备资料		
		2. 临床输血流程		
		3. 临床输血管理制度及工作人员职责		
		4. 输血质量管理及医疗安全制度		

医用建筑规划

项目部门	主要任务	工作要求	节　点
检验科	检验科管理资料	1. 检验设备及能开展的检验项目	
		2. 工作制度、岗位职责及各项检验服务流程	
		3. 室内质控和室间质控制度	
		4. 检验设备管理制度	

验收内部预查重点

现场部分

1. 放射科

(1) 已经安装设备(CT、DR、数字胃肠机)目前状况;

(2) 还未安装设备(牙片机、遥控透视)完成时间表;

(3) 附属配套设施施工时间表;

(4)《放射诊疗许可证》办理情况。

2. 急诊科

(1) 桥架式吊塔何时安装;

(2) 医护人员现场操作考核;

(3) 各种仪器操作规程。

3. 供应室

(1) 设备安装现状;

(2) 设备调试时间表;

(3) 人员资质落实情况;

(4) 配套设施未到位情况;

(5) 压力容器验收情况;

(6) 灭菌器监测材料;

(7) 供应室防护用品购进。

4. 手术室

(1) 灯、床、吊塔安装调试情况;

(2) 净化设备调试情况;

(3) 净化设备第三方测试完成时间表;

(4) 附属配套设施(隔断、污水池等);

(5) 吊塔气体接口落实情况;

(6) 家具(谈话室、各工作间等)到位时间表。

5. 检验科

(1) 已到仪器安装调试情况;

(2) 未到设备安装调试时间表;

(3) 附属设施配套情况;

(4) 满足体检还需解决的问题。

6. ICU

(1) 工程完成时间表;

(2) 设备安装时间表;

医用建筑规划

附录二　医院经营申报的程序与要求

（3）附属设施配套情况。

7. 物业

（1）全院医疗垃圾存放点建设；

（2）营养食堂准备情况；

（3）氧气站设施情况。

资料情况

1. 临床科室

（1）本科工作制度、职责；

（2）本科常见病诊疗规范、抢救流程；

（3）本科医疗质量控制方案；

（4）本科管理台账；

（5）各种仪器操作手册。

2. 医技科室

（1）本科工作制度、职责；

（2）本科仪器操作手册；

（3）本科质量控制访方案；

（4）本科其他管理台账。

3. 职能科室　医务部、护理部、人力资源部、设备部、门诊部、信息部、总务部（物业）管理文件。

医用建筑规划

参考书目

1. 于冬. 中国医院建筑选编. 第三辑. 北京: 清华大学出版社, 2004
2. 魏飞, 奚凌晨, 译. 医疗建筑(国外建筑设计方法丛书). 北京: 中国建筑工业出版社, 2005
3. 潘兆岳. 现代医院手术部建设与管理. 南京: 东南大学出版社, 2004
4. 上海医院建筑设计及装备国际研讨会论文集. 2000
5. 北京医院建筑设计及装备国际研讨会论文集. 1998
6. 中国卫生经济学会医疗卫生建筑专业委员会. 综合医院建筑设计规范, 2009
7. 梁铭会. 中国医院建设指南. 北京: 人民研究出版社, 2012
8. 陆伟良. 医院智能化系统建设指南. 南京: 东南大学出版社, 2009
9. 第八届全国医院建设大会会议资料. 2008
10. 许仲麟. 洁净手术部建设实施指南. 北京: 科技出版社, 2004
11. 涂光备. 医院建筑空调净化与设备. 北京: 中国建筑工业出版社, 2005
12. 潘兆岳. 医院现代手术部建设与管理, 南京: 东南大学出版社, 2004
13. 姜宗义. 医用电子仪器手册. 南京: 江苏科技出版社, 1992
14. 汤黎明. 医院卫生装备实用大全. 南京: 南京大学出版社, 2011
15. 仲恒平. 影像导航技术与机器人手术室. 世界医疗器械, 2010(10)
16. 宋恩民. 现代数字化手术室关键技术. 世界医疗器械, 2010(4)
17. KARL STORZ——ENDOSKOPE 产品说明书, 2011